普通高等教育机械类“十二五”规划系列教材

材料成型 CAE 技术及应用

主　编　吴梦陵　张　珑

副主编　李振红

電子工業出版社

Publishing House of Electronics Industry

北京 · BEIJING

内 容 简 介

本书为读者学习材料成型 CAE 技术（塑料成型、板料成型和体积成型）快速入门提供了良好的平台。本书共分 12 章，主要包括塑料成型 CAE 软件 Moldflow 的基本操作，Moldflow 网格前处理，浇注系统和冷却水路创建，浇注系统的平衡设计，浇口位置的不同对熔接痕的影响和综合应用实例等；板料成型 CAE 软件 DYNAFORM 的基本操作，模面工程和坯料排样技术，盒形件拉深成型过程分析；体积成型 CAE 软件 DEFORM 软件及功能介绍，DEFORM-3D 软件的前处理，模拟计算，后处理及模拟分析流程等内容。

本书适合于高等工科院校材料成型及控制工程专业本、专科学生作为材料成型 CAE 技术专业课教材使用。还可作为模具企业有关工程技术人员、产品设计人员的参考书或自学教程。

图书在版编目（CIP）数据

材料成型 CAE 技术及应用/ 吴梦陵，张珑主编．—北京：电子工业出版社，2011.5
（普通高等教育机械类“十二五”规划系列教材）
ISBN 978-7-121-13559-0

Ⅰ.①材… Ⅱ.①吴… ②张… Ⅲ.①工程材料－成型－计算机辅助技术－高等学校－教材 Ⅳ.①TB3-39

中国版本图书馆 CIP 数据核字（2011）第 087077 号

策划编辑：李　洁（lijie@phei.com.cn）
责任编辑：李　洁
印　　刷：北京京师印务有限公司
装　　订：北京京师印务有限公司
出版发行：电子工业出版社
地　　址：北京市海淀区万寿路 173 信箱　邮编：100036
开　　本：787×1092　1/16　印张：18　字数：451 千字
版　　次：2011 年 5 月第 1 版
印　　次：2016 年 7 月第 4 次印刷
定　　价：39.00 元

凡所购买电子工业出版社图书有缺损问题，请向购买书店调换。若书店售缺，请与本社发行部联系，联系及邮购电话：（010）88254888，88258888。

质量投诉请发邮件至 zlts@phei.com.cn，盗版侵权举报请发邮件至 dbqq@phei.com.cn。

本书咨询联系方式：lijie@phei.com.cn。

前　　言

模具CAE是模具计算机辅助工程技术的简称，是以现代计算力学为基础，以计算机仿真为手段的工程分析技术，是实现模具优化的主要支持模块。运用模具CAE技术，可对未来模具的工作状态和运行行为进行模拟，及早发现设计缺陷。模具计算机辅助工程技术分析已成为实现产品开发、模具设计及产品加工中这些薄弱环节的最有效途径。本书主要结合Moldflow、DYNAFORM、DEFORM三款软件讲述注塑成型CAE技术。

Moldflow 软件是Moldflow公司的产品，该公司自1976年发行了世界上第一套塑料注塑成型流动分析软件以来，几十年来以不断的技术改革和创新一直主导着CAE软件市场。

DYNAFORM 软件专门用于工艺及模具设计涉及的复杂板成型问题，如弯曲、拉深、成型等典型板料冲压工艺，液压成型、滚弯成型等特殊成型工艺；并可以预测成型过程中板料的裂纹、起皱、减薄、划痕、回弹，评估板料的成型性能。

DEFORM 系列软件是基于工艺过程模拟的有限元系统(FEM)，可用于分析各种塑性体积成型过程中的金属流动以及应变应力温度等物理场量的分布，提供材料流动、模具充填、成型载荷、模具应力、纤维流向、缺陷形成、韧性破裂和金属微结构等信息，并提供模具仿真及其他相关的工艺分析数据。

本书详细介绍了 **Moldflow** 软件、**DYNAFORM** 软件和 **DEFORM** 软件的基本操作，网格前处理及实例分析。**Moldflow** 软件重点突出冷却水路创建、浇注系统的平衡设计、浇口位置的不同对熔接痕的影响等产品、工艺和模具的优化、设计方法。**DYNAFORM** 软件重点突出模面设计（DFE）和毛坯尺寸估算（BSE）。体积成型CAE技术主要介绍了 **DEFORM** 软件及刚粘塑性有限元法基本原理，DEFORM-3D 软件的前处理、模拟计算及后处理，DEFORM-3D 分析案例。该书重点突出，内容全面，实例丰富，讲解详细，条理清晰。

本书由南京工程学院吴梦陵、张珑担任主编，吴梦陵编写了第1、3、4、5、7和8章，张珑编写了第6章，李振红担任副主编，编写了第9、11、12章，黄英娜编写了第10章，宿迁学院张俊编写了第2章的1～3节，安徽电子信息职业技术学院金敦水编写了第2章的4～6节，南京工程学院庄卫国编写了第2章的7～8节。同时，陈国栋等同学为本书提供了校稿工作，在此表示衷心的感谢。

在编写本书的过程中，得到电子工业出版社和Moldflow公司大中华区的关心和帮助，在此谨表谢意。在编写过程中也得到了南京工程学院以及兄弟院校、有关企业专家特别是南京志翔科技有限公司张廷军先生的大力支持和帮助，在此一并表示感谢，同时感谢所引用文献的作者，他们辛勤研究的成果也使得本教材增色不少。

由于编者水平有限，书中难免不当和错误之处，恳请使用本书的教师和广大读者批评指正。

本书素材范例的项目方案和部分范例的视频教学录像可在电子工业出版社的华信教育资源网站（http://www.hxedu.com.cn）上免费下载或可联系主编本人的邮箱 **wmlzl@sina.com** 进行索取。

编　　者

目　　录

第1章 注塑成型 CAE 技术

1.1 注塑成型 CAE 技术的发展

模具是生产各种工业产品的重要工艺装备。随着塑料工业的迅速发展以及塑料制品在航空、航天、电子、机械、船舶和汽车等工业部门的推广应用，塑料成型模的作用也越来越重要。而塑料注射成型又是塑料成型生产中自动化程度最高、采用最广泛的一种成型方法。它能成型形状复杂、精度要求高的制品，具有生产效率高、成本低、产品质量好的优点。

注射模成型工艺发展了近 50 年，注塑成型分两个阶段，即开发/设计阶段（包括产品设计、模具设计和模具制造）和生产阶段（包括购买材料、试模和成型）。注塑成型是一个复杂的加工过程，同时由于材料本身的特性，塑料制品的多样性、复杂性和工程技术人员经验的局限性，缺乏理论的有效指导等因素，长期以来，工程技术人员很难精确地设置制品最合理的加工参数，选择合适的塑料材料和确定最优的工艺方案。模具技术人员只能依据自身经验和简单公式设计模具和制定成型工艺。设计的合理性只能通过试模才能知道，而制造的缺陷主要靠修模来纠正，即依赖于经验及“试错法”，即：设计→试模→修模，如图 1-1 所示。这类经验的积累需要几年至十几年，以时间和金钱为代价并且不断重复。同时模具开发的周期长，成本高，模具及工艺只是“可行”的，而非“优化”的，市场需求的变化会使原来的经验失去作用，市场经济使得传统的设计方法逐步丧失竞争力。随着新材料和新成型方法的不断出现，问题更加突出。而在实际生产中，对于大型、复杂、精密模具，仅凭有限的经验难以对多种影响因素作综合考虑和正确处理，传统方法已无法适应现代塑料工业蓬勃发展的需要。

计算机辅助工程（Computer Aided Engineering）是广义 CAD/CAM 中的一个主要内容。模具成型计算机辅助分析已成为塑料产品开发、模具设计及产品加工中这些薄弱环节最有效的途径。注塑 CAE 技术是 CAE 技术中一个重要的组成部分，是一种专业化的有限元分析技术，注射模 CAE 技术建立在科学计算基础上，融合计算机技术、塑料流变学、弹性力学、传热学的基本理论，建立塑料熔体在模具型腔中流动、传热的物理、数学模型，利用数值计算理论构造其求解方法，利用计算机图形学技术在计算机屏幕上形象、直观地模拟出实际成型中熔体的动态填充、冷却等过程，定量地给出成型过程中的状态参数（如压力、温度、速度等）。将试模过程全部用计算机进行模拟，并显示出分析结果。利用计算机在模具设计阶段对各种设计方案进行比较和评测，在设计阶段及时发现问题，避免了在模具加工完成后在试模阶段才能发现问题的尴尬。

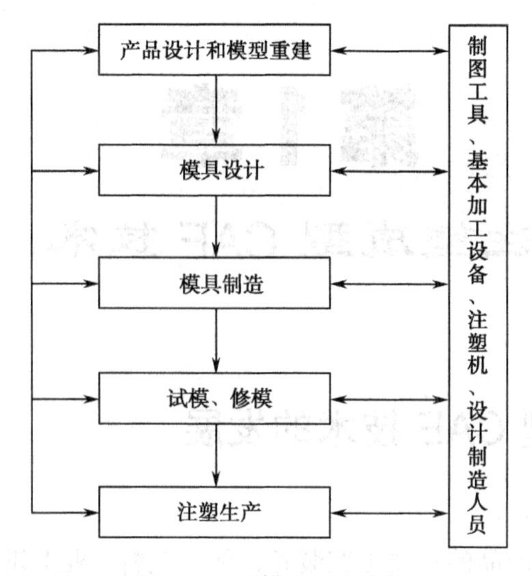

图 1-1　传统模具开发流程

成型过程数值模拟是模具 CAE 中的基础，目前所采用的数值模拟方法主要有两种：有限元法和有限差分法；一般在空间上采用有限元法，而当涉及时间时，则运用有限差分法。CAE 软件的应用过程如图 1-2 所示。首先根据制品的几何模型剖分具有一定厚度的三角形单元，对各三角形单元在厚度方向上进行有限差分网格剖分，在此基础上，根据熔体流动控制方程在中性层三角形网格上建立节点压力与流量之间的关系，得到一组以各节点压力为变量的有限元方程，求解方程组得到节点压力分布数据，同时将能量方程离散到有限元网格和有限差分网格上，建立以各节点在各差分层对应位置的温度为未知量的方程组，求解方程组得到节点温度在中性层上的分布及其在厚度方向上的变化，由于压力与温度通过熔体黏度互相影响，因此必须将压力场与温度场进行迭代耦合。

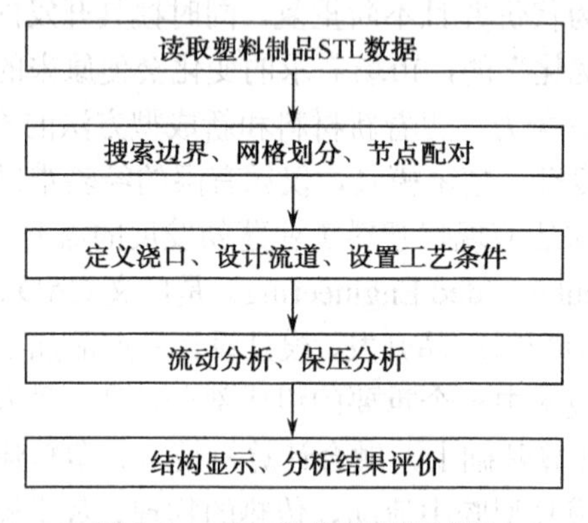

图 1-2　CAE 软件的应用过程

数值分析采用有限元/有限差分混合法，其基本步骤是：根据前一时间步的压力场计算出流入各节点控制体积的流量，根据节点控制体积的充填状况更新流动前沿，在此基础上根据能量方程计算当前时刻的温度场，再根据温度场计算熔体的黏度和流动率等，形成压力场的整体刚度矩阵，为保证新引入的边界条件，需要对整体刚度矩阵进行修正，求解压力方程组得到节点压力分布数据。由于流动率的计算依赖于压力分布，因此压力场控制方程是非线性方程，需对压力场进行迭代求解，重复上述计算过程直到整个型腔被充满。充模流动模拟的数值计算过程如图 1-3 所示。

注塑成型流动模拟技术不断的改进和发展，经历了从中面流技术到双面流技术再到实体流技术这三个具有重大意义的里程碑。

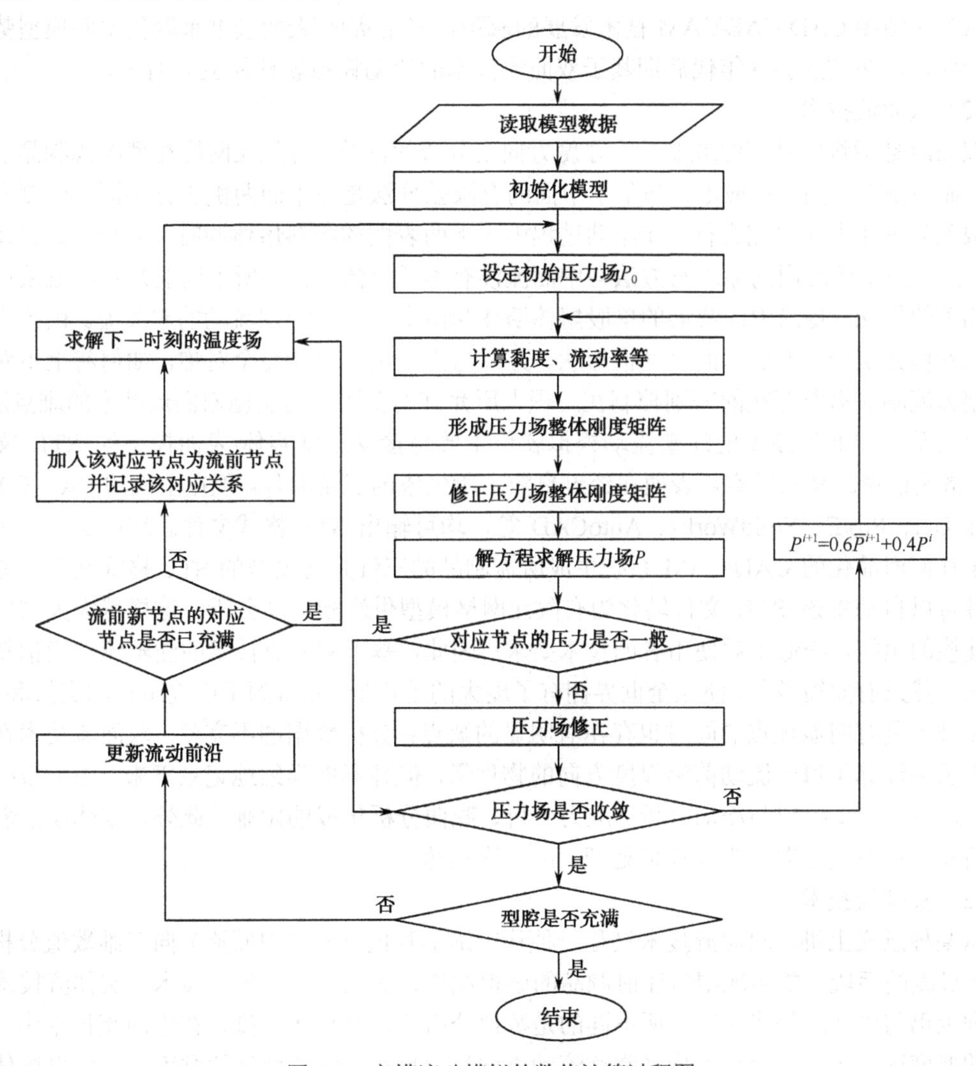

图 1-3　充模流动模拟的数值计算过程图

（1）中面流技术

中面流技术的应用始于 20 世纪 80 年代。其数值方法主要采用基于中面的有限元/有限差分/控制体积法。所谓中面是需要用户提取的位于模具型腔面和型芯中间的层面，基于中面流技术的注塑流动模拟软件应用的时间最长、范围也最广，其典型软件有国外 Moldflow 公司的 MF 软件，原 AC－Tech 公司（已被 Moldflow 公司并购）的 C－Mold 软件；国内华中科技大学国家模具技术国家重点试验室的 HSCAE－F3.0 软件。实践表明，基于中面流技术的注塑成型流动软件在应用中具有很大的局限性，具体表现为：①用户必须构造出中面模型，采用手工操作直接由实体/表面模型构造中面模型十分困难；②独立开发的注塑成型流动模拟软件（如上述的 Moldflow、C－Mold 和 HSCAE－F3.0 软件）造型功能较差，根据产品模型构造中面往往需要花费大量的时间；③由于注塑产品的千变万化，由产品模型直接生成中面模型的 CAD 软件的成功率不高、覆盖面不广；④由于 CAD 阶段使用的产品模型和 CAE 阶段使用的分析模型不统一，使二次建模不可避免，CAD 与 CAE 系统的集成也无法实现。由此可见，中面模型已经成为注塑模 CAD/CAE/CAM 技术发展的瓶颈，采用实体/表面模型来取代中面模型势在必然，因此，在 20 世纪 90 年代后期基于双面流技术的流动模拟软件便应运而生。

（2）双面流技术

双面流是指将模具型腔或制品在厚度方向上分成两部分，有限元网格在型腔或制品的表面产生，而不是在中面。相应地，与基于中面的有限差分法是在中面两侧进行不同，厚度方向上的有限差分仅在表面内侧进行。在流动过程中上下两表面的塑料熔体同时并且协调地流动。显然，双面流技术所应用的原理与方法与中面流没有本质上的差别，所不同的是双面流采用了一系列相关的算法，将沿中面流动的单股熔体演变为沿上下表面协调流动的双股流。由于上下表面处的网格无法一一对应，而且网格形状、方位与大小也不可能完全对称，如何将上下对应表面的熔体流动前沿所存在的差别控制在工程上所允许的范围内是实施双面流技术的难点所在。

目前基于双面流技术的注塑流动模拟软件主要是接受三维实体/表面模型的 STL 文件格式。该格式记录的是三维实体表面在经过离散后所生成的三角面片。现在主流的 CAD/CAM 系统，如 UG、Pro/E、SolidWorks、AutoCAD 等，均可输出 STL 格式文件。这就是说，用户可借助于任何商品化的 CAD/CAM 系统生成所需制品的三维几何模型的 STL 格式文件，流动模拟软件可以自动将该 STL 文件转化为有限元网格模型供注塑流动分析，这样就大大减轻了使用者建模的负担，降低了对使用者的技术要求。因此，基于双面流技术的注塑流动模拟软件问世时间虽然只有短短数年，便在全世界拥有了庞大的用户群，并得到了广大用户的支持和好评。双面流技术具有明显优点的同时也存在着明显的缺点：分析数据的不完整。双面流技术在模拟过程中虽然计算了每一流动前沿厚度方向的物理量，但并不能详细地记录下来。由于数据的不完整，造成了流动模拟与冷却分析、应力分析、翘曲分析集成的困难。此外，熔体仅沿着上下表面流动，在厚度方向上未作任何处理，缺乏真实感。

（3）实体流技术

从某种意义上讲，双面流技术只是一种从二维半数值分析（中面流）向三维数值分析（实体流）过渡的手段。要实现塑料注射制品的虚拟制造，必须依靠实体流技术。实体流技术在实现原理上仍与中面流技术相同，所不同的是数值分析方法有较大差别。在中面流技术中，由于制品的厚度远小于其他两个方向（常称流动方向）的尺寸，塑料熔体的黏度大，可将熔体的充模流动视为扩展层流，于是熔体的厚度方向速度分量被忽略，并假定熔体中的压力不沿厚度方向变化，这样才能将三维流动问题分解为流动方向的二维问题和厚度方向的一维分析。流动方向的各待求量，如压力与温度等，用二维有限元法求解，而厚度方向的各待求量和时间变量等，用一维有限差分法求解。在求解过程中，有限元法与有限差分法交替进行，相互依赖。在实体流技术中熔体的厚度方向的速度分量不再被忽略，熔体的压力随厚度方向变化，这时只能采用立体网格，依靠三维有限差分法或三维有限元法对熔体的充模流动进行数值分析。因此，与中面流或双面流相比，基于实体流的注塑流动模拟软件目前所存在的最大问题是计算量巨大、计算时间过长，诸如电视机外壳或洗衣机缸这样的塑料制品，用现行软件，在目前配置最好的计算机上仍需要数百小时才能计算出一个方案。如此冗长的运行时间与虚拟制造的宗旨大相径庭，塑料制品的虚拟制造是将制品设计与模具设计紧密结合在一起的协同设计，追求的是高质量、低成本和短周期。如何缩短实体流技术的运行时间是当前注塑成型计算机模拟领域的研究热点和当务之急。

1.2 注塑模 CAE 的发展趋势

随着科学技术的迅速发展，互联网技术的普及和全球信息化，注塑模 CAE 技术功能进一步扩充，性能也进一步提高，呈现出如下的发展趋势。

（1）用三维实体模型取代中心层模型

3D 分析（实体流技术）正在被应用到共注塑成型、多次注射成型、气体辅助成型、组合模腔成型和叠模成型。仿真软件分析三维的纤维取向和翘曲，3D 分析非常重要。因为 2.5D（双面流技术）只能表明纤维在一个平面上的取向，而 3D 可以表明纤维在各个角度的取向。3D 分析提供的信息是 2.5D 所无法比拟的，像湍流与层流的辨识，熔融物料中的气泡，喷射和重力的影响等。3D 模拟还可以了解模具本身的情况。在 2.5D 模拟中，在模具中嵌入一个镶件后，需要生成相应网格，然后观察热量是怎样传递这个镶件的。但是在 3D 模拟中，当进入模型，就可以观察到温度的变化。台湾的 Moldex 3D 和德国的 Sigmasoft 软件几乎都无一例外地专注于 3D 领域。Moldflow 为其最新的 Moldflow Plastics Insight 分析软件包开发了几种新模块，包括预测纤维取向、翘曲和厚壁制件中的热—机械性能分析的 MPI 3D 模块。Moldflow 在其 3D 软件中扩展了创建热固性塑料制品模型的能力。Moldflow Plastics Insight 分析软件包支持 64bite 计算机，可以较快地创建大的模型。如图 1-4 所示为 Moldflow 提供的三种有限单元模型。

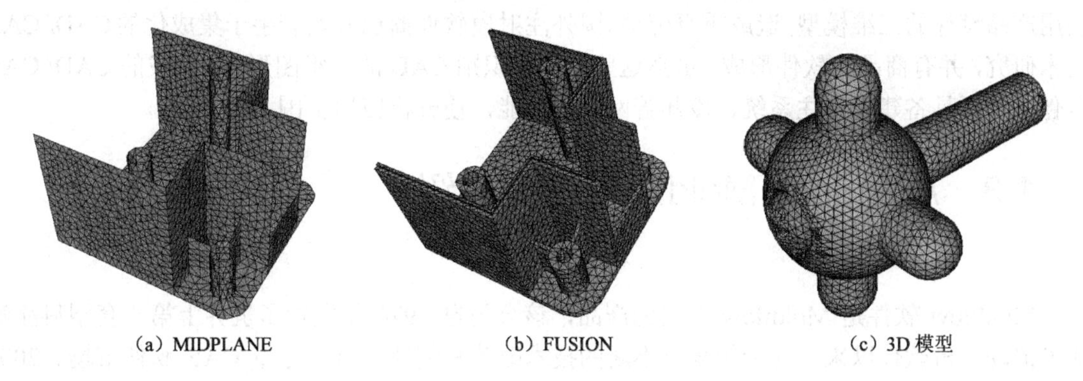

（a）MIDPLANE （b）FUSION （c）3D 模型

图 1-4 Moldflow 的三种有限单元模型

（2）有限元、有限差分、控制体积方法的综合运用

注塑制品是薄壁制品，制品厚度方向的尺寸远小于其他两个方向的尺寸，温度等物理量在厚度方向的变化又非常大，若采用单纯的有限元或有限差分法势必造成分析时间过长，无法满足模具设计与制造的实际需要。在流动平面采用有限元法，在厚度方向采用有限差分法，分别建立与流动平面和厚度方向尺寸相适应的网格并进行耦合求解，在保证计算精度的前提下使得计算速度满足工程的需要，并采用控制体积法解决了成型中的移动边界问题。对于内外对应表面存在差异的制品，可划分为两部分体积，并各自形成控制方程，通过在交接处进行插值对比保证这两部分的协调。

（3）数值计算与人工智能技术的结合

优选注塑成型工艺参数一直是广大模具设计人员关注的问题，传统的 CAE 软件虽然可以在计算机上仿真出指定工艺条件下的注塑成型情况，但无法自动对工艺参数进行优化。使用人员必须设置不同的工艺条件进行多次 CAE 分析，并结合实际经验在各方案之间进行比较，才能得出较满意的工艺方案。同时，在对零件进行 CAE 分析后，系统会产生有关该方案的大量信息（制品、工艺条件、分析结果等），其中分析结果往往以各种数据场的形式出现，要求用户必须具备分析和理解 CAE 分析结果的能力，所以传统的 CAE 软件是一种被动式的计算工具，无法提供给用户直观、有效的工程化结论，对软件使用者的要求过高，从而影响了 CAE 系统在更大范围内的应用和普及。

（4）制品与流道系统的三维流动保压集成分析

流道系统一般采用圆柱体单元，而制品采用的是三角形单元，注塑模 CAE 系统可以采用半解析法解决混合单元的集成求解问题，这样，不仅能分析一模一腔大型复杂的制品，而且能够分析一模多腔小型精密制品，大大拓宽了系统的使用范围。

（5）塑料制品熔合纹预测的高效算法

熔合纹对制品的强度、外观等有重要影响，但准确预测熔合纹位置也是仿真软件的难题。注塑模 CAE 系统通过节点特征模型方法大大提高了熔合纹预测的准确性和效率。并利用神经网络方法对熔合纹的影响程度做出定性评价，为用户对成型质量的评估提供了直接的判断依据。

注塑模 CAE 技术的发展，给模具行业带来了一场技术革命。但因为塑料熔体是假塑性液体，制品结构复杂，成型充模流动过程的非稳态、非等温性，使充模过程的数值模拟相当复杂，所以在程序实现时作了一些假设，建模过程进行了适当简化，这样计算结果精度与实际结果会有偏差，然而总体趋势与实际结果是一致的。由于进行 CAE 分析时还要重新建模，不能充分利用产品设计的三维模型，造成重复劳动。国外注射模软件商已开始着手于集成化的CAD/ CAE 技术研究，并有商品化软件形成。虽然这些软件能识别 CAD 的三维图形，但集成的 CAD/ CAE 软件本身不具备建立浇注系统、冷却管网等的功能，使分析应用范围大大减小。

1.3 Autodesk Moldflow 软件介绍

Moldflow 软件是 Moldflow 公司的产品，该公司自 1976 年发行了世界上第一套塑料注塑成型流动分析软件以来，几十年来以不断的技术改革和创新一直主导着 CAE 软件市场。2000 年 4 月，Moldflow 公司收购了另一个世界著名的塑料成型分析软件 C－MOLD，提出了“进行广泛的注塑过程分析”的理念。2008 年 6 月 13 日设计软件厂商欧特克公司（Autodesk，Inc.）宣布完成收购 Moldflow 公司，并将进一步集成现有全球性支持机制及经销合作伙伴，持续为 Moldflow 客户提供产品维护及服务；现持有 Moldflow 维护合约（Maintenance Agreement）的客户，将转入 Autodesk Subscription 产品维护及服务合约之中。借助收购专业模流分析软件 Moldflow 公司，将有助于 Autodesk 为企业提供完善的塑胶元件最佳化设计工具，并进一步拓展现有数字化原型（Digital Prototyping）方案之技术产品完整性。Moldflow 软件为企业产品的设计及制造的优化提供了整体的解决方案，帮助工程人员轻松地完成整个流程中各个关键点的优化工作。

在产品的设计及制造环节，Moldflow提供了两大模拟分析软件：AMA（Autodesk Moldflow，Moldflow，塑件顾问）和AMI（Autodesk Moldflow Insight，Moldflow高级成型分析专家）。

AMI致力于解决与塑料成型相关的广泛的设计和制造问题，对生产塑胶产品和模具的各种成型包括一些新的成型方式，它都有专业的模拟工具。软件不但能够模拟最普通的成型，还可以对为满足苛刻设计要求而采取的独特的成型过程来模拟。在材料特性、成型分析、几何模型等方面技术的领先，让AMI代表最前沿的塑料模拟技术，帮助我们缩短开发周期，降低成本，并且让团队可以有更多的时间去创新。

AMI包含了最大的塑胶材料数据库，用户可以查到超过8000种商用塑胶的最新、最精确的材料数据，因此可放心地评估不同的备选材料或者预测最终应用条件苛刻的成型产品的性能。软件中也可以看到能量使用指示和塑胶的标识，因此可以更进一步地降低材料能量并且选择对可持续发展有利的材料。

AMI赋予设计者深入的分析能力并且帮助他们解决最困难的制造问题。由于分析结果高度可信，甚至对于最复杂的产品模型，AMI也能够使设计者在模具制造前预测制造缺陷，真正地减少费时、费钱的修模工作。通过完善的控制分析过程参数和广泛的可定制的结果，AMI能够将分析结果和实际成型条件精确关联，帮助预测潜在问题并采取改善措施去避免。一旦分析完成，可以使用自动报告生成工具制成普遍格式（HTML，Microsoft Word，PowerPoint）的报告，这样就可以和设计者、制造团队的其他人员分享有价值的模拟结果，提高协同性，使开发更流畅。

不同的产品提供不同的功能性级别，Autodesk致力于帮助CAE分析师、塑胶产品设计者、模具制造者去创建精准的数字样机，从而花更少的费用使更好的产品推向市场。

Autodesk是世界领先的工程软件提供商之一，它提供的软件能帮助企业在产品还没有正式生产之前体验其创意。通过为主流制造商提供强大的数字样机技术，Autodesk正在改变制造商思考设计流程的方式，帮助他们创建更加高效的工作流程。Autodesk的数字样机方案具有独一无二的可扩展、可实现、经济高效的解决方案，支持为数众多的制造商在几乎不改变现有工作流程的前提下，享受到数字样机带来的益处，并能够以直观的方式在多种工程环境中创建和维护单个数字模型。

Moldflow 整体解决方案随着塑料工业以及和塑料相关产业的蓬勃发展，塑料行业的竞争日趋激烈，一方面原材料价格及人力成本不断上涨，另一方面产品的销售价格不断下降而产品的质量、功能等要求不断的提高，交货周期要求更短。为适应市场的要求，许多企业都进行了技术创新，引进了高精尖的硬件设备，比如高档的注塑机，自动化的辅助系统，并解决了很多难题和创造了相当大的效益，但硬件能充分发挥的前提是设计优化。但目前大多数企业的产品设计、模具设计及产品制造的各环节分布在不同公司、不同地域或同一公司的不同部门，产品设计和模具设计主要独立地靠经验来完成，设计阶段很少系统地考虑制造的问题。这样没有经过优化的设计方案势必会导致制造成本的增加和开发周期的延误，因此要提升业界的技术水平，持续地降低制造成本，就必须将产品设计、模具设计和产品制造，供应商评估等资源进行有效地整合。而Moldflow正是为企业整合制造链的有效工具。经过30多年的持续努力和发展，Moldflow已成为全球塑料行业公认的分析标准。AMA简便易用，能快速响应设计者的分析变更，因此主要针对注塑产品设计工程师、项目工程师和模具设计工程师，用于产品开发早期快速验证产品的制造可行性，AMA主要关注外观质量（熔接线、气穴等）、材料选择、结构优化

（壁厚等）、浇口位置和流道（冷流道和热流道）优化等问题。AMI 主要用于注塑成型的深入分析和优化，是全球应用最广泛的模流分析软件。AMI 不仅可以考虑传统注塑问题，还可分析双色注塑（Over-Molding）、气体辅助注射（Gas-assistant Molding）、共注成型（Co-Injection）、注压成型（Injection-Compression）、发泡注射成型（Mucell）、光学的双折射分析（Birefringence）等问题。近期兴起的热流道动态进料系统也可在 AMI 中进行模拟，此外还可分析热固性材料的反应成型以及电子芯片的封装成型。AMI 广泛用于汽车、医疗、3C、航空航天以及封装等所有与塑料相关的行业。

2009 年 7 月 7 日，欧特克公司宣布将推出最新版本的 Autodesk Moldflow 2010 软件。欧特克制造业解决方案部负责数字工厂和工业设计的全球副总裁 Samir Hanna 先生表示："我们致力于帮助制造商减少差错，提高注塑模具的性能表现，从而提高塑料产品的质量，加快产品上市的速度。第一版的 Autodesk Moldflow 2010 软件简化了我们的产品线，让客户能以较低的成本获得更多的价值。而第二版 Autodesk Moldflow 2010 软件的推出将为客户带来前所未有的仿真分析精确度，从最初的产品设计一直到制造加工，客户可以随时解决问题，优化他们的塑料产品。"

（1）最新版功能

此次发布的第二版 Autodesk Moldflow 2010 软件产品的新增和强化功能包括：

1）CAD 集成性更强。欧特克增强了 Autodesk Moldflow Insight 2010 对多种 CAD 应用程序的支持。目前，Autodesk Moldflow Adviser 和 Autodesk Moldflow Insight 软件能直接导入由 Autodesk Inventor 软件创建或修改的 CAD 模型。Autodesk Moldflow Insight 用户可以一次性导入部分或全部组件。一旦 CAD 模型导入完毕，用户即可完全控制网格处理，并可对需要进一步细化处理的特定点进行表面网格细化，同时维持其余部分的粗化状态不变。

2）精确度更高。塑料产品的三维模型网格划分技术的改善直接提高了设计和加工的预测精度。例如，在零件从厚转薄的部分，以及在转角和边缘部分，软件能够提供更好的网格质量。

3）速度更快。单一的三维模流分析使用多个中央处理器（CPU）内核，可充分发挥硬件升级带来的好处。多线程技术将 Autodesk Moldflow 软件的分析速度提高了两倍（取决于模型）。Autodesk Moldflow 软件还率先将 NVIDIA 公司尖端的 GPU 技术与多个 CPU 内核结合使用，从而进一步提高了分析计算速度。

（2）高级成型分析功能特性

Moldflow 的产品用于优化制件和模具设计的整个过程，提供了一个整体解决方案。Moldflow 软、硬件技术为制件设计、模具设计、注塑生产等整个过程提供了非常有价值的信息和建议。AMI 在功能上可以划分为：

1）API/FUSION（双层面网格模型），分析形状特征复杂之薄壳类塑胶零件。它基于 Moldflow 的独家专利的 Dual Domain（双层面）分析技术，直接从 CAD 软件中提取实体表面产生网格。FUSION 网格大大降低前期网格处理时间，能快速对产品进行流动、冷却，翘曲等分析。它以最快的网格处理及最佳的网格质量和准确的分析结果成为应用广泛的薄壁件分析的网格形式。

2）API/3D（3D 实体模型）即模拟粗厚件产品的塑料流动分析。

3）API/Midplane（中间面网格模型），分析肉厚较均匀之薄壳类塑胶零件。它提取实体壁厚的中间面作为网格外形，并赋予它厚度，使用较少的网格数目快速分析得到最精确的分析结果。

4）AMI/Flow 模拟热塑性材料注塑成型过程的填充和保压阶段，以便预测塑料熔体的流动行为，从而可以确保可制造性。使用 AMI/Flow 可以优化浇口位置、平衡流道系统、评估工艺条件以获得最佳保压阶段设置来提供一个健全的成型窗口，并确定和更正潜在的制品收缩、翘曲等质量缺陷。

5）AMI/Gas 模拟气体辅助注塑成型，这种成型方法是将气体（通常为氮气）注入树脂熔料中，气体推动树脂流进型腔完成模具填充，并在整个组件内创建一个中空通道。AMI/Gas 分析结果可帮助确定树脂和气体入口位置、气体注入之前要注塑的塑料体积以及气道的最佳尺寸及位置。

6）AMI/Co-Injection 模拟连续的协同注塑过程，即首先注塑表层材料，然后注塑不同的芯层材料。分析结果中可以查看型腔中材料推进情况，并在填充过程中查看表层和芯层材料之间的动态关系。使用结果可优化两种材料的组合，从而使产品的总体性价比最大。

7）AMI/Injection Compression 模拟树脂注入和模具压缩同时发生和连续发生的过程，并可以对注入树脂之前，期间或之后开始的压缩阶段进行优化。分析结果全面评估可选的材料、零件设计、模具设计以及工艺条件。

8）AMI/MuCell 模拟微孔发泡（MuCell）注塑成型工艺，即将某种超临界液体（如二氧化碳或氮）与融化的树脂混合在一起，并将其注入模具来产生微孔泡沫。通过 AMI/MuCell 可以评估使用此工艺与传统注塑成型的可行性和优点。另外，也可以通过查看各种分析结果来优化产品设计和工艺设置。

9）AMI/Design-of-Experiments 可以执行一系列自动化分析，改变初始指定参数，例如，模具和熔体温度、注射时间、保压压力和时间以及产品壁厚。此模块分析出来的结果可以帮助优化工艺参数和最终成型的产品质量。结果可用于查看收缩率、注射压力、锁模力和熔料流动前沿温度以及充填时间、压力和温度分布等。

10）AMI/Cool 提供用于对模具冷却回路、镶件和模板进行建模以及分析模具冷却系统效率的工具。可以优化模具及冷却回路设计，获得均匀的冷却效果，最小化循环周期，消除由于冷却因素造成的产品翘曲，从而降低模具总体制造成本。

11）AMI/Warp 帮助预测由于工艺引起的应力所导致的塑料产品的收缩和翘曲，也可以预测由于不均匀压力分布而导致的模具型芯偏移，明确翘曲原因，查看翘曲将会发生的区域，并可以优化设计、材料选择和工艺参数以在模具制造之前控制产品变形。

12）AMI/Fiber 帮助预测由于含纤维塑料的流动而引起的纤维取向及塑料/纤维复合材料的合成机械强度。了解和控制含纤维塑料内部的纤维取向是很重要的，这可以减小成型产品上的收缩不均，从而减小或消除产品的翘曲。

13）AMI/Shrink 基于工艺条件和具体的材料数据，能预测树脂收缩率，并且能正确预测出独立于翘曲分析的线性收缩率。因为塑料产品冷却时会收缩，因此在设计模具时，有必要计算出这个收缩量，以便满足主要产品公差。

14）AMI/Stress 预测受到各种形式的外部载荷时，塑料产品的成型后性能。该分析考虑注塑成型期间塑料流动的影响，以及产品成型后的综合机械性能。

15）AMI/Fill 可以获得最佳浇注系统设计。主要用于查看制件的填充行为是否合理，填充是否平衡，能否完成对制件的完全填充等。它的分析结果包括填充时间、压力、流动前沿温度、分子趋向、剪切速率、气穴、熔接线等。分析结果有助于选择最佳浇口位置、浇口数目、最佳浇注系统布局。

16）AMI/Gate Location 系统自动分析出最佳浇口的位置。如果模型需要设置多个浇口时，可以对模型进行多次浇口位置分析。当模型已经存在一个或者多个浇口，可以进行浇口位置分析，系统会自动分析出附加浇口的最佳位置。

17）AMI/Runner Balance 可以帮助判断流道是否平衡并给出平衡方案，对于一模多腔或者组合型腔的模具来说，熔体在浇注系统中流动的平衡性是十分重要的，如果塑料熔体能够同时到达并充满模具的各个型腔，则称此浇注系统是平衡的。平衡的浇注系统不仅可以保证良好的产品质量，而且可以保证不同型腔内产品的质量一致性。它可以保证各型腔的填充在时间上保持一致，保证均衡的保压，保持一个合理的型腔压力和优化流道的容积，节省充模材料。

18）AMI/Molding Window 帮助定义能够生产合格产品的成型工艺条件范围。如果位于这个范围，则可以生产出好质量的制件。除以上分析类型外，AMI 还能够对热固性反应成型进行模拟，同时也可以对同一个产品模型进行多个类型的综合分析。比如，当我们需要了解产品的流动及翘曲等情况时，通常会使用 AMI/Flow+Warp 分析功能，这时 AMI 的 Flow 和 Warp 这两个分析功能就会同时进行。

第2章 Moldflow用户界面及基本操作

2.1 Moldflow用户界面

Moldflow 4.1 中文版和其他 CAE 软件类似，有着非常人性化的操作界面。

2.1.1 窗口分布及简要说明

Moldflow 4.1 中文版的操作界面主要由标题栏、菜单栏、工具栏、项目视窗、任务视窗、层视窗、工作视窗和状态栏等几部分组成，如图 2-1 所示。

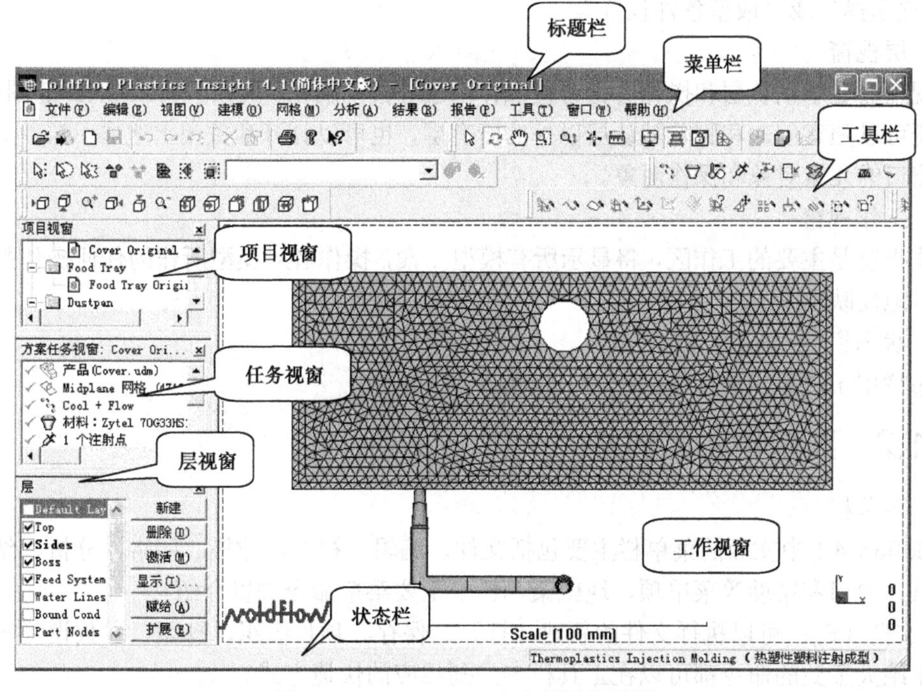

图 2-1 Moldflow 4.1 中文版操作界面

（1）标题栏

标题栏位于软件整体视窗的最顶端，用于显示软件名称和版本号 Moldflow Plastics Insight 4.1（简体中文版）以及当前项目文件的名称（如 Cover Original）。

（2）菜单栏

Moldflow 4.1中文版的菜单栏主要包括文件、编辑、视图、建模、网格、分析、结果、报告、工具、窗口和帮助等菜单项。

（3）工具栏

和其他软件一样，通过Moldflow 4.1中文版的工具栏，操作者可以便捷地实现几乎所有的菜单命令。当然该软件也提供了工具栏的定制等功能，可以满足不同层次和工作目的的操作。

（4）项目视窗

项目视窗显示当前所打开的项目及其包括的所有任务（如果任务众多，可以通过视窗右侧的滚动条查看），大大方便了用户在同一项目的不同任务之间进行切换和管理。通过项目视窗我们既可以查看当前打开的项目，还可以组织该项目下属的所有子项目以及每个子项目下属的所有任务，类似于Windows环境下的文件夹查看项。

（5）任务视窗

任务视窗集中了产品名称、网格类型、分析序列、材料选择、浇注位置选择、成型条件设置等选项。对于一个初学者来讲，一旦把这些选项都选定（即所有选项前面都打勾），就基本上完成了分析任务的准备工作，软件加亮显示“立即分析！”，就基本可以进行模拟分析了。而且这些任务选项基本不存在顺序差异，既可以先确定“分析序列”也可以先进行“材料选择”、“浇注位置选择”或“成型条件设置”。

（6）层视窗

层视窗会显示默认层和操作者为方便操作而创建的所有层，类似于AutoCAD的图层操作，操作者既可以随意创建和删除默认层以外的所有层，也可以打开和关闭上述显示层。层视窗便于管理窗口的元素对象和操作对象。

（7）工作视窗

工作视窗是主要的工作区，将显示所有模型元素，操作者对模型所作的任何操作都会在该窗口即时地反映出来。

（8）状态栏

状态栏用于显示当前操作进程的工作状态。

2.1.2 菜单栏和工具栏

（1）菜单栏

Moldflow 4.1中文版的菜单栏主要包括文件、编辑、视图、建模、网格、分析、结果、报告、工具、窗口和帮助等菜单项，现就菜单栏中主要菜单命令加以介绍。

1）文件（F）：可以执行文件的新建、打开、保存、项目组织、打印、参数设置等众多命令。其中绝大多数的命令都可以在工具栏中找到相应的快捷方式。

2）编辑（E）：可以执行撤销、重做、自由选择、保存图片、保存动画、赋予属性和移除未使用属性等命令。其中绝大多数的命令都可以在工具栏中找到相应的快捷方式。

3）视图（V）：包括工具栏定制和状态栏、项目视窗、层视窗等的开关，另外提供锁定和解锁视图等命令。

4）建模（O）：可以执行创建节点、曲线、面（区域）、模具镶块、坐标系，对各元素的复制、移动、旋转、镜像和浇注、冷却系统创建等命令。其中绝大多数的命令都可以在工具栏中找到相应的快捷方式。

5）网格（M）：可以执行网格生成、各种网格缺陷诊断、网格修复、柱体单元的创建等命令。其中绝大多数的命令都可以在工具栏中找到相应的快捷方式。

6）分析（A）：可以执行分析次序选择、材料选择、成型工艺参数设置、进胶点和冷却水入口设定等命令。其中绝大多数的命令都可以在工具栏中找到相应的快捷方式。

7）结果（R）：可以执行新结果创建、绘制属性（结果的个性设置）、结果查询、结果的备注和解释、翘曲查看工具、不同格式的结果保存等命令。其中绝大多数的命令都可以在工具栏中找到相应的快捷方式。

8）报告（P）：可以执行分析结果报告自动生成，给报告添加封面、图片、动画、文字等个性化操作以及对现有报告的编辑。

9）工具（T）：可以执行个人数据库的创建和编辑、材料数据库的资料添加和编辑、宏的录制和编辑等命令。

10）窗口（W）：可以执行新窗口创建、分析结果显示窗口的重叠、分割、多窗口显示等命令。

11）帮助（H）：可以执行帮助文件查看、登录 Moldflow 网站、快捷键查询、分析过程中的警告和错误解释查询等命令。

（2）工具栏

工具栏几乎可以提供所有菜单栏命令的快捷方式，另外还可以通过“自定义工具栏”对工具栏进行编辑、添加和删除，使用这些工具栏命令可以方便、快捷地完成多项操作。

Moldflow 4.1 常用工具条见表 2-1。

表 2-1　Moldflow 4.1 常用工具条

标准工具	
视图工具	
分析工具	
网格处理工具	
建模工具	
选择工具	
视角、查看工具	

2.2 各菜单功能简介

2.2.1 文件操作

文件操作菜单可以执行文件的新建、打开、保存、项目组织、打印、参数设置等众多命令。

1）新建项目：用于新的分析项目的创建。

2）打开项目：用于已有分析项目的打开。

3）关闭项目：用于已打开分析项目的关闭。

4）新建：用于新方案、报告和文件夹的创建。

5）关闭：用于现行操作任务的关闭。

6）保存：用于现行操作方案的保存。

7）另存为：用于现行操作方案的备份。

8）导入：用于新模型的导入。

9）导出：用于现行操作方案、项目以*.zip 格式的备份。

10）添加：用于在现行任务下增加新的模型。

11）组织项目：用于项目的组织管理。

12）精简项目文件：用于清除所有的中间文件和分析过程中的临时文件。

13）打印设置：用于打印设备和格式的设置。

14）参数设置：用于软件的一些默认设置的修改和个性化设置。其中：

① “一般”设置（见图 2-2）包括单位设置（英制/公制）、自动保存间隔设置、图像显示设置、建模面设置（栅格尺寸/自动捕捉开关/平面尺寸）、默认导入目录、常用材料列表设置等选项。

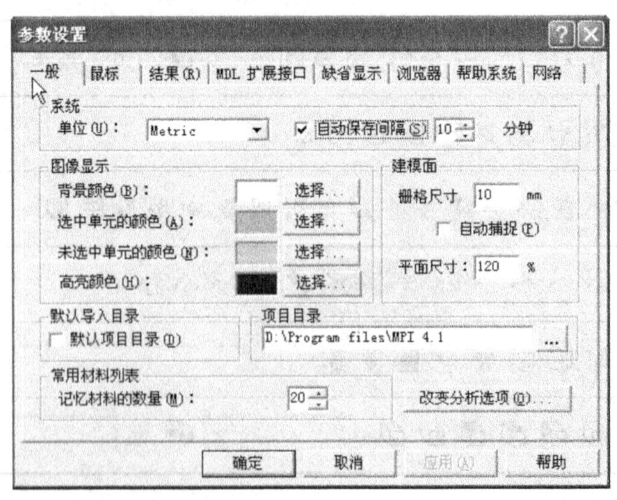

图 2-2 “一般”设置

② “鼠标”设置（见图 2-3）用于操作过程中鼠标中键、右键结合“SHIFT”、“CTRL”和“ALT”键所能完成功能的个性化设置。通过鼠标操作个性化设置，可以提高操作者的操作速度。

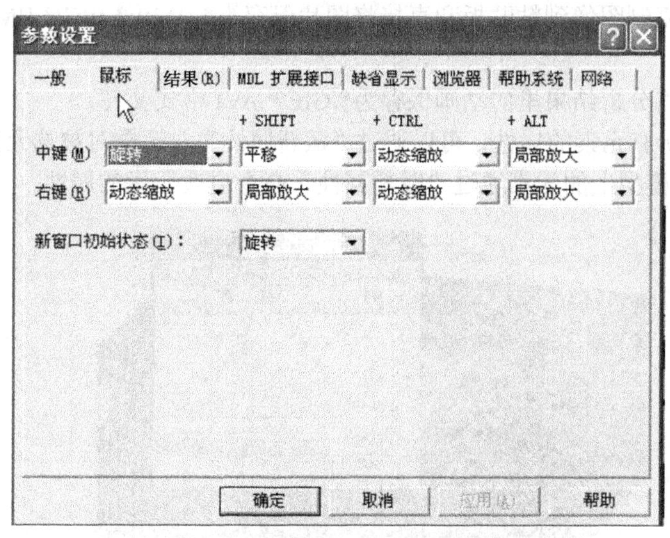

图 2-3　“鼠标”操作个性化设置

③ “结果”设置（见图 2-4）提供对分析结果的排序和增减以及内存的优化。由于各种分析的要求不同，操作者对各种结果的关注程度也会不同。通过这种设置，操作者就可以方便地把自己不需要的结果删除（不进行该结果分析）和按照自己的关注程度对显示的结果进行排序。这样不仅可以突出重点，还可以提高计算机的分析计算速度。

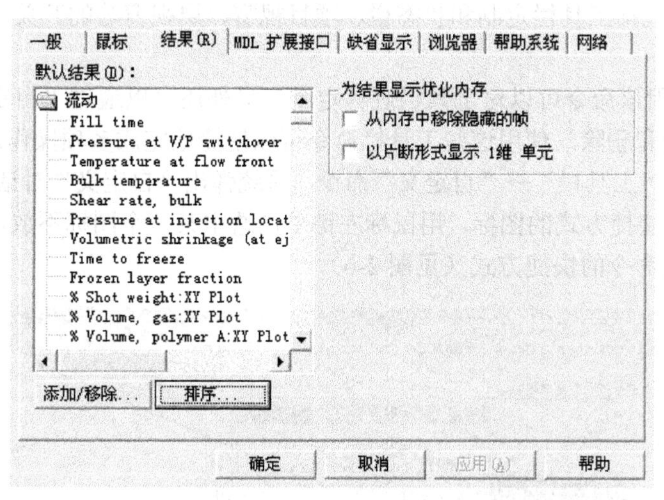

图 2-4　“结果”的设置

2.2.2　编辑

编辑（E）菜单可以执行撤销、重做、自由选择、保存图片、保存动画、赋予属性和移除未使用属性等命令。

1）撤销：返回上一操作状态。

2）重做：取消撤销。

3）选择由：有附加条件地对元素进行选择，可以通过同一属性、同一层或以各种图形方式进行选择。

4）保存图片：复制图像到粘贴板和直接将图片保存为*.BMP/*.JPG/*.BMP 等多种图像格式文件。

5）保存动画：将分析结果里的动画保存为*.GIF/*.AVI 格式文件。

6）属性：查看所有元素的属性，可以通过“赋新属性”对话框对被选元素进行属性修改。如图 2-5 所示，选择模型上的元素通过“赋新属性”命令更改元素的属性。

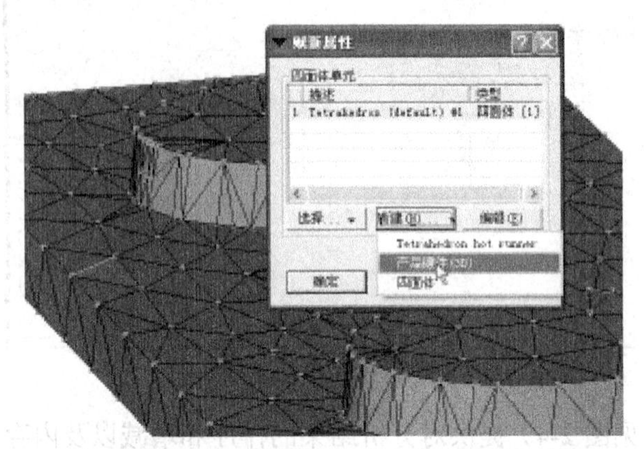

图 2-5 利用“赋新属性”命令修改元素的属性

2.2.3 视图

视图（V）菜单包括工具栏定制和状态栏、项目视窗、层视窗等的开关，另外提供锁定和解锁视窗等命令。

1）工具栏：利用该命令可以对工具栏进行定制，另外还可以通过“自定义”工具栏对工具栏进行编辑、添加和删除，使用这些工具栏命令可以便捷地完成多项操作。

执行“视图”→“工具栏”→“自定义”命令，系统弹出“自定义”对话框，选择“命令”选项，出现各种命令快捷方式的图标，用鼠标左键单击选中某一个图标不放，然后把它拖放到工具栏区，即可创建命令的快捷方式（见图 2-6）。

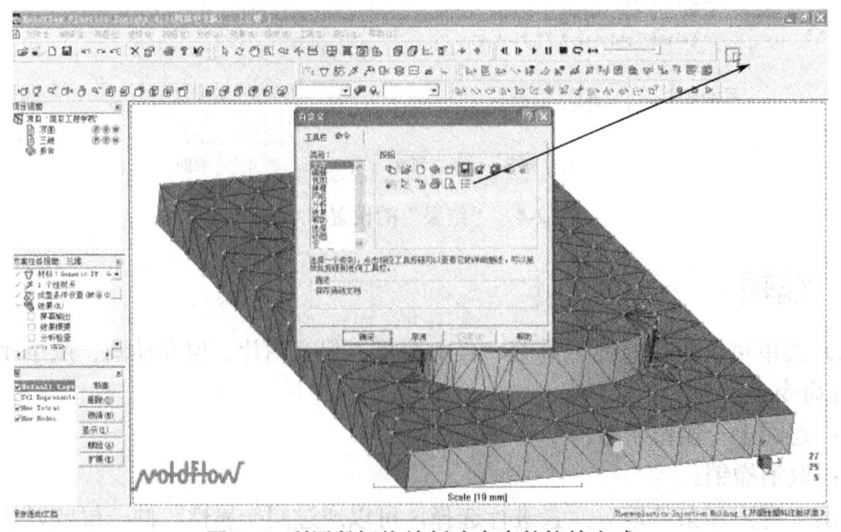

图 2-6 利用鼠标拖放创建命令的快捷方式

2）状态栏：实现状态栏的打开和关闭操作。

3）项目视窗、方案任务视窗和层视窗：分别实现项目视窗、方案任务视窗和层视窗的打开和关闭操作。

4）显示模型：实现工作视窗中模型显示的开与关。

5）锁定和解锁视图窗（同步所有视窗和取消窗口同步）：为了方便对分析结果的对比，操作者可以把视窗进行分割，分割以后的各个视窗可以分别显示不同内容。如果选择“同步所有视窗”，即锁定所有视窗（在每个视窗的左上角出现锁定标志），此时在任一视窗内的查看动作都会同步在其他视窗实现相同的操作，如图 2-7 所示。选择“取消窗口同步”即取消锁定（每个视窗左上角的锁定标志消失）。

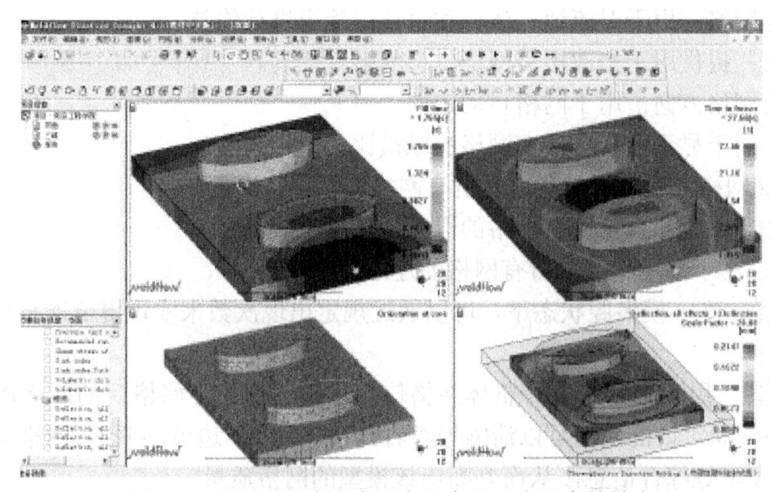

图 2-7 利用“同步所有视窗”实现对多视窗的锁定

2.2.4 建模

建模菜单包括创建节点、曲线、面（区域）、模具镶块、坐标系，对各元素的复制、移动、旋转、镜像和浇注、冷却系统创建等操作命令。

1）创建节点：用于以坐标系（三点坐标）、中间点、分割、偏移和相交的方式创建节点元素。

2）创建曲线：用于以两点坐标方式创建直线、以三点坐标方式创建圆弧或圆、以多点坐标方式创建多义线、将两条独立曲线连接、将两条相交曲线在交点打断等创建命令。

3）创建面：用于由边界/点/线建面、以延伸方式建面、以边界或点的方式建孔以及区域的创建命令。

4）创建模具镶块：用于模具镶块的创建。

5）移动、复制：用于以移动、旋转、缩放或镜像现有元素创建新元素的命令。

6）查找单元：通过单元编号的输入进行单元的精确查找。

7）多模腔复制向导：通过型腔数量、行/列数、行/列间距进行快速的多模腔复制。

8）浇注和冷却系统向导：以对话框的形式，通过各个参数的确定来实现浇注系统和冷却系统的建模。

9）模具表面向导：用于在模腔外面创建一个立方体的模具表面。

10）检查面的连接性：用于检查面、域是否存在自由边和交叉边，以提高分析的可操作性和准确率。

2.2.5 网格

网格菜单包括网格生成、各种网格缺陷诊断、网格修复、柱体单元的创建等命令。

1）生成网格：当建模结束后，利用此命令可快速划分三角形（中面/双面模型）或四面体（3D 模型）网格，当然也包括浇注系统和冷却系统对应的柱体网格。

2）定义网格密度：用于定义全部或局部网格密度。

3）创建三角形网格：用于对网格面进行修补时的局部创建。

4）创建柱体网格：用于对流道、浇口和水道等管道进行修补。

5）网格工具：提供用于修改不良网格状态的多种工具。

6）调整所有网格方向：用于网格自动定向。

7）纵横比：用于显示和查看所有网格的纵横比。

8）重叠/交叉网格：用于显示和查看所有网格的重叠和交叉状态。

9）方向：用于显示和查看所有网格的取向状态。

10）连通性：用于显示和查看所有网格的连通性。

11）出现次数：在一模多腔状态下，可以通过规定出现次数来实现降低网格数量，便于计算的目的。

12）网格统计：用于统计和查看整体网格信息。某零件划分网格后的网格质量统计如图 2-8 所示，由网格诊断对话框我们可以清晰地查看到实体数量、边/单元配向/网格交叉的详细情况、纵横比和匹配率等综合信息，从而判断出该模型的网格质量。

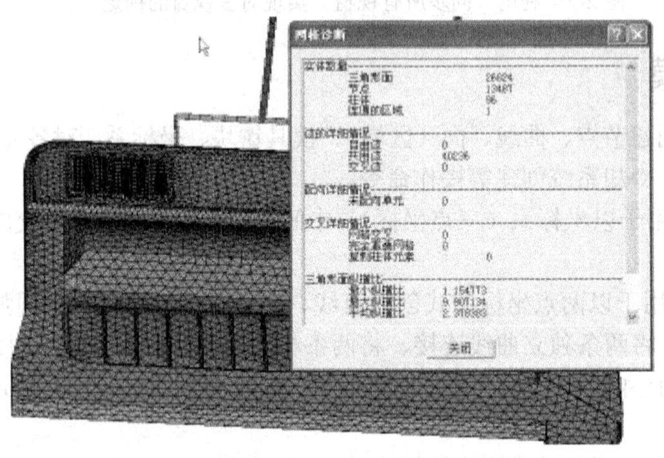

图 2-8　利用“网格统计”查看网格信息

2.2.6 分析

分析菜单包括序列选择、材料选择、成型工艺参数设置、进胶点和冷却液入口设定等命令。

1）设定成型条件：选择 Moldflow 4.1 支持的成型模式，包括热塑性塑料的注射成型、（微）发泡成型、反应注射成型、RTM 或 SRIM、芯片或覆晶封装等多种模式。Moldflow 6.1 版本又新增了对气辅、传递、共注等多种成型方式的支持。

2）设定分析序列：支持对充填、流动、冷却、翘曲以及相关组合序列的选择，每种分析序列都有各自的分析目的，操作者可以根据自己的目的合理地选择分析序列。

3）选择材料：可以通过此命令从 Moldflow 4.1 自带材料库中选择不同的成型物料。另外，材料库支持二次开发，由于 Moldflow 是国外开发的软件，许多常用的国产材料没有入库，操作者可以自己通过二次开发添加常用的材料性能参数，用于丰富材料库。

4）成型条件设置：成型过程中的工艺参数、设备参数、物料、模具材料、解算参数等参数值可通过该命令以对话框的形式确定，为模拟计算提供原始数据。

5）设定注射位置：用于确定进胶点。

6）设定冷却液入口：冷却管道建立以后，该命令用于确定冷却液的流动方向和流程，即从哪个口流入又从哪个口流出。

7）作业管理器：用于组织多个任务的分析次序，可以通过各任务优先级的设定控制分析的序列。对于操作者来说，作业管理器可以方便地实现多任务的计算机自动分析。例如，为了充分利用时间，可以在白天下班时把多个任务组织起来，设定好优先级，软件就会按照优先级别对各任务逐个分析，等到第二天上班时就可以看到分析结果了。

2.2.7 结果

结果菜单包括新结果创建、绘制属性（结果的个性设置）、结果查询、结果的备注和解释、翘曲查看工具、不同格式的结果保存等命令。

1）新结果创建：以非默认格式创建新结果。

2）绘制属性：通过修改新建视图的属性，可以创建更方便表达和考察分析结果的显示。如图 2-9 所示，对于产品充填时间（Fill Time）的考察，通过“绘制属性”将显示方式改为等值线（数量为 30）方式，可更直观地考察充填时间的变化和某时刻的料锋位置。

3）测量结果：通过测量结果查询可以考察任一节点处的结果参数。如图 2-9 所示，测量某节点处的充填时间为 0.7137s。

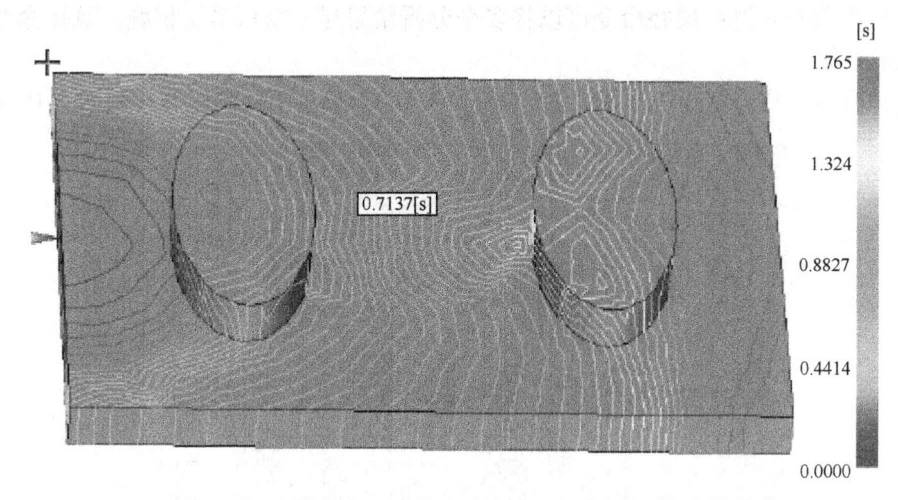

图 2-9 利用“等值线”和“测量结果”查看充填时间相关信息

4）结果备注：用于结果创建注释。如备注可以用来方便客户查看简明的结果分析和解释。

5）查看翘曲工具：以设置锚点和位移数值的方式查看翘曲结果。

6）保存结果数据：支持将结果数据以*.XML 或*.Patran 格式保存。

7）导出翘曲网格和几何体：将翘曲网格和几何体以另存方式单独导出备份。

2.2.8 报告

报告菜单包括分析结果报告自动生成命令，以及给报告添加封面、图片、动画、文字等个性化操作和对现有报告的编辑。

1）报告建立向导：以对话框方式引导操作者创建一个最基本的报告。

2）为报告添加元素：支持为报告添加封面、图片、动画、文字等操作，用以创建一个个性化的报告。

3）编辑：允许操作者对已生成报告进行编辑、修改。

2.2.9 工具

工具菜单包括个人数据库的创建和编辑、材料数据库的资料添加和编辑、宏的录制等命令。

1）创建、编辑个人数据库：完成数据分析以后，Moldflow 记录了大量的参数数据，操作者可以通过创建、编辑个人数据库建立适合自己的数据库，以备后续分析查询和调用。

2）导入旧的 Moldflow 或 C-mold 材料：可以通过此命令将旧的 Moldflow 版本或 Moldflow 公司合并 C-mold 之前的 C-mold 软件自带材料库中的成型物料参数导入到 4.1 版本中，以丰富材料数据库。另外，前面介绍过，材料库支持二次开发，由于 Moldflow 是国外开发的软件，许多我们常用的国产材料没有入库，操作者还可以自己通过二次开发添加常用的材料性能参数。

3）宏操作：支持宏的录制和执行。

2.2.10 窗口和帮助

窗口可以执行新窗口创建、分析结果显示窗口的重叠、分割、多窗口显示等命令；帮助可以执行帮助文件查看、登录 Moldflow 网站、快捷键查询、分析过程中的警告和错误解释查询等命令。

1）窗口层叠和重排：层叠命令可以将多个分析结果显示窗口多层重叠，重排命令可执行重叠次序的更改。

2）窗口分割：支持多窗口显示，其中每个窗口可以显示不同的内容，如图 2-10 所示。

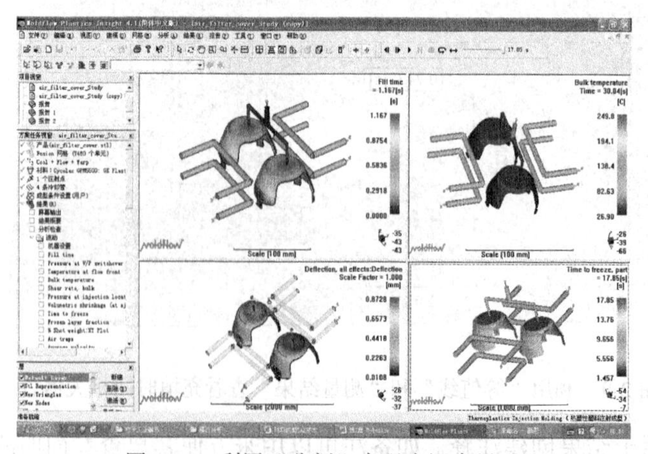

图 2-10 利用“分割”实现多视窗显示

3）查找帮助：在任何时候单击“查找帮助”或按 F1 键均可打开帮助栏。对于初学者来说，学会使用帮助意义重大，因为 Moldflow 的帮助功能强大，几乎所有我们在基本操作或结果分析工程中碰到的疑问都可以从“帮助”中寻求帮助。但是几乎所有版本的 Moldflow 软件的“帮助栏”都是英文版的，给部分操作者带来一定麻烦。

4）快捷键：支持快捷键查询。

5）Moldflow 网站：支持和 Moldflow 官方网站的在线联系，登录主页或客户中心可提供相应技术支持和软件的在线更新。当然，最基本的前提是您使用的是正版软件。

2.3 节点的创建

在 Moldflow 4.1 软件中，基础建模工具主要有节点创建工具、曲线创建工具、面（区域）创建工具、模具镶块、坐标系，对各元素的复制、移动、旋转、镜像和浇注、冷却系统创建等操作命令。其中，节点和曲线的创建将会在流道、浇口、水道创建过程中频繁出现；移动和复制工具会在多型腔创建以及节点、曲线等元素的移动、复制、旋转、镜像等操作中使用。熟练掌握基础建模工具将为后续的进一步学习打下良好的基础。Moldflow 4.1 提供了五种节点创建方法。

1）坐标系：以输入坐标系 x、y、z 绝对坐标值的方法创建节点。三个坐标值之间可以空格或逗号隔开，例如，“0 0 0”或“0，0，0”，如图 2-11 所示。

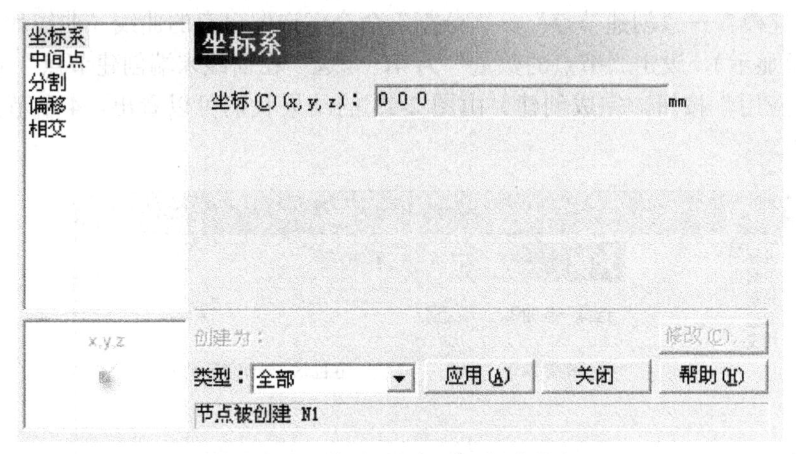

图 2-11 利用“坐标系”创建节点

具体操作步骤如下：

① 执行“建模”→“创建节点”→“坐标系”命令，在坐标栏里输入具体坐标值。

② 单击“应用”按钮，完成创建。

2）中间点：在已有的两个节点中间创建一个或多个节点，创建的新节点将旧节点之间距离平分，即任何节点等距分布，如图 2-12 所示。

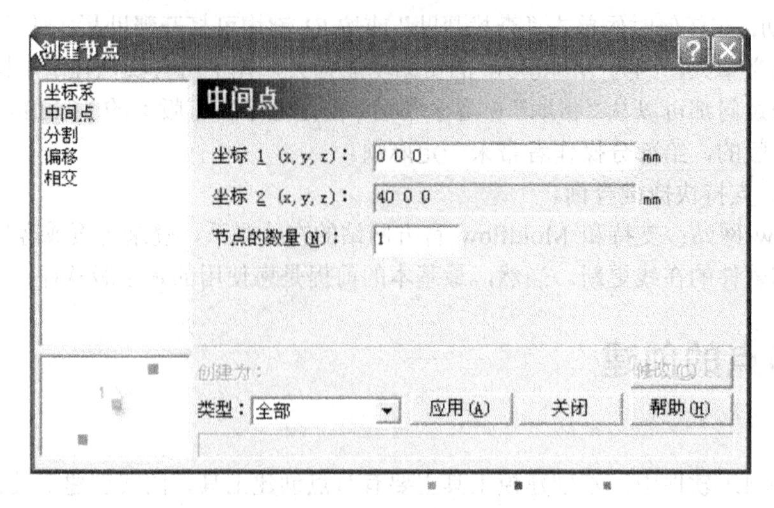

图 2-12 利用“中间点”创建节点

具体操作步骤如下：

① 执行“建模”→“创建节点”→“中间点”命令，依次选择已有的两点（每选一点其坐标值都会在对应的“坐标”框中显示），设定“节点的数量”。

② 单击“应用”按钮，完成创建。

3）分割：选择一条曲线，通过该命令可以在曲线上分割出一个或多个节点。

具体操作步骤如下：

① 执行“建模”→“创建节点”→“分割”命令，选取已有的曲线（曲线代号“C1”会自动在选择框里显示），设定“节点的数量”为 4，勾选“在曲线末端创建节点”复选框。

② 单击“应用”按钮，完成创建。由图 2-13 的结果我们可以看出，4 个节点也将曲线平分。

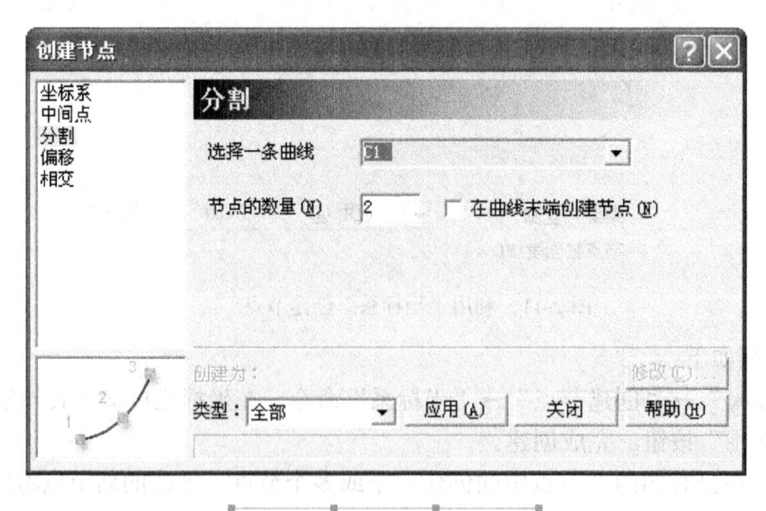

图 2-13 利用“分割”创建节点

4）偏移：通过输入坐标值或者由一个已有节点偏移出一个或多个新节点。

具体操作步骤如下：

① 执行“建模”→“创建节点”→“偏移”命令，选取已有的节点（所选节点坐标值会自动在选择框里显示）或在“基准坐标”框中直接输入坐标值，设定“节点的数量”为 3。

② 单击“应用”按钮，完成创建。由图 2-14 的结果我们可以看出，偏移出 3 个新节点，也是等距分布（偏移向量为 20）。

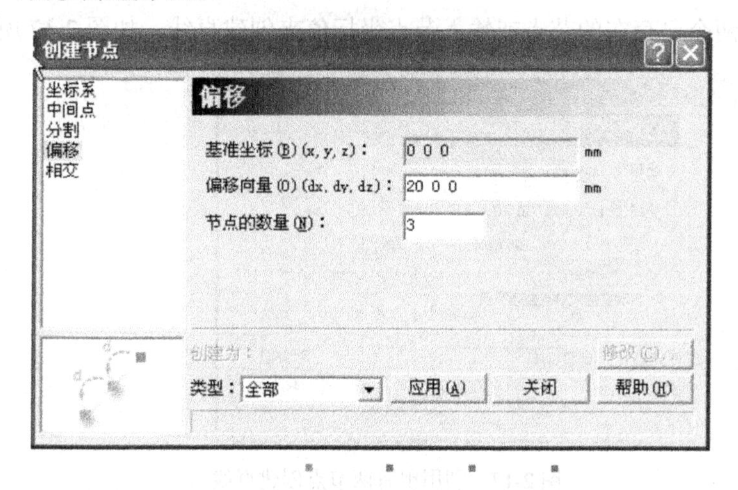

图 2-14　利用“偏移”创建节点

5）相交：在两条相交曲线段的交点处创建新节点，如图 2-15 所示。

具体操作步骤如下：

① 执行“建模”→“创建节点”→“相交”命令，选取已有的两条相交曲线段（曲线代号“C1”“C2”会自动在选择框里显示），此时交点坐标值在“交点坐标”框中会显示。

② 单击“应用”按钮，完成创建。

值得一提的是，在该命令中用于创建节点的两条曲线必须切实存在交点，因此，在前面提到的是“曲线段”而非“曲线”，这点可从图 2-16 中可以看出。

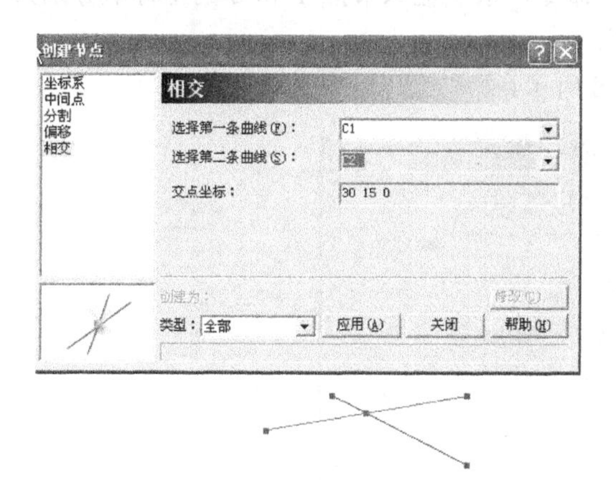

图 2-15　利用“相交”创建节点

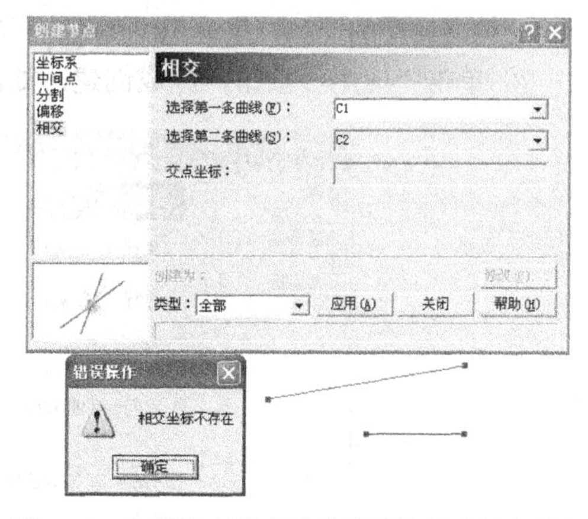

图 2-16　实际没有相交的曲线无法创建相交节点

2.4 线的创建

Moldflow 4.1 提供了六种曲线段创建方法。

（1）直线

1）通过选取两个已存在的节点或输入节点坐标值来创建直线，如图 2-17 所示。

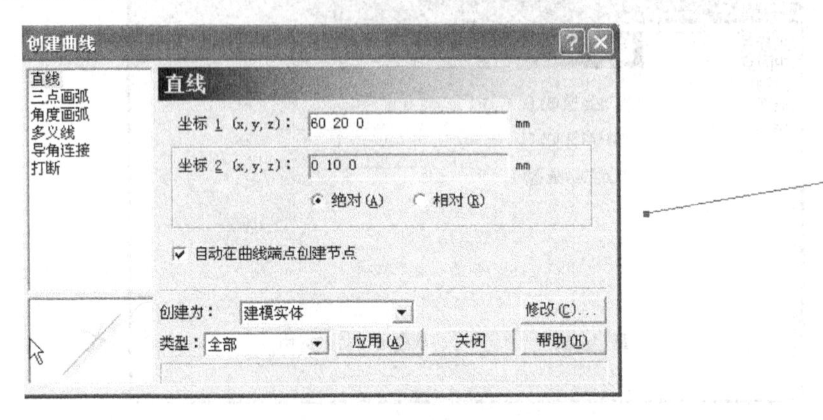

图 2-17 利用现有两节点创建直线

具体操作步骤如下：

① 执行“建模”→“创建曲线”→“直线”命令，选取已有的两个节点（节点坐标值会自动在选择框里显示）。

② 单击“应用”按钮，完成创建。

2）我们还可以通过输入两节点坐标值的方法创建直线，坐标值输入时可以是绝对坐标或相对坐标。

● 利用绝对坐标创建直线具体操作步骤如下：

① 执行“建模”→“创建曲线”→“直线”命令，依次输入节点 1 和 2 的坐标值分别为“20 ，30，40”和“10，20，30”，点选“绝对”。

② 单击“应用”按钮，完成创建，如图 2-18 所示。

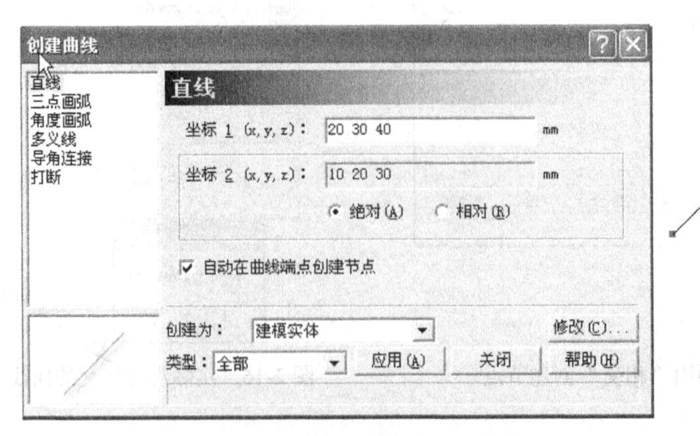

图 2-18 利用绝对坐标创建直线

● 利用相对坐标创建直线具体操作步骤如下：

① 执行“建模”→“创建曲线”→“直线”命令，依次输入节点 1 和 2 的坐标值分别为“20 ，30，40”和“10，20，30”，点选“相对”。

② 单击“应用”按钮，完成创建，如图 2-19 所示。

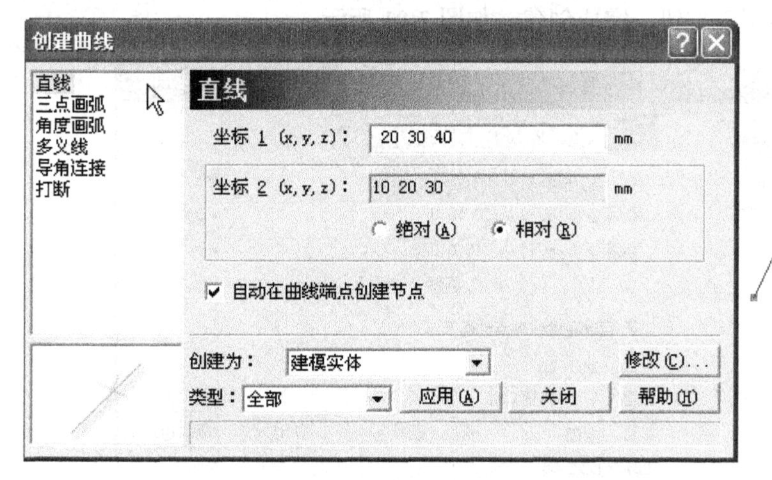

图 2-19　利用相对坐标创建直线

对比两条直线，我们不难发现，虽然两个节点的坐标输入值完全一样，但产生的直线却不同，原因就在于绝对坐标或相对坐标的区别。

（2）三点画弧

由三个节点创建圆弧曲线或圆。

1）创建圆弧，具体操作步骤如下：

① 执行“建模”→“创建曲线”→“三点画弧”命令，选取已有的三个节点（节点坐标值会自动在选择框里显示）或直接输入三点坐标，点选“圆弧”单选框，勾选“自动在曲线端点创建节点”复选框。

② 单击“应用”按钮，完成创建，如图 2-20 所示。

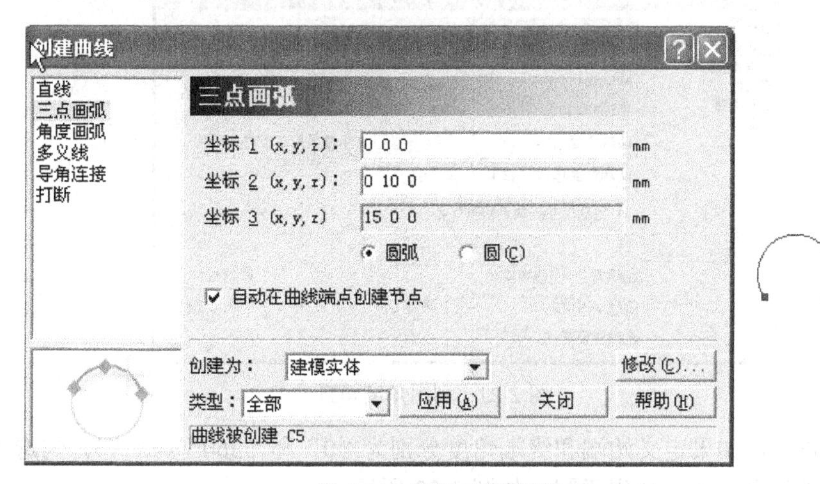

图 2-20　利用三点画弧

2）创建圆，具体操作步骤如下：

① 执行“建模”→“创建曲线”→“三点画弧”命令，选取已有的三个节点（节点坐标值会自动在选择框里显示）或直接输入三点坐标，点选“圆”单选框，勾选“自动在曲线端点创建节点”复选框。

② 单击“应用”按钮，完成创建，如图2-21所示。

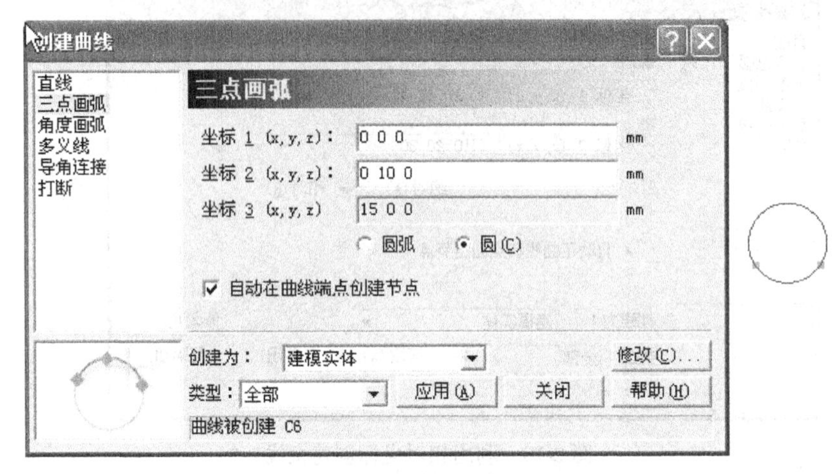

图2-21 利用三点画圆

（3）角度画弧

以某节点为圆心并赋予半径（圆心加半径）的方式创建圆弧。

具体操作步骤如下：

① 执行“建模”→“创建曲线”→“角度画弧”命令，选取已有的节点（节点坐标值会自动在选择框里显示“0 0 0”）或直接输入坐标值“0 0 0”作为圆心，定义半径为5，定义始端和终端角度分别为“0”和“270”，勾选“自动在曲线端点创建节点”复选框。

② 单击“应用”按钮，完成创建，如图2-22所示。

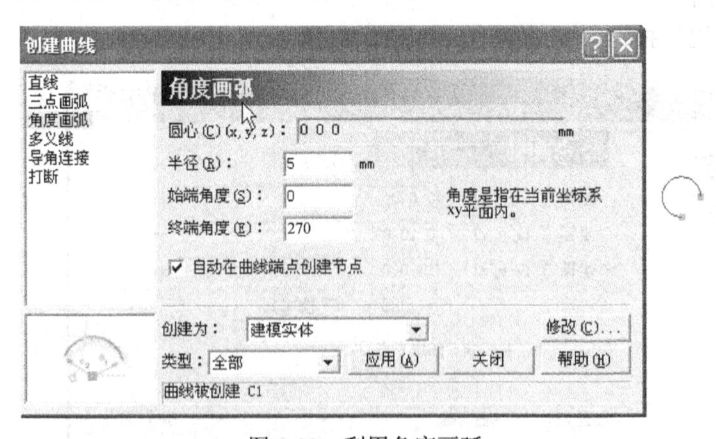

图2-22 利用角度画弧

在以上操作中，如果定义始端和终端角度分别为“0”和“360”（默认），勾选“自动在曲线端点创建节点”复选框，则生成圆，如图2-23所示。

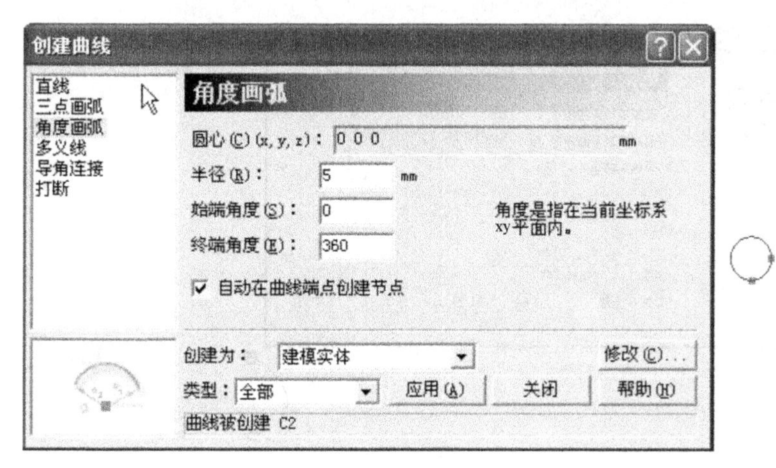

图 2-23　利用角度画圆

（4）多义线

用于创建弯曲变化的曲线。

具体操作步骤如下：

① 执行“建模”→“创建曲线”→“多义线”命令，选取已有的节点（节点坐标值会自动在选择框里显示“0 0 0”、“5 10 0”、“10 15 0”和“40 25 0”）或直接输入坐标值“0 0 0”、“5 10 0”、“10 15 0”和“40 25 0”，勾选“自动在曲线端点创建节点”复选框。

② 单击“应用”按钮，完成创建，如图 2-24 所示。

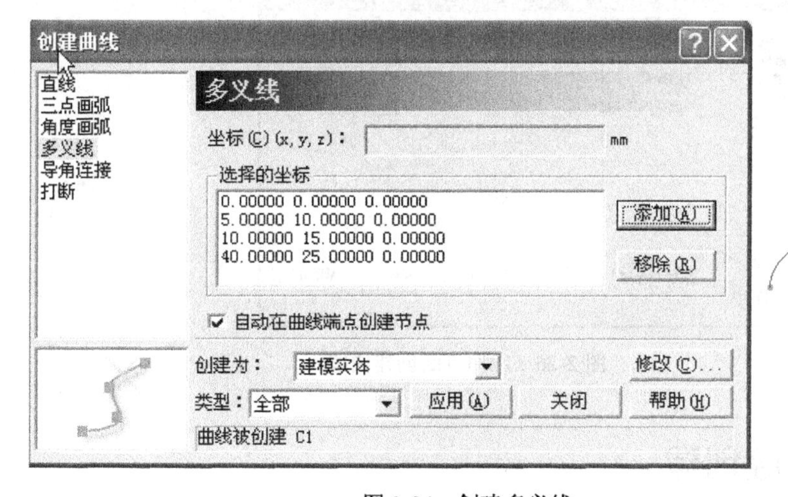

图 2-24　创建多义线

（5）倒角连接

可以在两条手动创建的曲线间创建连接两条曲线的倒角。

具体操作步骤如下：

① 执行“建模”→“创建曲线”→“倒角连接”命令，选取已有两条曲线（曲线编号会自动在选择框里显示），确定“倒角系数”为 1。

② 单击“应用”按钮，完成创建，如图 2-25 所示。

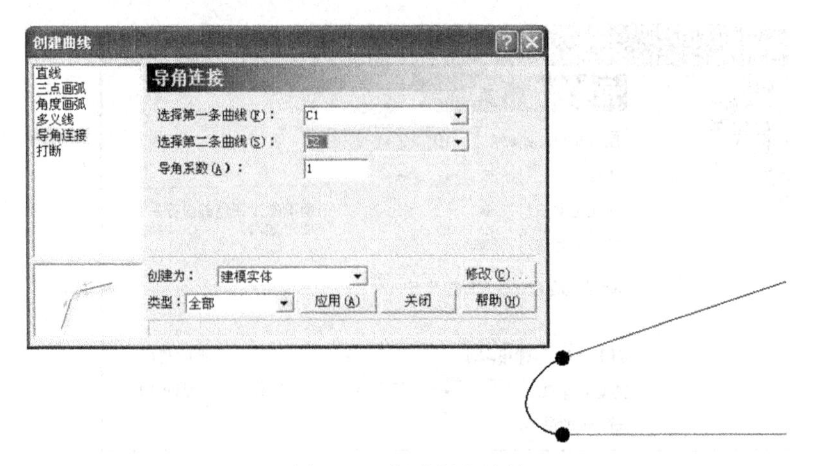

图 2-25 创建倒角连接

（6）打断

用于将手动创建的两条相交曲线在它们的交点处打断。

具体操作步骤如下：

① 执行“建模”→“创建曲线”→“打断”命令，选取已有两条曲线 C1、C2（曲线编号会自动在选择框中显示）。

② 单击“应用”按钮，完成创建，结果是两条曲线被交点打断为四条曲线，如图 2-26 所示。

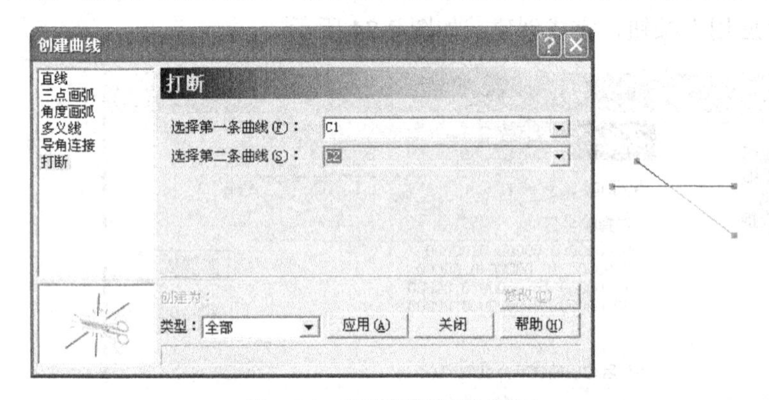

图 2-26 应用打断创建曲线

2.5 多模腔创建

在 Moldflow 4.1 中文版中常用两种方法可以实现多模腔创建。

（1）利用多模腔复制向导

由于此操作简单，在此只作简要介绍。

具体操作步骤如下：

1）在单型腔网格划分完成以后，选择“建模”→“多模腔复制向导”命令，系统弹出“模腔复制向导”对话框，设置模腔数量为 2，行数为 2，行间距为 150，单击“预览”按钮可大体查看设定结果。

2）单击“完成”按钮，实现多模腔复制，如图 2-27 所示。

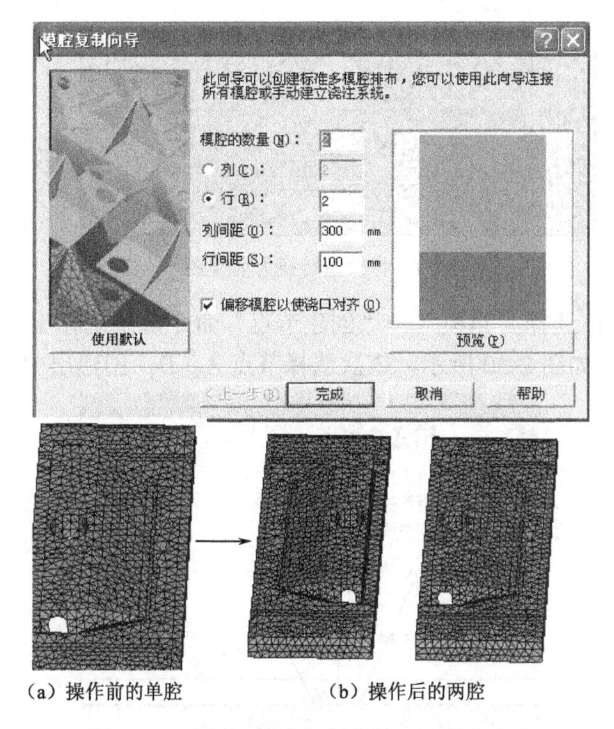

（a）操作前的单腔　　　（b）操作后的两腔

图 2-27　利用“模腔复制向导”建立多模腔

（2）手动创建

手动方式创建多模腔灵活多变，具有很强的普适性。但是该方法对操作者的基本操作能力有一定要求，特别是对点、线、面的创建和移动、旋转、复制、镜像等操作要求熟练。

下面结合两个例子，介绍移动、旋转、复制、镜像等操作。

【例 2-1】　矩形布排的多模腔手动创建。

本例将某盖体原始模型划分网格并进行修复，经过手动操作，创建出矩形布排的一模四腔模具布局，创建结果如图 2-28 所示。

思路：创建镜像依据——镜像复制网格模型。

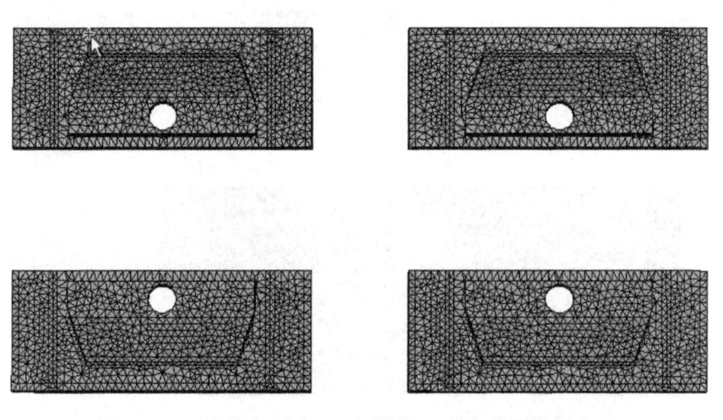

图 2-28　手动创建矩形布排的一模四腔模具布局

具体操作步骤如下：

1）将模型转换为前视图：单击图标“ ”，将模型转换为前视图，如图2-29示。

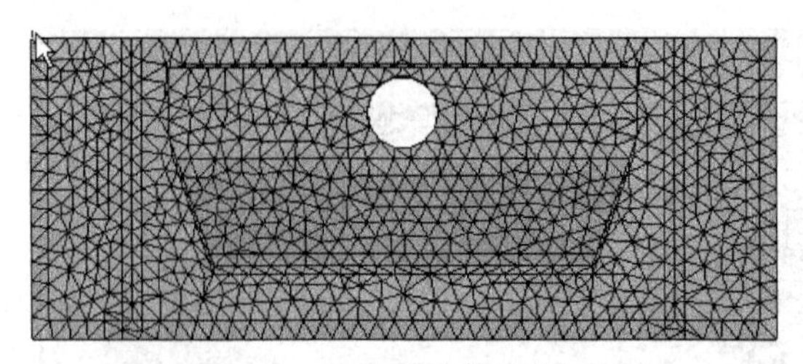

图2-29　将模型转换为前视图

2）创建镜像依据：选择“建模”→“创建节点”命令，系统弹出“创建节点”对话框，选择“中间点”选项，如图2-30所示，依次选择节点A、B，创建出中间点C。

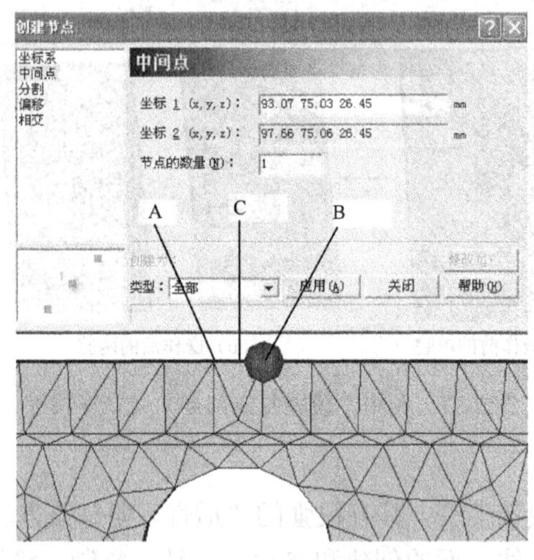

图2-30　创建X方向中间点

选择“建模”→“创建节点”命令，系统弹出“创建节点”对话框，选择“偏移”，如图2-31所示，选择上一步创建的节点C，“偏移向量”设定为“0 30 0”，即向Y向偏移30mm，得到节点D，将节点C删除。

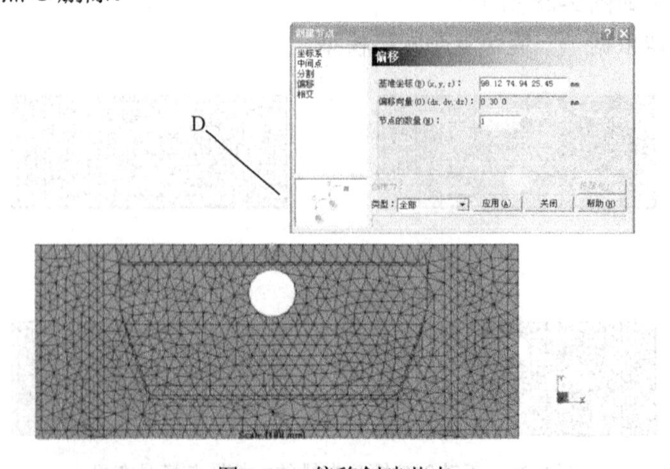

图2-31　偏移创建节点

3）镜像复制网格模型：选择“建模”→“移动/复制”命令，系统弹出“移动/复制单元”对话框，选择“镜像”选项，框选原模型所有元素，“镜像平面”选择 XZ 平面，“参考基准点”选择上一步创建的节点 D，点选“复制”单选框，如图 2-32 所示，完成镜像复制。

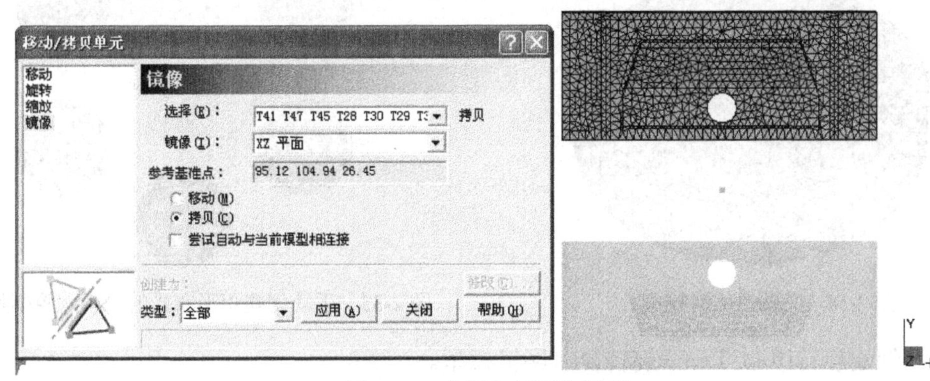

图 2-32　镜像复制网格模型

4）同理将节点 D 沿 X 正方向偏移 120mm，创建节点 E，然后以节点 E 为依据，以 YZ 平面为镜像平面，以节点 E 为参考基准点，镜像出另外两个模腔，如图 2-33 所示。

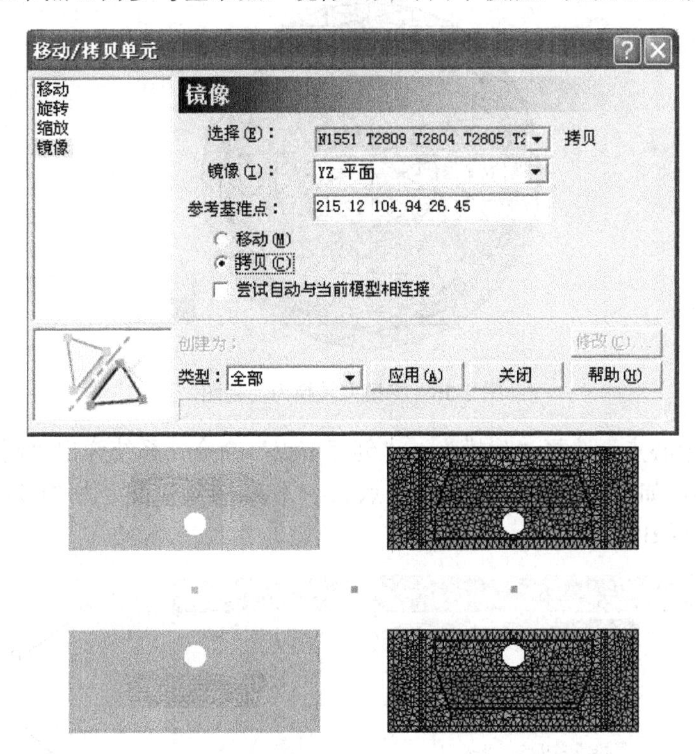

图 2-33　镜像复制另外两个模腔

至此，矩形布排的多模腔手动创建完毕。

【例 2-2】　圆形布排的多模腔手动创建。

本例将某按钮原始模型划分网格并进行修复，如图 2-34 所示。经过手动操作，创建出矩形布排的一模六腔模具布局，创建结果如图 2-35 所示。

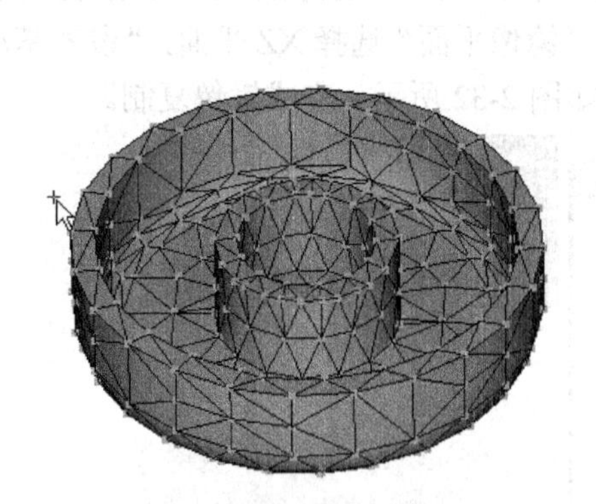
图 2-34　某按钮网格模型

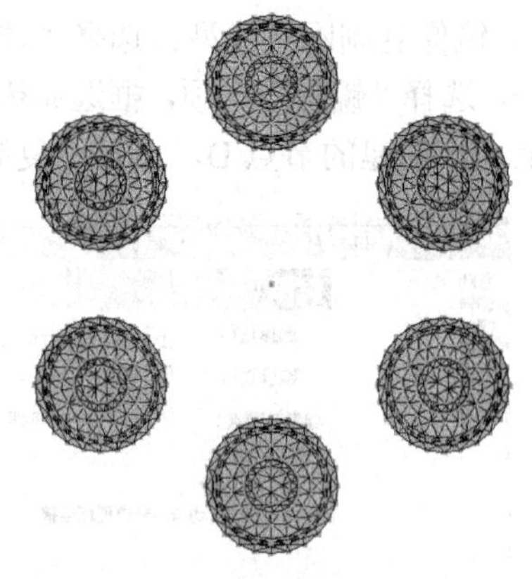
图 2-35　手动创建矩形布排的一模六腔模具布局

思路：创建旋转中心点——旋转复制网格模型。

具体操作步骤如下：

1）将模型转换为前视图：单击图标“ ”，将模型转换为前视图，如图 2-36 所示。

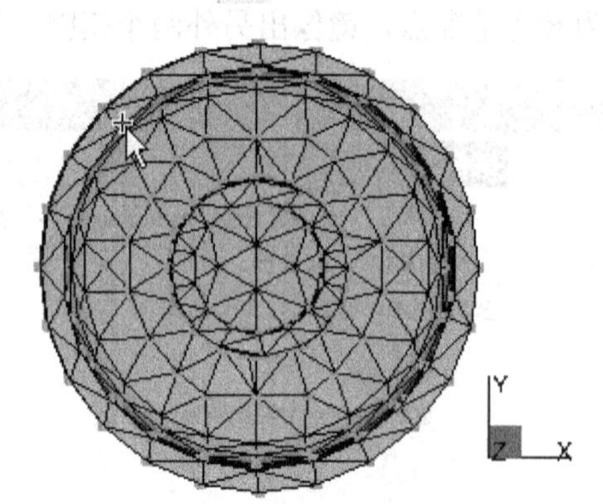

图 2-36　将模型转换为前视图

2）创建旋转中心点：选择“建模”→“创建节点”命令，系统弹出“创建节点”对话框，选择“偏移”选项，如图 2-37 所示，选择节点 A，“偏移向量”设定为“0 20 0”，即向 Y 向偏移 20mm，得到节点 B。

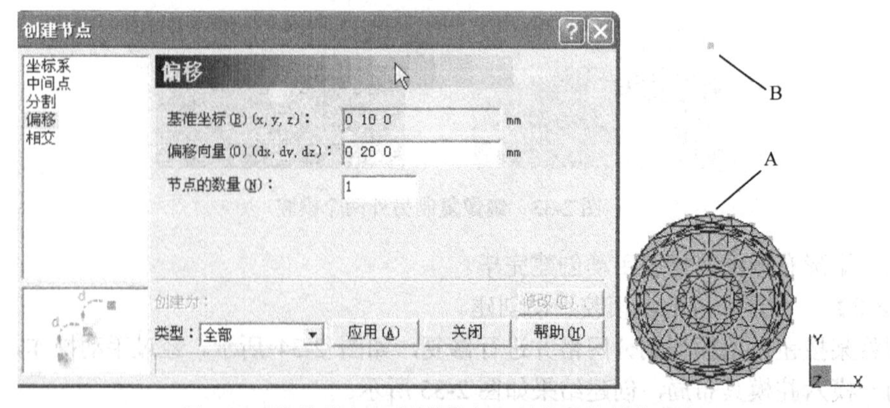

图 2-37　偏移节点 A 得到节点 B 以作为旋转中心点

3）旋转复制网格模型：选择“建模”→“移动/拷贝”命令，系统弹出“移动/拷贝单元”对话框，选择“旋转”选项，框选原模型所有元素，“旋转轴”选择 Z 轴，“角度”设定为 60°，“参考基准点”选择上一步创建的节点 B，点选“复制”单选框，“复制的数量”为 6，如图 2-38 所示，完成镜像复制。

至此，圆形布排的多模腔手动创建完毕。

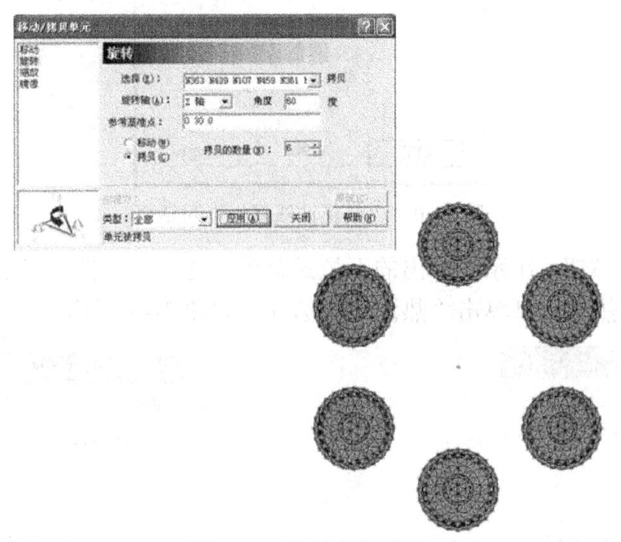

图 2-38　旋转复制模型

2.6　浇口创建

本节介绍“浇口创建”命令以及浇口属性设置、浇口曲线与柱体单元划分的创建方法。

2.6.1　浇口创建命令

Moldflow 4.1 中文版提供两种创建浇口的方法：一种是使用曲线命令；另一种是使用柱体单元创建命令。

（1）应用曲线创建命令来创建浇口

1）选择“建模”→“创建曲线”命令，系统弹出“创建曲线”对话框，如图 2-39 所示。

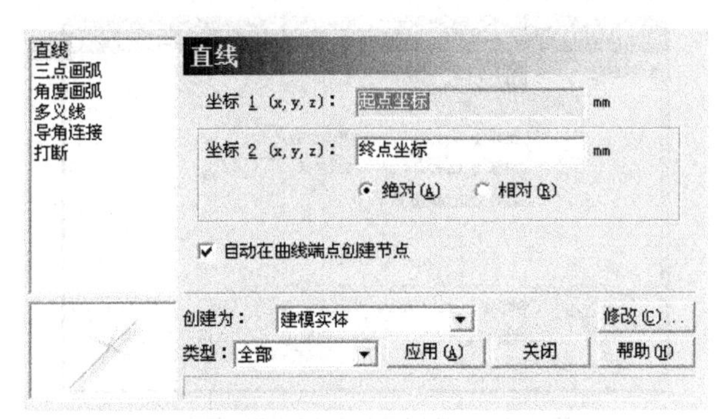

图 2-39　“创建曲线”对话框

2）单击“修改”按钮，系统弹出的对话框如图 2-40 所示。

图 2-40 “赋新曲线属性”对话框

3）单击“新建”按钮，在系统弹出的下拉式菜单中选择新属性。若创建冷浇口可单击“冷浇口”选项；若创建热浇口可单击“热浇口”选项，如图 2-41 所示。

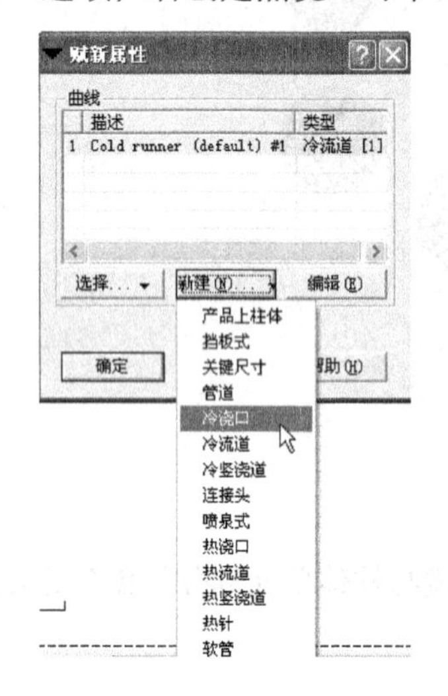

图 2-41 选择浇口方式

（2）使用柱体单元创建命令来创建浇口

1）选择“网格”→“创建柱体网格”命令，系统弹出“创建柱体网格”对话框，如图 2-42 所示。

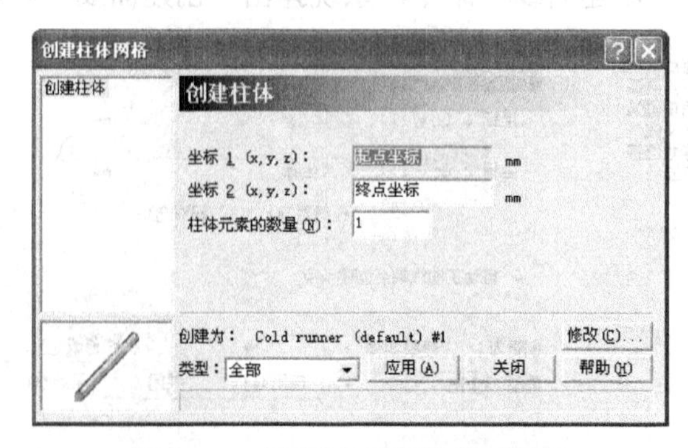

图 2-42 “创建柱体网格”对话框

2）单击“修改”按钮，系统弹出“赋新属性”对话框，如图 2-40 所示。

3）单击“新建”按钮，在系统弹出的下拉菜单中选择新属性。若创建冷浇口可单击“冷浇口”选项；若创建热浇口可单击“热浇口”选项，如图 2-41 所示。

（3）对比总结

在创建规则形状浇口时，一般选用“使用柱体单元创建命令来创建浇口”的方法；在创建弧形浇口（如牛角式）时，一般选用“应用曲线创建命令来创建浇口” 的方法。

2.6.2　浇口属性设置

浇口属性设置主要指浇口的截面形状和外形尺寸等参数的设置，通过不同参数的设置可以获得不同类型的浇口。

（1）冷浇口属性设置

在前面创建浇口时，单击“赋新属性”对话框中的“新建”按钮，在系统弹出的下拉菜单中选择“冷浇口”选项，系统弹出“冷浇口”属性设置对话框，如图 2-43 所示。

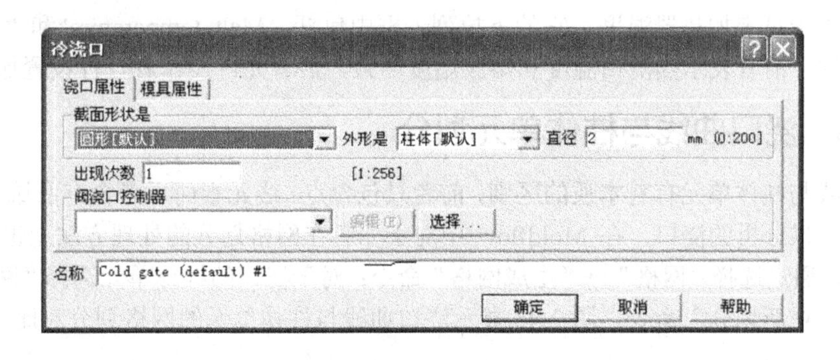

图 2-43　“冷浇口”属性设置对话框

冷浇口属性包括“浇口属性”和“模具属性”两大项。

1）浇口属性。

“截面形状是”下拉列表框中有 6 个选项：“圆形（默认）”、“梯形”、“U 形”、“半圆形”、“矩形”和“其他形状”选项。其中以“圆形”、“梯形”和“矩形”最为常用。

“外形是”下拉列表框中有 3 个选项：“柱体（默认）”、“锥体（由端部尺寸定）”和“锥体（由锥角定）”。其中，若选择“锥体（由端部尺寸确定）”和“锥体（由锥角确定）”还会出现“编辑尺寸”选项，选择该选项，系统弹出“截面尺寸”对话框，操作者可以在此编辑截面尺寸以确定锥形浇口的外形尺寸。

“出现次数”主要用于对称多模腔的简化分析，在没有使用简化分析时，此值为 1。

“阀浇口控制器”用于选择和编辑包括系统默认和操作者设定的阀浇口控制规则。

2）“模具属性”用于选择和编辑模具材料及材料参数（如导热系数、密度、弹性模量、热膨胀系数等）。

（2）热浇口属性设置

在前面创建浇口时，单击“赋新属性”对话框中的“新建”按钮，在系统弹出的下拉式菜单中选择“热浇口”选项，系统弹出“热浇口”属性设置对话框，如图 2-44 所示。

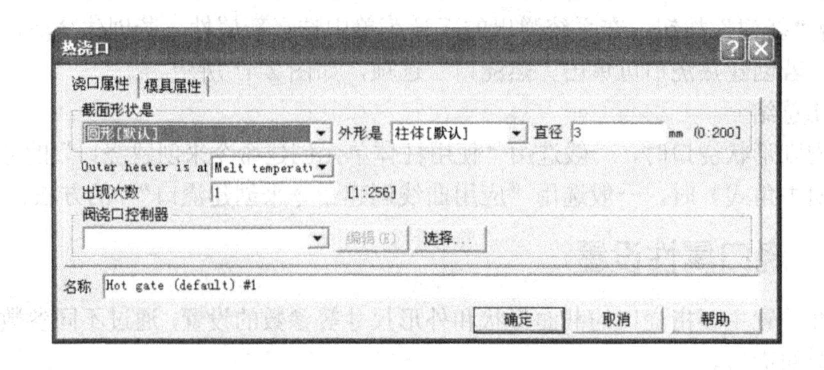

图 2-44 “热浇口”属性设置对话框

“热浇口”属性设置对话框同样包括“浇口属性”和“模具属性”两大项，其中大部分选项和前述“冷浇口”属性设置相同，这里不再赘述。其中，“Outer heater is at”（外加热器温度位于）主要用于设定加热器温度。它的下拉列表框中包括“Melt temperature”和“Temperature =”两个选项，前者表示热浇口温度和熔胶温度一致，后者允许操作者自行设置加热器温度。

2.6.3 浇口曲线与柱体单元划分

浇口曲线与柱体单元有着本质的区别，前者只包含点、线元素而后者含有面域元素。因此，要使之成为可供分析的浇口，在 Moldflow 中对于二者在网格划分的处理方法上也不一样。对于浇口曲线，通过选择“网格”→“生成网格”命令；对于浇口的柱体单元选择“网格”→“网格工具”→“重新划分”命令。图 2-45 显示浇口曲线与柱体单元的网格划分对比。

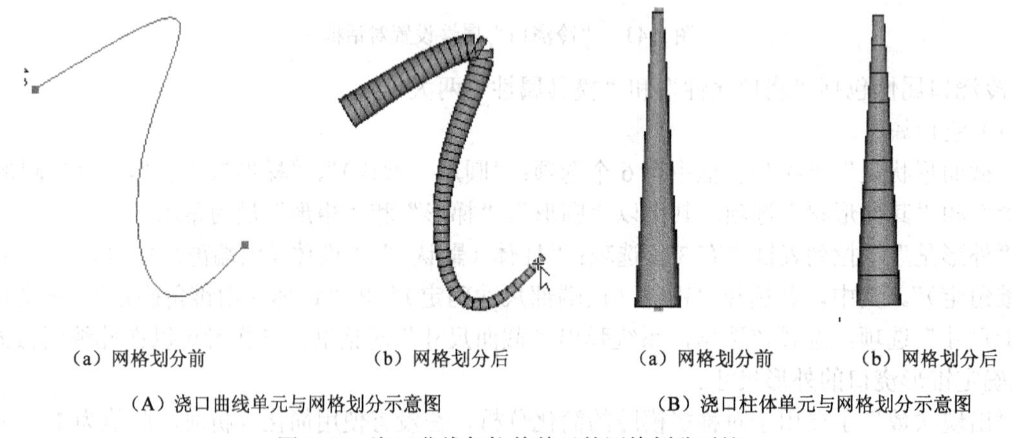

（a）网格划分前 （b）网格划分后

（A）浇口曲线单元与网格划分示意图

（a）网格划分前 （b）网格划分后

（B）浇口柱体单元与网格划分示意图

图 2-45 浇口曲线与柱体单元的网格划分对比

2.7 冷流道浇注系统创建实例

本节将以一个按钮零件为例，讲述冷流道浇注系统的创建方法和步骤。

本例的原始模型如图 2-46 所示，基于此模型创建一个冷流道系统，创建结果如图 2-47 所示。

图 2-46　原始模型

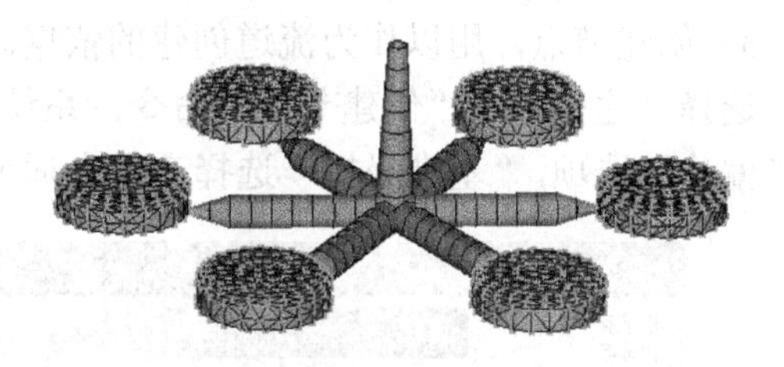

图 2-47　创建了浇注系统的模型

操作步骤：

1）创建节点，以此作为旋转复制的中心点：选择“建模”→“创建节点”命令，系统弹出“创建节点”对话框，如图 2-48 所示。选择“偏移”选项，“基准坐标”选择产品合适位置对应的节点 A，创建节点 B。

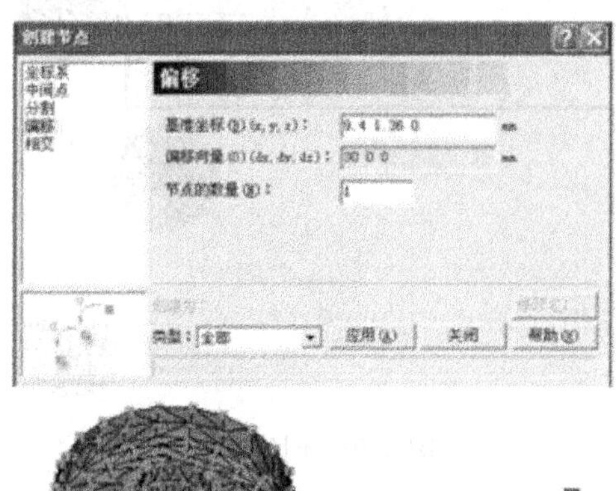

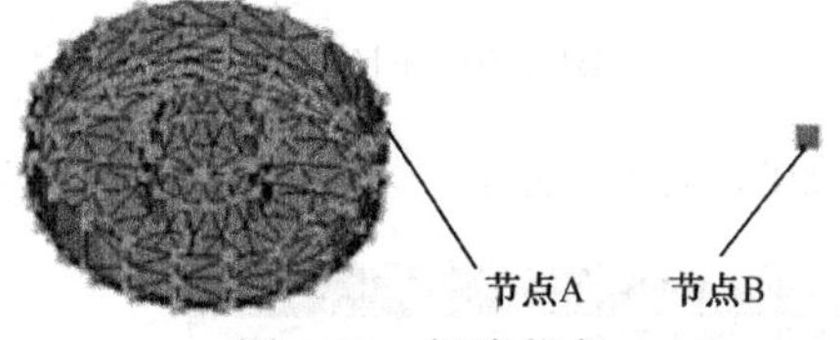

图 2-48　创建节点

2）创建一模多腔的布排：选择“建模”→“移动/拷贝”命令，系统弹出“移动/复制单元”对话框，选择“旋转”选项，框选原始模型所有元素作为操作对象，旋转轴为 Z 轴，角度为 60°，“参考基准点”为节点 B，“复制数量”为 6，单击“应用”按钮，完成旋转复制，即一模六腔，如图 2-49 所示。

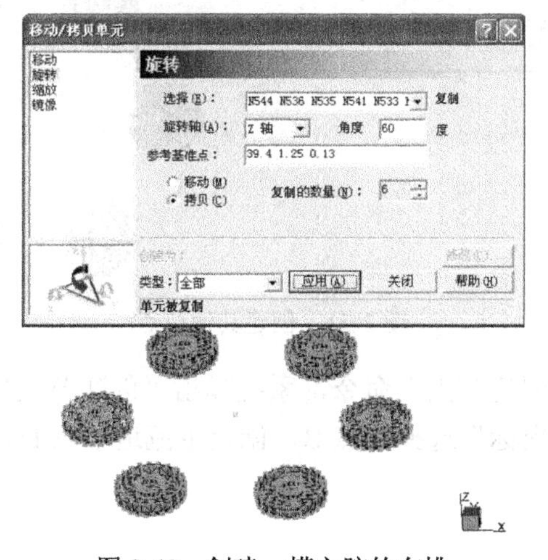

图 2-49　创建一模六腔的布排

3）创建节点，用以作为流道创建的依据。

选择“建模”→“创建节点”命令，系统弹出“创建节点”对话框，如图 2-50 所示。选择“偏移”选项，“基准坐标”选择产品合适位置对应的节点 A，创建节点 C。

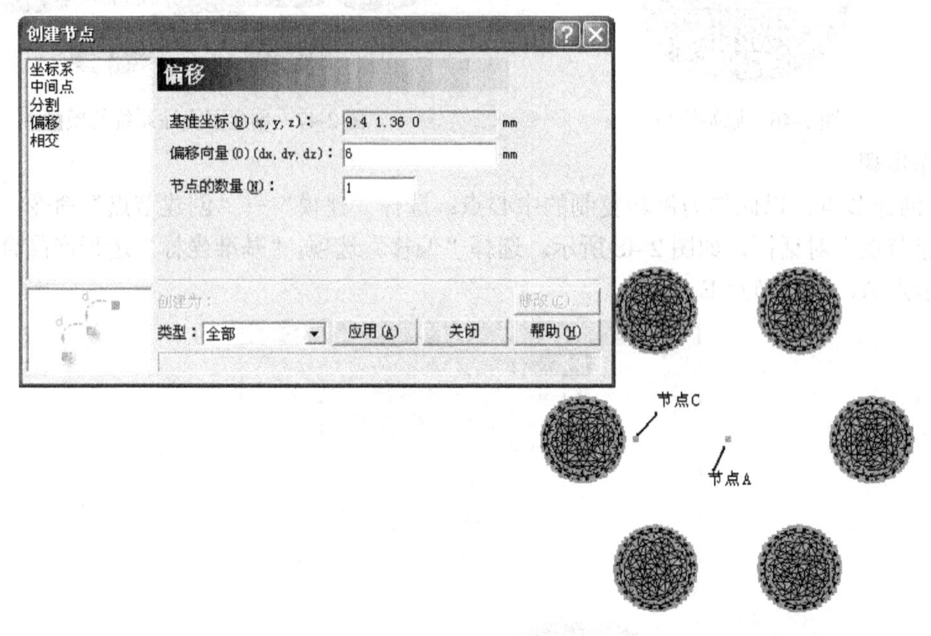

图 2-50 创建节点

① 同理创建其他节点，如图 2-51 所示。

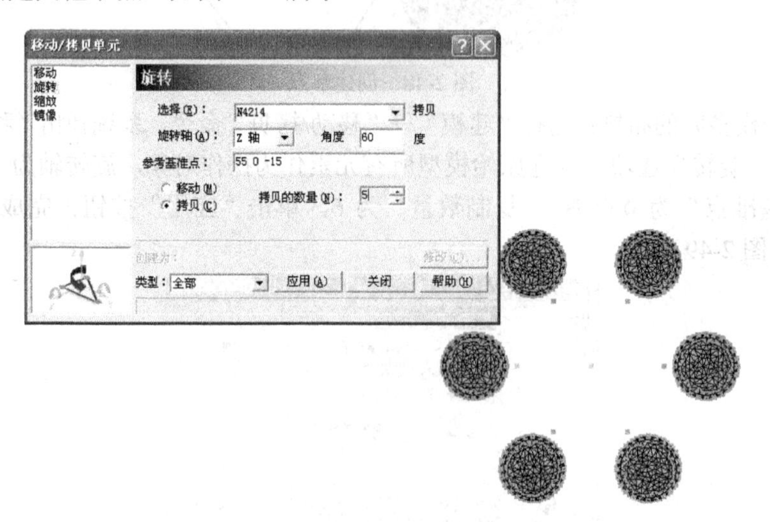

图 2-51 创建其他节点

② 选择“建模”→“创建节点”命令，系统弹出“创建节点”对话框，如图 2-52 所示。选择“偏移”选项，“基准坐标”选择节点 B，创建主流道节点 D。

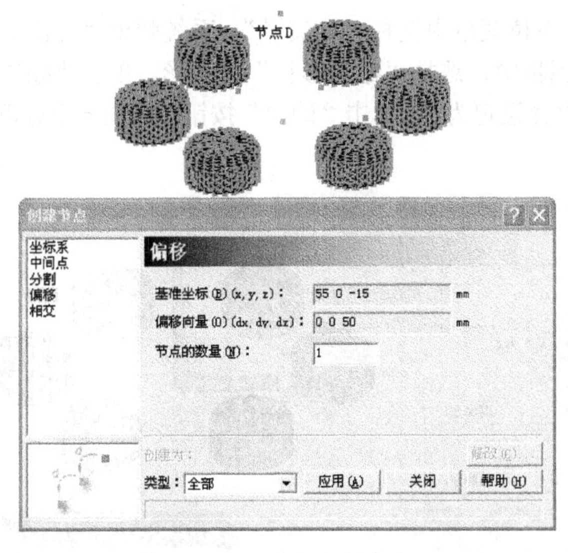

图2-52　创建主流道节点

4）创建主流道柱体单元。

执行“建模”→“创建曲线”命令，系统弹出“创建曲线”对话框。选择“直线”选项然后依次选择节点D和B，单击“修改”按钮，系统弹出“赋新属性”对话框。在“赋新属性”对话框的“新建”下拉菜单中选择“冷竖浇道”，系统弹出“冷竖浇道” 属性设置对话框。在“冷竖浇道”属性设置对话框中，选择“外形”为锥体（由端部尺寸确定）。单击“编辑尺寸”按钮，系统弹出“截面尺寸”对话框，“始端直径”为3，“终端直径”为6。单击“确定”按钮，完成主流道柱体单元创建，如图2-53所示。

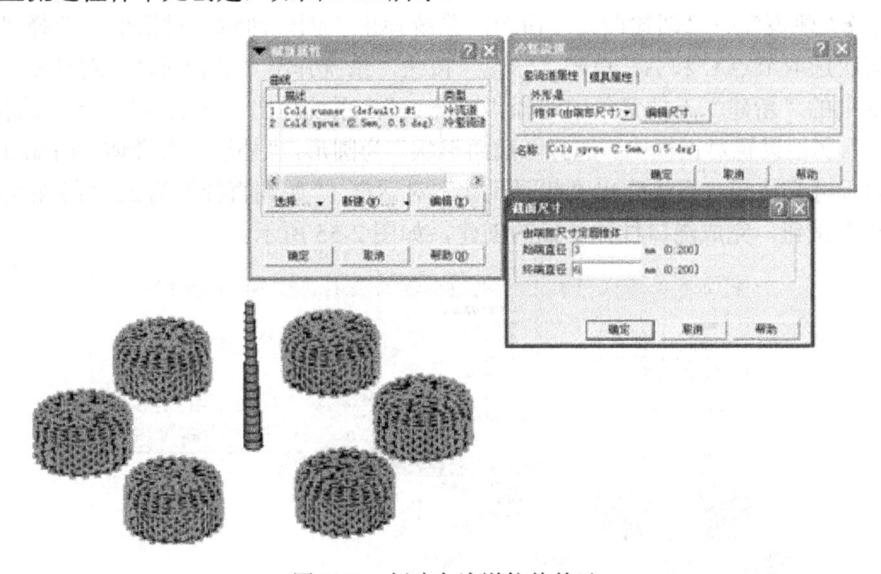

图2-53　创建主流道柱体单元

5）创建分流道柱体单元。

① 执行“建模”→“创建曲线”命令，系统弹出“创建曲线”对话框。选择“直线”选项然后依次选取节点B和C，单击“修改”按钮，系统弹出“赋新属性”对话框。在“赋新属

性”对话框的“新建”下拉菜单中选择“冷流道”，系统弹出“冷流道”属性设置对话框。在“冷流道”属性设置对话框中，选择“截面形状”为圆形。单击“编辑尺寸”按钮，系统弹出“截面尺寸”对话框，直径设定为 3。单击“确定”按钮，完成一个分流道柱体单元创建，如图 2-54 所示。

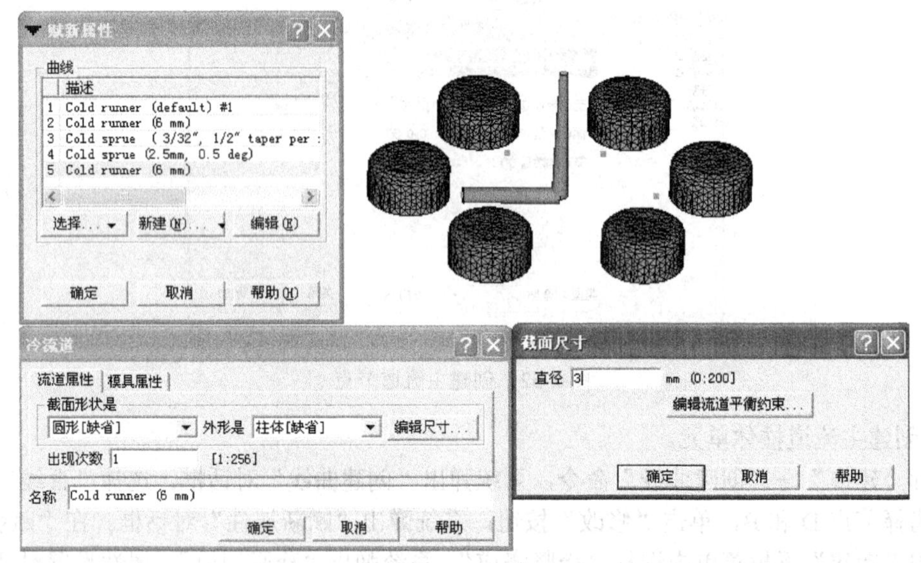

图 2-54　创建一个分流道柱体单元

② 同理创建其他五个分流道柱体单元。

6）创建浇口柱体单元。

① 选择“建模”→“创建曲线”命令，系统弹出“创建曲线”对话框。选择“直线”选项，然后依次选取节点 C 和 A，单击“修改”按钮，系统弹出“赋新属性”对话框。在“赋新属性”对话框的“新建”下拉菜单中选择“冷浇口”，系统弹出“冷浇口” 属性设置对话框。在“冷浇口”属性设置对话框中，选择“截面形状”为圆形，“外形”为锥体（由端部尺寸定）。单击“编辑尺寸”按钮，系统弹出“截面尺寸”对话框，“始端直径”为 5，“终端直径”为 1。单击“确定”按钮，完成浇口柱体单元的创建，如图 2-55 所示。

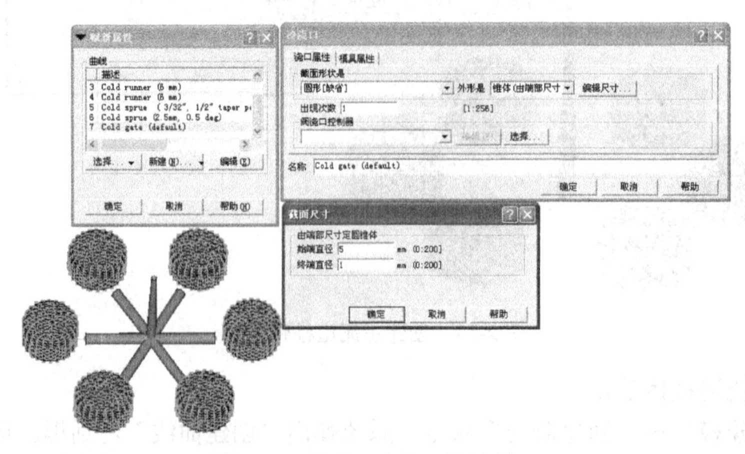

图 2-55　创建一个浇口柱体单元

② 同理创建其他五个浇口柱体单元。

7）定义主流道、分流道和浇口柱体单元的网格密度。

选择所有柱体单元，选择“网格”→“定义网格密度”命令，系统弹出“定义网格密度”对话框，定义“平均边长”为 3，单击“应用”按钮，完成网格密度的定义，如图 2-56 所示。

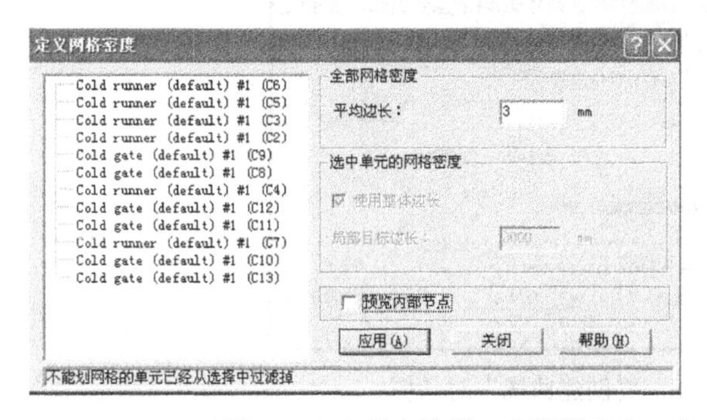

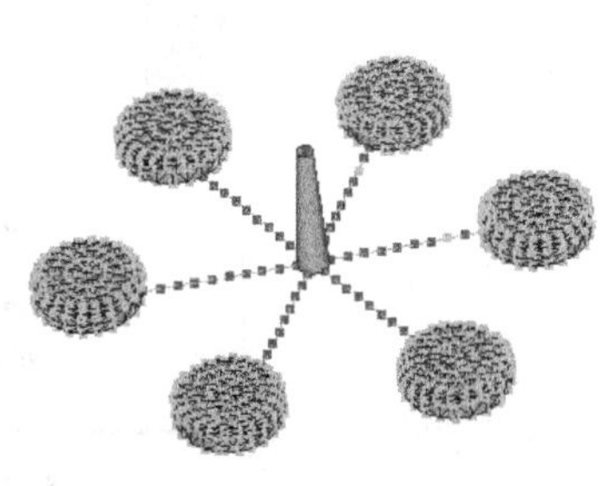

图 2-56　定义主流道、分流道和浇口柱体单元的网格密度

8）重划网格，建立浇注系统。

选择“网格”→“生成网格”命令，系统弹出“生成网格”对话框，勾选“全部重新划分”复选框，单击“生成网格”按钮。待网格重划完成后，即得到如图 2-57 所示结果。

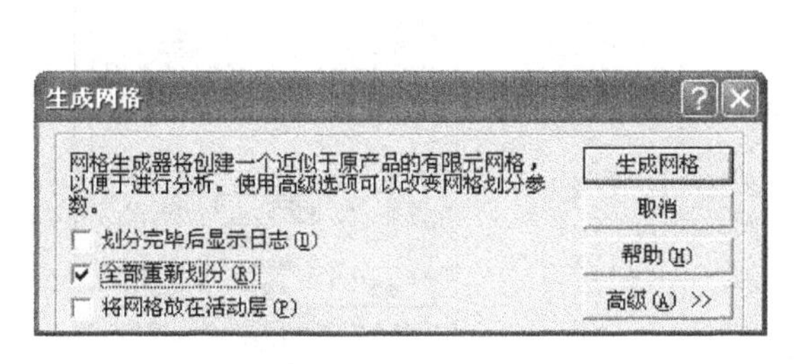

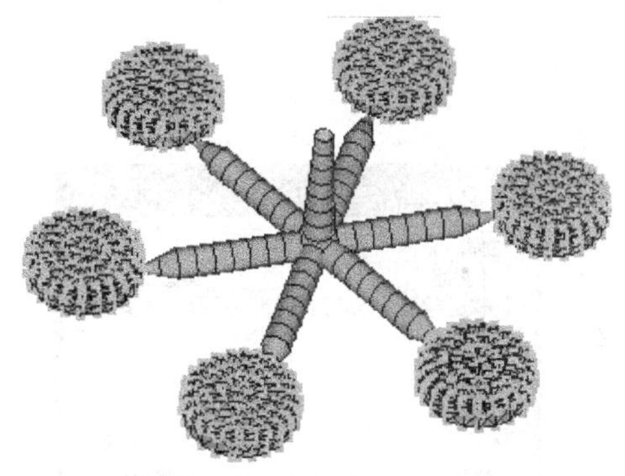

图 2-57　重划网格

至此，冷流道浇注系统的创建操作完成。

2.8　冷却水路创建

本节将在介绍冷却水路手动创建命令、水路属性设置和水路柱体单元网格划分的基础上，通过几个水路手动创建的操作实例，讲解几种常见冷却水路的手动创建方法和操作步骤。

2.8.1　冷却水路手动创建命令

在 Moldflow 4.1 软件中，冷却水路的创建包括管道、软管、挡板式和喷泉式等命令。

和浇注系统单元的创建类似，各种冷却水路单元的手动创建方法主要有两种：一种是选择“建模”→“创建曲线”命令，另一种是选择“网格“→“创建柱体网格”命令。两种方法的创建命令分别如下：

1）选择“建模”→“创建曲线”命令创建冷却水路。

① 选择“建模”→“创建曲线”命令，系统弹出“创建曲线”对话框，如图 2-58 所示。

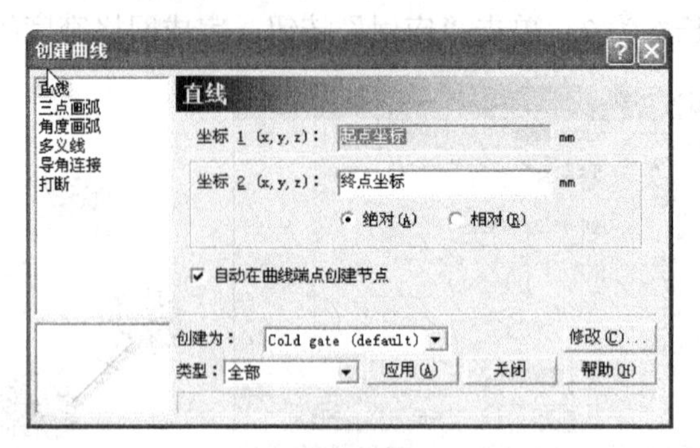

图 2-58 “创建曲线”对话框

② 输入节点坐标或选择节点单元，单击“修改”按钮，系统弹出“赋新属性”对话框，如图 2-59 所示。

③ 单击对话框中的“新建”按钮，系统弹出对应下拉菜单，各种水路单元均可在下拉菜单中选择，如图 2-60 所示。

图 2-59 “赋新属性”对话框

图 2-60 “新建”按钮下的下拉菜单

其中，“管道”选项用于创建水路；“软管”选项用于创建软管；“挡板式”选项用于创建挡（隔）板式水路；“喷泉式”选项用于创建喷泉式水路。

2）选择“网格“→“创建柱体网格”命令创建冷却水路。

① 选择“网格“→“创建柱体网格”命令，系统弹出“创建柱体网格”对话框，如图 2-61 所示。

② 输入节点坐标或选择节点单元，单击“修改”按钮，系统弹出“赋新属性”对话框，如图 2-59 所示。

③ 单击对话框中的“新建”按钮，系统弹出对应下拉菜单，各种水路单元的选择如图 2-60 所示。

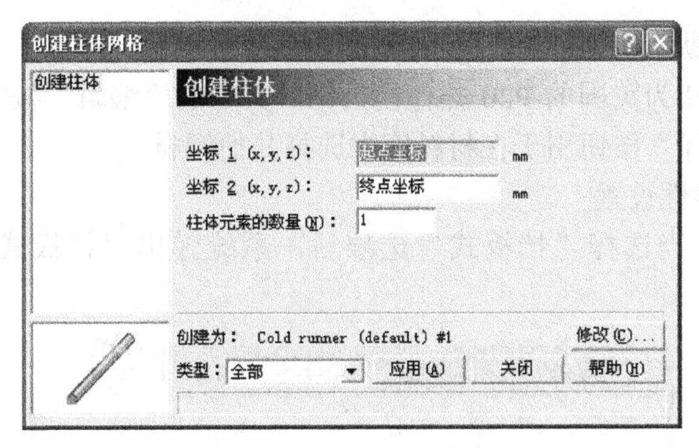

图 2-61　“创建柱体网格”对话框

2.8.2　冷却水路属性设置

冷却水路属性的设置包括水路的截面形状、直径尺寸、冷却管道热传导效应系数、管道粗糙度和模具材料等参数的确定。通过这些参数的设置，可以获得不同属性的冷却水路。

（1）普通（管道）水路属性设置

如图 2-60 所示，当选择“管道”选项后，系统弹出“管道”属性设置对话框，如图 2-62 所示。

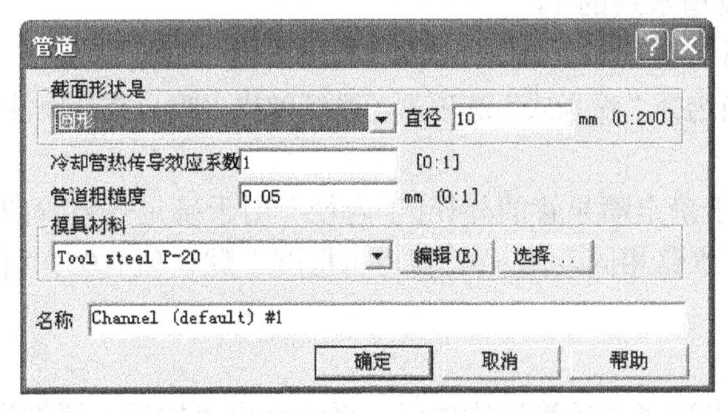

图 2-62　“管道”属性设置对话框

① “截面形状是”下拉列表框中共有 6 个选项，包括“圆形”、“半圆形”、“梯形”、“U 形”、“矩形”和“其他形状”选项，如图 2-63 所示。其中以“圆形”最为常用，因为一般模具上的冷却管道是用普通麻花钻头钻出来的。

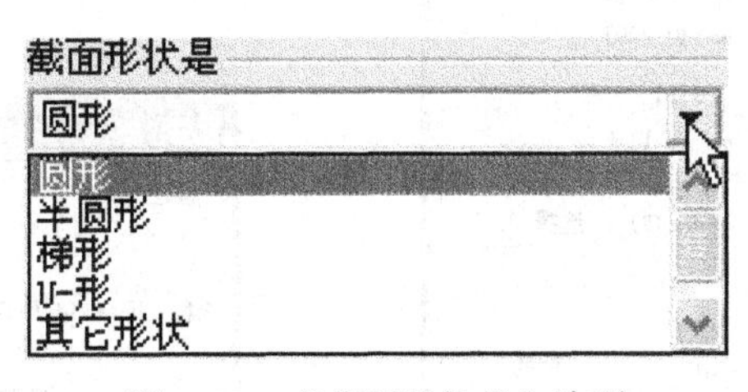

图 2-63　“截面形状是”选项

② 直径：用于设置管道直径尺寸。

③ 冷却管道热传导效应系数：取值范围为 0～1，表示水路的传热效果，默认值为 1，表示理想状态，一般保持默认值不用修改。

④ 管道粗糙度：默认值为 0.05，无须修改。

⑤ 模具材料：默认为美国的 P20 热作模具钢。其中的“编辑”按钮用于编辑所选钢材的信息和性能参数，“选择”按钮用于在材料库中选择其他钢材。

（2）挡板式水路属性设置

如图 2-60 所示，当选择“挡板式”选项后，系统弹出“挡板式”属性设置对话框，如图 2-64 所示。

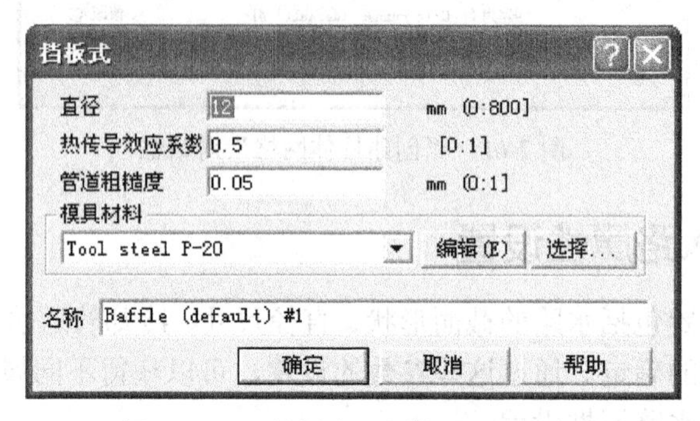

图 2-64 “挡板式”属性设置对话框

挡板式水路属性设置与普通管道水路设置基本相同，只是“热传导效应系数”默认值为 0.5，这个值对应普通管道水路的 1。

（3）喷泉式水路属性设置

如图 2-60 所示，当选择“喷泉式”选项后，系统弹出“喷泉式”属性设置对话框，如图 2-65 所示。

其中：“外径”用于确定喷泉管的外径；“内径”用于确定喷泉管的内径；“热传导效应系数”默认值和普通管道水路相同，为 1；“管道粗糙度”默认值 0.05；“模具材料”设置与普通管道式冷却水路相同。

（4）软管属性设置

如图 2-60 所示，当选择“软管”选项后，系统弹出“软管”属性设置对话框，如图 2-66 所示。

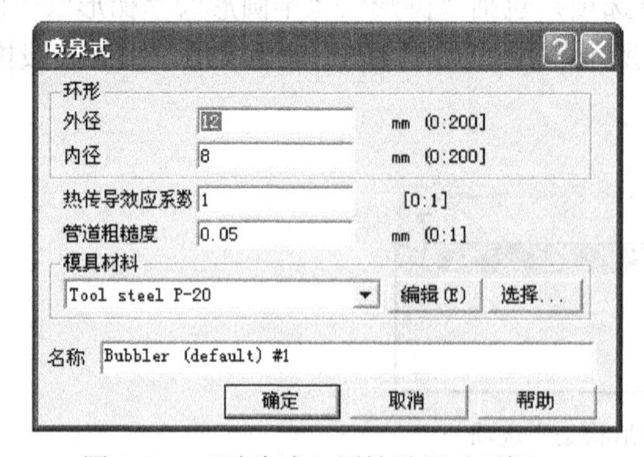

图 2-65 “喷泉式”属性设置对话框

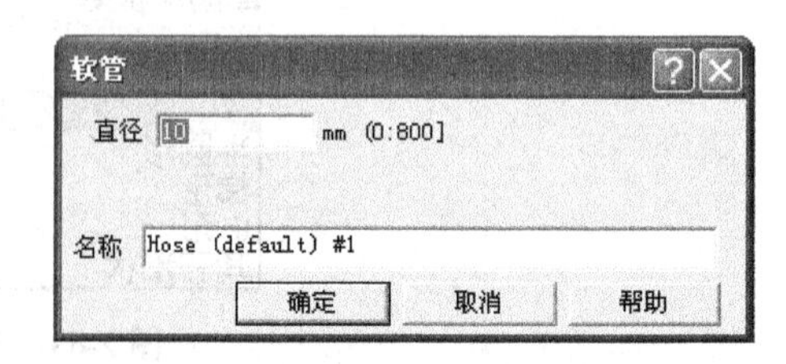

图 2-66 “软管”属性设置对话框

2.8.3 冷却水路曲线与柱体单元划分

冷却水路曲线与柱体单元有着本质的区别，前者只包含点、线元素，而后者包含面域元素。因此，要使之成为可供分析的浇口，在 Moldflow 中对于二者在网格划分的处理方法上也不一样。对于浇口曲线，通过选择“网格”→“生成网格”命令；对于浇口的柱体单元执行“选择”→“网格工具”→“重新划分”命令。图 2-67 所示为浇口曲线与柱体单元的网格划分比较。

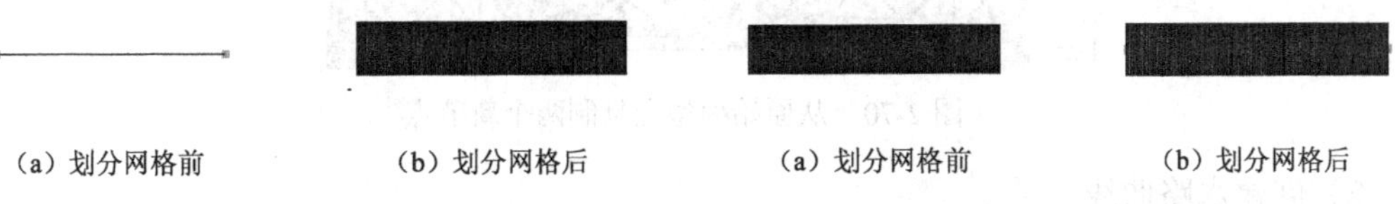

（a）划分网格前　（b）划分网格后　（a）划分网格前　（b）划分网格后

（A）水路曲线单元划分　（B）水路柱体单元划分

图 2-67　浇口曲线单元和柱体单元的网格划分比较

具体划分操作将在下面的冷却水路系统创建实例中进行详细介绍。下面介绍循环式冷却水路创建实例。对应复杂的冷却系统，通常都是通过手动方式创建的。

【例 2-3】　以手动方式完成手机面板的循环式冷却水路创建。本例的原始模型如图 2-68 所示，创建完成后的模型如图 2-69 所示。

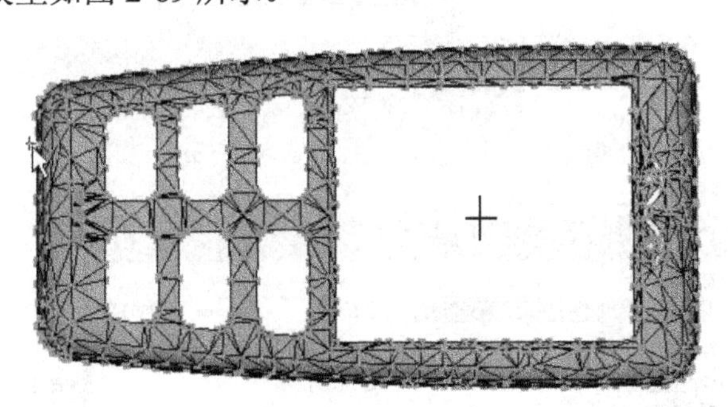

图 2-68　原始模型

图 2-69　循环式冷却水路创建完成后的模型

具体操作步骤如下：

（1）创建节点

选择“建模”→“创建节点”命令，选择“移动/复制”选项，从原始模型上复制两个新节点，如图 2-70 所示。

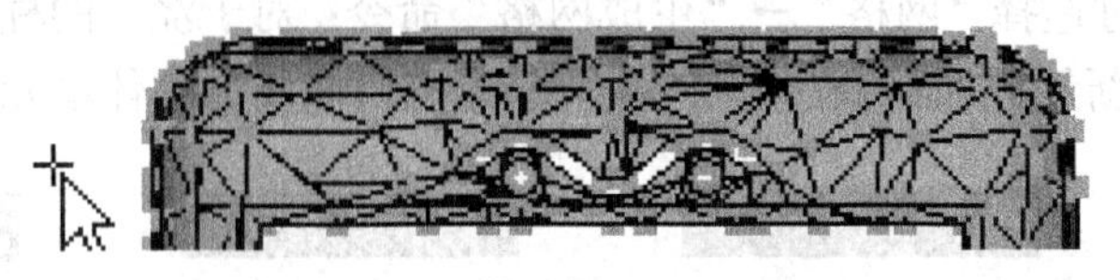

图 2-70 从原始模型上复制两个新节点

（2）创建水路曲线

选择“建模”→“创建曲线”命令，选择“直线”选项，选择两节点，单击“修改”按钮，系统弹出“赋新属性”对话框。在“赋新属性”对话框的“新建”下拉列表框选择“管道”，系统弹出“管道”属性设置对话框。在“管道”属性设置对话框中设定管道截面形状为圆形，“直径”为 8mm。单击“确定”按钮，完成水路曲线的创建，如图 2-71 所示。

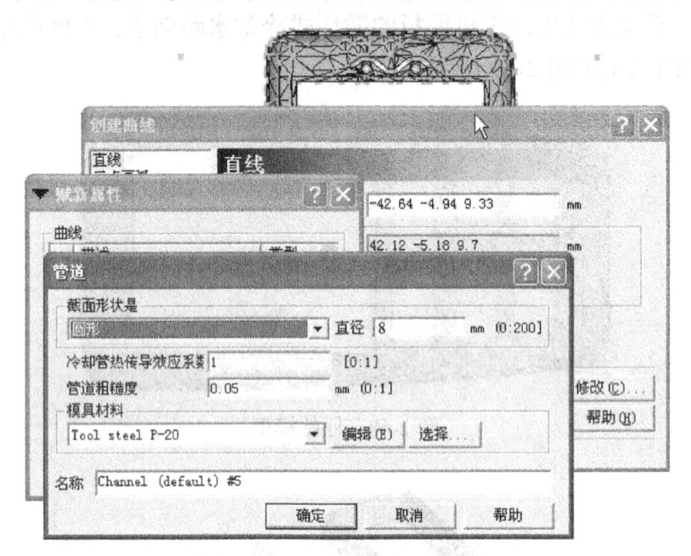

图 2-71 创建水路曲线

（3）复制水路曲线

1）选择“建模”→“移动/复制”命令，选择已创建的水路曲线，移动向量为“0-25 0”（沿 Y 轴负方向移动 25mm），选择“复制”选项，“复制的数量”为 2。

2）选择“建模”→“移动/复制”命令，最下端曲线移动向量为“0-15 0”（沿 Y 轴负方向移动 15mm），选择“复制”选项，“复制的数量”为 3。

结果如图 2-72 所示。

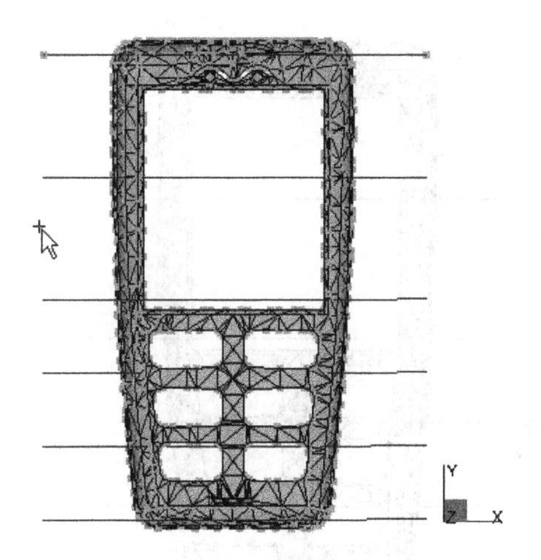

图 2-72 水路曲线的复制

（4）创建软管

1）选择“建模”→“创建曲线”命令，选择“直线”选项，选择上面三条水路曲线的首尾两节点，单击“修改”按钮，系统弹出“赋新属性”对话框。在“赋新属性”对话框的“新建”下拉列表框选择“软管”，系统弹出“软管”属性设置对话框。在“软管”属性设置对话框中设定“直径”为 8mm。单击“确定”按钮，完成软管的创建，如图 2-73 所示。

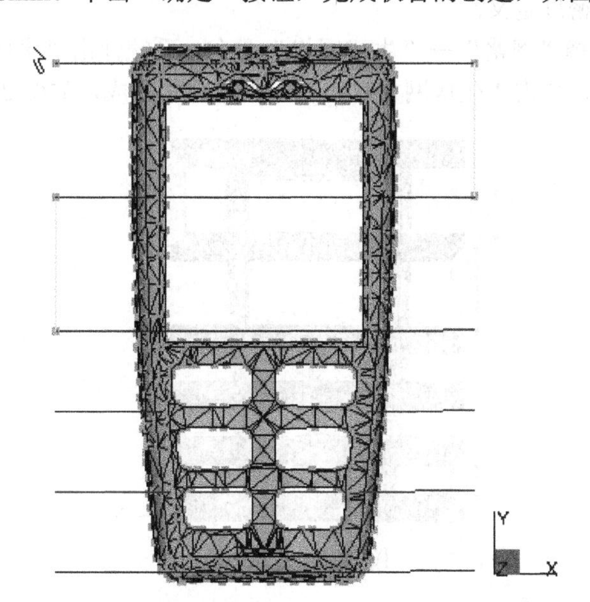

图 2-73 软管的创建（选择上面三条水络曲线的首尾两节点）

2）选择“建模”→“创建曲线”命令，选择“直线”选项，选择下面三条水路曲线的首尾两节点，单击“修改”按钮，系统弹出“赋新属性”对话框。在“赋新属性”对话框的“新建”下拉列表框选择“软管”，系统弹出“软管”属性设置对话框。在“软管”属性设置对话框中设定“直径”为 8mm，单击“确定”按钮，完成软管创建，如图 2-74 所示。

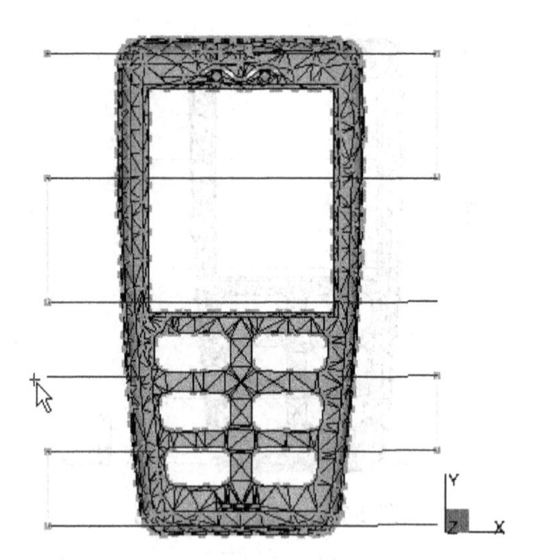

图 2-74　软管的创建（选择下面三条水路曲线的首尾两节点）

（5）定义管道的网格密度、划分网格

1）定义管道的网格密度：选择创建的 6 条水路曲线，选择“网格”→“定义网格密度”命令，系统弹出“定义网格密度”对话框。确定“平均边长”为 20mm（取水路直径的 2.5～3 倍），完成管道的网格密度定义。

2）划分网格：选择“网格”→“生成网格”命令，系统弹出“生成网格”对话框，激活“全部重新划分”选项，单击“生成网格”按钮，网格重划完成，如图 2-75 所示。

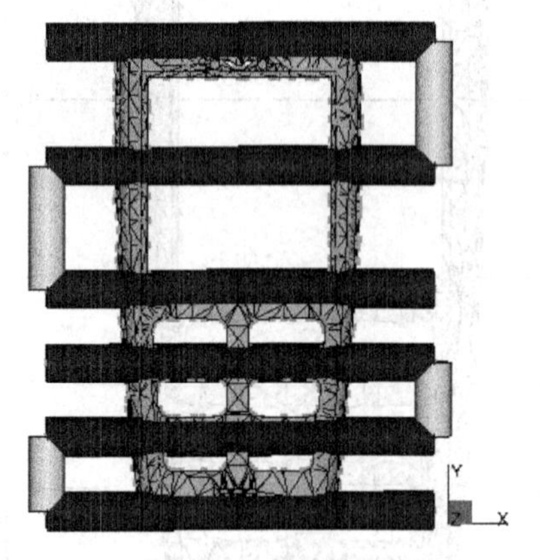

图 2-75　重划网格

（6）设置冷却液入口

选择“分析”→“设定冷却液入口”命令，系统弹出“ 设定冷却液入口”对话框，选择左侧两个管道口为冷却液入口。单击“编辑”按钮，系统弹出“冷却液入口”属性设置对话框，选择“冷却液”为纯净水（Water（pure）），“冷却液雷诺数”为 10000（湍流状态），“冷却液入口温度”为 25°（室温），如图 2-76 所示。

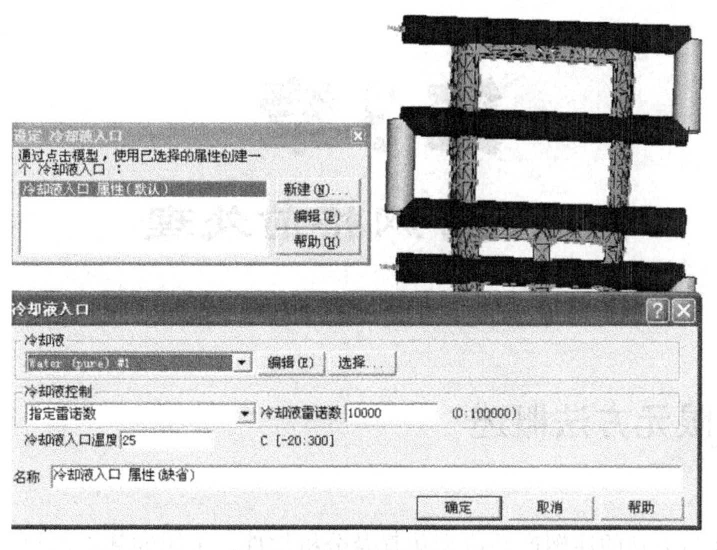

图 2-76 设置冷却液入口

（7）移动和复制冷却水路

1）选择“建模”→“移动/拷贝”命令，系统弹出“移动/复制单元”对话框，选择所有冷却水路元素，移动“向量”为“0 0 20”（向 Z 轴正方向移动 20mm），选择“移动”选项，完成移动，如图 2-77 所示。

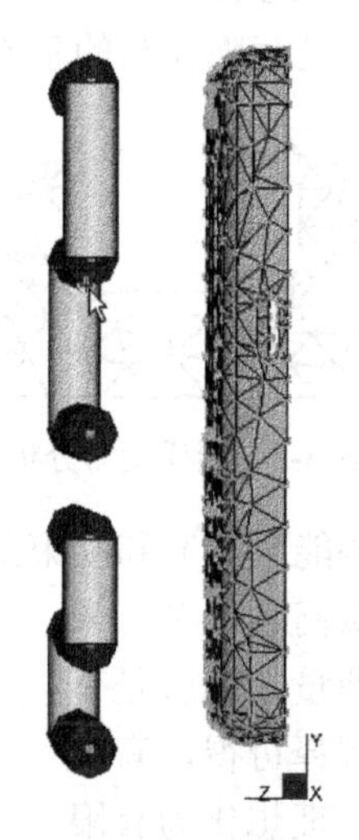

图 2-77 冷却管道移动

2）选择“建模”→“移动/复制”命令，系统弹出“移动/复制单元”对话框，选择所有冷却水路元素，移动“向量”为“0 0-50”（向 Z 轴负方向移动 50mm），选择“复制”选项，“复制的数量”为 1，完成复制，如图 2-69 所示。

至此，整个冷却水路创建完毕。

第 3 章

Moldflow 网格前处理

3.1　有限元方法概述

Moldflow 作为成功的注塑产品成型仿真及分析软件，采用的基本思想也是工程领域中最常用的有限元方法。

对于连续体的受力问题，既然作为一个整体获得精确求解十分困难，那么，作为近似求解，可以假想地将整个求解区域离散化，分解成为一定形状有限数量的小区域（即单元），彼此之间只在一定数量的指定点（节点）处相互连接，组成一个单元的集合体以替代原来的连续体。如图 3-1 所示的凹模受力分析，只要先求得各节点的位移，即能根据相应的数值方法近似求得区域内的其他各场量的分布，这就是有限元法的基本思想。

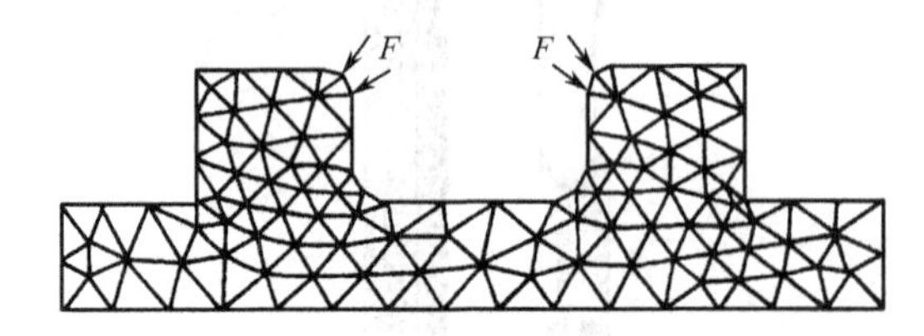

图 3-1　凹模受力分析

根据原问题的控制方程（如最小势能原理）和约束条件，可以求解出各节点的待定位移，进而求得其他场量。推广到其他连续域问题，节点未知量也可以是压力、温度、速度等物理量，这就是有限元方法的数学解释。从有限元法的解释可得，有限元法的实质就是将一个无限的连续体，理想化为有限个单元的组合体，使复杂问题简化为适合于数值解法的结构性问题，并且在一定的条件下，问题简化后求得的近似解能够趋近于真实解。由于对整个连续体进行离散，分解成为小的单元，因此，有限元法可适用于任意复杂的几何结构，也便于处理不同的边界条件，在满足条件下，如果单元越小、节点越多，有限元数值解的精度就越高。

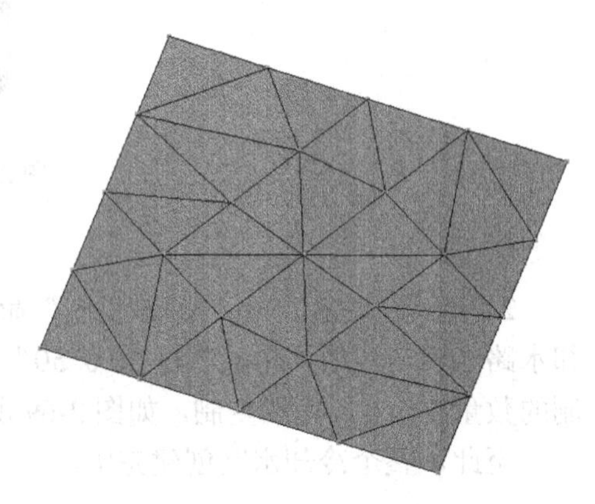

图 3-2　单元网格

直观上，物体被划分成“网格”状，在 Moldflow

中我们就将这些单元称为网格（Mesh），如图3-2所示。

正因为网格是整个数值仿真计算的基础，所以网格的划分和处理在整个Moldflow分析中占有很重要的地位。

3.2 网格的类型

在Moldflow中，网格的划分主要有三种类型：中面网格（Midplane），表面网格（Fusion）和实体网格（3D），如图3-3所示。

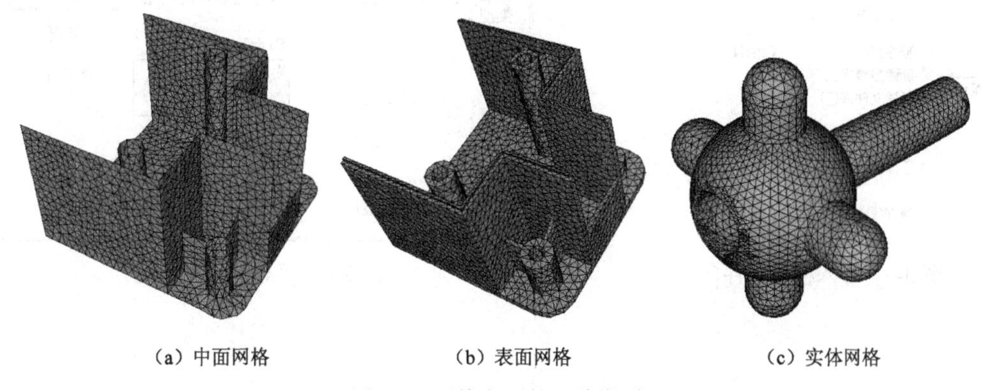

（a）中面网格　（b）表面网格　（c）实体网格

图3-3 网格主要的三种类型

中面网格（Midplane）是由三节点的三角形单元组成的，网格创建在模型壁厚的中间处，形成单格网格。在创建中面网格的过程中，要实时提取模型的壁厚信息，并赋予相应的三角形单元。

表面网格（Fusion）也是由三节点的三角形单元组成的，与中面网格不同，它是创建于模型的上下两层表面上。

实体网格（3D）由四节点和四面体单元组成，每一个四面体单元又是由四个中面网格模型中的三角形单元组成的，利用3D网格可以更为精确地进行三维流动仿真。

3.3 网格的划分

选择“文件”→“新建项目”命令，在默认的创建目录中输入一个项目名称，如图3-4所示。在项目名称处单击鼠标右键，在已经建好的项目中导入模型文件。如图3-5所示，选择“导入（Import）”命令后，在对话框中打开模型文件，此时会弹出“导入”对话框，如图3-6所示。

在图3-6所示的对话框中，选择网格划分类型，包括Midplane（中性层）、Fusion（表面）和3D网格（3D）三种，同时还要选择导入模型所采用的单位，包括Millimeter（mm）、Centimeter（cm）、Meter（m）和Inch（inch）。选择完成后，单击“确定”按钮，模型被导入，如图3-7所示，此时网格尚未划分，仅仅选择了网格的类型。

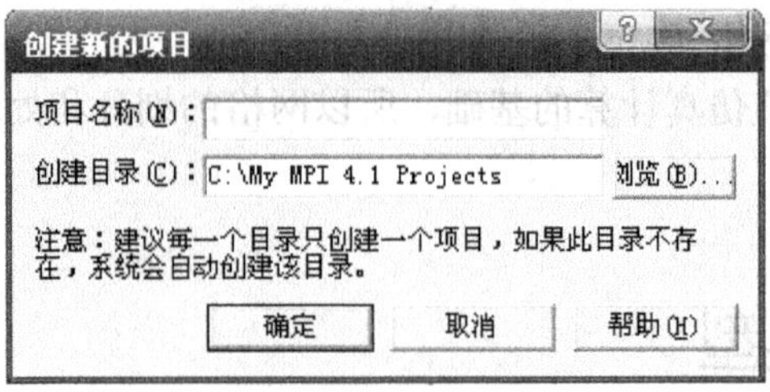

创建新的项目

项目名称(N)：

创建目录(C)：C:\My MPI 4.1 Projects　浏览(B)...

注意：建议每一个目录只创建一个项目，如果此目录不存在，系统会自动创建该目录。

确定　取消　帮助(H)

图 3-4　“创建新的项目”对话框

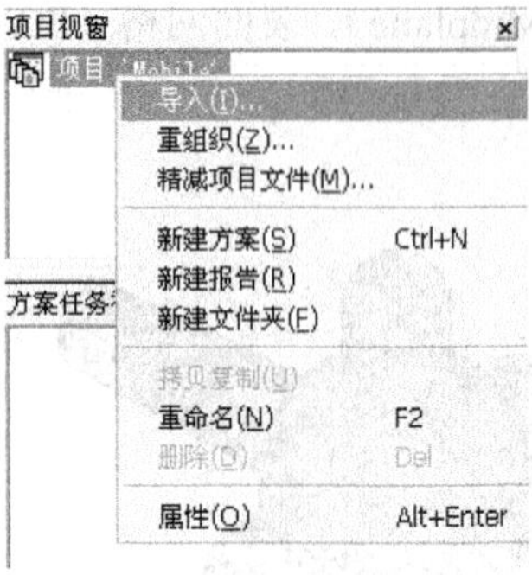

项目视窗

项目

导入(I)...

重组织(Z)...

精减项目文件(M)...

新建方案(S)　Ctrl+N

新建报告(R)

新建文件夹(F)

拷贝复制(U)

重命名(N)　F2

删除(D)　Del

属性(O)　Alt+Enter

方案任务

图 3-5　导入模型文件

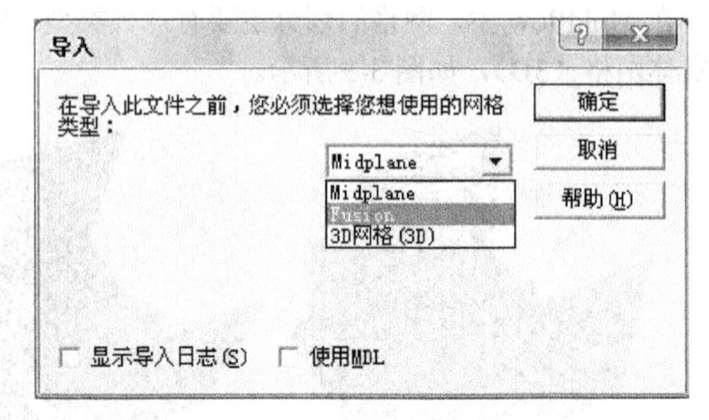

图 3-6　“导入”对话框

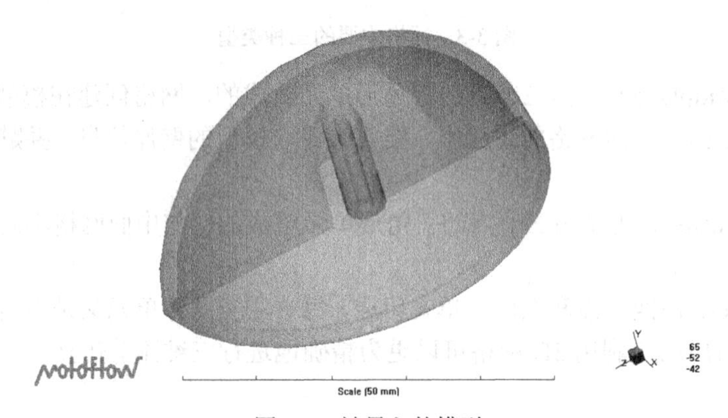

图 3-7　被导入的模型

在 Moldflow 软件中可以导入的 CAD 模型文件格式有：*.STL 文件、*.STEP 文件、*.IGES 文件、由 ANSYS 或 Pro/E 生成的*.ANS 文件、由 Pro/E 或者 SDRC-IDES 生成的*.UNV 文件等。

IGES（Initial Graphics Exchange Specification）意为“初始图形交换规范”，是一种按特定的文件结构安排的数据格式，用来描述产品的设计和生产信息，可用它来交换 CAD/CAM 系统中以计算机可读的形式产生和存储的数据。

STEP（Standard for the Exchange of Product Model Data）意为“产品数据表达和交换标准”，是 CAD/CAM 系统在进行数据交换时所用的中间文件标准。它规定了从产品设计、开发、制造以至于全部生命周期中包括产品形状、解析模型、材料、加工方法、组装分解顺序、管理数据等方面的必要信息定义和数据交换的外部描述。

STL（Stereolithography）文件格式是为快速原型制造 RPM（Rapid Prototype Manufacture）服务的文件格式，类似于有限元的网格划分，它将物体表面划分成很多小三角形，用这些空间三角形平面来逼近原 CAD 实体。该类文件的数据结构简单，而且独立于 CAD 系统。与 IGES、STEP 的格式相比，STL 的格式非常简单，从某种意义上讲 STL 并不是一个完整的数据交换标准，与其说是一个交换标准，不如说是一个简单的三维几何形状的描述标准。

在任务窗口中双击“创建网格（Create Mesh）”图标，或者选择下拉菜单“网格（Mesh）”菜单中的生成网格（Generate Mesh）命令，系统弹出“生成网格”对话框，如图 3-8 所示。

单击高级（Advanced）按钮，在平均边长（Global length）右侧文本框中输入合理的网络单元边长。对于导入格式为 IGES 的情况，还要输入 IGES 合并公差，其默认值一般是 0.01mm。单击“预览”按钮可以查看网络划分的大致情况，如图 3-9 所示。

最后，单击上述对话框中的“生成网格（Generate Mesh）”按钮，生成网格，如图 3-10 所示。此时，任务窗口中的图标 创建网格...变成✓ Fusion 网格，表明：网格类型为 Fusion，单元个数为 2516。

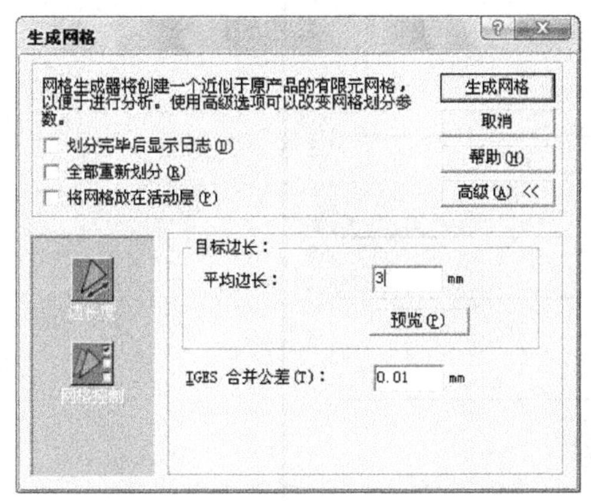

图 3-8　“生成网格”对话框

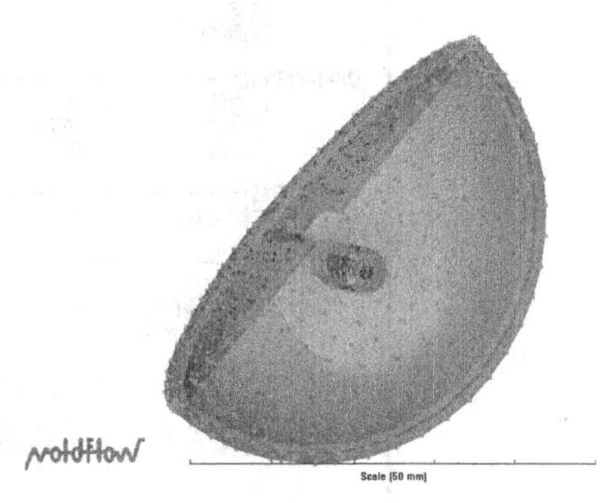

图 3-9　网络划分的大致情况

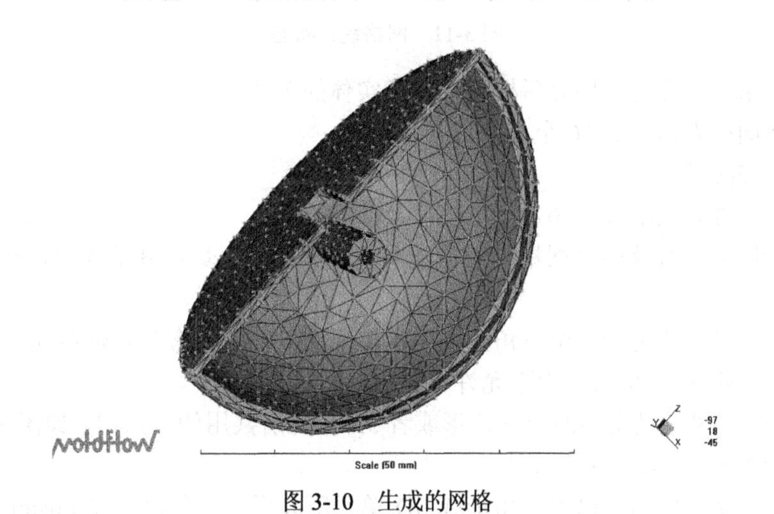

图 3-10　生成的网格

3.4 网格状态统计

在 Moldflow 中，系统自动生成的网格随着制件形状的复杂程度存在着或多或少的缺陷，网格的缺陷不仅对计算结果的真实性和准确性产生影响，而且在网格质量严重低下的情况，会使计算根本无法进行。因此，进行 Moldflow 分析之前需要对网格状态进行统计，再根据统计的结果对现有的网格进行修改。

网格划分完毕后，选择下拉菜单“网格（Mesh）”中的“网格统计”命令，网格统计的结果就会以窗口的形式弹出，如图 3-11 所示。

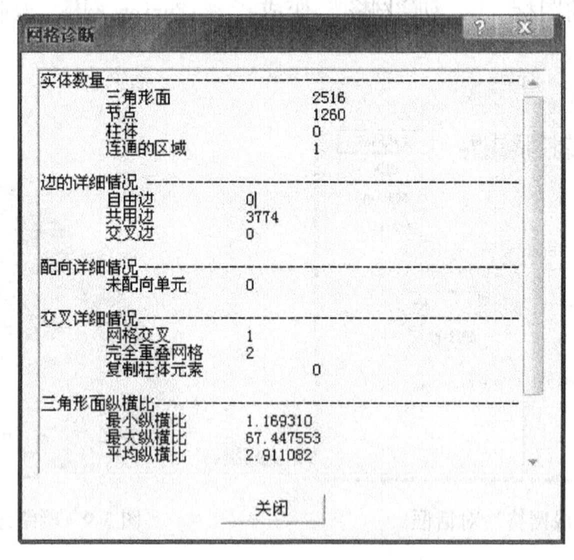

图 3-11　网格统计状态

① 实体数量：统计网格划分后模型中各类实体的个数。

② 三角形面：表示有 2516 个三角形个数。

③ 节点：1260 个。

④ 柱体（一维单元个数）：0 个。

⑤ 连通的区域：统计模型网格划分后模型内独立的连通域，其值为 1，否则说明模型存在问题。

⑥ 自由边：自由边是指一个三角形或 3D 单元的某一边没有与其他单元共用，如图 3-12 所示，在 Fusion 和 3D 类型网格中不允许存在自由边。

⑦ 交叉边：交叉边是指由两个三角形或者 3D 单元所共用的一条边，如图 3-12（b）所示，在 Fusion 类型网格中，只存在交叉边。

⑧ 非交叉边是指由两个以上三角形或 3D 单元所共用的一条边，在 Fusion 网格类型中，不允许存在非交叉边。

⑨ 配向详细情况：统计未配向单元数，该值一定为 0。

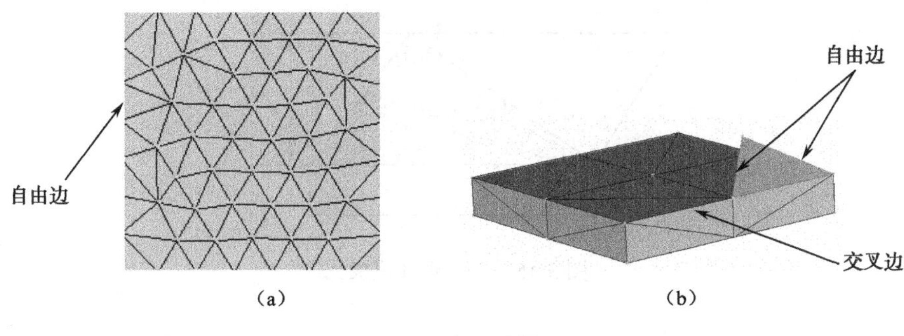

图 3-12　自由边情况

⑩ 交叉详细情况：互相交叉的单元数，表示不同平面上的单元互相交叉的情况，如图 3-13 所示，其中图 3-13（b）中单元互相交叉穿过是不允许的。

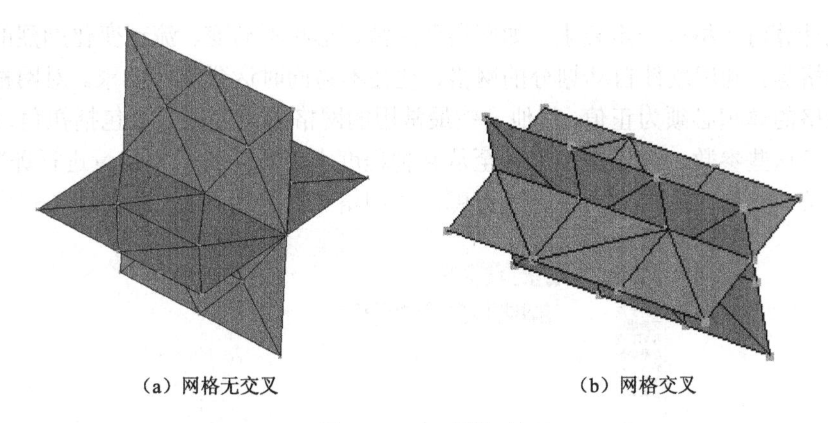

图 3-13　交叉详细情况

⑪ 单元重叠数，表示单元重叠的情况，如图 3-14 所示，（b）为单元部分重叠，（c）为单元完全重叠，这两种情况都是不允许发生的。

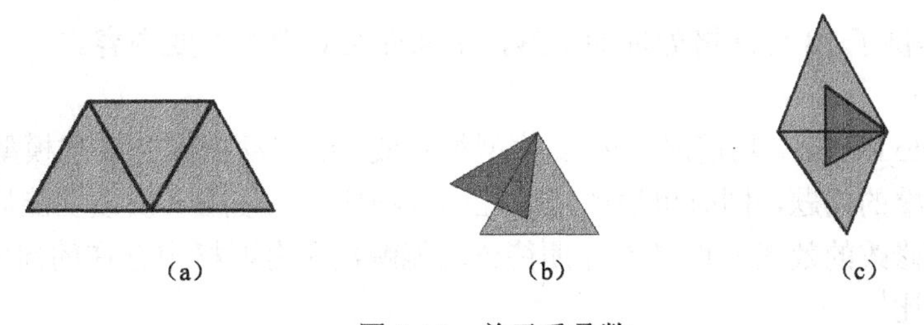

图 3-14　单元重叠数

⑫ 三角形面纵横比：三角形面的纵横比是指三角形的长、高两个方向的极限尺寸之比，如图 3-15 中的 w/h。单元纵横比对分析计算结果的精确性有很大的影响。一般在 Midplane 和 Fusion 类型网格的分析中，纵横比的推荐极大值是 6，在 3D 类型网格中，推荐的纵横比极大、极小值分别是 50 和 5，平均应该在 15 左右。

⑬ 单元匹配率信息：（仅仅针对 Fusion 类型的网格），在表示模型上下表面网格单元的相匹配程度。对于 Flow 分析，单元匹配率应大于 85%是可以接受的，低于 50%时根本无法计算。对于 Warp 分析，单元匹配率同样要超过 85%。如果单元匹配率太低，就应该重新划分网格。

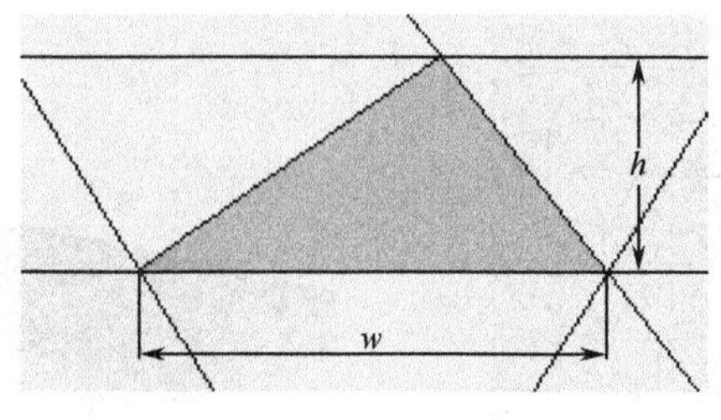

图 3-15　三角形面纵横比

3.5　网格处理工具

有限单元计算对网格有一定要求，如网格要光滑、形状不畸变、流动变化剧烈的区域应分布足够多的网格等。利用软件自动划分的网格，往往不易同时达到这些要求。对网格的最基本要求是所有网格的体积必须为正值，其他一些最常用的网格质量度量参数包括扭角、纵横比等，通过计算、检查这些参数，可以定性地甚至从某种程度上定量地对网格质量进行评判。

选择下拉菜单中的“网格”命令，系统弹出“网格工具”对话框，如图 3-16 所示。

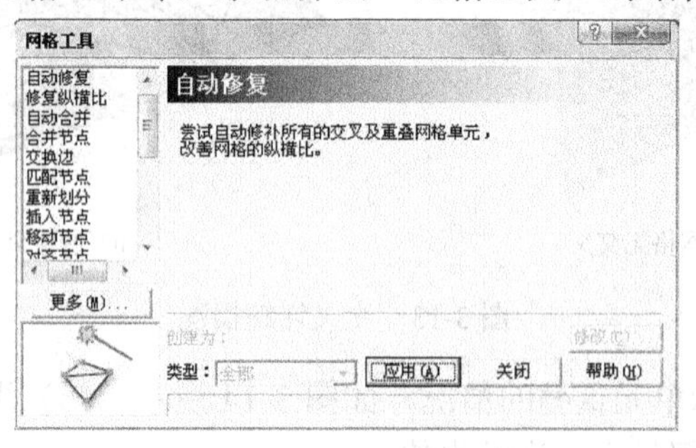

图 3-16　“网格工具”对话框

Moldflow 共提供了 18 种网格处理的工具，下面介绍其中的主要内容。

（1）自动修复

自动修复（Auto Repair）功能对 Fusion 模型很有效，能自动搜索并处理模型网格中存在的单元交叉和单元重叠的问题，同时可以改进单元的纵横比，在使用一次该功能后，再次使用该功能时，可以提高修改的效率，但是不能期待该功能解决所有网格中存在的问题。

（2）修复纵横比

修复纵横比（Fix Aspect Ratio）功能可以降低模型网格的最大纵横比，并接近所给出的目标值，如图 3-17 所示。

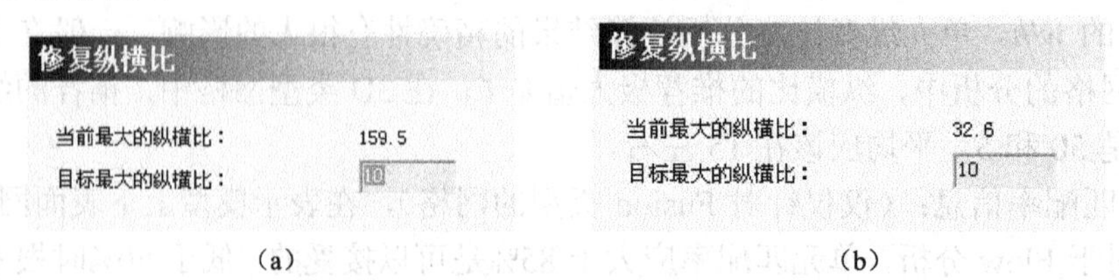

图 3-17　修复纵横比

（3）自动合并

自动合并（Global Merge）功能可以一次合并所有间距小于合并公差（Merge tolerance）的节点，如图 3-18 所示。

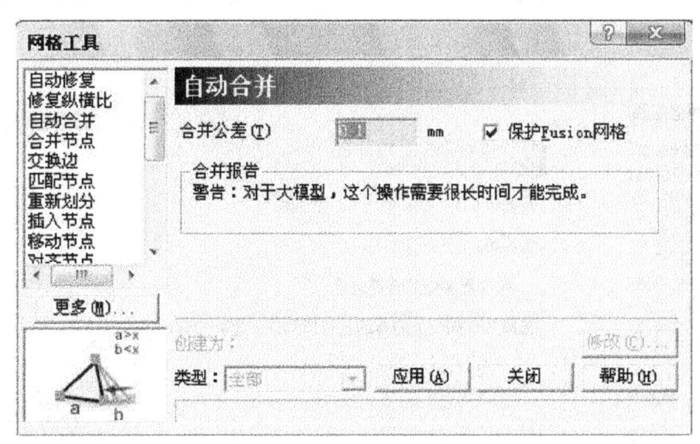

图 3-18　自动合并

（4）合并节点

合并节点（Merge Nodes）功能可以将多个起始点向同一个目标节点合并。其中，合并节点对话框中须先输入目标节点，然后输入起始节点。

当一次选择多个起点节点时要按住 Ctrl 键依次选择。图 3-19 和图 3-20 所示分别为“合并节点”对话框和节点合并示意图。

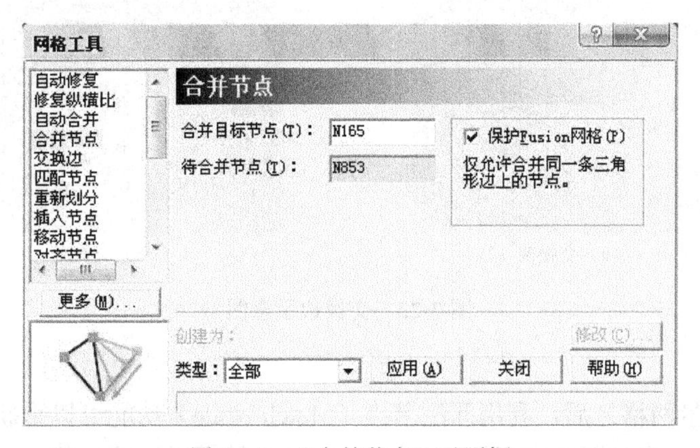

图 3-19　“合并节点”对话框

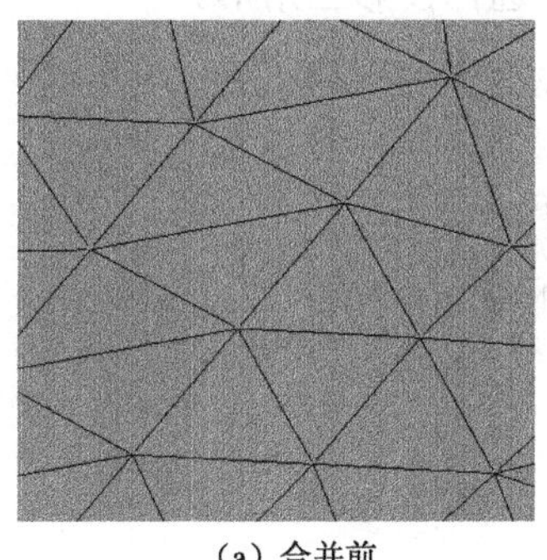

（a）合并前

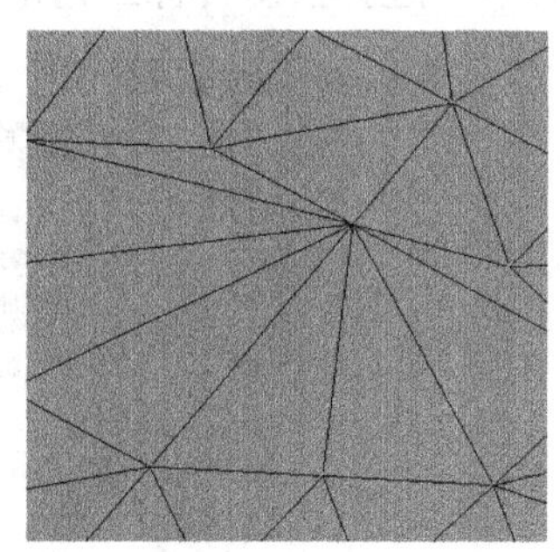

（b）合并后

图 3-20　节点合并示意图

（5）交换边

交换边（Swap Edge）功能可以交换两个相邻三角形单元的共用边，可以利用这项功能降低纵横比。在对话框中依次选择两个三角形单元，“交换边”对话框如图 3-21 所示，交换边示意图如图 3-22 所示。

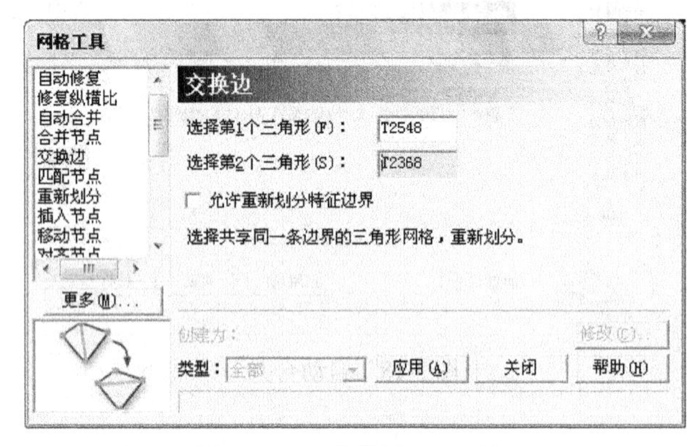

图 3-21　“交换边”对话框

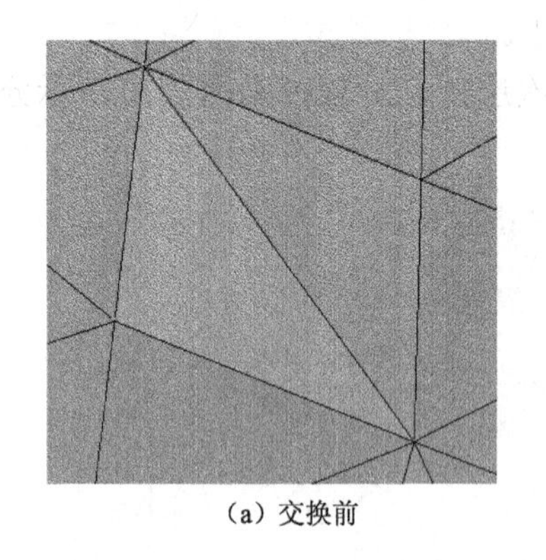

（a）交换前

（b）交换后

图 3-22　交换边示意图

（6）匹配节点

在手工修改大量网格之后，利用匹配节点（Match Node）功能可以重新建立良好的网格匹配。“匹配节点”对话框如图 3-23 所示。对话框的“选择投影到网格的节点”下拉列表框用于选择投影节点，“选择投影目标三角形”下拉列表框用于选择投影三角形。

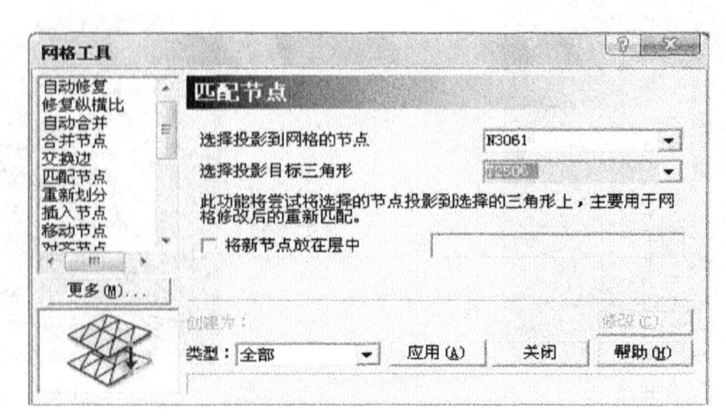

图 3-23　“匹配节点”对话框

（7）重新划分

对某区域重新划分网格（Remesh Area）功能可以将已经划分好网格的模型在某一区域根据给定的目标网格大小，重新进行网格划分。因此可以用来在形状复杂或者形状简单的模型区域进行网格局部加密或局部稀疏。

在对话框中首先要选出进行网格重新划分的区域，然后指定重新划分网格的目标值。

图 3-24 和图 3-25 分别为网格“重新划分”对话框和网格重新划分示意图。

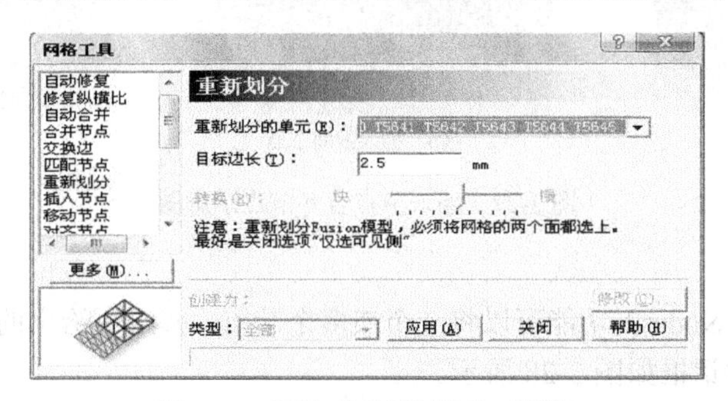

图 3-24 网格“重新划分”对话框

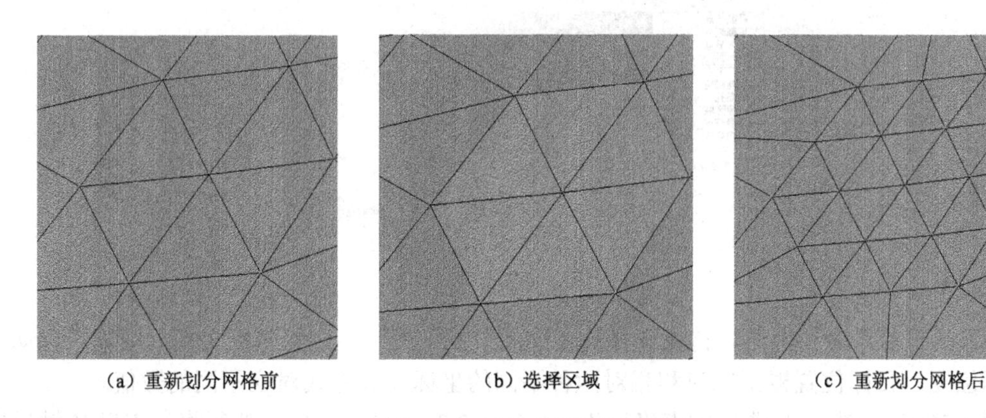

图 3-25 网格重新划分示意图

（8）插入节点

插入节点（Insert Node）是指在两个节点之间创建一个新的节点，可结合合并节点（Merge Node）使用以修正或消除纵横比不是很理想的单元。图 3-26 所示为“插入节点”对话框，图 3-27 所示为插入节点、合并节点示意图。

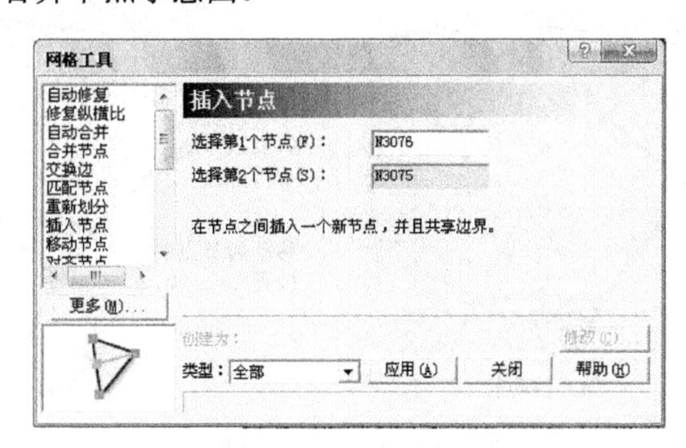

图 3-26 “插入节点”对话框

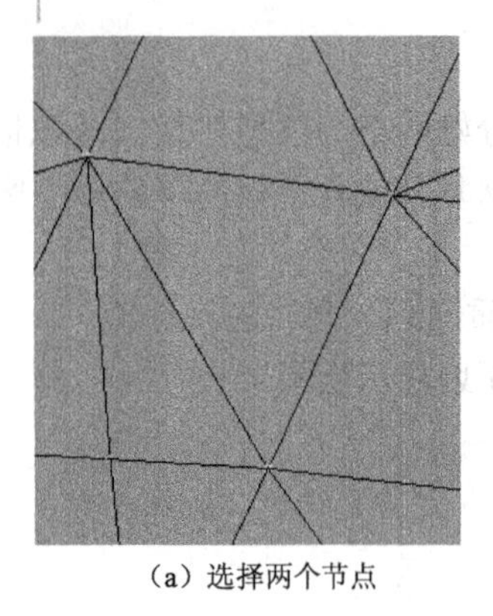

（a）选择两个节点

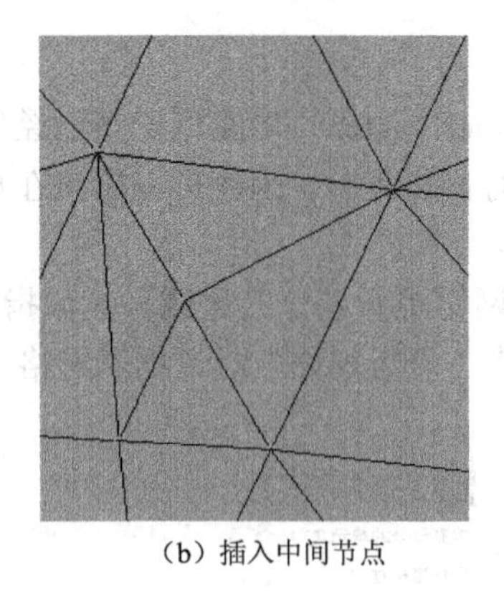

（b）插入中间节点

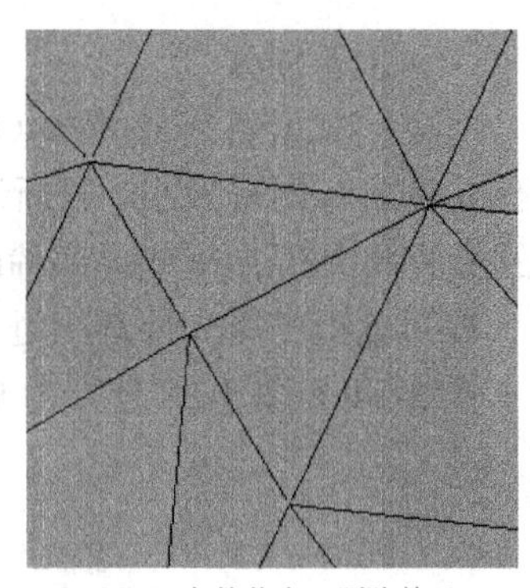

（c）合并节点、删除单元

图 3-27　插入节点合并节点示意图

（9）移动节点

移动节点（Move Nodes）功能可以将一个或多个节点，按照所给出的绝对或相对坐标进行移动。“移动节点”对话框如图 3-28 所示。

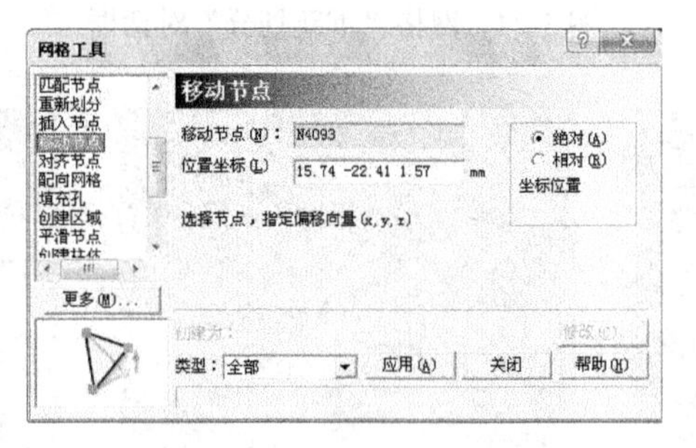

图 3-28　“移动节点”对话框

在“移动节点”对话框中，首先选择被移动的节点，然后在位置坐标文本框中输入移动节点的目标位置。目标位置根据绝对和相对两种不同的坐标计算方式对应不同的数值。

如图 3-29 中，图（a）选择的点坐标为（193，−0.06，−12），假如执行将该点沿 Z 轴反向移动 2mm 的操作，用户选择绝对坐标输入方式时，应当在位置坐标后输入坐标（193，−0.06，14）：选择相对坐标输入方式时，则应当输入与该点移动前坐标相对的移动矢量（0，0，−2）。两种方法的操作结果相同。

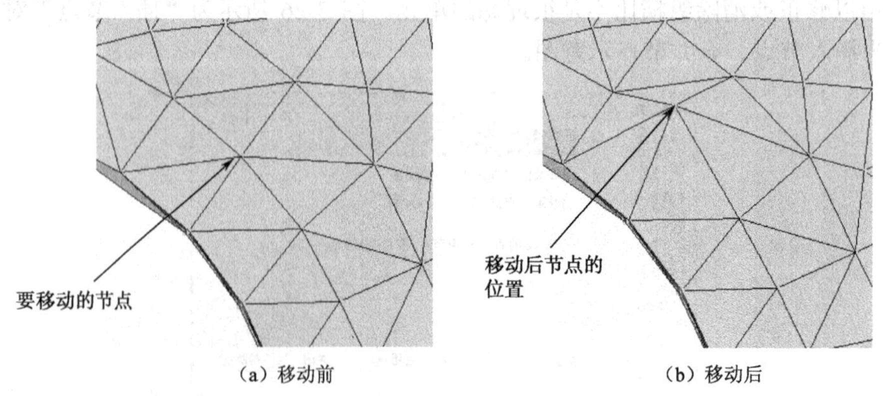

（a）移动前　　（b）移动后

图 3-29　移动节点方法一

还有另一种移动节点的方法，就是直接将目标节点用鼠标拖动到目标位置，如图 3-30 所示。

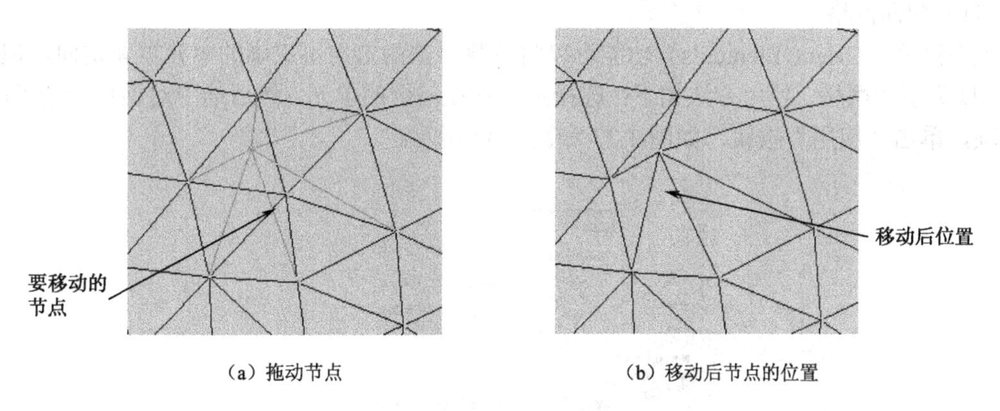

（a）拖动节点　　（b）移动后节点的位置

图 3-30　移动节点方法二

（10）对齐节点

对齐节点（Align Nodes）功能可以实现节点的重新排列。首先要选定两个节点用来确定一条直线，然后选择需要重新排列的点列，单击“应用”按钮，所选点列将重新排列在选定的直线上，如图 3-31 和图 3-32 所示。

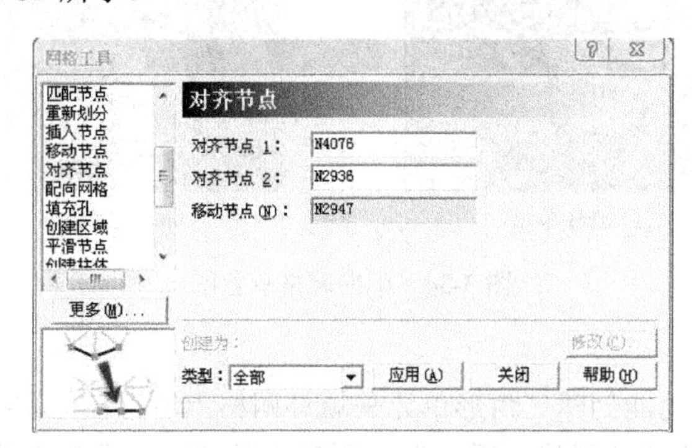

图 3-31　“对齐节点”对话框

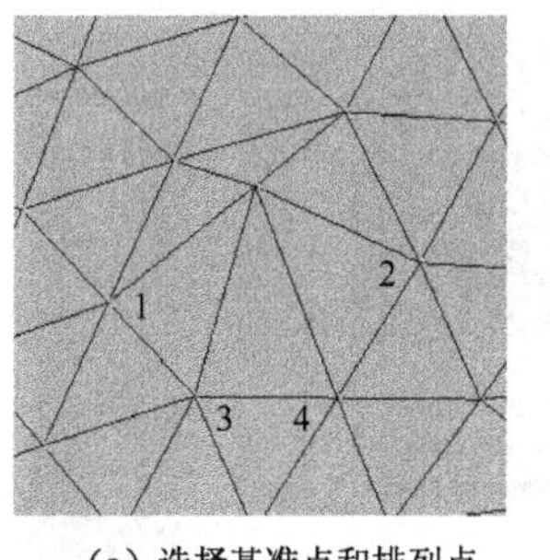

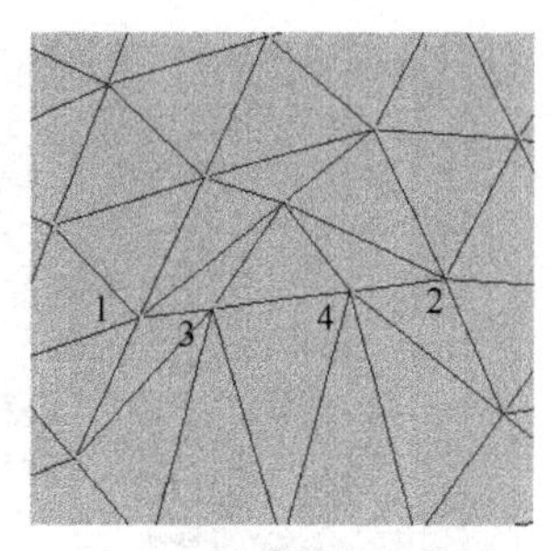

（a）选择基准点和排列点　　（b）排列结果

图 3-32　对齐节点前后示意图

“对齐节点”对话框中的对齐节点 1（Alignment node 1）和对齐节点 2（Alignment node 2）为用户指定的排列基准点。移动节点（Nodes to move）对应的为即将进行重新排列操作的点。

图 3-32 中的 1、2 两点为基准，3、4 为排列点。完成重新排列操作后，3、4 两点的位置移动到由 1、2 两点确定的直线上。

（11）配向网格

配向网格（Orient Elements）功能可以将查找出来的定向不正确的单元重新定向，但不适用于 3D 类型的网格。使用方法如下：选择定向存在问题的单元，然后选中对话框中的“反向”单选项，单击“应用”按钮，如图 3-33 和图 3-34 所示。

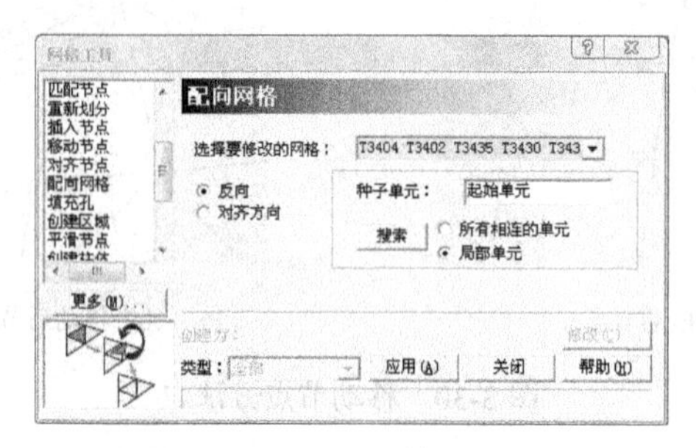

图 3-33　“配向网格”对话框

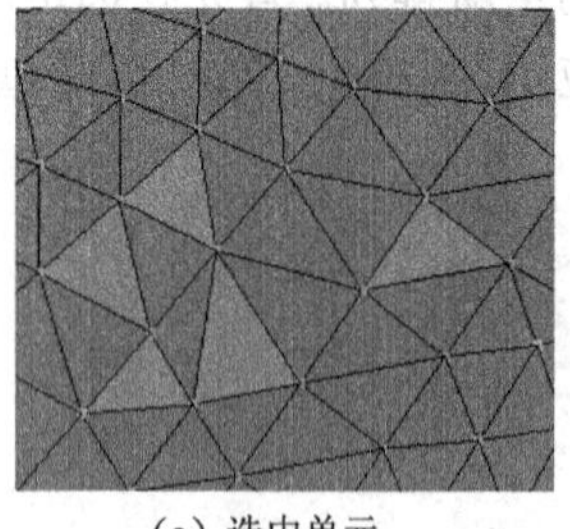

（a）选中单元

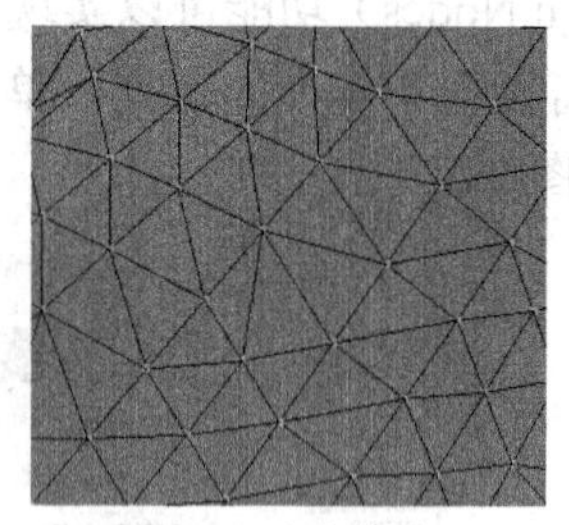

（b）定向结果

图 3-34　配向网格示意图

（12）填充孔

填充孔（Fill Hole）功能创建三角形单元来填补网格上所存在的洞孔或是缝隙缺陷。首先，选择模型上的洞或是缝隙的边界线，手动选择所有边界节点。或者选择边界上的一个节点后，单击“搜索”按钮，这时系统会沿自由边（Free edge）自动搜寻缺陷边界，如图 3-35 所示。

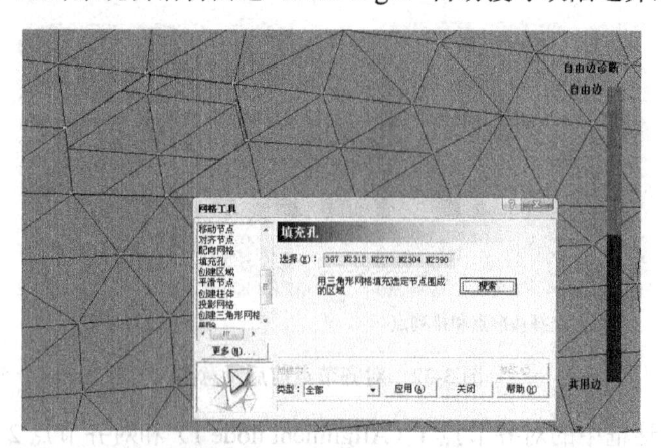

图 3-35　“填充孔”对话框

在边界选择完成后，单击“应用”按钮，Moldflow 就会自动在该位置生成三角形单元，完成修复工作，如图 3-36 所示。

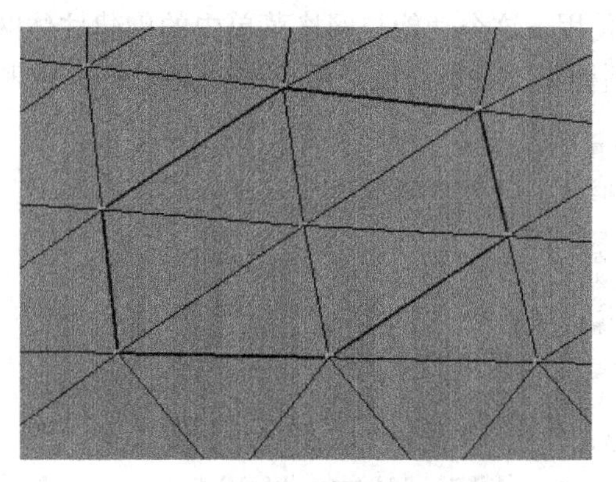

图 3-36　洞孔的修复工作

（13）平滑节点

平滑节点（Smooth Nodes）功能实际上是将与选定节点有关的单元重新划分网格，目的是得到更加均匀的网格分布，从而有利于计算。“平滑节点”对话框如图 3-37 所示，平滑节点示意图如图 3-38 所示。

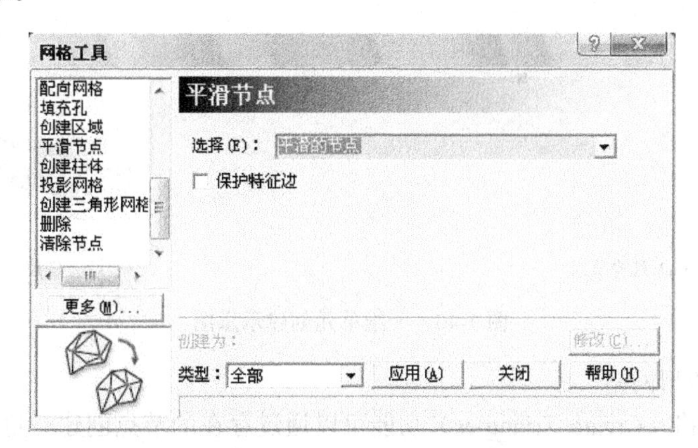

图 3-37　“平滑节点”对话框

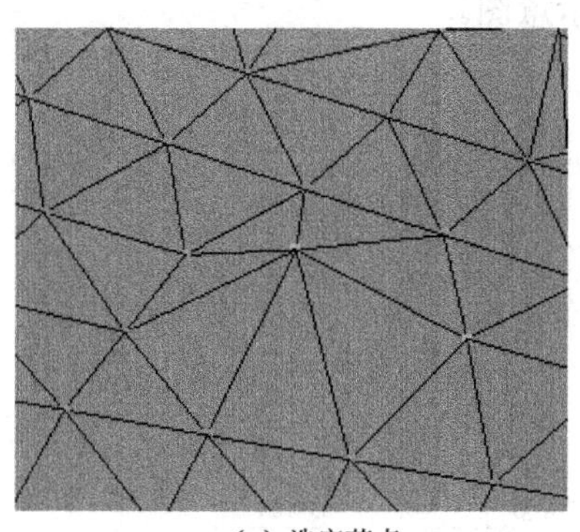

（a）选定节点

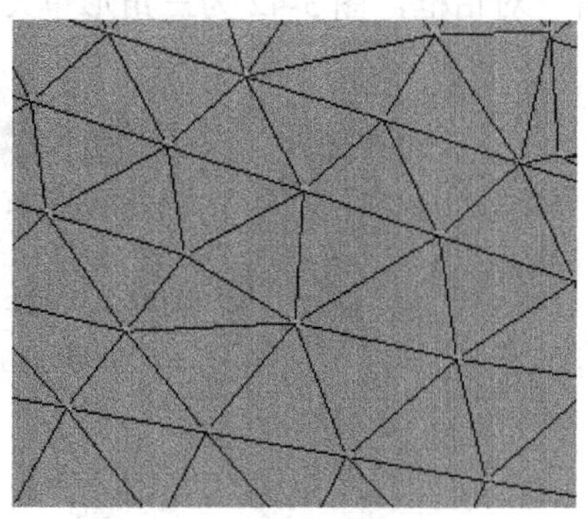

（b）光顺结果

图 3-38　平滑节点示意图

（14）创建柱体

创建柱体（Create Beams）功能可以通过存在的节点创建一维单元。一维单元在创建浇注系统、冷却系统时被大量使用。这个功能与网格菜单中的创建柱体网格（Creat Beams）命令是一样的。“创建柱体”对话框和一维单元创建示意图分别如图 3-39 和图 3-40 所示。

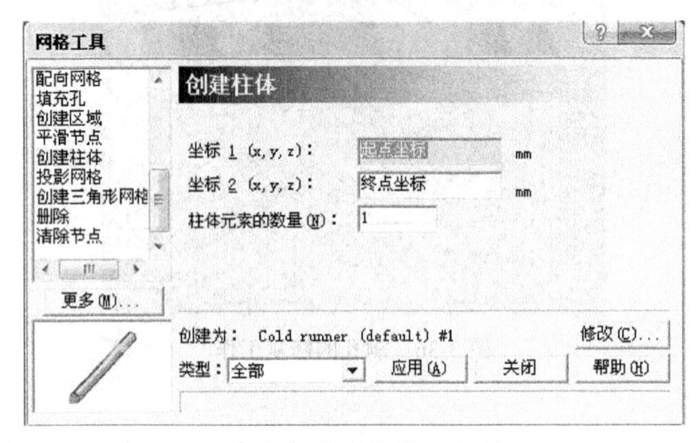

图 3-39 “创建柱体”对话框

（a）选择节点

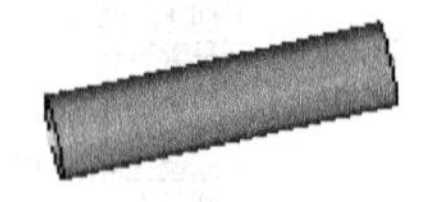

（b）创建杆单元

图 3-40 一维单元创建示意图

（15）创建三角形网格

创建三角形网格（Create Triangles）功能可以通过存在的节点创建三角形单元。这个功能与网格（Mesh）菜单中的创建三角形网格（Create Triangles）命令是一样的。图 3-41 为“创建三角形网格”对话框，图 3-42 为三角形单元创建示意图。

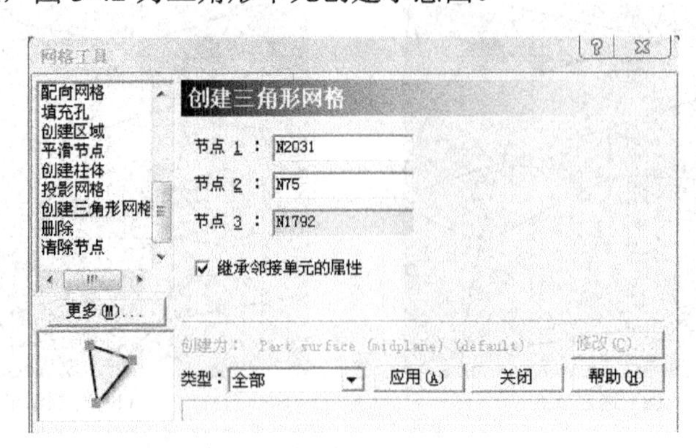

图 3-41 “创建三角形网格”对话框

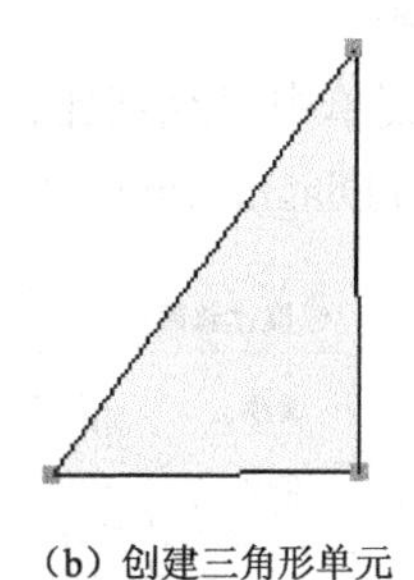

（a）选择节点　　（b）创建三角形单元

图 3-42　三角形单元创建示意图

（16）删除

删除（Delete Entities）功能可删除所有鼠标选中的单元。

（17）清除节点

清除节点（Purge Nodes）功能可以清除网格中与其他单元没有联系的节点，在修补网格基本完成后，使用该功能用来清除多余节点。

（18）全部单元重定向

网格菜单中的全部单元重定向（Orient All）菜单项可以对网格的全部单元实施重定向。

3.6　网格缺陷诊断

为了更好地对网络存在的缺陷进行处理，Moldflow 提供了丰富的网格缺陷诊断工具，将它们和网格处理工具相结合，可以很好地解决网格缺陷问题。“网格”诊断菜单如图 3-43 所示。

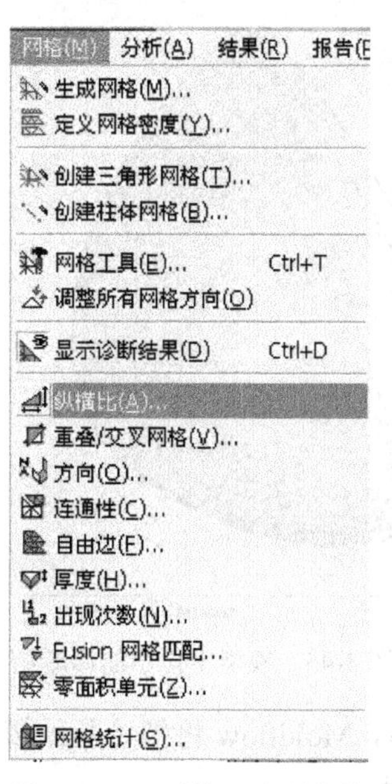

图 3-43　“网格”诊断菜单

（1）纵横比诊断

选择“网格”菜单中“纵横比诊断”（Aspect Ratio Diagnostic）命令，系统弹出“纵横比诊断”（Aspect Ratio Diagnostic）对话框，如图 3-44 所示。

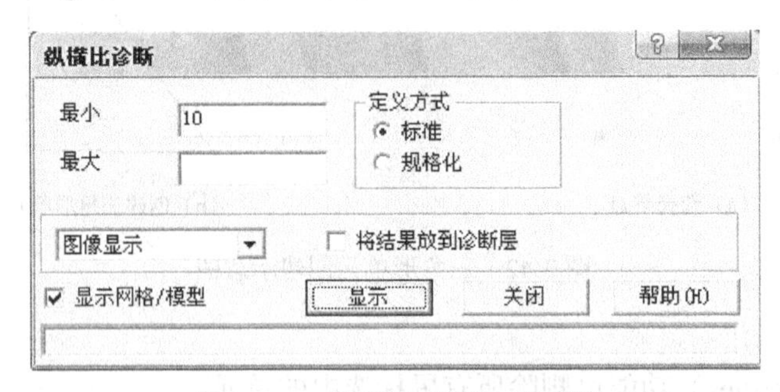

图 3-44　“纵横比诊断”对话框

对话框中最小（Minimum）和最大（Maximum）分别定义在诊断报告中显示的单元纵横比的最小值和最大值。一般情况下，推荐在最大一栏空白，这样模型中比最小纵横比值大的单元都将在诊断中显示，从而可以消除和修改这些缺陷。

定义方式（Preferred definition）包括两个选项：标准（Standard）和规格化（Normalized），这两项都是计算三角形单元纵横比的格式。其中推荐使用规格化格式，因为标准格式是为了保持 Moldflow 系统的兼容性而专门设计的，目的是与低版本的 Moldflow 网格纵横比计算相一致。

选中“将结果放到诊断层”（Place results in diagnostics layer）复选框，把诊断结果单独放入一个名为诊断结果（Diagnostics）的图形层中，可方便用户查找诊断结果。

下拉列表框中提供了实际的结果后，系统将用不同颜色的引出线指出纵横比大小不同的单元。单击引出线，可以选中存在纵横比缺陷的单元。图 3-45 为在模型中显示的诊断结果。

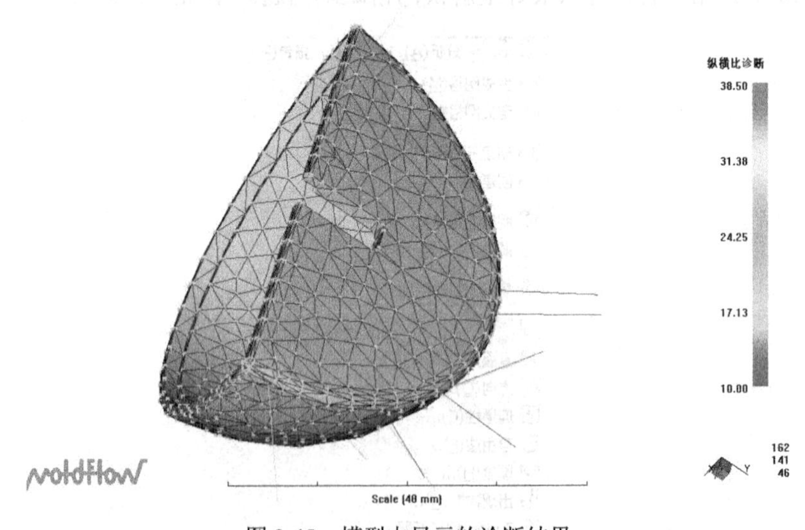

图 3-45　模型中显示的诊断结果

采用文字描述（Text）方式后，Moldflow 将把诊断结果以文本的形式在对话框中给出，图 3-46 为用文本方式实现的诊断结果。

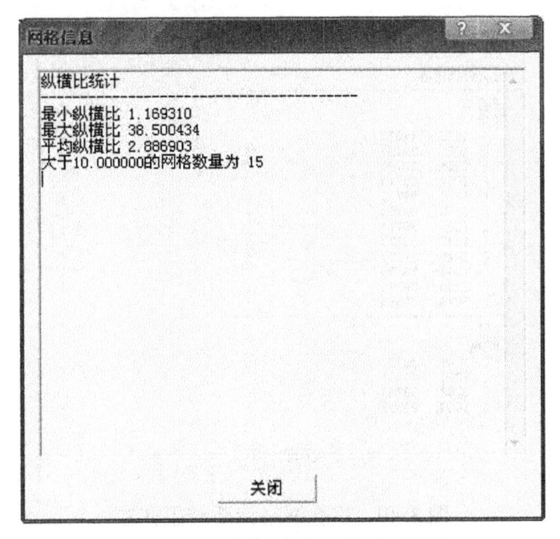

图 3-46　文本方式实现的诊断结果

（2）重叠网格诊断

选择“网格”菜单中的“重叠网格诊断”（Overlapping Elements Diagnostic）命令，系统弹出如图 3-47 所示的“重叠网格诊断”对话框。

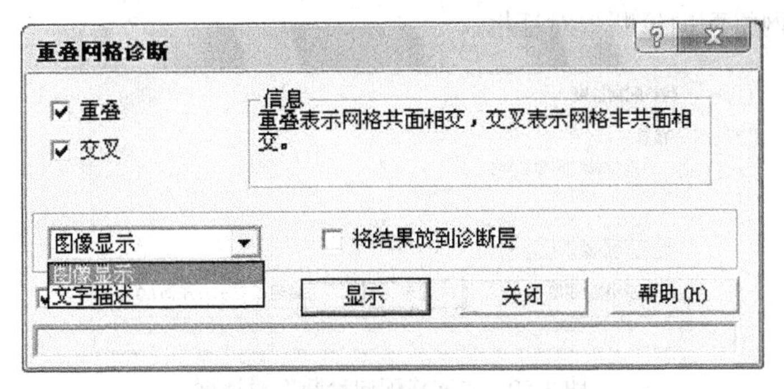

图 3-47　“重叠网格诊断”对话框

在对话框中选中“重叠”（Overlaps）和“交叉”（Intersections）复选框，同时选择结果显示方式，就可以看到图像或者是文字诊断结果。图 3-48 为重叠网格诊断结果图，图 3-49 为重叠网格诊断结果文本。

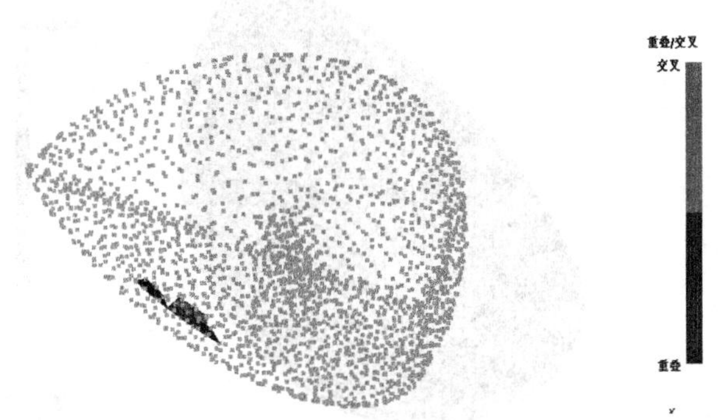

图 3-48　重叠网格诊断结果图

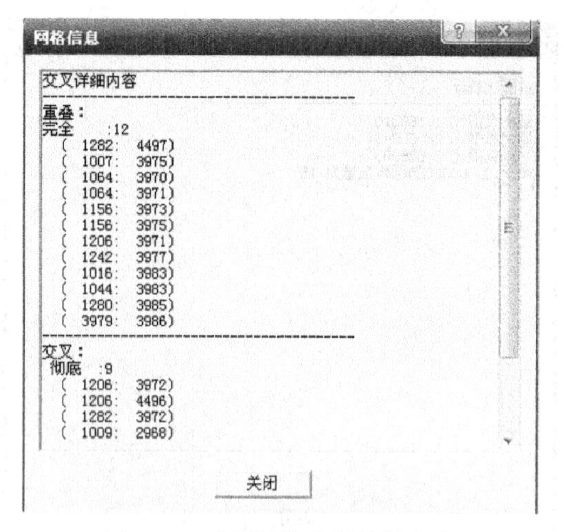

图 3-49 重叠网格诊断结果文本

图像显示结果中，用不同的颜色表示单元重叠和单元交叉，在文字结果中，则有详细的缺陷统计数据。

（3）网格配向诊断

选择“网格”菜单中的“网格配向诊断”（Mesh Orientation Diagnostic）命令，系统弹出如图 3-50 所示的“网格配向诊断”对话框。

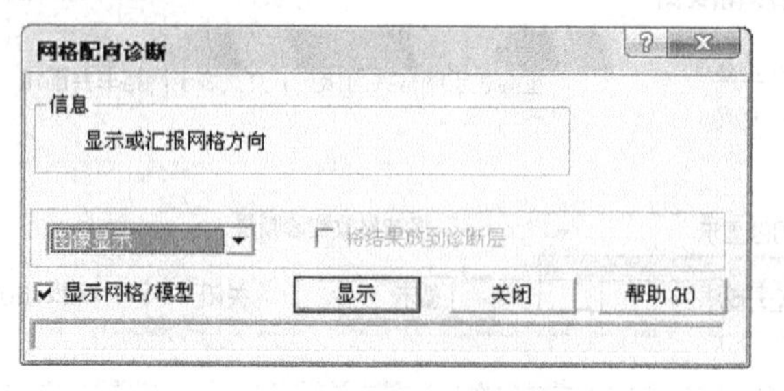

图 3-50 “网格配向诊断”对话框

选中“显示网格/模型”复选框，单击“显示”按钮，采用图像显示和文本方式描述的不同效果如图 3-51、图 3-52 所示。

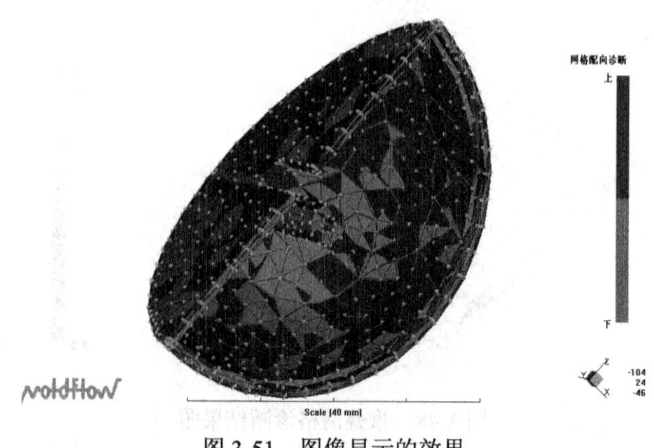

图 3-51 图像显示的效果

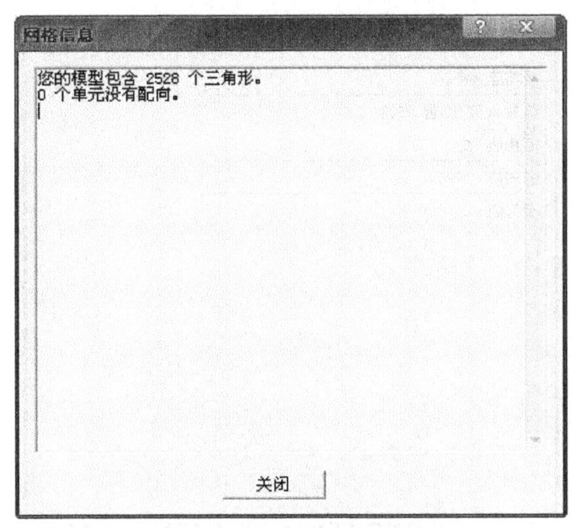

图 3-52　文本方式描述的效果

（4）网格连通性诊断

选择“网格”菜单中的“网格连通性诊断”（Mesh Connectivity Diagnostic）命令，系统弹出如图 3-53 所示的“网格连通性诊断”对话框。

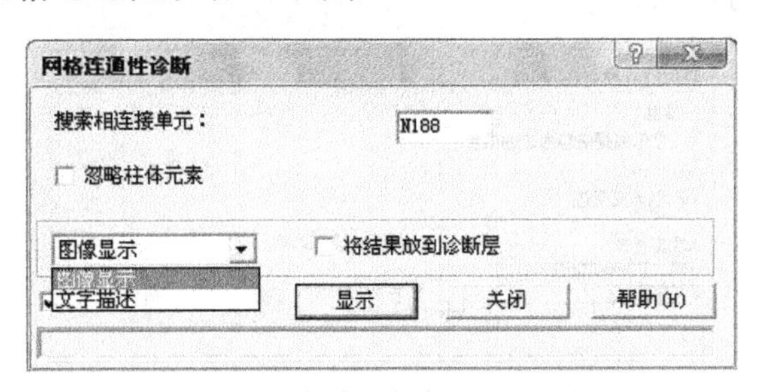

图 3-53　“网格连通性诊断”对话框

选中“忽略柱体元素”（Start connectivity search fron entity）选框，表示忽略网格模型中的一维单元的连通性，选中此项后在诊断模型连通性时将不考虑浇注系统和冷却系统。

忽略柱体元素图像显示及文本方式的描述如图 3-54 和图 3-55 所示。

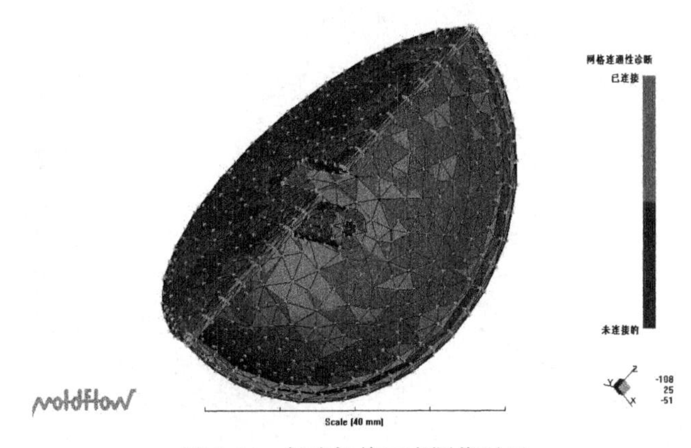

图 3-54　忽略柱体元素图像显示

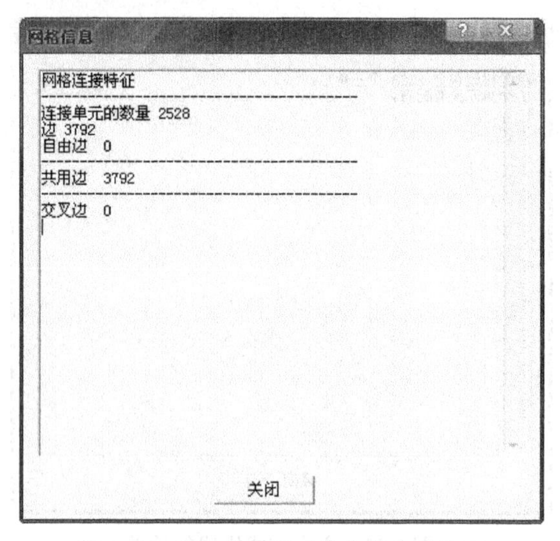

图 3-55　忽略柱体元素的文本方式描述

（5）网格自由边诊断

选择“网格”菜单中的“自由边诊断”（Free Edges Dianostic）命令，系统弹出如图 3-56 所示的“自由边诊断”对话框。

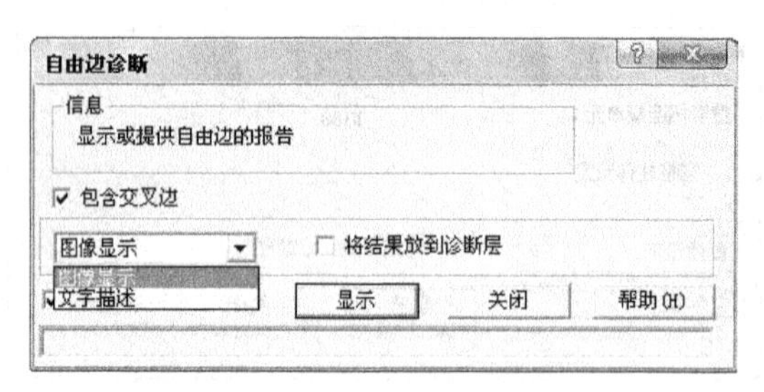

图 3-56　“自由边诊断”对话框

该诊断可以显示模型网格中自由边的存在位置，便于修改缺陷。选中“包含交叉边”（Include non-manifold edges）复选框表示诊断结果将包括非交叠边，图 3-57 和图 3-58 分别为自由边诊断图像显示和诊断结果文本。

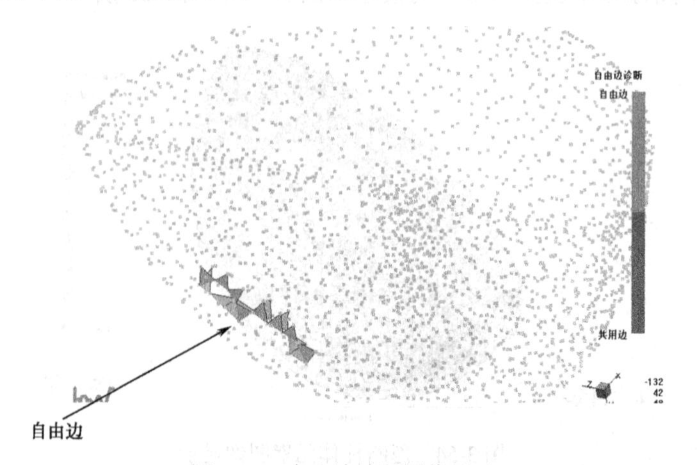

图 3-57　自由边诊断图像显示

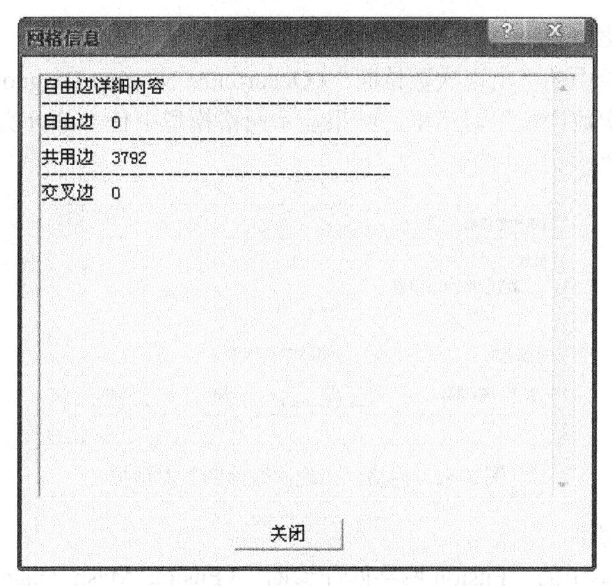
网格信息
自由边详细内容
自由边 0
共用边 3792
交叉边 0
关闭

图 3-58 自由边诊断结果文本

（6）网格厚度诊断

选择“网格”菜单中的“网格厚度诊断”（Mesh Thickness Diagnostic）命令，系统弹出如图 3-59 所示的“网格厚度诊断”对话框。图 3-60 所示为厚度诊断结果图像显示。

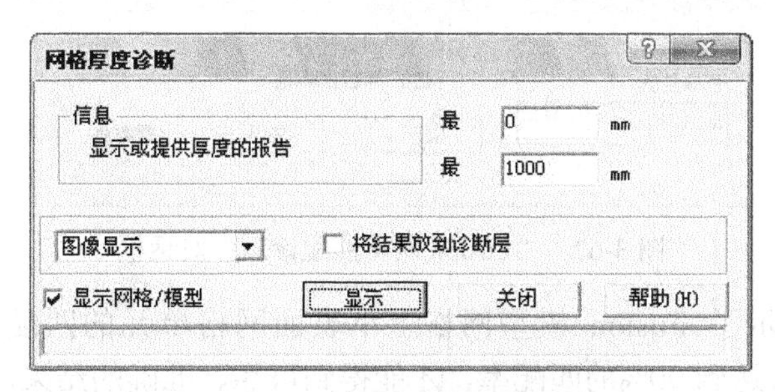

图 3-59 “网格厚度诊断”对话框

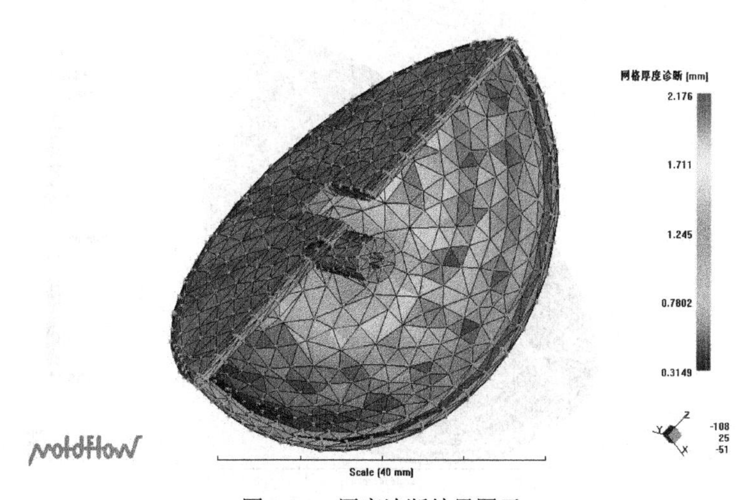

图 3-60 厚度诊断结果图示

（7）网格出现次数诊断

选择“网格”菜单中的“出现次数诊断”（Occurrence Number Diagnostic）命令，系统弹出如图 3-61 的“出现次数诊断”对话框。结果显示网格模型中任一部分实际出现的次数，但仅对一模多腔的产品有意义。

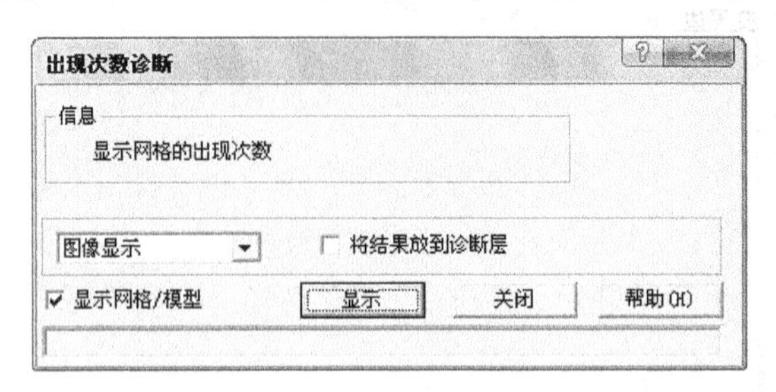

图 3-61　网格“出现次数诊断”对话框

（8）网格匹配诊断

选择“网格”菜单中的“Fusion 网格匹配诊断”（Fusion Mesh Diagnostic）命令，系统弹出如图 3-62 所示的“Fusion 网格匹配诊断”对话框。

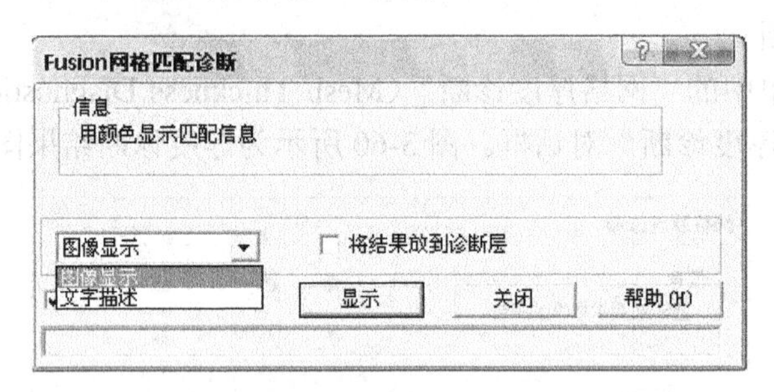

图 3-62　“Fusion 网格匹配诊断”对话框

网格匹配诊断显示了 Fusion 模型网格上下表面网格单元的匹配程度，尤其对于翘曲（Warpage）分析，只有达到 90%的匹配率，才能得到可靠、准确的结果。网格匹配信息诊断图和网格匹配信息诊断结果文本分别如图 3-63 和图 3-64 所示。

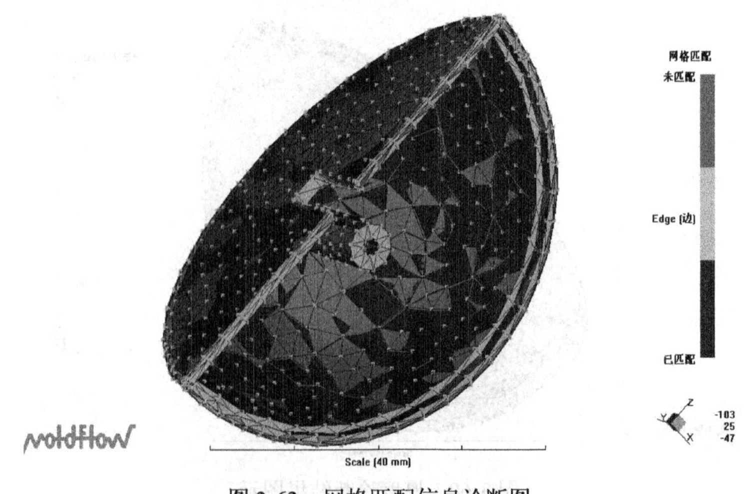

图 3-63　网格匹配信息诊断图

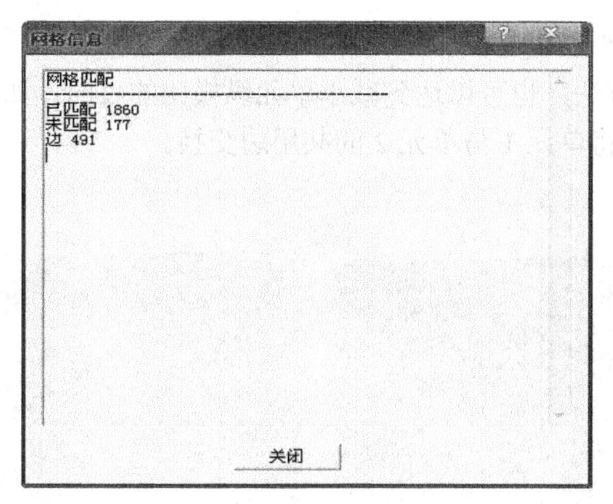

图 3-64　网格匹配信息诊断结果文本

3.7　网格处理实例

下面针对图 3-7 所示模型，给出一些常见的网格缺陷处理的方法。针对各种情况的判断与处理，还需要大量的练习来积累经验。

（1）单元纵横比缺陷处理

网格在自动划分过程中，难免出现单元纵横比过大的现象，这就需要手动修改网格的纵横比缺陷，根据不同情况，有着不同的处理方法。

① 合并节点，减小纵横比。

如图 3-65（a）所示，引出线所指网格单元十分“狭长”，纵横比情况很不理想。在这种情况下，可以通过合并节点的方法，达到消除该单元的目的。利用“合并节点”工具，将节点 1 向节点 2 合并，合并的方向十分重要，若节点 2 向节点 1 合并，则模型形状会发生较大的改变。

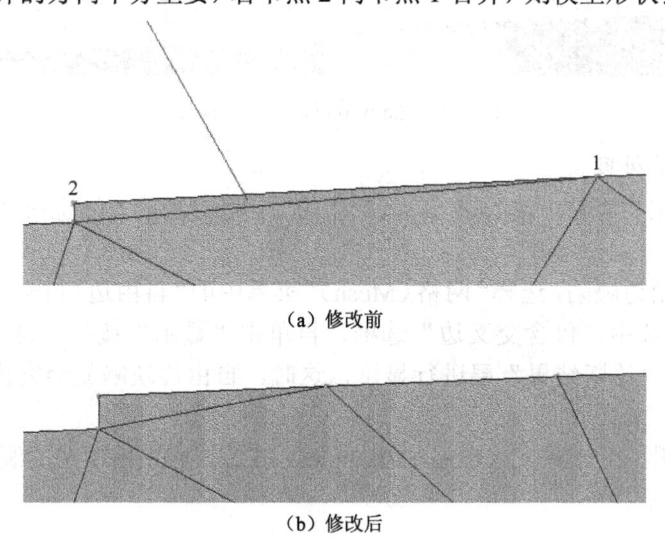

（a）修改前

（b）修改后

图 3-65　合并节点，减小纵横比

② 交换共用边，减小纵横比。

采用交换共用边的方法，也可以达到减小单元纵横比的目的，如图 3-66 所示。利用交换边（Swap Edge）工具，将单元 1 与单元 2 的共用边交换。

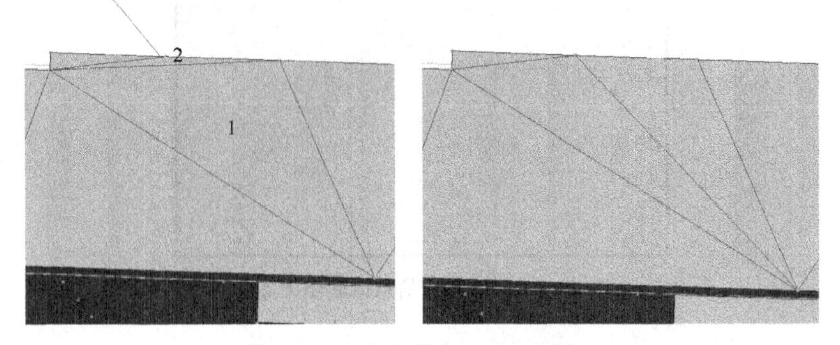

图 3-66 交换共用边，减小纵横比

③ 插入节点，减小纵横比。

第②种出现的情况有时也可以通过插入节点来解决问题，如图 3-67 所示。利用插入节点（Insert Node）工具，在节点 1 与节点 2 之间插入新节点 3，然后再将节点 3 与节点 4 合并。

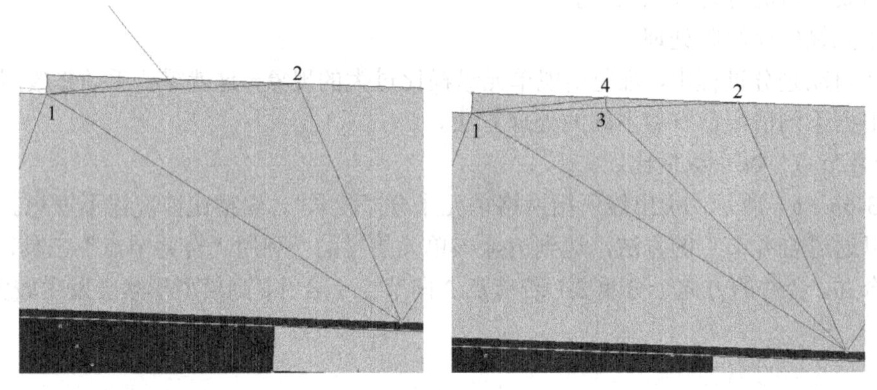

图 3-67 插入节点，减小纵横比

（2）自由边缺陷处理

自由边也是网格中容易出现的缺陷，其产生的原因和处理的方法也很多，下面介绍其中一种。

首先，显示自由边缺陷，选择“网格（Mesh）”菜单中的“自由边（Free Edges Diagnostic）”命令，在对话框中选中“包含交叉边”选框，再单击“显示”按扭，然后，在层窗口中，只选中“节点”和“诊断结果”层进行显示，这时，自由边缺陷就会突出显示，如图 3-68 所示。

最后，利用创建三角形单元（Create Triangles）工具，将网格中间的洞补上，自由边就会消失，如图 3-69 所示。

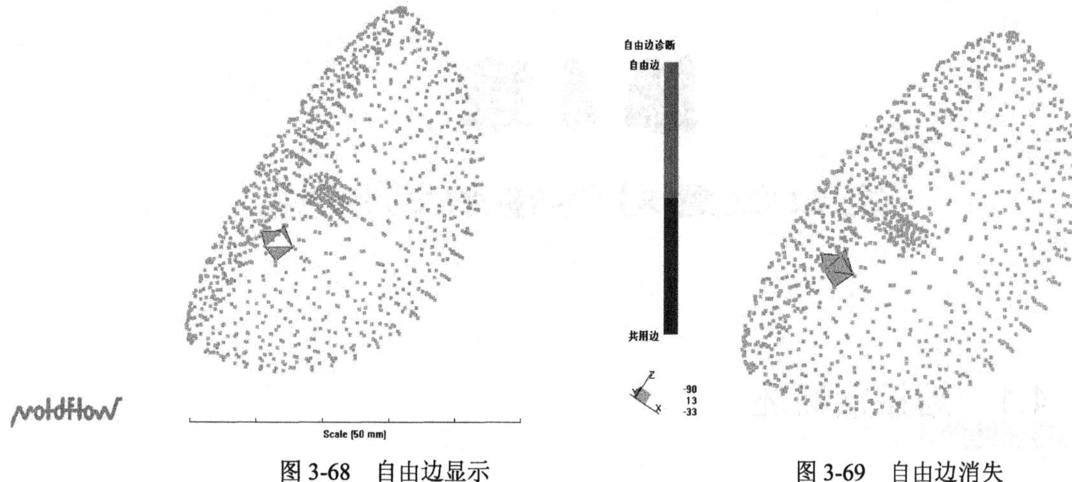

图 3-68　自由边显示

图 3-69　自由边消失

第4章
浇口位置对熔接痕的影响

4.1 熔接痕概述

熔接痕是由于熔融塑料在型腔中由于遇到嵌件、孔洞、流速不连贯的区域、充模料流中断的区域以多股形式汇合时，不能完全熔合而产生的。熔料在界面处未完全熔合，彼此不能熔接为一体，造成熔合印迹，注塑件中存在熔接痕时，不仅明显影响了制品的表面质量，而且使得熔接痕处的力学性能远低于制品的其他部分，其强度只有材料强度的10%～90%。

这种情况是由于通过多浇口注射或者熔体流围绕障碍物产生的后果。两种主要的熔接痕通常是有区别的。冷或者滞流熔接痕是由正面的冲击两熔体相遇后没有补料而形成的；热或者流动熔接痕的产生是由于两熔体流在横向相遇之后继续流动。熔接痕常常导致机械强度的下降同时还会降低模塑制品的表面光洁度。

本章的内容侧重于介绍利用MPIL的模拟仿真，对浇注系统方案进行调整和修改，在原有浇注系统设计的基础上找到一种合理的修改方案，从而能够消除产品的表面缺陷。

下面以手机外壳为例，研究浇口位置的不同对熔接痕的影响。手机外壳出现了比较严重的熔接痕缺陷，通过调整工艺参数的方法不易去除，因此考虑修改和调整模具的浇注系统设计方案。

4.2 原方案熔接痕的分析

4.2.1 项目创建和模型导入

在指定的位置创建分析项目mobile7，并导入手机外壳的IGES格式模型。

（1）创建新的项目

选择“文件”→“新建项目”命令，弹出“项目创建路径”对话框，在“创建新的项目”文本框中填入项目名称mobile7，单击“确定”按钮，默认的创建路径是MPI的项目管理路径，当然也可以自己选择创建路径，如图4-1所示。

导入手机外壳的IGES格式模型为IGES.igs。选择“文件”→“导入”命令，在系统弹出的对话框中选择IGES.igs文件，单击“打开”按钮。

在“导入”对话框中选择网格类型为Fusion，单击“确定”按钮，如图4-2所示，手机外壳的模型被导入。

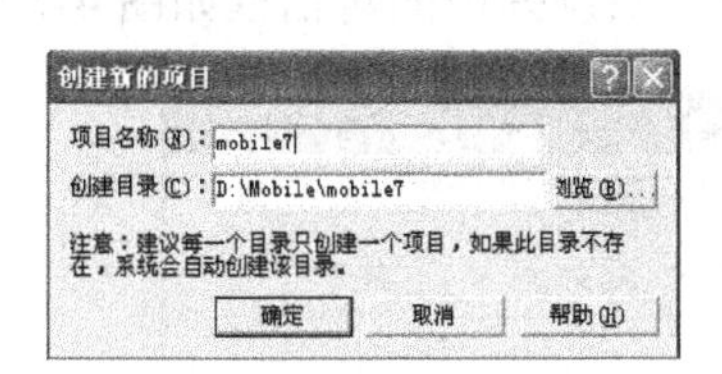

图 4-1　创建新的项目

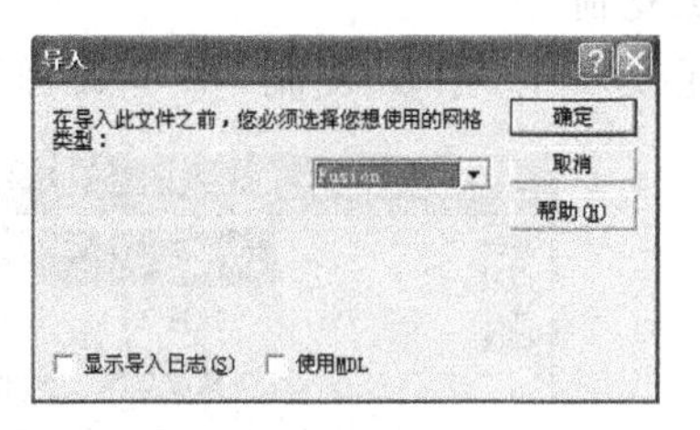

图 4-2　导入手机外壳网格类型

将分析任务 study 的名称由默认的 IGES_study 改为 IGES_mesh，模型导入完成，结果如图 4-3 和图 4-4 所示。

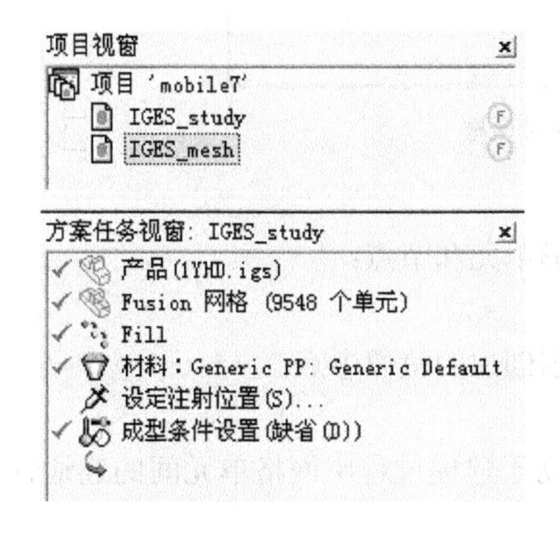

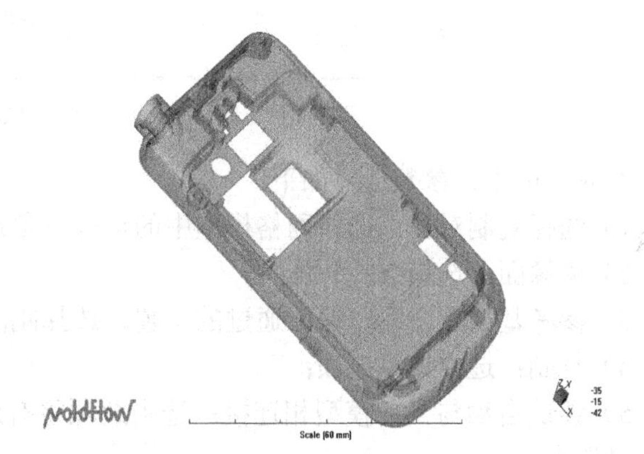

图 4-3　模型导入　　　　图 4-4　手机外壳未划分网格模型

在第 3 章已经介绍过，网格模型的建立和修改是一项非常复杂、耗时的工作，而且针对同一个模型，不同的使用者会得到不同的网格处理结果，因此这里不再赘述网格的划分和修改过程，用户可以直接采用第 3 章手机外壳网格处理的结果。

（2）型腔的镜像

手机外壳的模具型腔为一模两腔的对称设计，在生产时一次成型一对手机外壳，如图 4-5 所示。型腔布局要通过镜像复制，由左侧网格模型复制创建右侧网格模型，其操作过程：创建镜像中点，也就是主流道与分流道的交叉点。选择“建模”→“创建节点”→“偏移”命令，基点选择 N2908 为（0 -15 0），单击“应用”按钮，如图 4-6 所示。

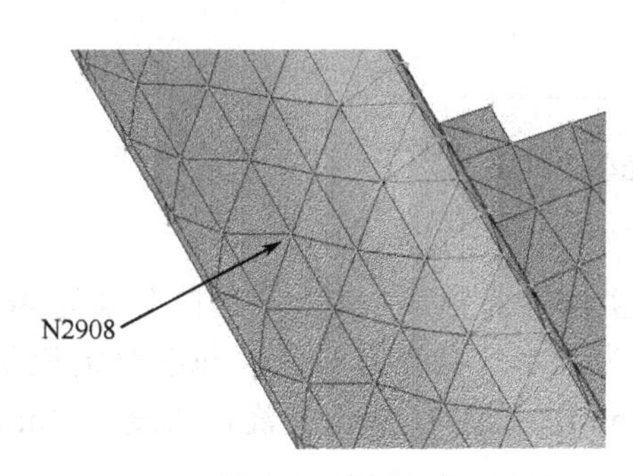

图 4-5　选择基点 N2908

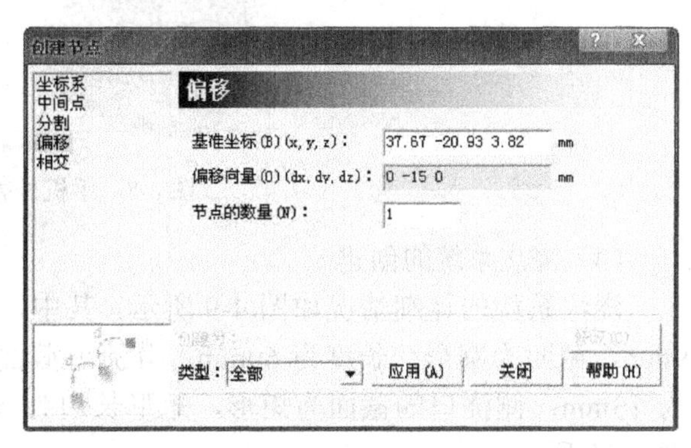

图 4-6　创建镜像中点

（3）镜像复制

选择“建模”→“移动/复制”→“镜像”命令，系统弹出的对话框如图4-7所示。

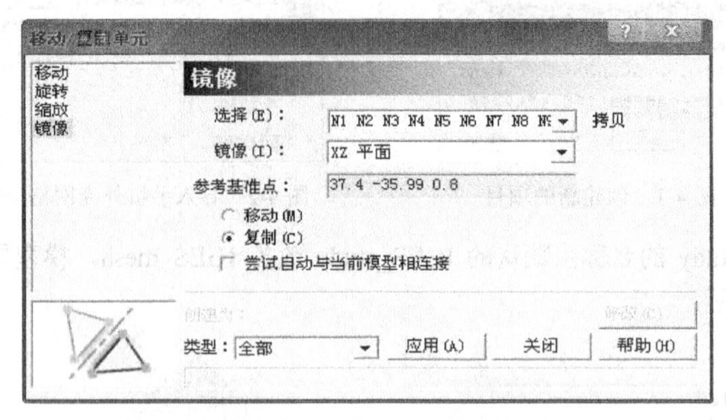

图4-7　“镜像”复制对话框

在对话框中，参数选择如下：

1）选择复制对象：选择网格模型中的全部三角形单元和节点；

2）镜像面：选择XZ平面；

3）参考基准点，即镜像面通过的位置，选择刚刚创建的镜像中点；

4）复制：选中该单选项；

5）尝试自动与当前模型相连接：选中此项将有助于建模过程中网格单元间的连通性，这里不必选中。

单击“应用”按钮，完成手机外壳的镜像复制，型腔布局结果如图4-8所示。

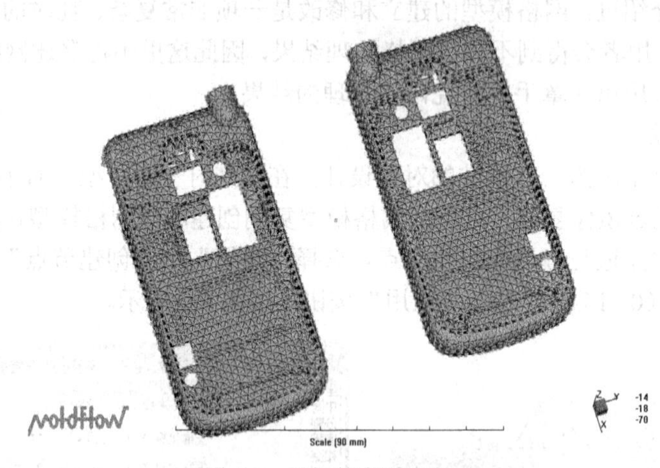

图4-8　手机外壳型腔布局

（4）浇注系统的创建

浇注系统的详细情况如图4-9所示。其中，主流道为锥形，上、下端口分别为4mm和9mm，截面为圆形，长度为60mm；分流道截面为圆形，直径为5mm，每条分流道长度均为13mm；侧浇口的截面为矩形，矩形长边为5mm，短边为3mm，浇口长度为2mm，如图4-10所示。

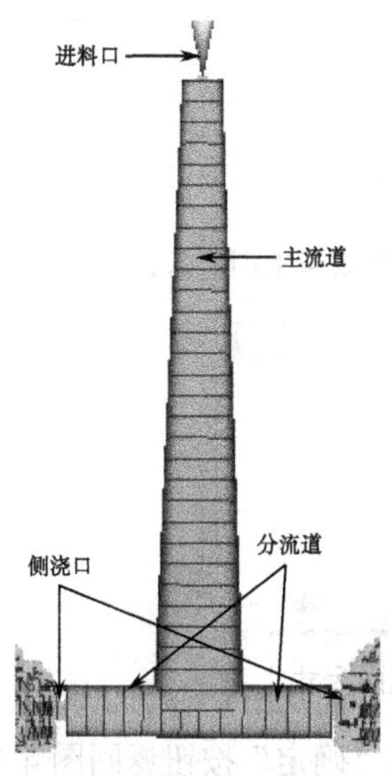

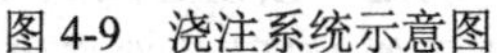

图 4-9　浇注系统示意图

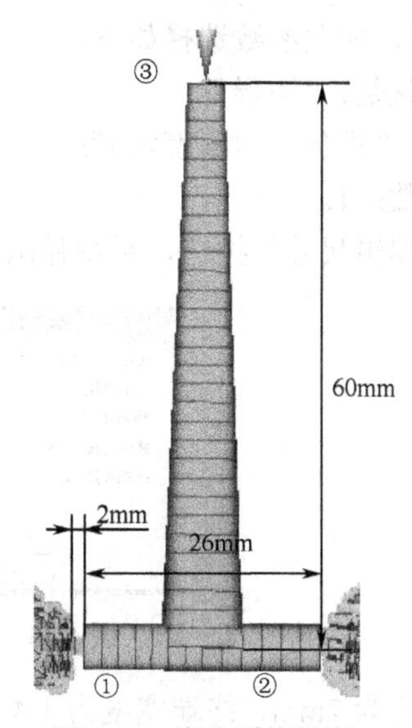

图 4-10　浇注系统长度

浇注系统的创建过程如下：

创建侧浇口中心线的端点①、②、③。选择“建模”→“创建节点”→“偏移”命令，选择刚刚创建的镜像中心点，端点①、②、③相对镜像中心点的偏置向量分别为（0 -13　0）、（0 13 0）和（0 0 -60）。

1）创建侧浇口的中心线。

① 创建左侧浇口中心线，其端点为 N7692 和节点①，选择“建模”→“创建曲线”→“直线”命令，系统弹出的对话框如图 4-11 所示。

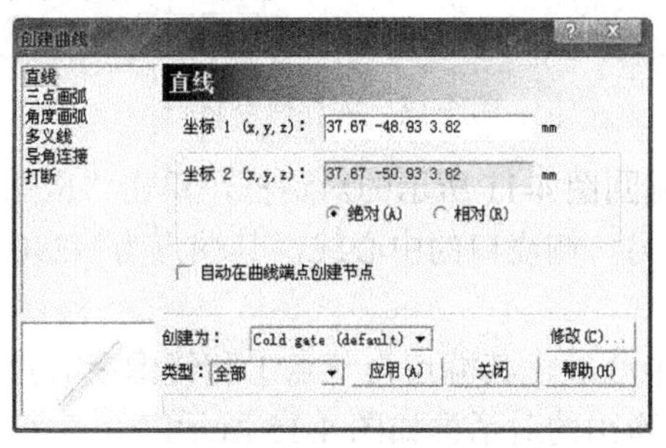

图 4-11　创建侧浇口中心线

② 中心线的端点分别选择节点 N7692 和节点①，取消“自动在曲线端点创建节点”复选框，单击“修改”按钮，选择“冷浇口”，设置浇口形状属性，系统弹出的对话框如图 4-12 所示。

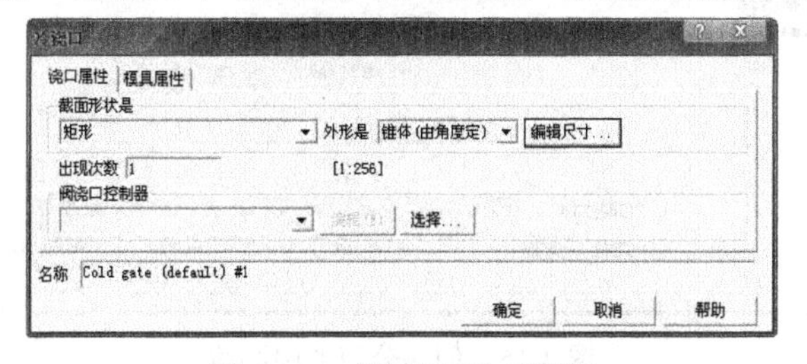

图 4-12　“冷浇口”对话框

在对话框中，相关参数选择如下：

- 截面形状是：“矩形”；
- 形状是：“锥体（由角度定）”；
- 出现次数：1。

③ 单击“编辑尺寸”按钮，系统弹出的对话框如图 4-13 所示。

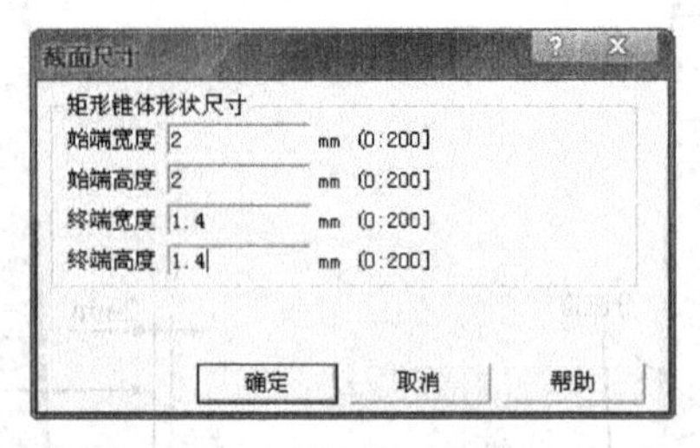

图 4-13　编辑浇口截面尺寸

④ 始端宽度为 2mm，终端宽度为 1.4 mm，单击“确定”按钮返回图 4-12 所示的对话框，单击对话框中的“模具属性”标签，系统弹出如图 4-14 所示的对话框，选择模具材料为 Tool steel P-20（P-20 钢）。

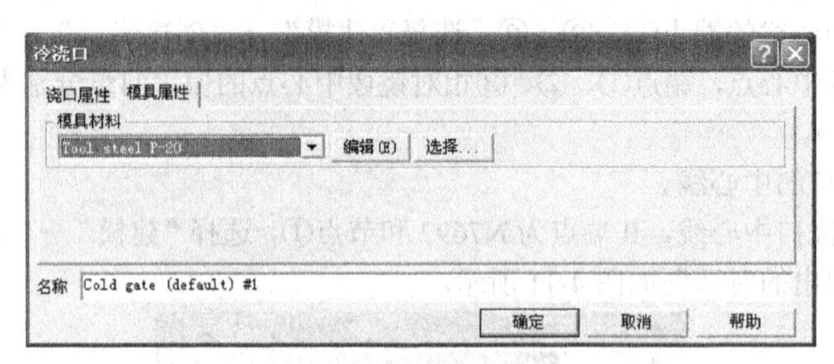

图 4-14　选择模具材料

⑤ 单击“确定”按钮返回图 4-11 所示的对话框，单击“应用”按钮，完成侧浇口中心线的创建，用同样的方法创建另一侧浇口的中心线，其端点为 N2908 和节点②。

2）创建分流道中心线。

① 创建一侧的分流道中心线，其端点为节点①和镜像中心点，选择“建模”→“创建曲线”→“直线”命令，系统弹出的对话框如图 4-15 所示。

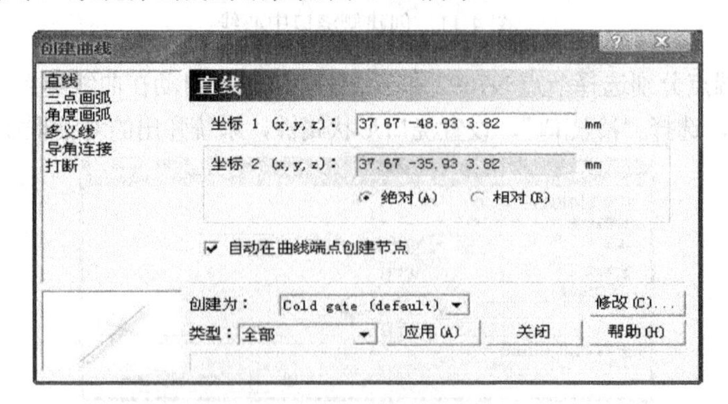

图 4-15　创建分流道中心线

② 中心线的端点分别选择节点①和镜像中心线，取消“自动在曲线端点创建节点”选框，单击“修改”按钮，选择设置分流道赋新属性，系统弹出的对话框如图 4-16 所示。

③ 在对话框列表中选择“Cold runner（default）#1”，如果没有该属性可通过单击“新建”按钮新建，单击“选择”按钮可以设置分流道形状属性，系统弹出的对话框如图 4-17 所示。

图 4-16　设置分流道赋新属性

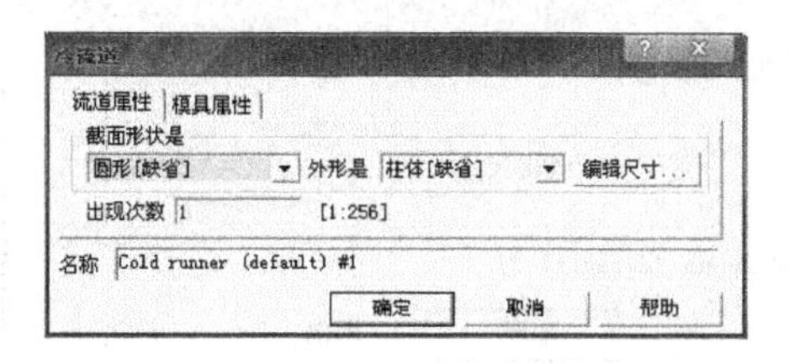

图 4-17　分流道属性的设置

在对话框中，相关参数选择如下：

- 截面形状是：圆形；
- 外形是：柱体；
- 出现次数：1。

④ 单击“编辑尺寸”按钮，系统弹出的对话框如图 4-18 所示。

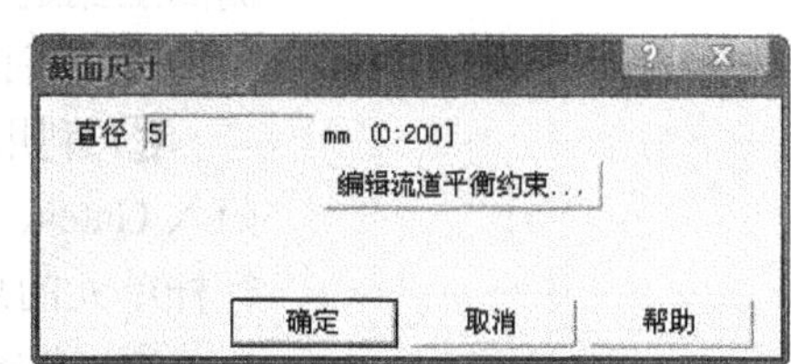

图 4-18　编辑分流道截面尺寸

⑤ 圆形截面直径为 5mm，单击“确定”按钮返回图 4-17 所示的对话框，选择模具材料为 P-20 钢，参数设置完成，单击“确定”按钮返回图 4-15 所示的对话框，单击“应用”按钮，完成一侧的分流道中心线的创建，用同样的方法创建另一侧分流道的中心线，其端点为节点②和镜像中心点。

⑥ 创建主流道的中心线，其端点为节点③和镜像中心点。选择“建模”→“创建曲线”→“直线”命令，系统弹出的对话框如图 4-19 所示。

⑦ 中心线的端点分别选择节点③和镜像中心点，取消“自动在曲线端点创建节点”选框，单击“修改”按钮设置主流道形状属性，系统弹出的对话框如图 4-20 所示。

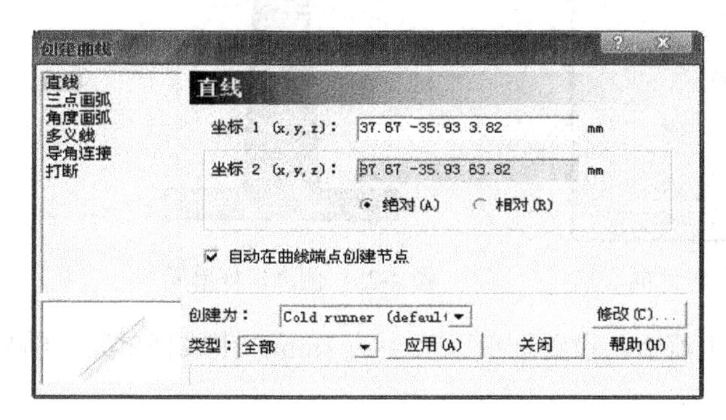

图 4-19　创建主流道中心线

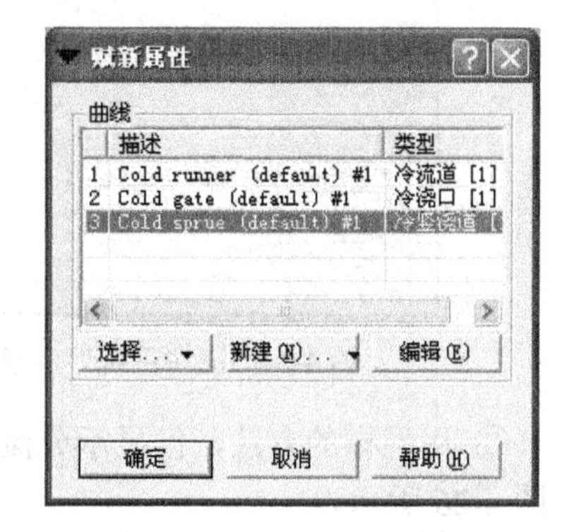

图 4-20　设置主流道赋新属性

⑧ 在对话框列表中选择“Cold sprue（default）#1”，如果没有该属性可通过单击“新建”按钮新建，单击“选择”按钮可以设置主流道形状属性，系统弹出的对话框如图 4-21 所示。

在对话框中，相关参数选择如下：

- 外形是：锥体（由端部尺寸确定）。
- 单击“编辑尺寸”按钮，系统弹出的对话框如图 4-22 所示。

图 4-21 冷竖浇道（主流道）属性的设置

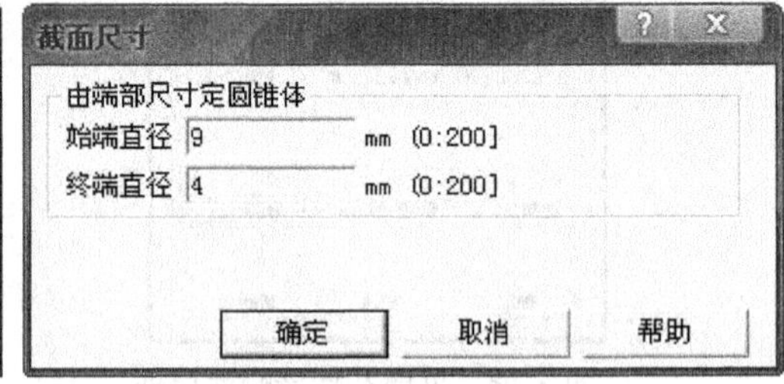

图 4-22 编辑主流道“冷竖浇道”截面尺寸

始端直径为 9 mm，终端直径为 4 mm，单击“确定”按钮返回图 4-21 所示的对话框，选择模具材料为 P-20 钢，参数设置完成，单击“确定”按钮返回图 4-19 所示的对话框，单击“应用”按钮，完成一侧的主流道中心线的创建。

3）浇注系统的杆单元划分。

① 利用层管理工具，将侧浇口、分流道和主流道的中心线分别归入 Gates、Runners、Sprue 三层，然后，仅显示 Gates 层对侧浇口进行杆单元的划分，如图 4-23 所示。

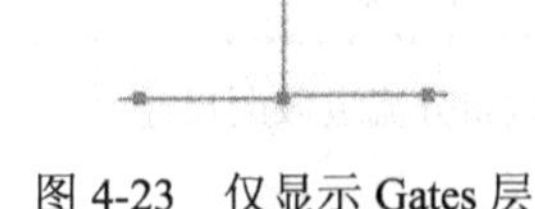

图 4-23 仅显示 Gates 层

② 选择“网格”→“生成网格”命令，设置杆单元平均边长大小为 1mm，如图 4-24 所示，单击“生成网格”按钮，结果如图 4-25 所示。

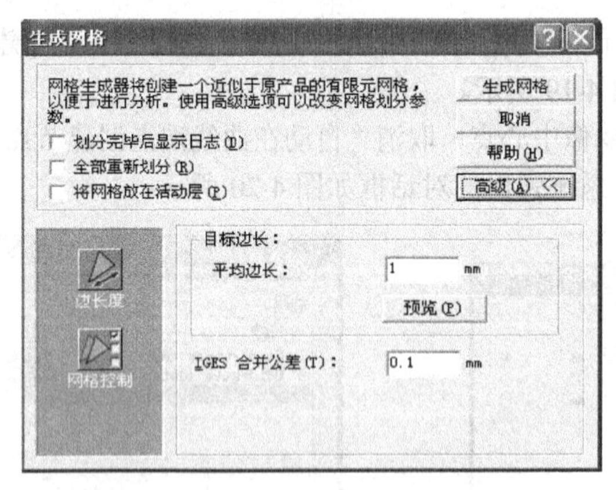

图 4-24 浇注系统“生成网格”对话框

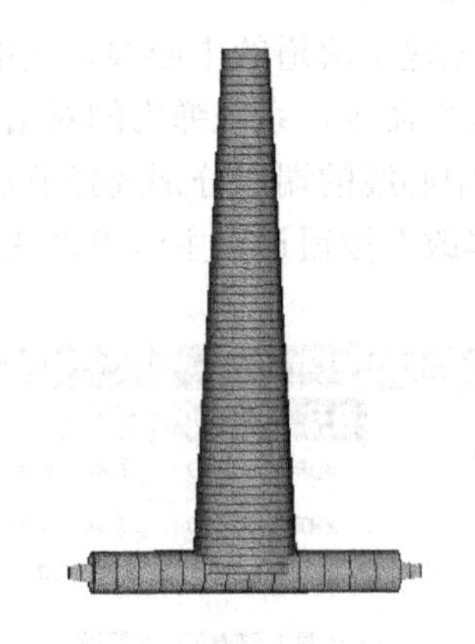

图 4-25 侧浇口杆单元

③ 用同样的方法，仅显示分流道和主流道，设置杆单元大小为 1mm，生成杆单元，结果如图 4-26 所示。

4）网格单元的连通性检验。

① 在完成了浇注系统的创建和杆单元划分之后，要对浇注系统杆单元与产品三角形单元的连通性进行检查，从而保证分析过程的顺利进行。显示所有产品的三角形单元以及浇注系统的杆单元，选择“网格”→“连通性”命令，系统弹出如图 4-27 所示的对话框。

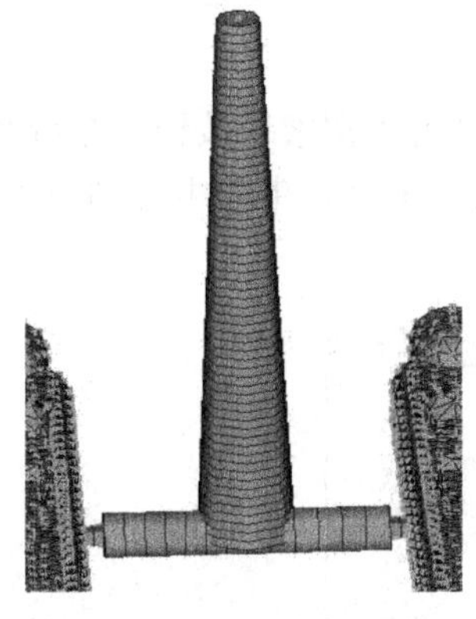

图 4-26　浇注系统创建结果

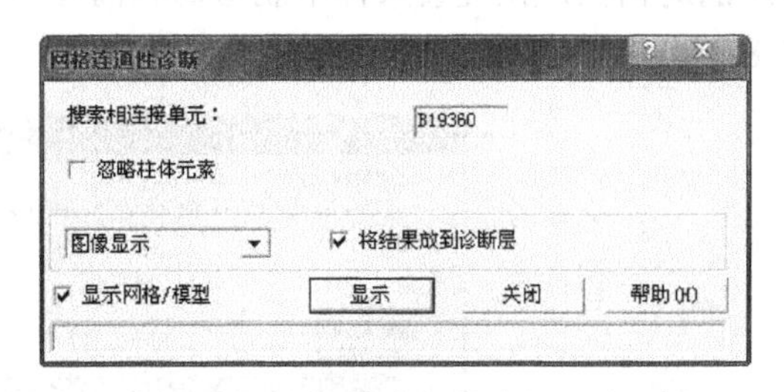

图 4-27　“网格连通性诊断”对话框

② 选择任一单元作为起始单元，单击“显示”按钮，得到网格连通性诊断结果，如图 4-28 所示，所有网格均显示为红色，表示相互连通。

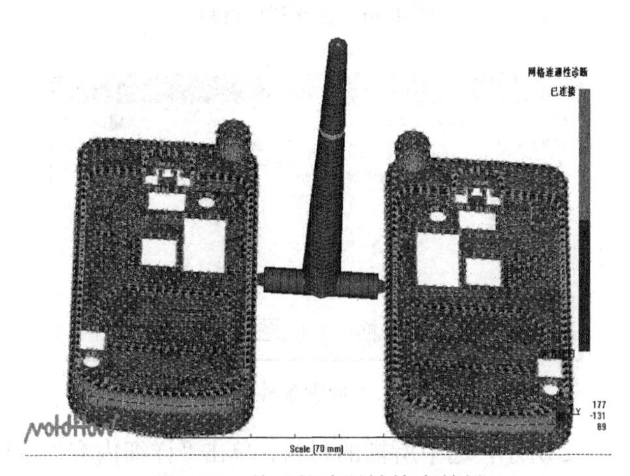

图 4-28　单元的连通性检查结果

③ 设置进料口位置。在“方案任务窗口”中，双击设置“进料口位置”，单击主流道进料口节点，选择完成后在工具栏中单击“保存”按钮保存。

④ 浇注系统创建完成，方案任务视窗如图 4-29 所示。

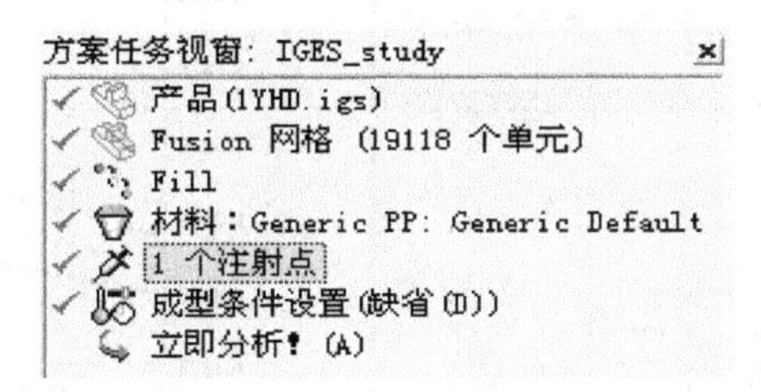

图 4-29　方案任务视窗

4.2.2 材料选择

在完成了浇注系统的创建之后，再来选择产品的注塑原料。手机底座所采用的材料为 Kumho 公司的 ABS+PC 材料，其牌号为 HAC 8250。

① 选择注塑材料。

选择“分析”→“选择材料”命令，如图 4-30 所示，单击“搜索”按钮，系统弹出如图 4-31 所示的对话框，在搜索条件中制造商和商业名称两栏的“子字符串”中分别填入 Kumho 和 HAC 8250，单击“确定”按钮。

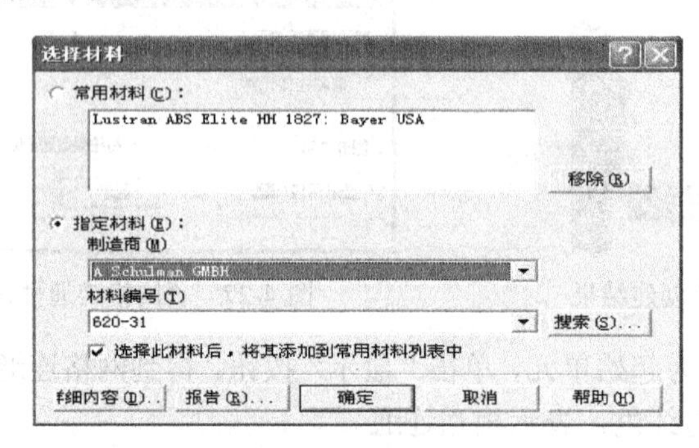

图 4-30 选择塑件材料

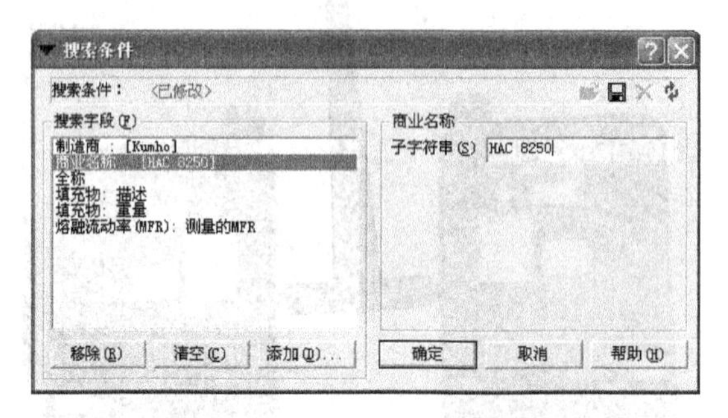

图 4-31 “搜索条件”对话框

② 搜索结果如图 4-32 所示，选中所需的材料，单击“详细内容”按钮可以查看材料属性，如图 4-33 所示为材料的 PVT 特性，单击图 4-32 中的“选择”按钮，返回图 4-30 所示的对话框，单击“确定”按钮。

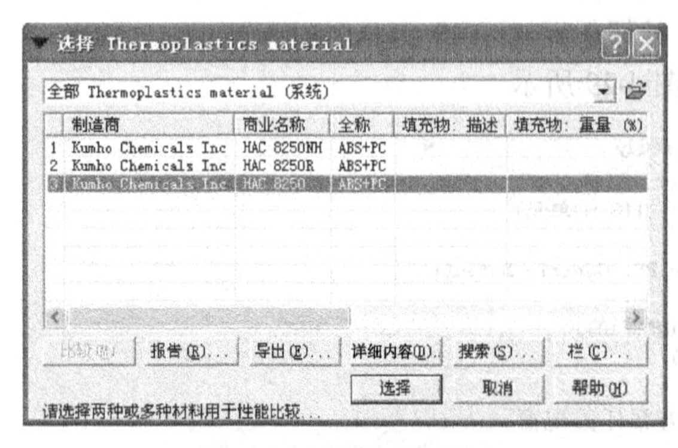

图 4-32 选择塑件材料

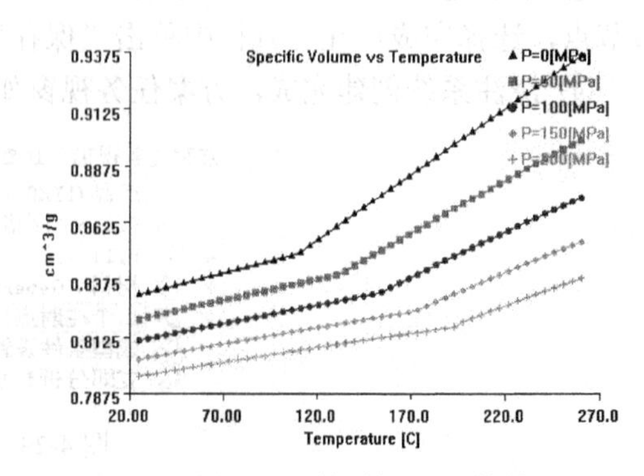

图 4-33 材料的 PVT 特性

③ 在分析任务栏窗口中，材料栏一项正确显示出所选材料：HAC 8250NH：Kumho Chemicals Inc，如图 4-34 所示。

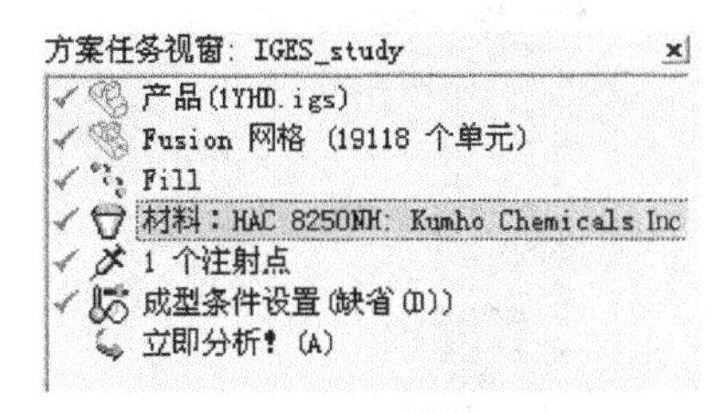

图 4-34　塑件材料选择完成

4.2.3　工艺过程参数的设定和分析计算

工艺过程参数选用默认设置。

在完成了分析前处理之后，即可进行分析计算，整个解算器的计算过程基本由 MPI 系统自动完成。双击“方案任务栏窗口”中的“立即分析”选项，解算器开始计算，通过分析计算的输出信息（Screen output）可以查看到计算中的相关信息。

前面介绍过，对于 MPI/Flow-Fusion 分析，网格的匹配率应该达到 85%以上，低于 50%的匹配率会导致 Flow 分析自动中断。对于 MPI/Warp-Fusion 分析，网格匹配率必须超过 85%。

填充分析过程信息如图 4-35 所示。

```
Filling Analysis

Residual Stress Analysis
analysis is beginning ....

  Filling phase:     Status: V   = Velocity control
                             P   = Pressure control
                             V/P= Velocity/pressure switch-over

|-----------------------------------------------------------------|
|  Time  | Volume|  Pressure    | Clamp force|Flow rate|Status |
|  (s)   |  (%)  |   (MPa)      |  (tonne)   |(cm^3/s) |       |
|-----------------------------------------------------------------|
|   0.02 |  4.15 |       10.14 |       0.00 |   22.97 |   V   |
|   0.05 |  8.85 |       13.60 |       0.00 |   24.13 |   V   |
|   0.07 | 13.70 |       15.43 |       0.00 |   24.51 |   V   |
|   0.10 | 18.55 |       17.44 |       0.00 |   23.82 |   V   |
|   0.12 | 22.49 |       27.94 |       0.15 |   22.27 |   V   |
|   0.15 | 27.04 |       35.35 |       0.33 |   23.83 |   V   |
|   0.17 | 31.64 |       40.25 |       0.63 |   23.72 |   V   |
|   0.20 | 36.34 |       44.69 |       1.04 |   24.33 |   V   |
|   0.22 | 41.00 |       48.60 |       1.55 |   24.43 |   V   |
|   0.24 | 45.79 |       51.37 |       2.02 |   24.60 |   V   |
|   0.27 | 50.54 |       53.60 |       2.49 |   24.64 |   V   |
|   0.29 | 55.01 |       60.94 |       3.88 |   24.25 |   V   |
|   0.32 | 59.69 |       66.33 |       5.12 |   24.55 |   V   |
|   0.34 | 64.36 |       70.62 |       6.37 |   24.60 |   V   |
|   0.37 | 68.94 |       75.21 |       7.84 |   24.62 |   V   |
|   0.39 | 73.57 |       82.84 |      10.43 |   24.77 |   V   |
```

图 4-35　填充分析过程信息

计算时间如图 4-36 所示。

```
Execution time
   Analysis commenced at          Fri Oct 22 20:28:01 2010
   Analysis completed at          Fri Oct 22 20:46:14 2010
   CPU time used                       1092.03 s
```

图 4-36　计算时间

计算结果完后，分析结果如图 4-37 所示，填充分析结果将列表显示。可关注与产品熔接痕相关的结果信息。

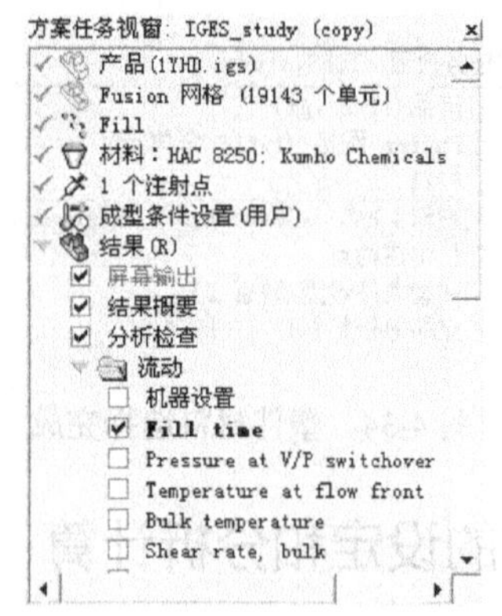

图 4-37 分析结果示意图

（1）熔接痕（Weld lines）

熔接痕容易使产品强度降低，特别是在产品可能受力的部位产生的熔接痕会造成产品结构上的缺陷。本案例中的熔接痕会造成产品表面质量缺陷，如图 4-38 所示。

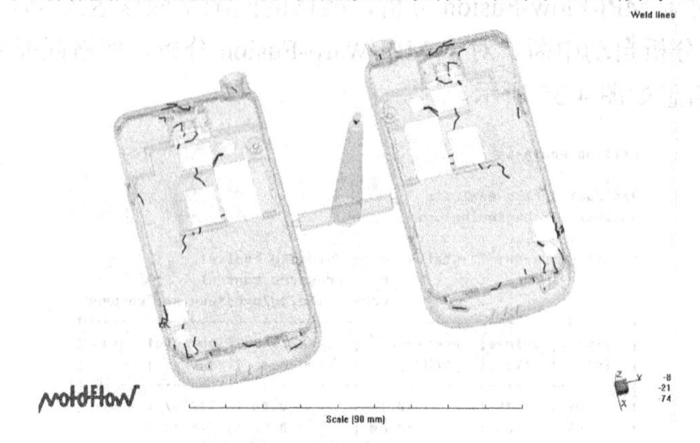

图 4-38 熔接痕表面质量缺陷

单独显示产品的熔接痕结果不容易观察熔接痕缺陷的具体情况，将熔接痕结果叠加在填充时间的结果上不仅可以清楚地观察熔接痕，而且可以分析熔接痕产生的机理，如图 4-39 和图 4-40 所示。

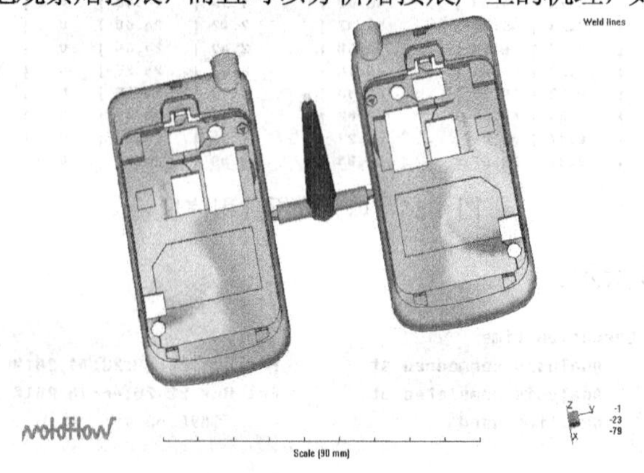

图 4-39 熔接痕与填充时间的叠加结果

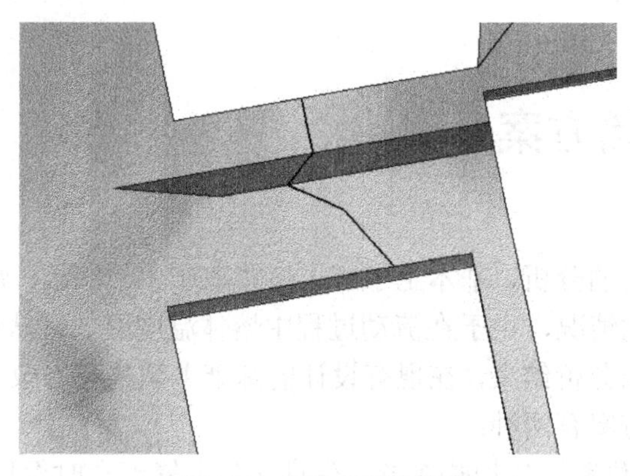

图 4-40　产品表面熔接痕

（2）填充时间（Fill time）

通过对填充时间动态结果分析，可以直观地看到熔接痕产生的过程，如图 4-41 所示。

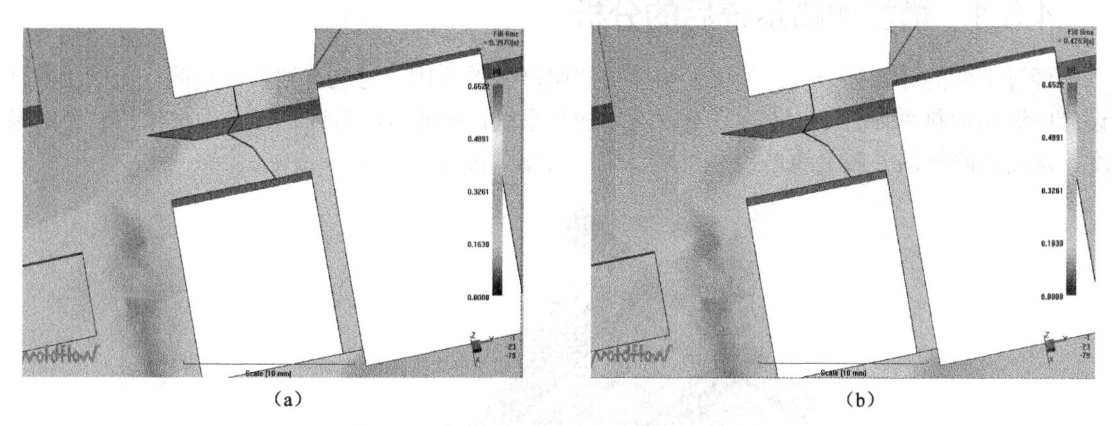

（a）　　　　（b）

图 4-41　熔接痕的产成

（3）表面分子取向（Orientation at skin）

通过产品表面分子取向结果显示，也可以观察熔接痕的情况，如图 4-42 所示。

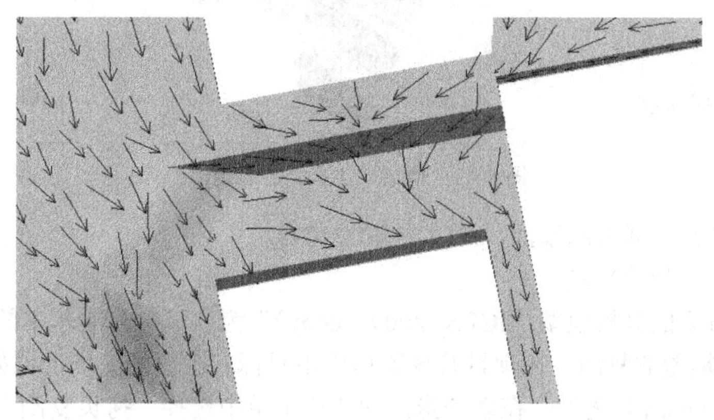

图 4-42　产品表面的分子取向

4.3 改进原始方案

通过对原始设计方案的分析，基本上了解了熔接痕产生的原因：熔体绕方孔流动，不可避免地出现熔体前锋交汇的情况，由于在流动过程中熔体温度降低，从而产生熔接痕现象。

下一步的任务是根据分析结果，在现有设计的基础上调整和修改分析方案，从而改善缺陷情况。基本修改和调整方案有两种：

1）在熔接痕出现的位置增加加热系统，保证熔体前锋汇合时保持一个较高的温度。

2）改变浇口的位置和形式，避免在产品外观面出现熔体前锋汇合的情况。

下面就分别针对这两种修改方案，利用Moldflow软件进行仿真模拟，以观察实际的效果。

4.3.1 增加加热系统后的分析

经过上面的计算和分析，了解了熔接痕缺陷产生的原因，为改善熔接痕缺陷，提出在模具设计中添加加热系统的修改方案。希望通过加热系统，保证熔体前锋在汇合部位保持一定的温度，从而消除产品外观上的熔接痕缺陷。修改方案如图4-43所示。

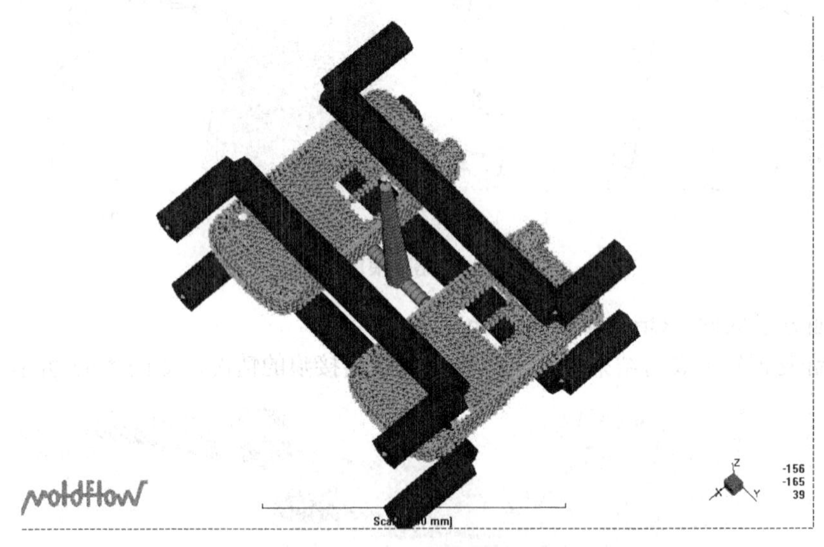

图4-43 增加加热系统后的设计

加热管中的加热介质为高温油，温度在90℃左右。

（1）基本分析模型的复制

以原始设计方案的分析模型“IGES_study（copy）”为原型，复制基本的分析模型。

1）基本分析模型的复制。在项目管理窗口中用鼠标右击已经完成的原始设计方案的填充分析 IGES_study（copy）选项，在系统弹出的快捷菜单中选择“拷贝复制”命令，如图4-44所示。

2）分析任务重命名。将新复制的分析模型重命名为“IGES_study（copy）（copy）”，重命名之后的项目管理窗口和分析任务窗口如图4-45所示。

从分析窗口中可以看到，产品初步设计分析的所有模型和相关参数设置被复制，在此基础上即可添加加热系统，并进行相应的分析计算。

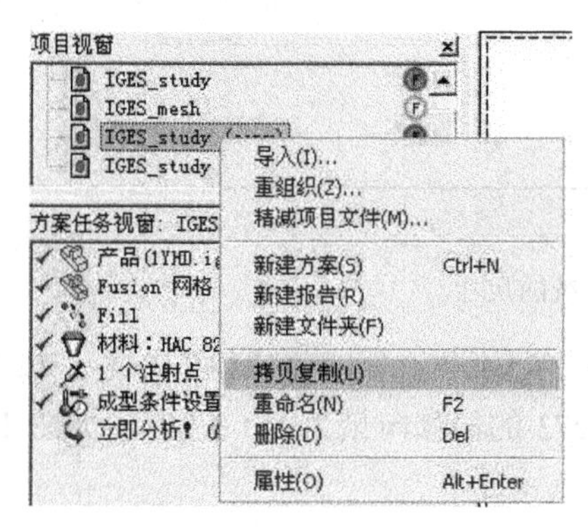

图 4-44　基本分析模型的复制

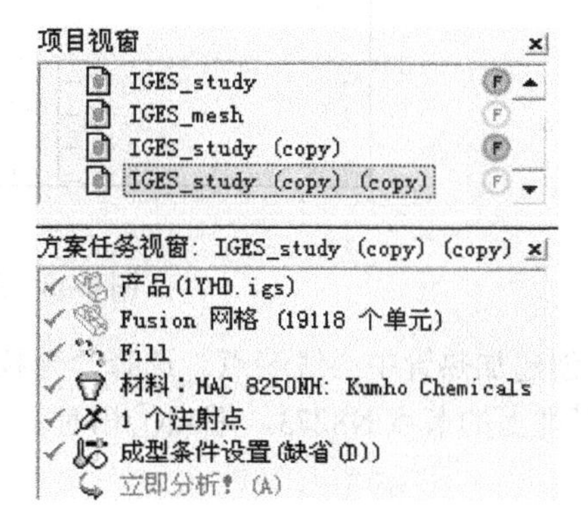

图 4-45　分析任务重命名

（2）分析类型及顺序的设定

利用 MPI 中的 Cool 分析模块对添加加热系统后的设计方案进行分析。选择“分析”→“设置分析序列”→“流动+冷却”（Cool+Flow）命令，这时，方案任务窗口中的显示发生变化，如图 4-46 所示。

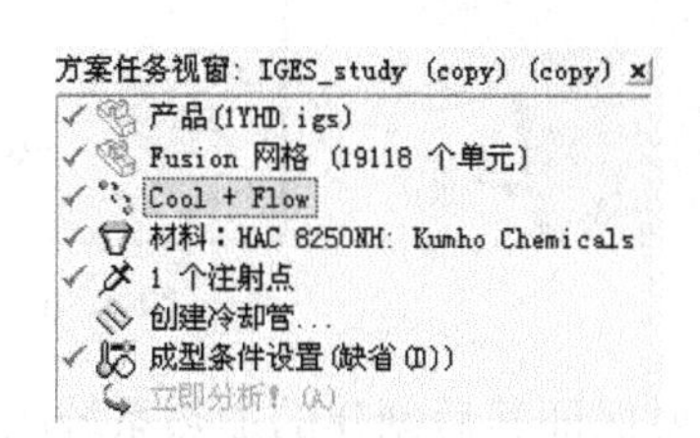

图 4-46　分析类型及顺序的设定

（3）加热系统的创建

如图 4-47 所示的加热系统的创建与冷却系统的创建相同，其基本尺寸如图 4-48 所示，大致位置为位于产品表面熔接痕的上方，加热系统距离产品表面为 4～5mm，加热管道的直径为 12mm。

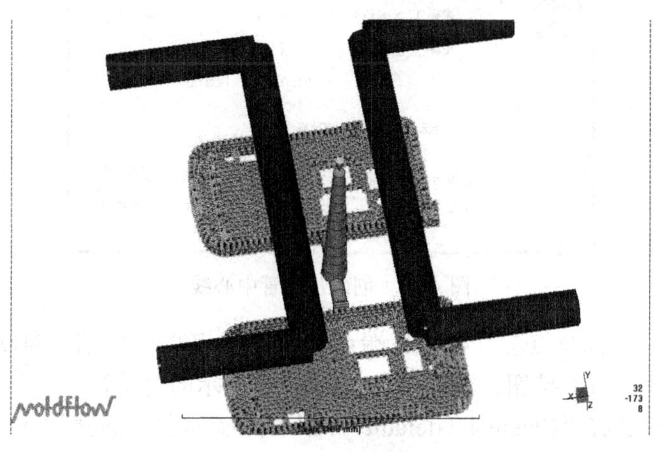

图 4-47　加热系统

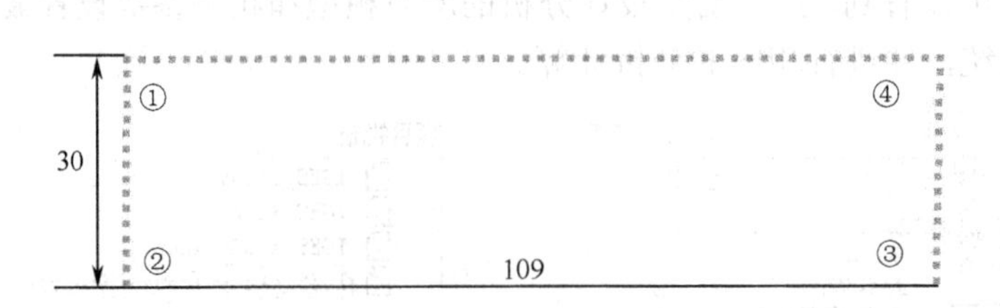

图 4-48 加热系统的尺寸

1）创建加热管中心线端点。选择“建模”→“创建节点”→“偏移”命令，基点选择产品网格模型上的节点 N8273，端点①相对基点 N8273 的偏移向量为（0 0 20），如图 4-49 和图 4-50 所示。

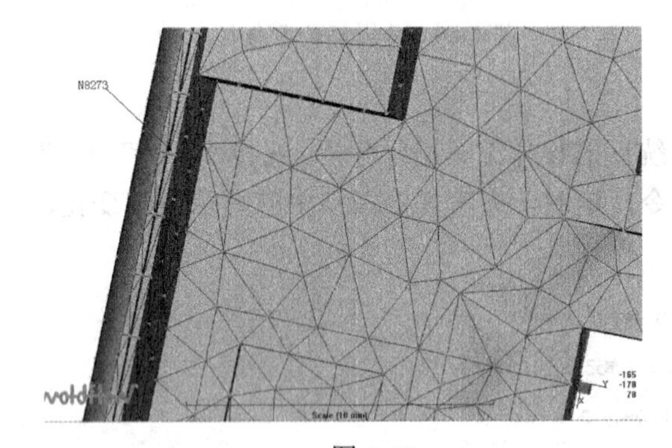

图 4-49

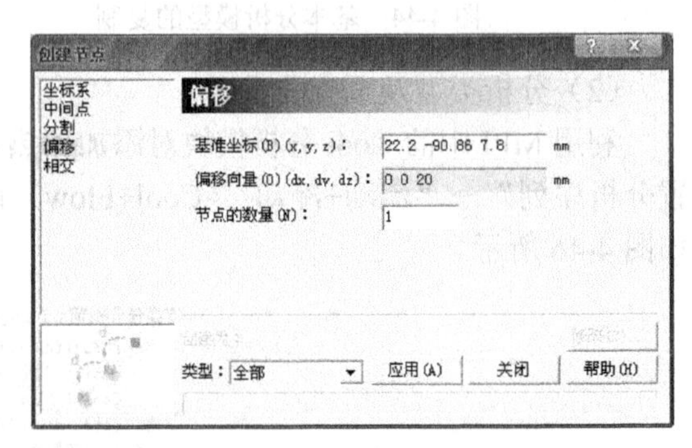

图 4-50 显示最佳浇口位置的中心节点

创建端点①在选择基点时，要保证其后创建的加热系统应该通过产品表面熔接痕的上方。端点②、③、④的创建方法相同，根据图 4-48 所示的尺寸自行创建。

2）创建加热系统的中心线。以①～②之间的直线段为例，选择“建模”→“创建曲线”→“直线”命令，如图 4-51 所示。

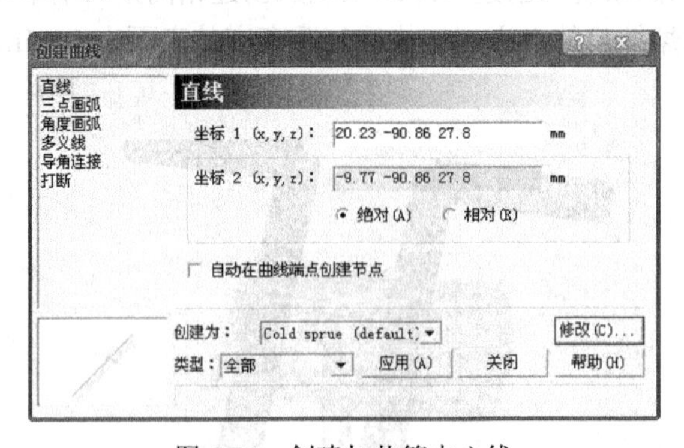

图 4-51 创建加热管中心线

选择第 1 端点（坐标节点①）和第 2 端点（坐标节点②），取消“自动在曲线端点创建节点”复选框，单击“修改”按钮，系统弹出如图 4-52 所示的对话框。

在对话框列表中选择“Channel（default）#1”或者是选择“新建”→“管道”命令，在系统弹出的对话框（见图 4-53）中设置加热管各项属性及参数，设置完成后返回图 4-52 所示的对话框，单击“确定”按钮，再返回 4-51 所示的对话框，单击“应用”按钮。

图 4-52　新建流道赋新属性

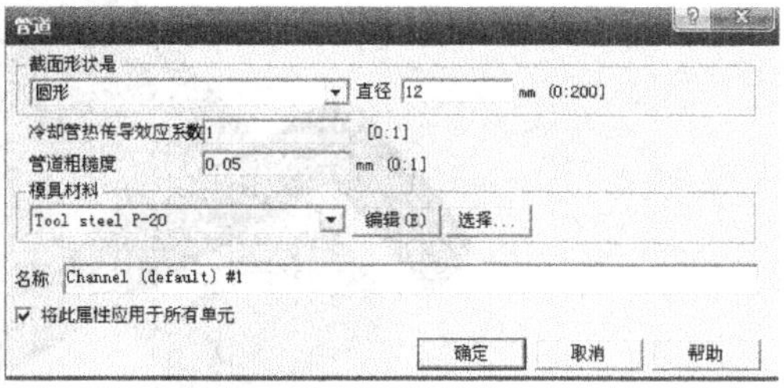

图 4-53　设置管道属性

图 4-53 中加热管的各项参数如下：

① 截面形状是：圆形；

② 直径：12mm；

③ 冷却管热传导效应系数：1（默认值）；

④ 管道粗糙度：0.05（默认值）；

⑤ 模具材料：Tool steel P-20。

用同样的方法创建其余加热管的中心线，结果如图 4-54 所示。

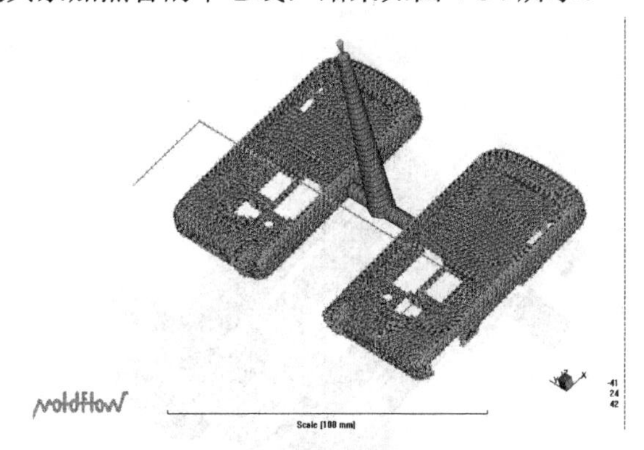

图 4-54　管道位置设定

3）加热管的杆单元划分。在层管理窗口中新建层加热管（Heat channels），将新建的加热管中心线归入该层，仅显示新建层加热管，选择“网格”→“生成网格”命令，设置杆单元大小为 2mm，如图 4-55 所示。

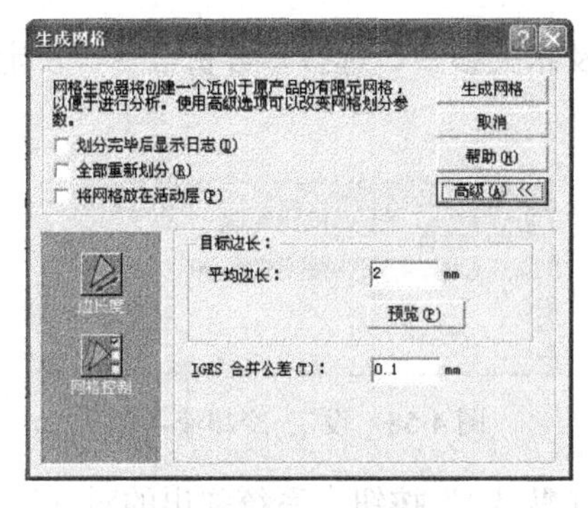

图 4-55　设置杆单元

单击“生成网格”按钮生成杆单元，结果如图 4-56 所示。

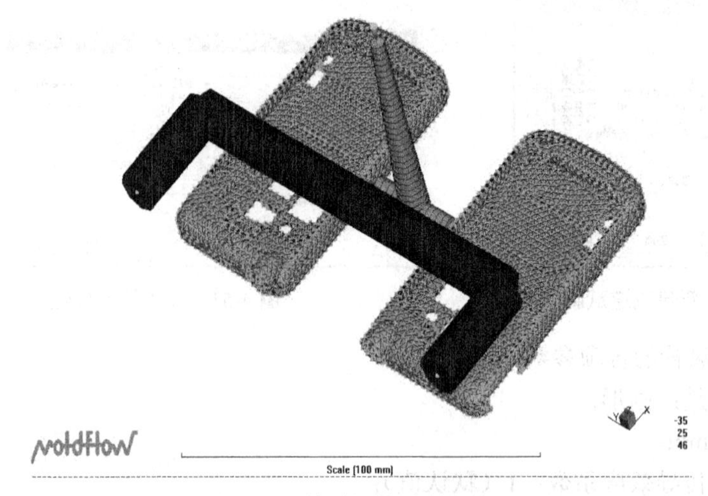

图 4-56　管道杆单元生成结果

4）镜像复制。选择“建模”→“移动/复制”→“镜像”命令，系统系统弹出“移动/复制单元”对话框，结果如图 4-57 所示。

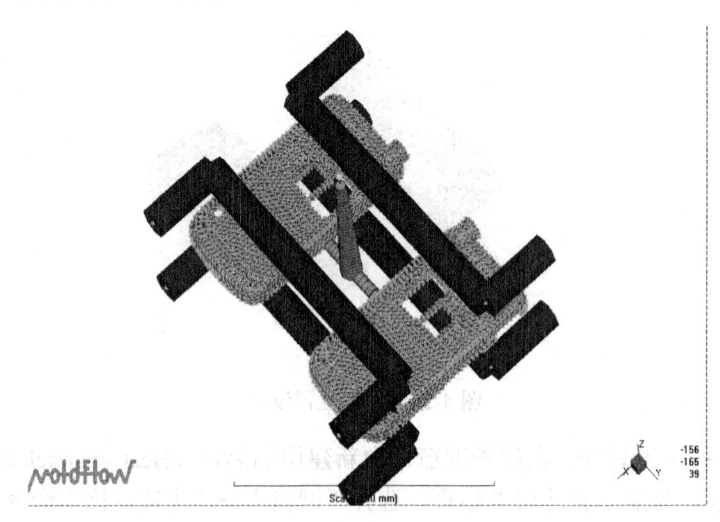

图 4-57　管道杆单元镜像生成结果

5）设置加热介质的进口及相关参数。选择“分析”→“设定 冷却液入口”命令，系统弹出的对话框如图 4-58 所示。

图 4-58　设定 冷却液入口

双击“冷却液入口 属性（默认）”按钮，系统弹出的对话框如图 4-59 所示，设置有关参数如下：

① 冷却液：OIL（冷却介质，油）；

② 冷却液控制：指定雷诺数；

③ 冷却液雷诺数：10000（表示湍流）；

④ 冷却液入口温度：90℃。

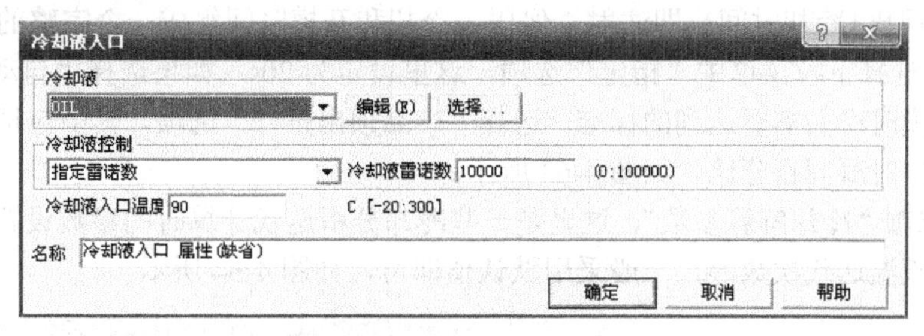

图 4-59　设置加热介质参数

单击“确定”按钮，返回图 4-58 所示对话框，此时光标变为“大十字叉”，按照图 4-60 所示，为加热管设定进油口位置，完成后单击工具栏中的“保存”按钮。此时方案任务窗口如图 4-61 所示，加热系统创建完成。

图 4-60　加热管进油口位置设定

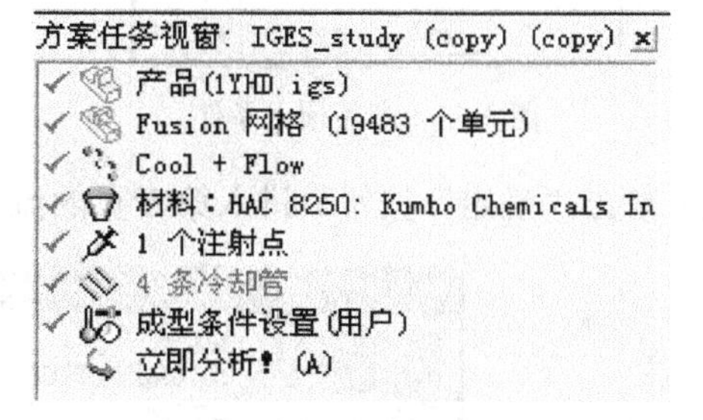

图 4-61　方案任务窗口

（4）工艺过程参数的设置

修改方案的工艺过程参数不完全选用默认设置，其中一些参数根据生产的实际情况有略微的调整，参数设置过程如下。

1）选择“分析”→“成型条件设置”命令，或者是直接双击方案任务栏窗口中的“成型条件设置”选项，系统弹出如图 4-62 所示的对话框，过程参数设置的第 1 页为冷却设置。

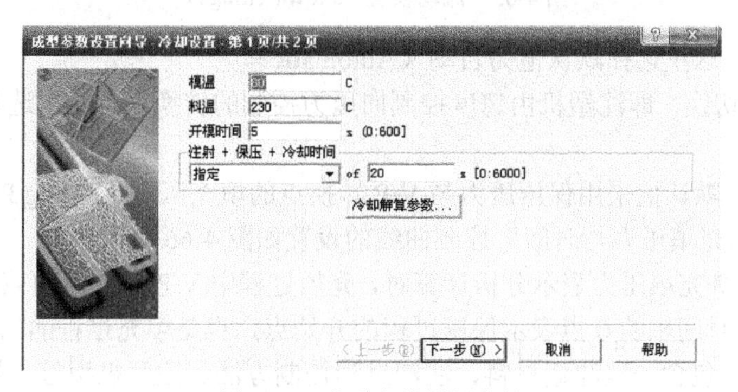

图 4-62　成型参数设置向导

① 模温（模具表面温度），采用默认值为 80℃。

② 料温，对于本案例是指进料口处的熔体温度，默认值为 230℃，对于没有浇注系统的情况，则是指熔体进入模具型腔时的温度。

③ 开模时间：是指一个产品注塑、保压、冷却结束到下一个产品注塑开始的时间间隔，默认值为 5s。

④ 注射+保压+冷却时间：即注射、保压、冷却和开模时间组成一个完整的注塑周期。如图 4-62 所示，选择下拉菜单中“指定”选项，这里设定为 20s；如果选择“自动计算”选项，则需要编辑开模时产品需要达到的标准，选择“产品顶出条件”选项，其中包括两项内容，即顶出温度和顶出时凝固百分比，如图 4-63 所示。

⑤ 高级选项“冷却解算参数”，这里是一些冷却分析迭代计算时的参数设置，包括模温收敛公差、最大模温迭代次数等，一般采用默认值即可，如图 4-64 所示。

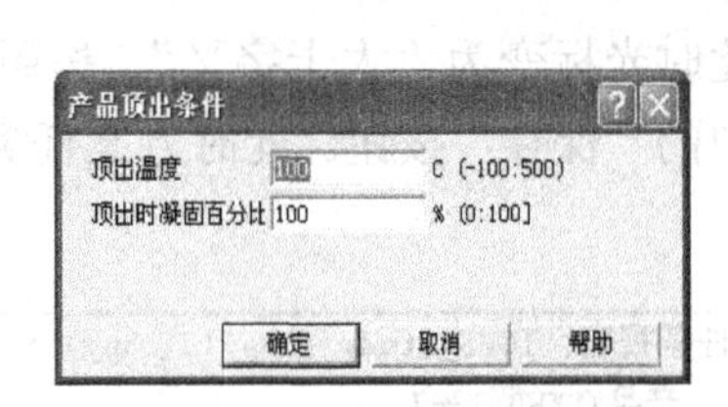

图 4-63 产品顶出条件

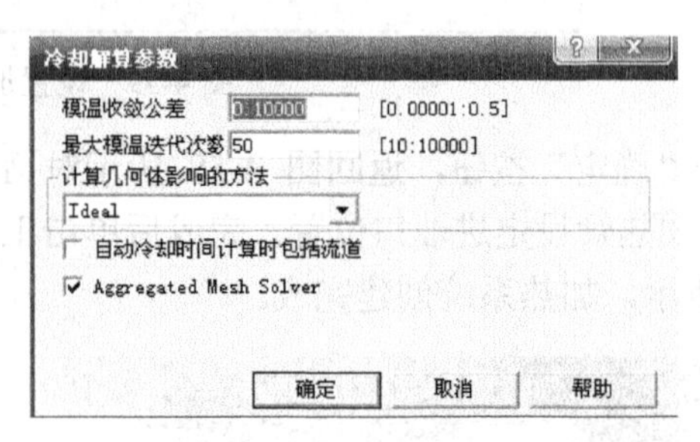

图 4-64 冷却解算参数

2）单击“确定”按钮，进入第 2 页的流动设置，如图 4-65 所示。

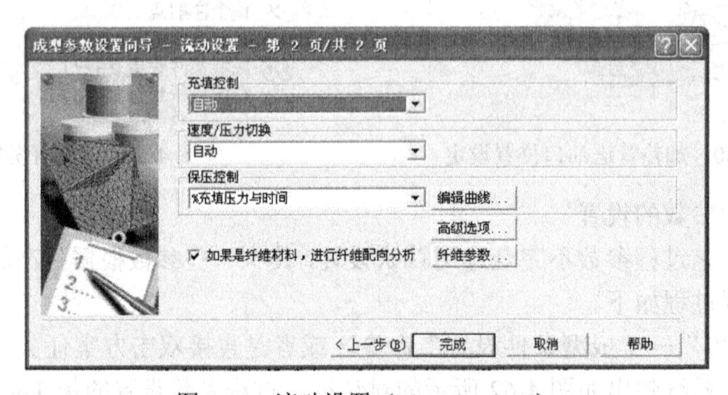

图 4-65 流动设置（Flow Settings）

① 充填控制，这里选择默认值为自动（Automatic）。

② 速度/压力切换，即注塑机由速度控制向压力控制的转换点，这里选择默认值：自动控制。

③ 保压控制，默认值采用保压压力与 V/P 转换点的填充压力（Filling Pressure）相关联的曲线控制方法，“%充填压力与时间”控制曲线的设置如图 4-66 所示。

在图 4-66 中，%充填压力表示分析计算时，充填过程中 V/P 转换点的填充压力，保压压力为 80%注射压力，时间轴的 0 点表示保压过程的开始点，也是填充过程的结束点。

④ 高级选项：包含一些注塑材料、注塑过程控制方法、注塑机型号、模具材料和解算模块参数的信息，这里选用默认值。

⑤ 纤维参数：如果是纤维材料，则会在分析过程中进行纤维定向分析的计算，相关的参数选用默认值。

3）单击“完成”按钮，结束工艺过程参数的设置，如图 4-67 所示。

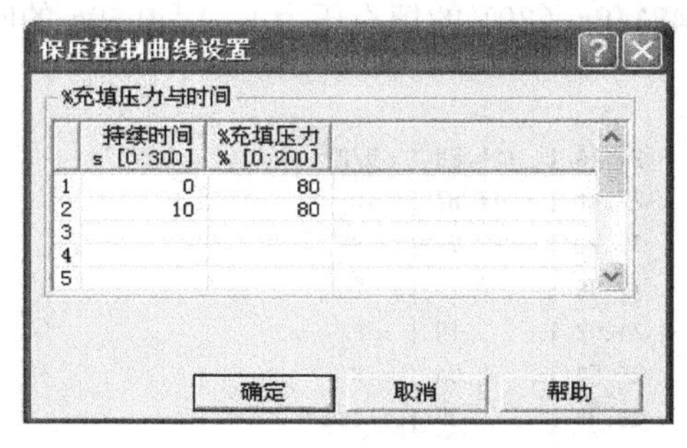

图 4-66 保压控制曲线的设置

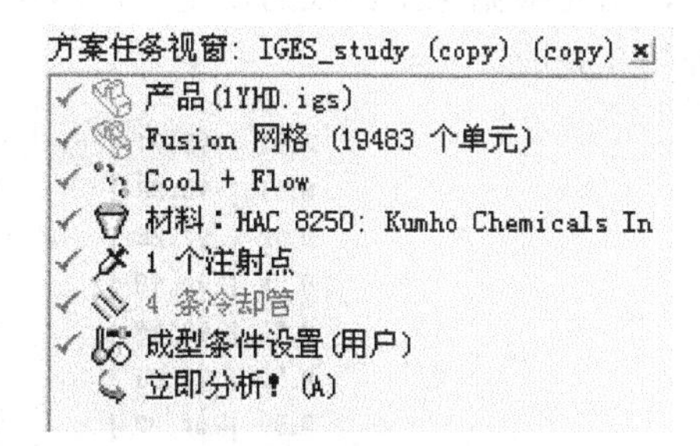

图 4-67 工艺过程参数设置完成

4.3.2 分析计算

在完成了分析前处理之后，即可进行分析计算，双击任务栏窗口中的“立即分析”一项，解算器开始计算，选择“分析”→“任务管理器”命令系统弹出任务队列，如图 4-68 所示。

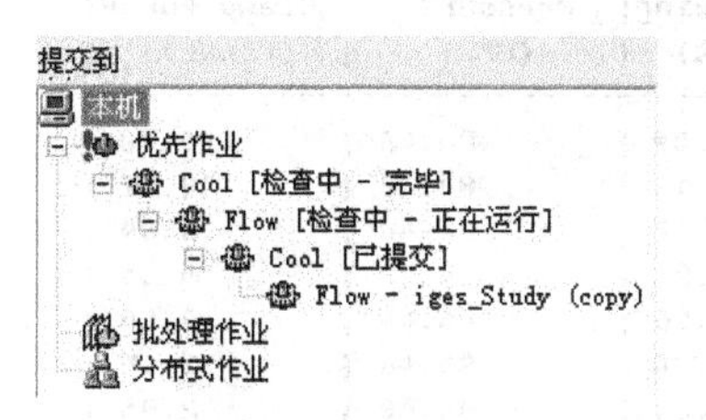

图 4-68 任务队列

通过分析计算的输出信息“屏幕输出”，可以掌握在整个注塑成型仿真过程中的一些重要信息。

（1）模型检查中的警告信息

如图 4-69 所示，可以看到分析计算进行前在产品模型检查中系统发出的警告信息，这些警告信息可以为继续优化分析模型提供帮助。以图 4-69 为例，警告信息指出在产品的网格模型中有两对三角形单元相距太近，通过单元编号，可以找到这些单元，对于确实存在的问题要进行修改，在本例中所提到的两对三角形单元并没有问题。

警告信息在“屏幕输出”（Screen output）中极为重要，通过在“屏幕输出”中查找有关警告信息，可以发现产品分析模型中可能存在的问题，通过解决这些不易发现的问题，能够保证分析结果的准确性，在“屏幕输出”中还存在的一类错误信息（Error），通过错误信息可以找到计算分析失败的原因。

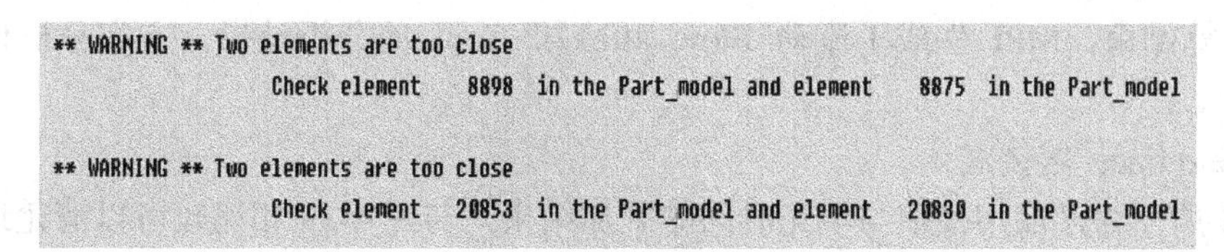
```
** WARNING ** Two elements are too close
              Check element   8898  in the Part_model and element   8875  in the Part_model

** WARNING ** Two elements are too close
              Check element  20853  in the Part_model and element  20830  in the Part_model
```

图 4-69 警告信息

（2）充填分析过程信息

如图 4-70 所示，V/P 转换发生在型腔 95.91%被充满的时候，此时的填充压力在 105.59MPa 左右，由此根据保压曲线的设定，保压压力为 84.48MPa（80%的填充压力），用 0.59s 的时间型腔填充完成。

0.51	95.91	105.59	21.26	24.88	V/P
0.51	96.38	99.61	21.40	17.07	P
0.52	97.28	84.48	19.90	7.99	P
0.54	98.50	84.48	19.88	7.93	P
0.56	99.46	84.48	21.52	5.18	P
0.59	99.83	84.48	25.59	2.36	P
0.59	100.00	84.48	26.08	2.15	Filled

图 4-70　填充分析过程信息

（3）保压分析过程信息

如图 4-71 所示，保压阶段从时间 0.59s 开始，经过 10s 的恒定保压，保压压力线性降低，在 10.51s 时压力降为 55.48MPa，保压结束。

Time (s)	Packing (%)	Pressure (MPa)	Clamp force (tonne)	Status
0.59	0.00	84.48	26.10	P
1.00	4.13	84.48	13.37	P
1.50	9.17	84.48	6.89	P
2.00	14.21	84.48	4.61	P
2.50	19.26	84.48	3.56	P
3.00	24.30	84.48	3.15	P
3.50	29.34	84.48	2.94	P
4.00	34.38	84.48	2.80	P
4.50	39.43	84.48	2.71	P
5.00	44.47	84.48	2.63	P
5.50	49.51	84.48	2.57	P
6.00	54.55	84.48	2.52	P
6.50	59.60	84.48	2.47	P
7.00	64.64	84.48	2.43	P
7.50	69.68	84.48	2.38	P
8.00	74.72	84.48	2.33	P
8.50	79.76	84.48	2.29	P
9.00	84.81	84.48	2.24	P
9.50	89.85	84.48	2.20	P
10.00	94.89	84.48	2.16	P
10.50	99.93	84.48	2.12	P
10.51	100.00	55.48	2.12	P

图 4-71　保压分析过程信息

4.3.3　结果分析

分析计算结束，MPI 生成了流动 Flow 和冷却 Cool 的分析结果，方案分析任务窗口如图 4-72 所示。

（1）Weld lines 熔接痕

图 4-73 所示为产品熔接痕与填充时间的叠加结果，与图 4-39 相比较可以清楚地看到在添加了加热管后，熔接痕仍然存在，未能消除。

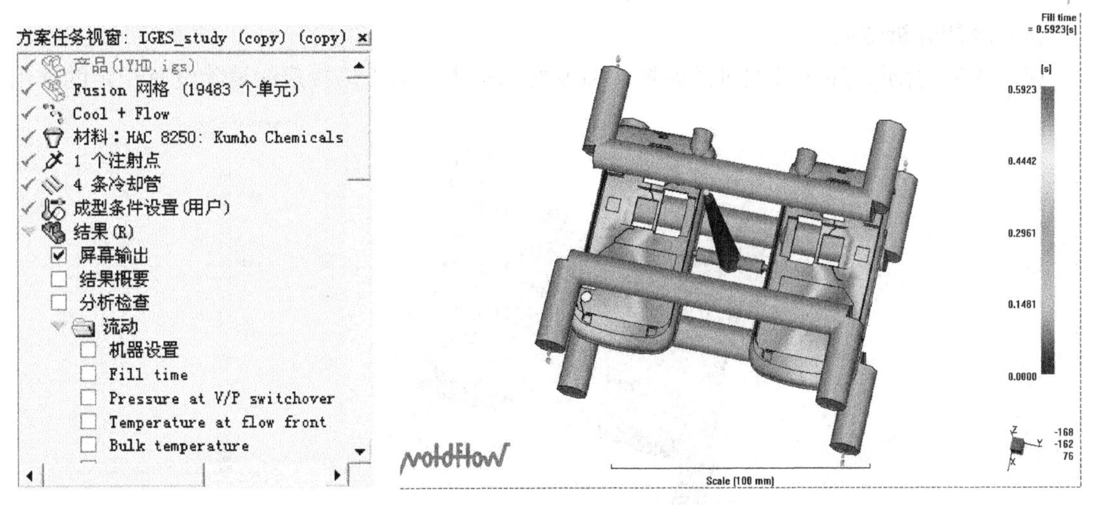

图 4-72　方案分析任务窗口　　　　图 4-73　熔接痕与填充时间的叠加结果

（2）填充时间（Fill Time）

如图 4-74 所示，可以看到在注塑过程中区域熔体流动情况。

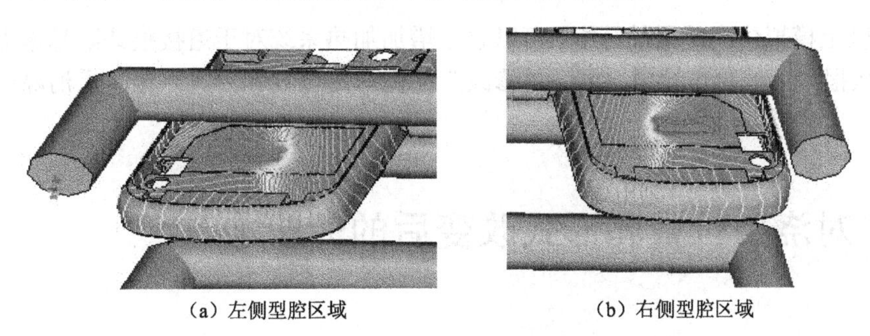

（a）左侧型腔区域　　　　（b）右侧型腔区域

图 4-74　填充时间（Fill Time）

（3）表面分子取向（Orientation at skin）

如图 4-75 所示，产品表面的分子取向依然表明该位置容易产生熔接痕现象。

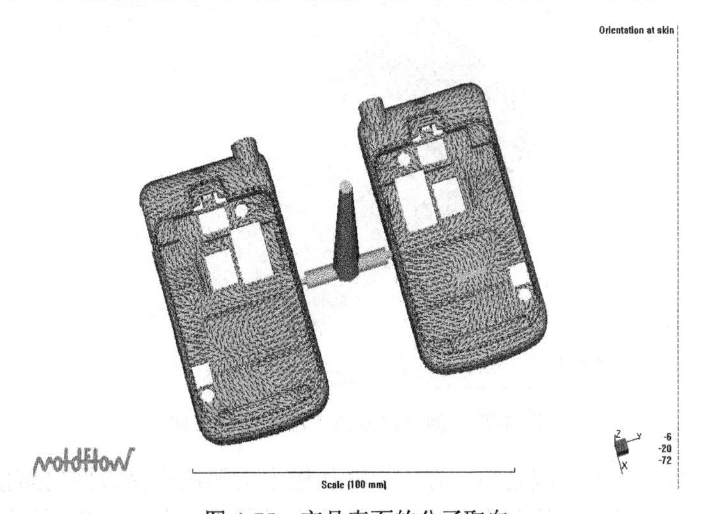

图 4-75　产品表面的分子取向

（4）冷却分析结果

如图4-76所示，加热管通过的区域，温度变化不大，对于熔接痕的消除没有一定的作用。

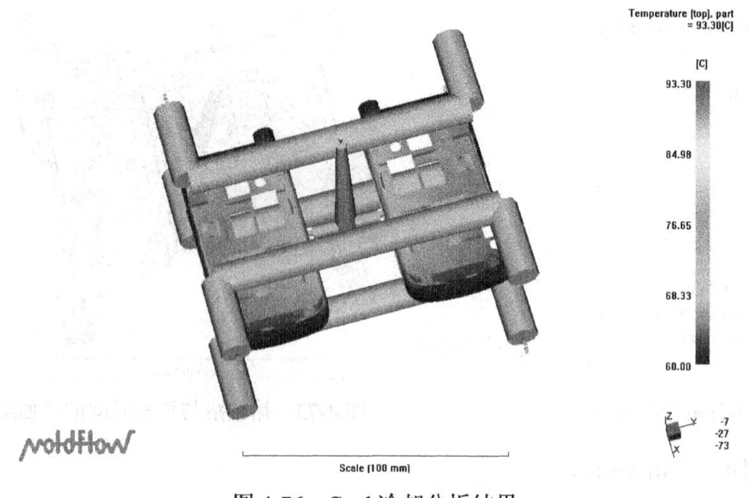

图4-76　Cool冷却分析结果

通过对以上模拟仿真结果的分析，可以看出增加加热系统对于熔接痕缺陷基本上没有改善作用，不能从根本上消除熔接痕，须通过修改产品浇口的位置和形式从根本上消除产品表面的熔接痕缺陷。

4.4　对浇口位置和形式改变后的分析

在分析提出的设计方案中，始终采用的是侧浇口的形式，对于手机底座上的圆孔形状的结构，在熔体充模的过程中必然会出现熔体前锋绕过圆孔后汇合的情况，从而不可避免地出现熔接痕缺陷，如图4-77所示。

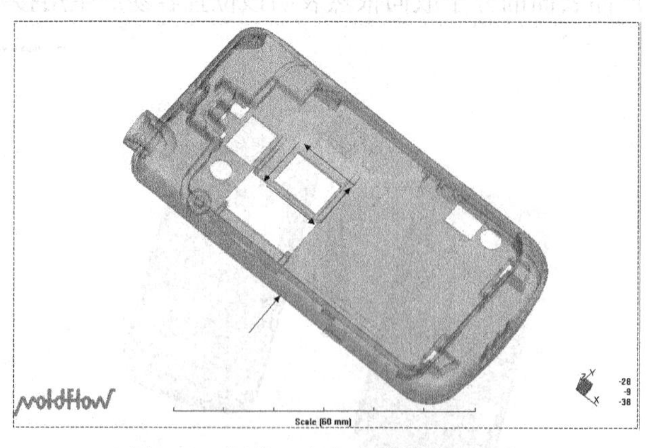

图4-77　侧浇口方案中熔体流动方向

在分析了熔接痕产生的原因之后，为了能够从根本上解决产品表面的熔接痕问题，采用点浇口转盘形浇口，从而避免熔体前锋在产品表面交汇的情况，如图4-78所示。

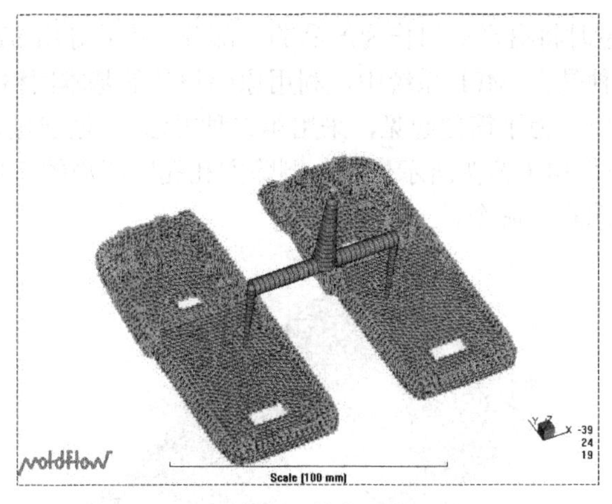

图 4-78　点浇口转盘形浇口设计

采用点浇口转盘形浇口，盘形浇口实际上已经成为产品的一部分，在完成注塑后需要将其从手机外壳上冲切掉。在建立产品的网格模型时，盘形浇口作为产品的一部分利用三角形单元创建。下面具体介绍浇口形式改变后的分析过程。

4.4.1　分析前处理

将浇口形式由侧浇口调整为采用点浇口转盘形浇口，分析前处理主要包括以下内容：复制产品的基本网格模型；创建盘形浇口网格；型腔的布局；点浇口浇注系统的创建；材料选择及工艺过程参数的设定。

（1）基本网格模型的复制

以项目“IGES_study”为原型，进行产品基本网格模型的复制。在项目管理窗口中用鼠标右击模型“IGES_study”，在系统弹出的快捷菜单中选择“拷贝复制”命令，如图 4-79 所示。

分析任务重命名。将新复制的网格模型重命名为“IGES_study new”，重命名之后的项目管理窗口和方案任务窗口如图 4-80 所示。

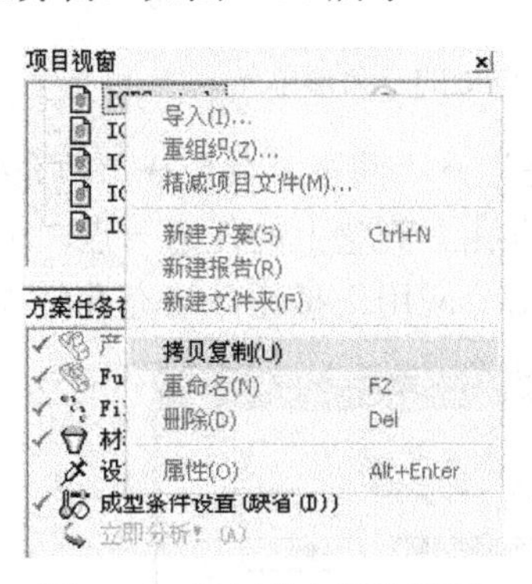

图 4-79　复制基本网格模型

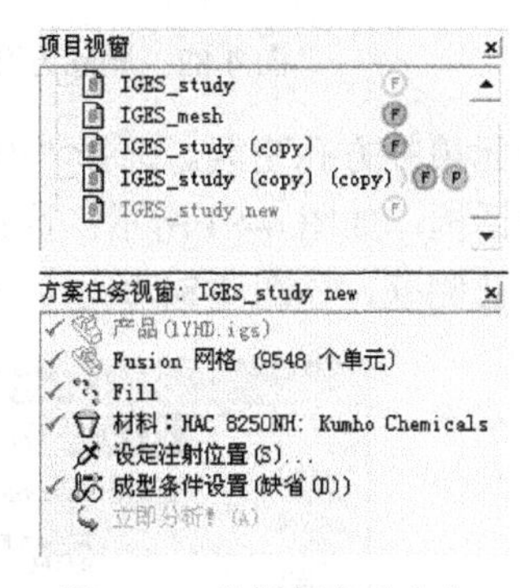

图 4-80　分析任务重命名

从分析任务窗口中可以看到，基本网格模型（IGES_study）的所有模型和相关参数设计被复制。

（2）盘形浇口网格的创建

盘形浇口在 MPI 中被作为产品的一部分，用三角形网格单元表示，其创建方法有两种：

一种是建立产品3D造型时将盘形浇口作为产品的一部分，然后导出STL格式文件，在此基础上直接划分网格。另一种是在 MPI 系统中，利用原始设计的基本网络模型，直接创建三角形网络单元来表示盘形浇口。为了简便起见，采用第二种方法 ，创建过程如下：

针对手机外壳上如图4-81箭头所示位置，删除方孔孔壁四周的三角形网络，如图4-82所示，选择“编辑”→“删除”命令。

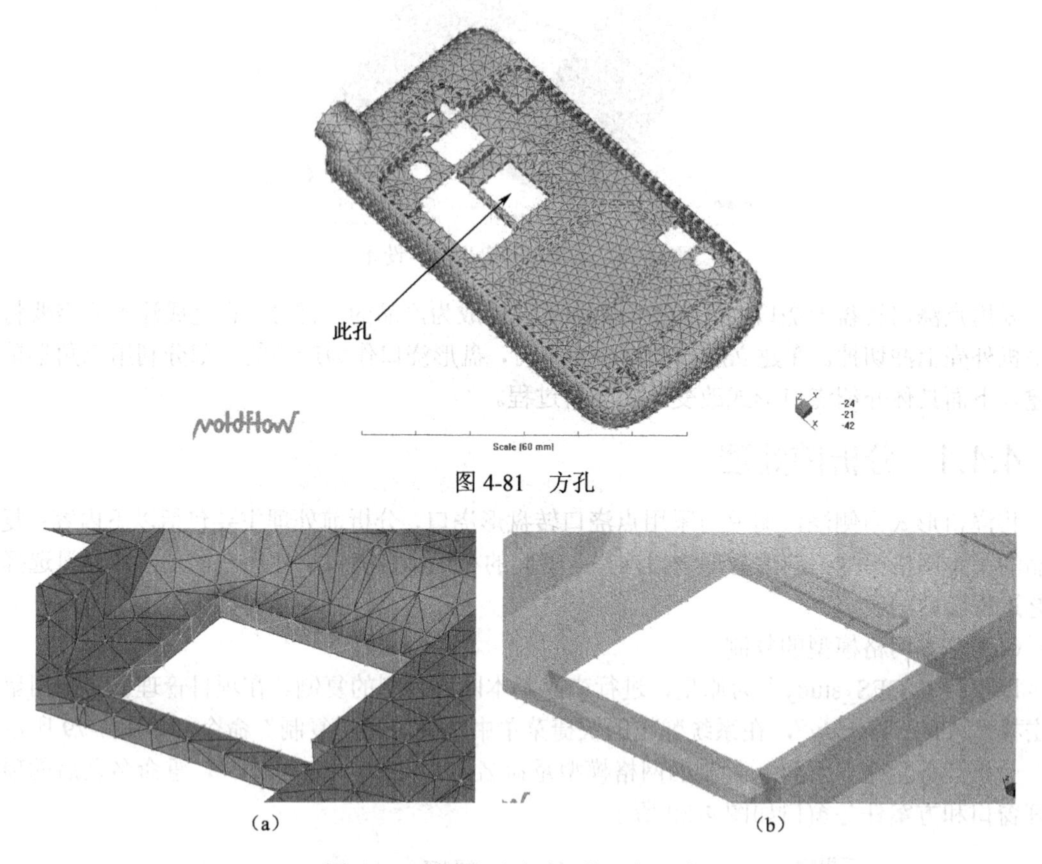

图4-81　方孔

(a)　(b)

图4-82　删除方孔孔壁处的三角形单元

利用三角形单元填补方孔空洞。选择“网格”→“网格工具”→“填充孔”命令，系统弹出“网格工具”对话框，如图4-83所示，选择方孔上侧壁上的任意一点，单击“搜索”按钮，系统会自动搜索方孔侧壁，如图4-84所示。单击“应用”按钮，填充孔结果如图4-85所示。

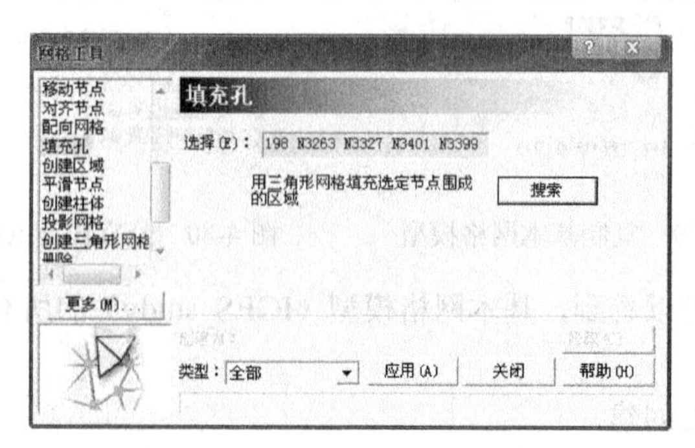

图4-83　“网格工具”对话框

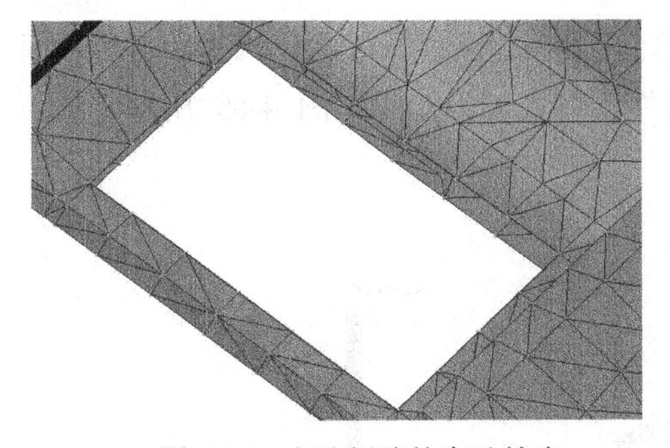

图 4-84　方孔侧壁的自动搜索

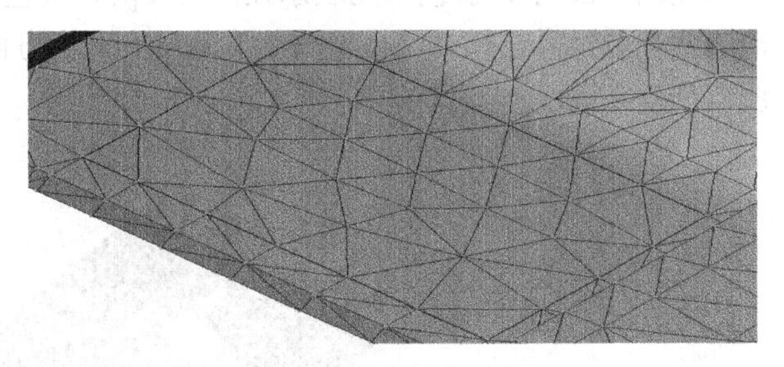

图 4-85　填充孔结果

用同样的方法对方孔下侧孔洞进行修复。完成了盘形浇口的创建后，需要对产品网格状态进行分析。选择“网格→“网格统计”命令，网格统计结果如图 4-86 所示。

通过网格统计结果，可以发现有 11 个单元存在定向问题，选择“网格”→“网格配向诊断”命令，系统弹出如图 4-87 所示的对话框。

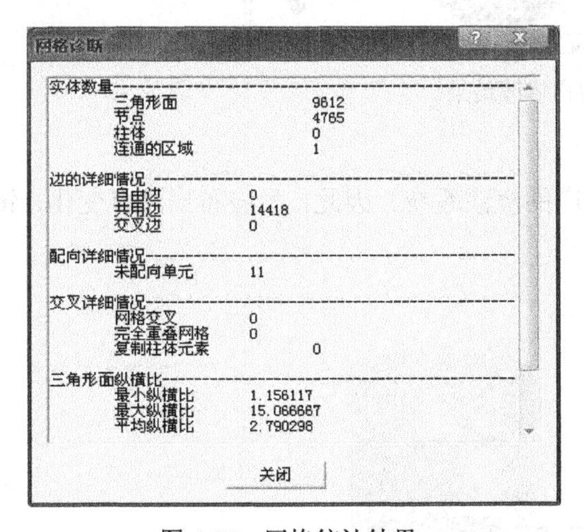

图 4-86　网格统计结果

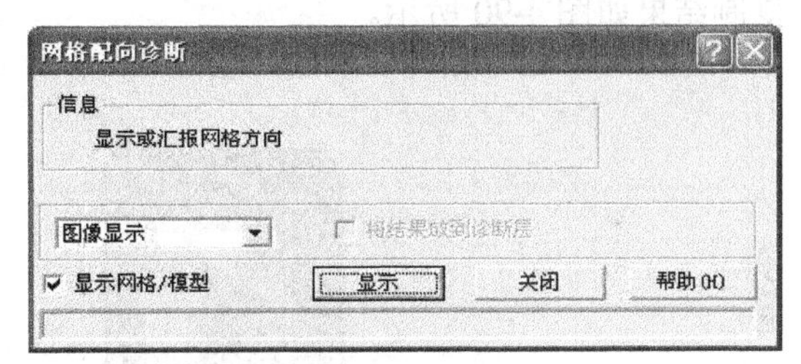

图 4-87　“网格配向诊断”对话框

单击“显示”按钮，将会显示网格单元的定向情况，如图 4-88 所示。

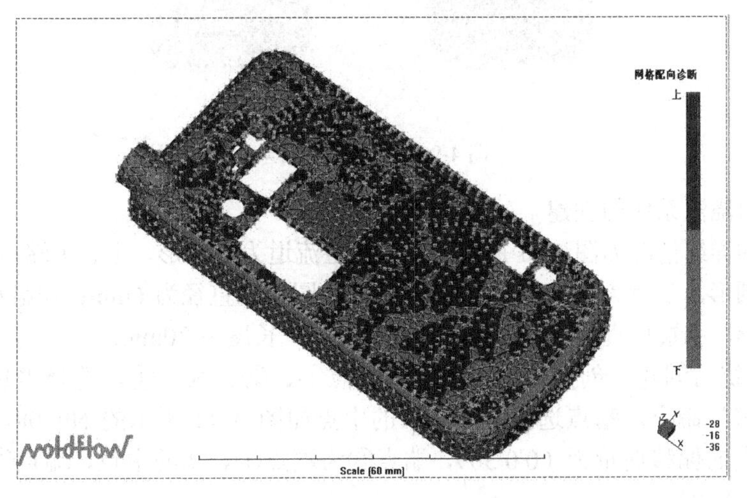

图 4-88　网格单元的定向情况

在图 4-88 中，蓝色单元表示顶面（Top），红色单元表示底面（Bottom），修改的目标就是消除红色单元，选择“网格”→“调整所有网格方向”命令，修改结果如图 4-89 所示。盘形浇口创建完成。

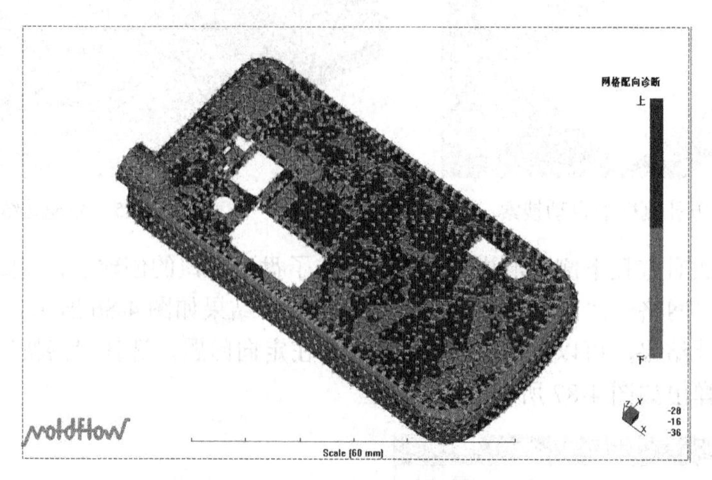

图 4-89 网格定向修改结果

（3）型腔的布局

由于在设计方案中仅仅修改了浇口形式和相应的浇注系统，因此，型腔布局没有变化，镜像复制结果如图 4-90 所示。

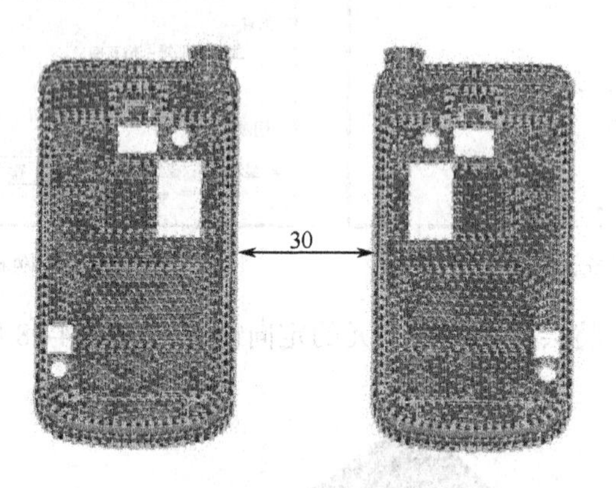

图 4-90 镜像复制结果

（4）点浇口浇注系统的创建

浇注系统的详细情况如图 4-91 所示。其中，主流道为圆锥形，上、下端口分别为 4mm 和 9mm，截面为圆形，长度为 30mm ；分流道截面为圆形，直径为 6mm；与盘形浇口直接相连的浇口为圆锥形，小端口直径为 1.5mm，锥角为 2°，长度为 30mm。

1）浇注系统的创建。创建流道中心线的端点①、②、③、④，选择“建模”→“创建节点”→“偏移”命令，基点选择盘形浇口的中点如图 4-92 所示的 N9608，端点①、②相对盘形浇口中点的偏移向量为（0 0 30），端点③为端点①、②的中点，端点④相对端点③的偏移向量为（0 0 30）。

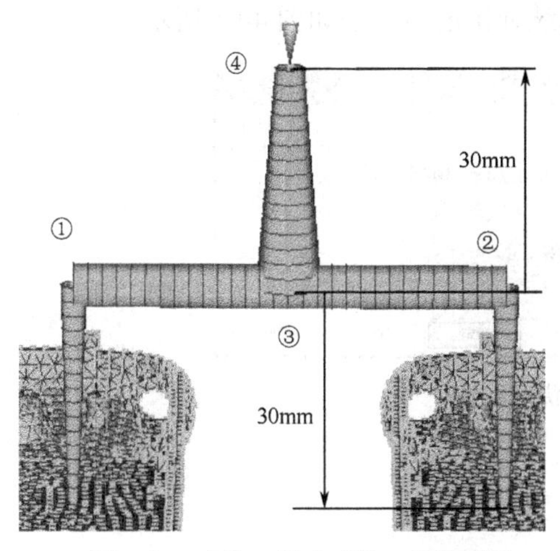

图 4-91　点浇口转盘形浇口浇注系统

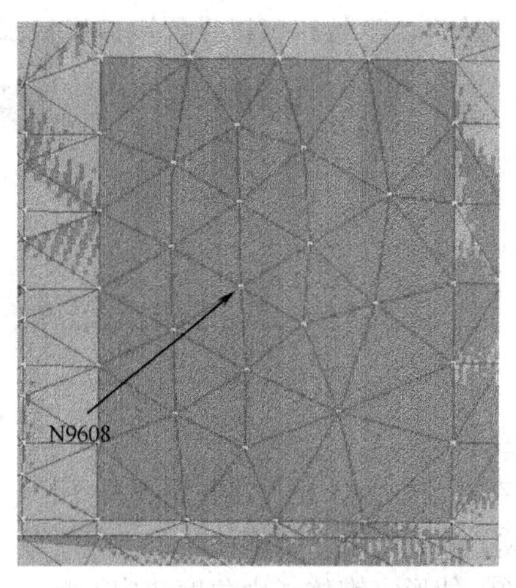

图 4-92　基点为盘形浇口中点 N9608

2）创建与盘形浇口相连的圆锥形浇口的中心线。首先创建左侧浇口中心线，其端点为 N9608 和节点①，选择“建模”→“创建曲线”→“直线”命令，系统弹出的对话框如图 4-93 所示。

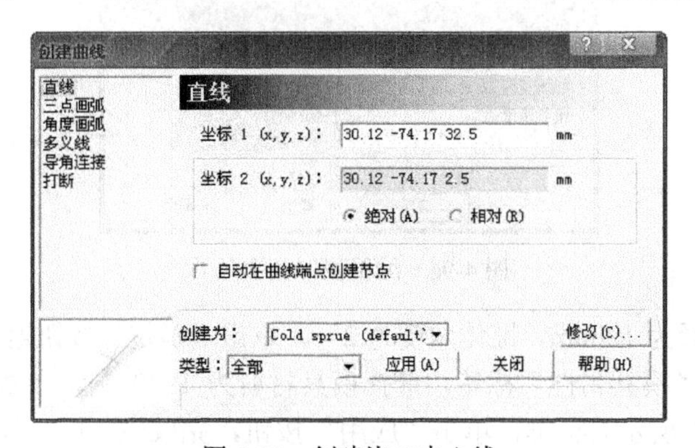

图 4-93　创建浇口中心线

中心线的端点分别选择节点 N9608 和节点①，取消“自动在曲线端点创建节点”复选框，单击“修改”按钮，设置点浇口形状属性，系统弹出的对话框如图 4-94 所示。

图 4-94　设置浇口属性

在列表中选择“Cold gate (default) #1”，如果没有该属性可通过单击“新建”按钮新建，选择“冷浇口”按钮可以设置浇口形状属性，系统弹出的对话框如图 4-95 所示。

冷浇口
浇口属性 | 模具属性
截面形状是
圆形[默认] 外形是 锥体(由角度定) 编辑尺寸...
出现次数 1 [1:256]
阀浇口控制器
选择...
名称 Cold gate (default) #1
确定 取消 帮助

图 4-95　点浇口属性

在对话框中，相关参数选择如下：

① 截面形状：圆形；

② 外形：锥体（由角度决定）；

③ 出现次数：1。

单击 “编辑尺寸”按钮，系统弹出的对话框如图 4-96 所示。

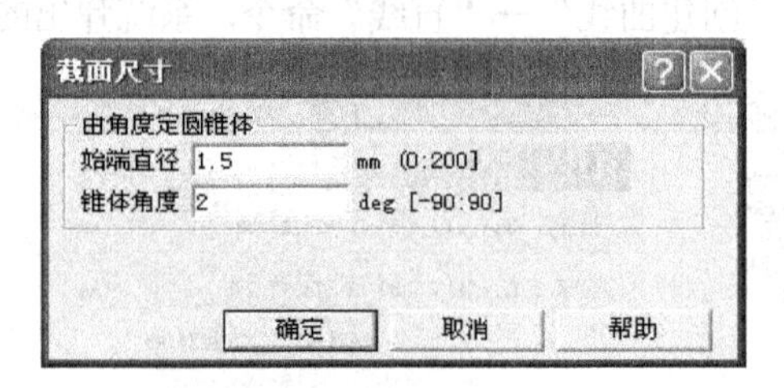

图 4-96　编辑浇口截面尺寸

小端（始端）直径为 1.5mm，锥体角度为 2°，单击“确定”按钮返回图 4-95 所示的对话框，选择对话框中的“模具属性”标签，选择模具材料为 P-20 钢，参数设置完成，单击“确定”按钮返回图 4-93 所示对话框，单击“应用”按钮，完成浇口中心线的创建，用同样的方法创建另一浇口的中心线，其端点为 N4790 和节点②。

3）创建分流道的中心线。首先创建一侧的分流道中心线，其端点为节点①和节点③，选择“建模”→“创建曲线”→“直线”命令，系统弹出的对话框如图 4-97 所示。

中心线的端点分别选择节点①和节点③，取消“自动在曲线端点创建节点”选框，单击“修改”按钮，设置分流道形状属性，系统弹出的对话框如图 4-98 所示。

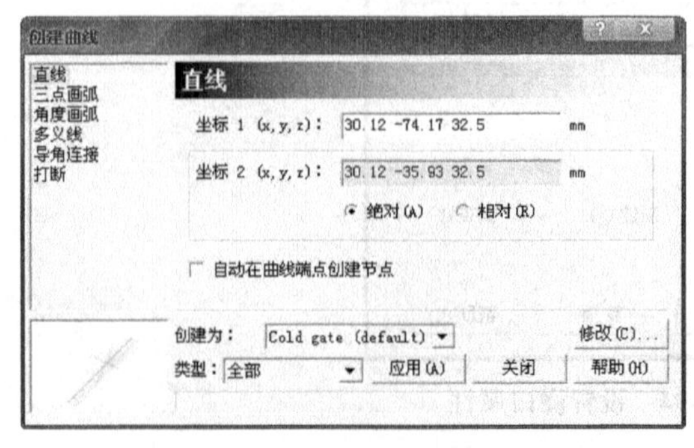

图 4-97　创建分流道中心线

图 4-98　设置分流道属性

在列表中选择“Cold　runner (default)　# 1”，如果没有该属性可通过单击“新建”按钮新建，单击“冷流道”按钮可以设置分流道形状属性，系统弹出的对话框如图 4-99 所示。

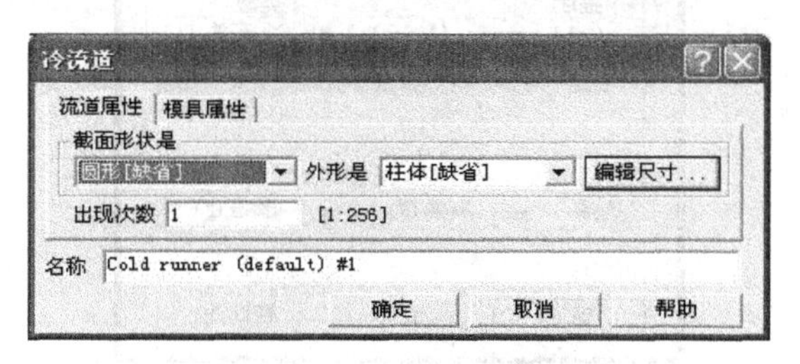

图 4-99　设置分流道属性

在对话框中，相关参数选择如下：

① 截面形状是：圆形；

② 外形状：柱体；

③ 出现次数为：1。

单击“编辑尺寸”按钮，系统弹出的对话框如图 4-100 所示。

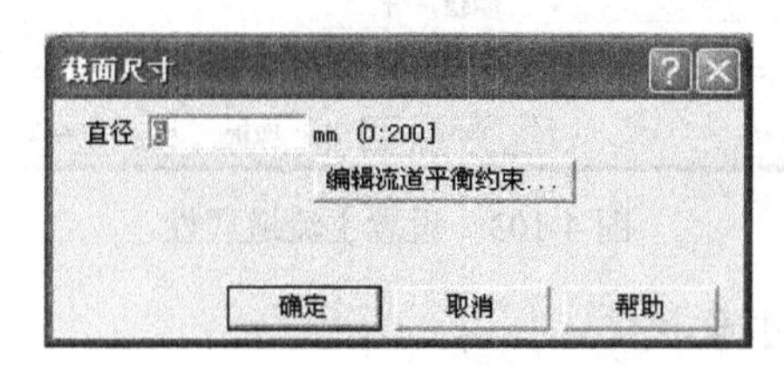

图 4-100　编辑分流道截面尺寸

圆形截面直径为 6mm，单击“确定”按钮返回图 4-99 所示的对话框，选择模具属性为 P-20 钢，参数设置完成，单击“确定”按钮返回图 4-97 所示的对话框，单击“应用”按钮，完成一侧的分流道中心线的创建，用同样的方法创建另一侧分流道的中心线，其端点为节点②和节点③。

4）创建主流道的中心线，其端点为节点③和镜像中心点。选择“建模”→“创建曲线”→“直线”命令，系统弹出的对话框如图 4-101 所示。

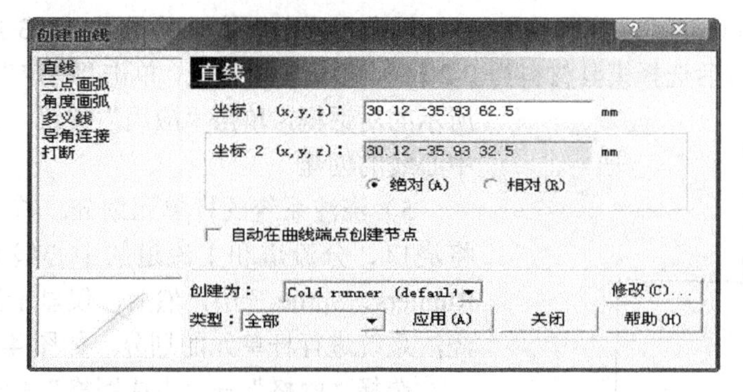

图 4-101　创建主流道中心线

中心线的端点分别选择节点④和节点③，取消“自动在曲线端点创建节点”选框，单击“修改”按钮，设置主流道形状属性，系统弹出的对话框如图 4-102 所示。

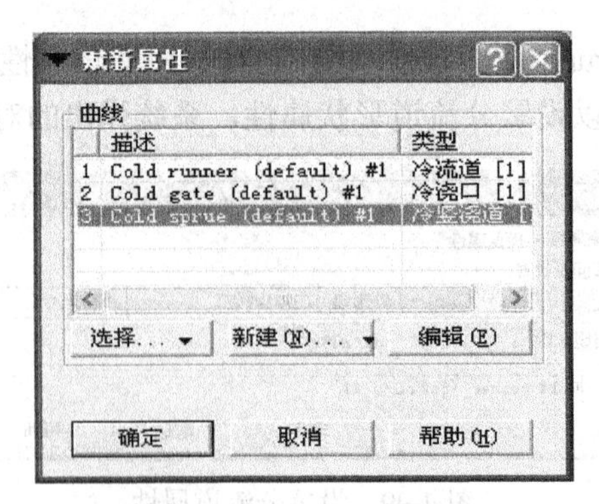

图 4-102 设置主流道形状属性

在列表中选择“Cold sprue（default）#1”，如果没有该属性可通过单击“新建”按钮新建，单击“冷竖浇道”按钮可以设置主流道形状属性，系统弹出的对话框如图 4-103 所示。

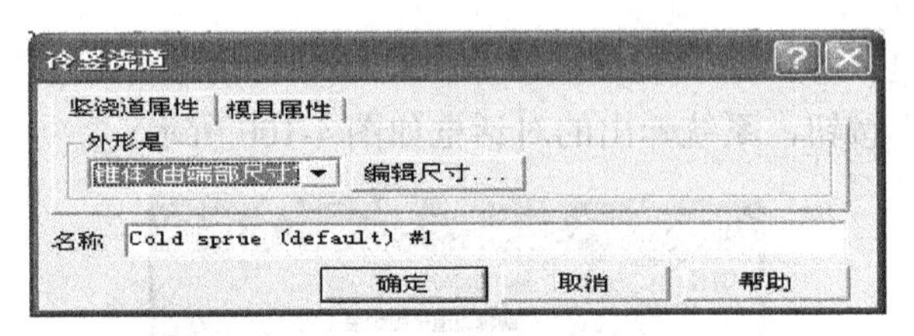

图 4-103 设置主流道属性

外形：锥体（由端部尺寸确定）。

单击“编辑尺寸”按钮，系统弹出的对话框如图 4-104 所示。

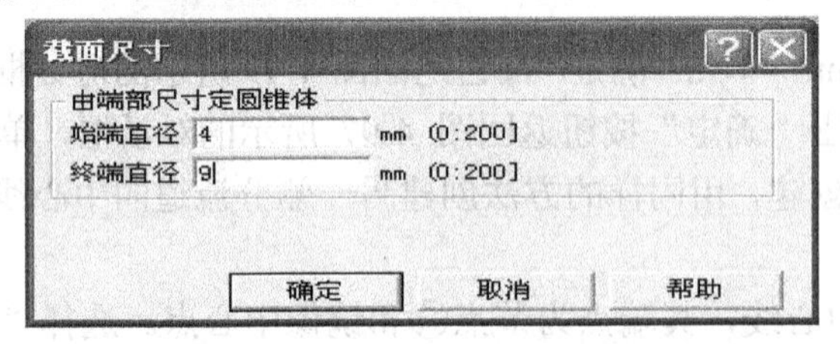

图 4-104 设置主流道截面尺寸

始端直径为 4mm，终端直径为 9mm，单击“确定”按钮返回图 4-103 所示的对话框，选择“模具属性”标签后选择模具材料为 P-20 钢，参数设置完成，单击“确定”按钮返回图 4-101 所示的对话框，单击“应用”按钮，完成一侧的主流道中心线的创建。

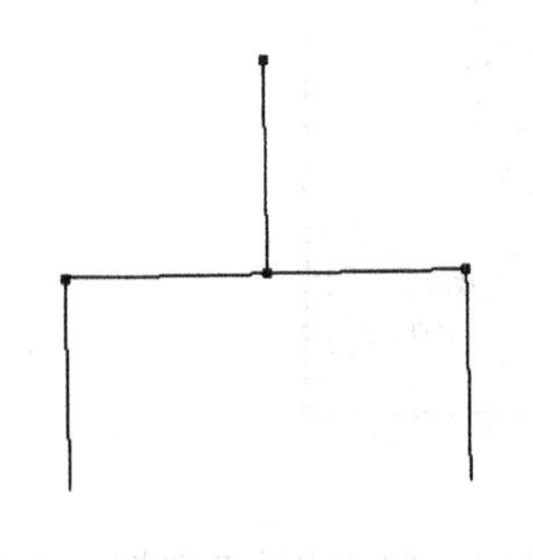
图 4-105 仅显示浇注系统

5）浇注系统的杆单元划分。首先利用层管理工具将浇口、分流道和主流道的中心线分别归入 Gates、Runners、Sprue 三层，然后，仅显示浇注系统这三层对浇注系统进行杆单元的划分，如图 4-105 所示。

选择“网格”→“生成网格”命令，设置杆平均边长单元大小为 2mm，如图 4-106 所示，单击“生成网格”按钮，生成如图 4-107 所示的杆单元。

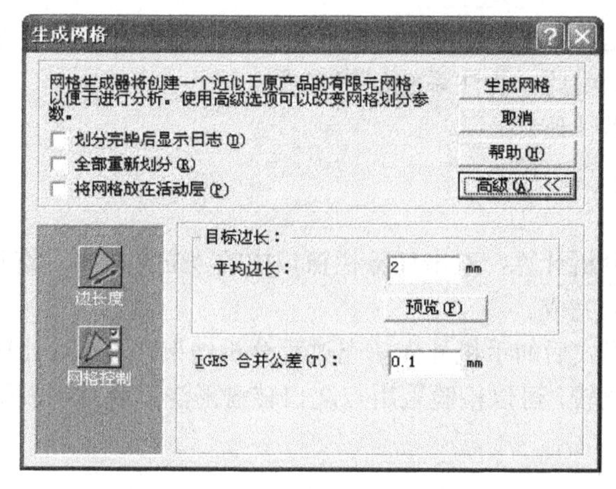

图 4-106　生成网格对话框

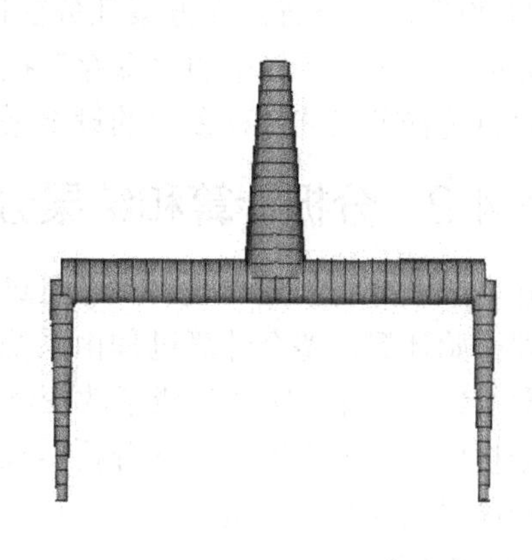

图 4-107　生成的浇注系统杆单元

6）网格单元的连通性检验。在完成了浇注系统的创建和单元划分之后，要对浇注系统杆单元与产品的三角形的连通性进行检查，从而保证分析过程的顺利进行，显示所有产品的三角形单元以及浇注系统的单元，选择“网格”→“连通性”命令，系统弹出如图 4-108 所示的对话框。

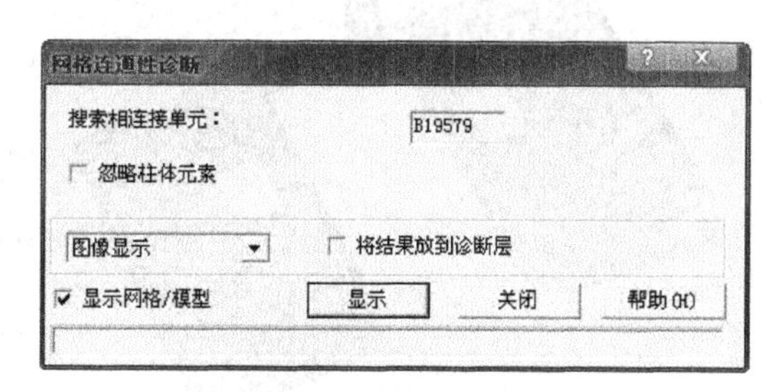

图 4-108　网格连通性诊断工具

选择任一单元作为起始单元，单击“显示”按钮，得到网格连通性诊断结果，如图 4-109 所示，所有网格均显示为红色，表示相互连通。

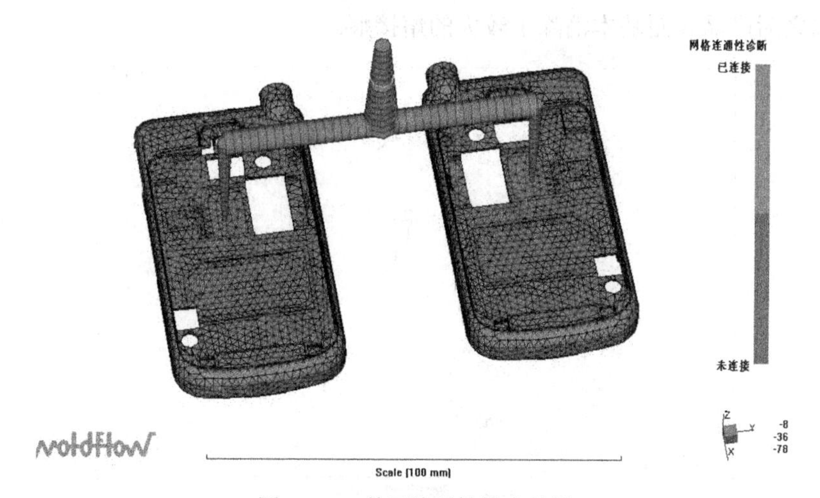

图 4-109　单元连通性检查结果

7）设置浇口位置。在方案任务窗口中，双击“设置注射位置”选项，单击进料口节点，选择完成后单击工具栏中的“保存”按钮。由此，浇注系统创建完成。

材料选择及工艺过程参数的设定采用默认值。

4.4.2 分析计算和结果分析

在完成了分析前处理之后，即可进行分析计算，双击任务栏窗口中的“立即分析”选项，解算器开始计算，整个计算过程由系统自动完成。

分析结果结束，MPI 生成了改变浇口形式后的手机外壳填充过程分析结果，通过对计算结果的分析以及与前面不同方案分析结果的比较，可以检验采用点浇口转盘形浇口后对于成型过程和产品表面质量的影响。

（1）熔接痕

采用点浇口转盘形浇口，熔体充模完成后的熔接痕与填充时间的叠加显示结果如图 4-110 所示。

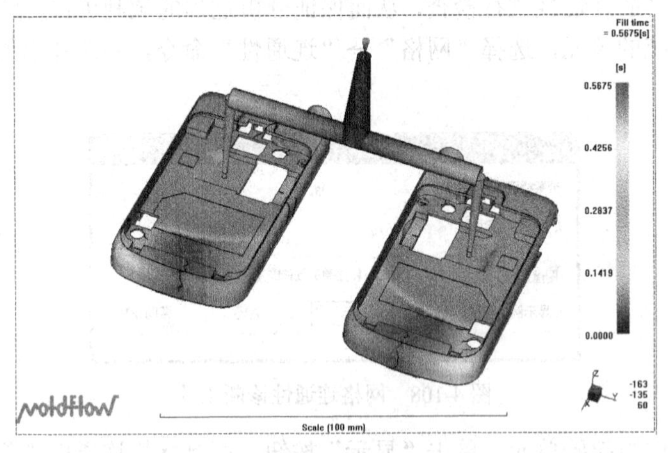

图 4-110 熔接痕与填充时间的叠加结果

将图 4-111 的结果与原始设计方案的分析结果，即与图 4-38 相比较，可以发现，采用点浇口转盘形浇口之后产品表面基本消除了较大的熔接痕。

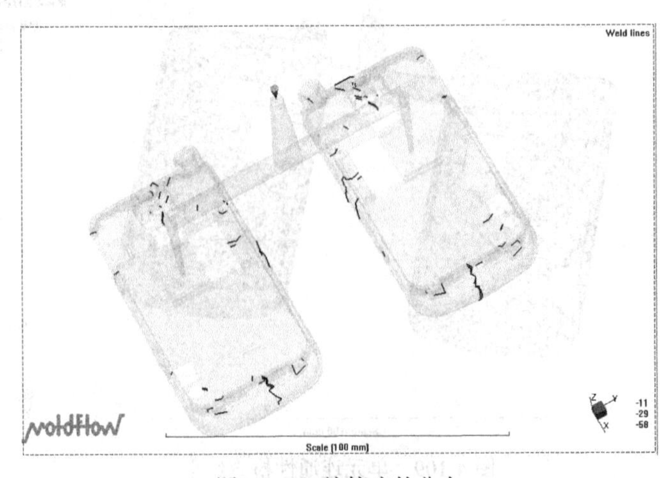

图 4-111 熔接痕的分布

（2）表面分子取向（Orientation at skin）

采用点浇口转盘形浇口之后，熔体从盘形浇口中心向四周发散式流动，最终充满型腔，熔体前锋在产品表面没有交汇的现象，因此从根本上消除了熔接痕缺陷。

手机外壳的表面分子取向如图 4-112 所示。

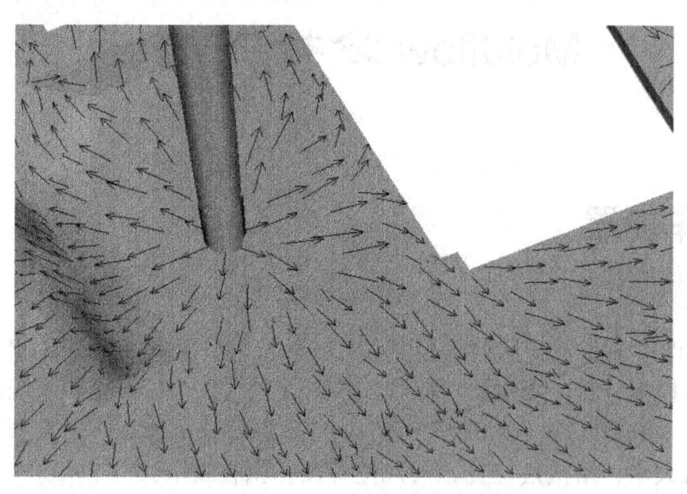

图 4-112　产品表面分子取向

经过对方案的调整和修改，以及 MPI 的辅助成型分析，最终在保持原有设计的基础上，通过改变产品的浇口位置和形式，从根本上解决了较大熔接痕缺陷的问题。

第5章

Moldflow 分析实例

5.1 汽车轮罩

如图 5-1 所示的产品是一模成型两个制品，材料为 MITSUI J830HVKPP 塑料，通过对流动过程与保压过程的模拟分析，确定浇口位置、数量及尺寸大小，对冷却系统及翘曲变形未作分析计算。我们采用 MPI/FLOW、MPI/MIDPLANE 来进行分析计算，用来预测型腔压力分布、温度分布、锁模力大小、熔接痕位置、气穴位置及体积收缩率。

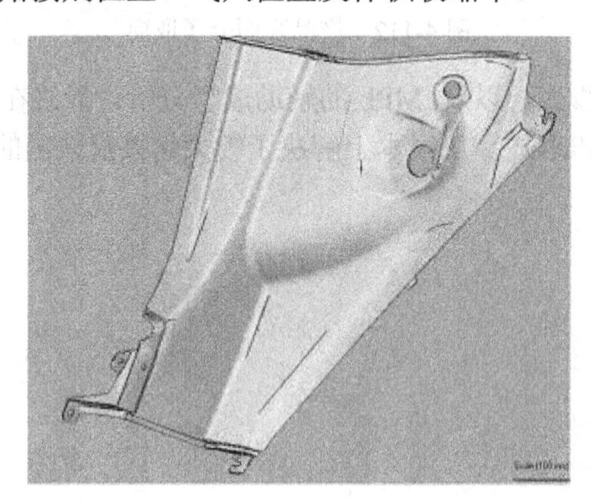

图 5-1　塑件外形

5.1.1 制品材料

制品材料的主要参数特性如下。

1）热导率：0.1400W/（m·K）;

2）比热容：3177.0J/（kg·K）;

3）推荐注射温度：230.0℃；

4）推荐模具温度：50.0℃；

5）顶出温度：110.0℃；

6）不流动温度：138.0℃；

7）许可剪切应力：0.25MPa；

8）许可剪切速率：100000 1/s。

该塑料的黏度曲线、材料的 PVT 属性如图 5-2（a）、图 5-2（b）所示。

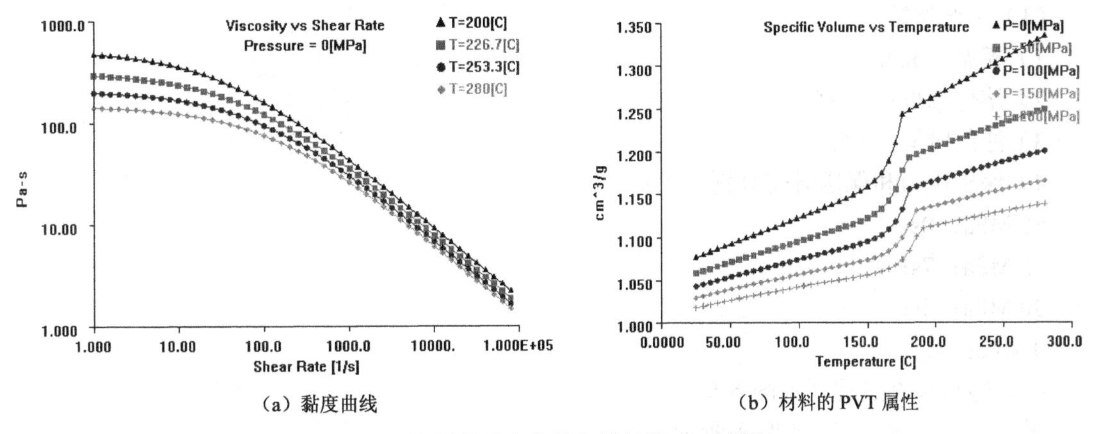

（a）黏度曲线　　（b）材料的 PVT 属性

图 5-2　塑料的黏度曲线和材料的 PVT 属性

5.1.2　型腔模型准备

初始模型采用“UG”建模，通过 STL 格式转入 Moldflow，通过“中型面生成器”生成中型面，在“MF/View”的前后处理器中完成最后的修改并生成流道系统，如图 5-3 所示。

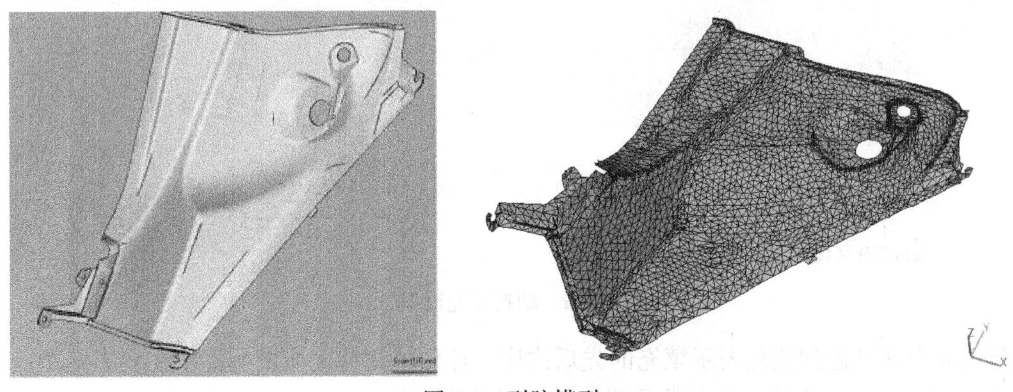

图 5-3　型腔模型

5.1.3　浇注系统设计

1．方案一（采用两浇口进浇）

该模具一模成型两个制品，采用热流道系统，用红颜色表示，如图 5-4 所示。

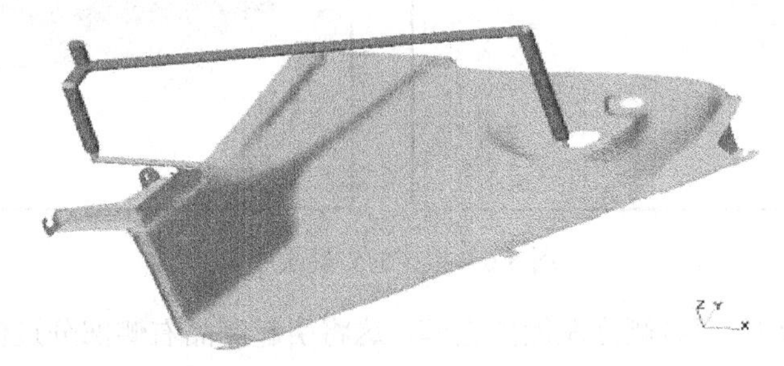

图 5-4　浇注系统（进浇口）

（1）工艺参数

1）模温：50.0℃；

2）熔体温度：230.0℃；

3）注射时间：2.5s；

4）保压压力和保压时间分别如下：

55 MPa：0s；

55 MPa：7s；

30 MPa：4s；

0 MPa：5s。

（2）塑料填充过程（见图5-5）

最后填充区域如图5-5箭头所示。

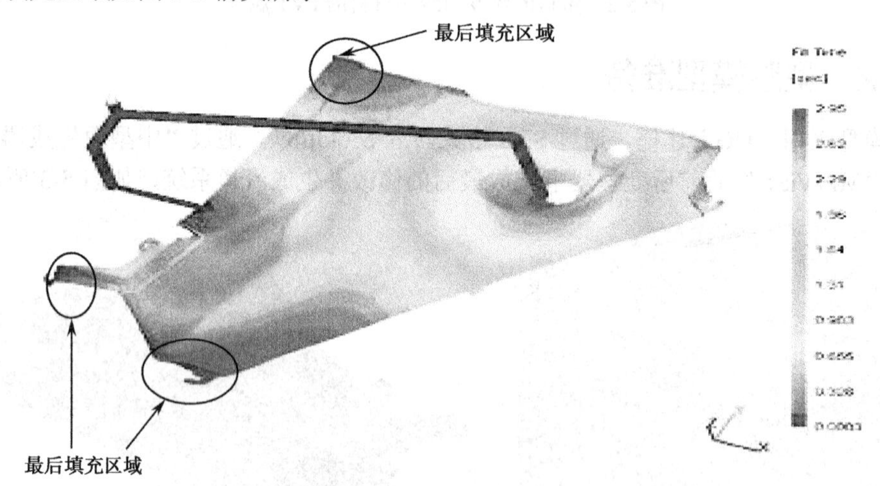

图5-5　塑料填充过程

图5-6中从红色到蓝色表示填充的先后次序。评估填充情况质量的标准主要有两个：一个是流动是否平衡，一个是各个参数是否超过材料的许可值。

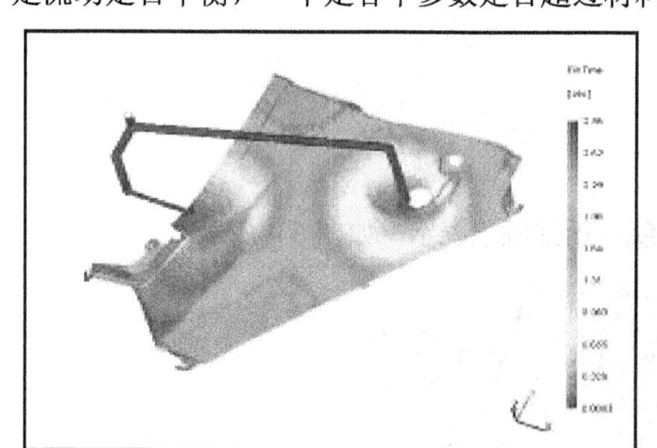

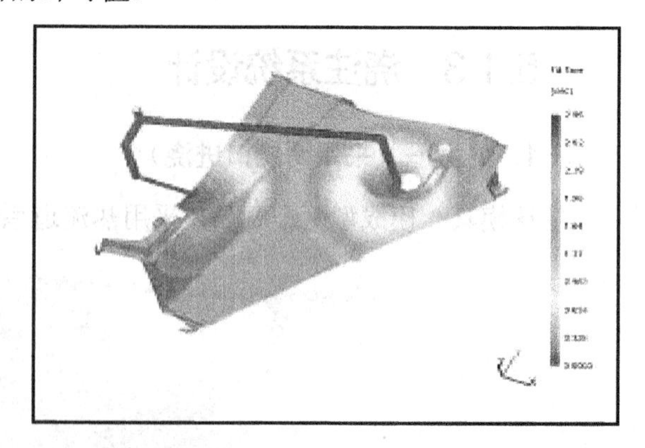

图5-6　填充的先后次序

本方案的填充不均匀，右侧比左侧先充满，这将引起制品右侧部分过保压，导致收缩不均匀。这是制品导致翘曲变形的原因之一。

（3）温度分布（见图5-7）

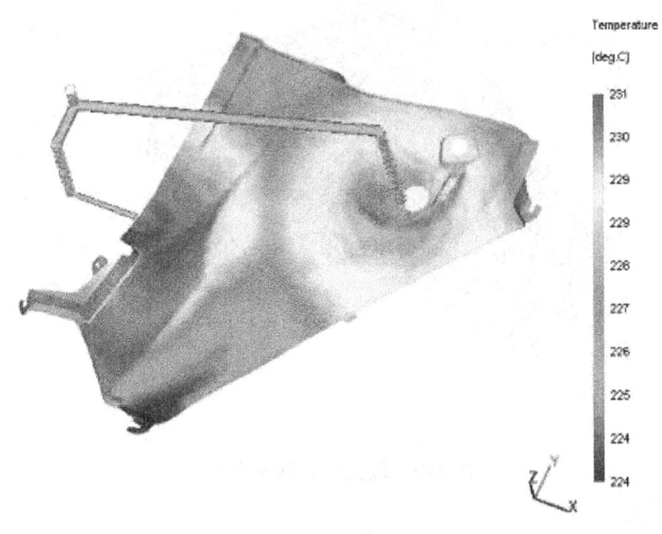

图5-7 温度分布

最大温度降为7℃，温度分布均匀。这是由于制品壁厚均匀（大部分为2mm）。这意味着表面质量将会得到保证。

（4）压力分布

此处压力指的是喷嘴处的压力，而非注塑时注塑机所能提供的静压。图5-8所示为型腔充满瞬间的型腔压力分布。从此结果可见成型所需注射压力和型腔压力降均匀与否。本方案所需注射压力为55MPa，压力分布不均匀，两侧相差较大。

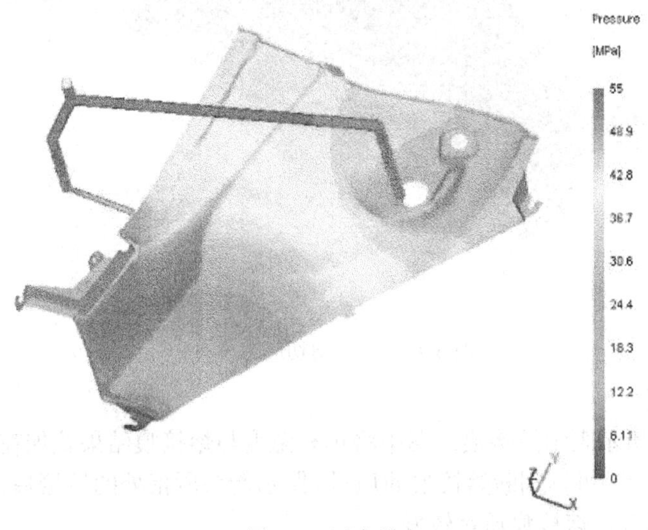

图5-8 压力分布

（5）最大剪切速率

如图5-9所示为制品剪切速率分布情况。如果剪切速率超过材料的许可值，将会引起熔体破裂和降解现象，导致制品出现银纹、分层、表面凸凹不平等表观缺陷。

本方案的剪切速率值没有超过材料的许可剪切速率值（1000001/s）。

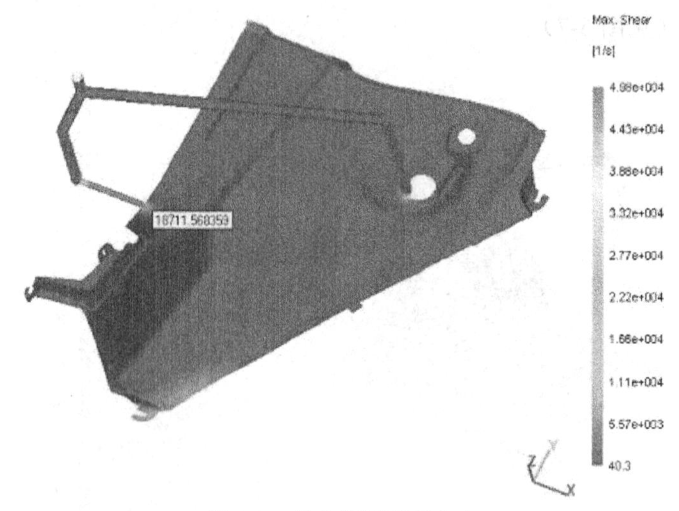

图 5-9 最大剪切速率分布

（6）最大剪切应力

如图 5-10 所示为制品剪切应力分布情况。如果剪切应力超过了材料许可值，制品表面质量将较差，容易出现降解。同时，如果剪切应力被冻结在制品中，形成残余应力，将引起制品后变形，甚至后开裂。本方案中各部位的剪切应力没有超过许可值（0.25MPa）。

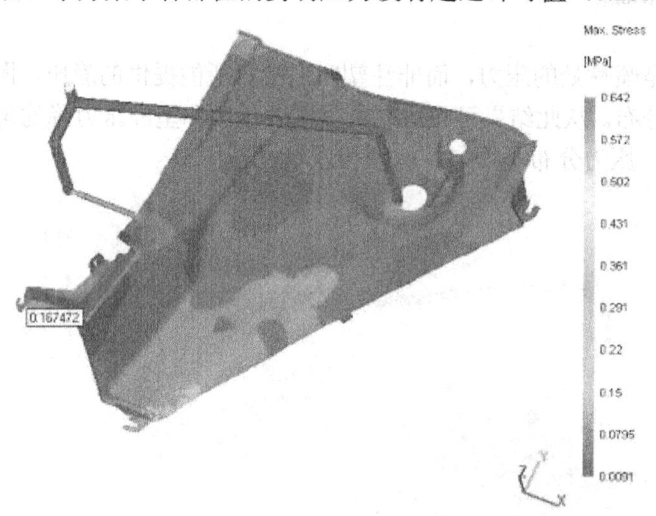

图 5-10 最大剪切应力分布

（7）熔接痕位置

图 5-11 中箭头所示表示熔接痕。图中将填充温度与熔接痕结果叠加在一起，通过查看熔接痕形成时的温度温差，可以判断熔接痕的质量。图示箭头所指处的熔接痕由于形成时温差小，该处温度接近注射温度，熔接痕质量较好。

（8）困气位置

图 5-12 中箭头表示气穴。如果气穴产生的位置有自然排气措施，将不会产生困气；如果排气不良，容易产生烧焦等现象，而且会有表面花纹。 箭头所指处气穴将不易排除。需在该处加顶杆或镶块。

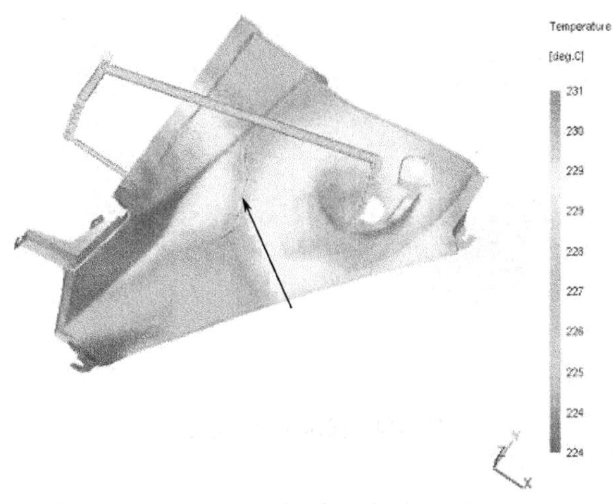

图 5-11　熔接痕位置分布

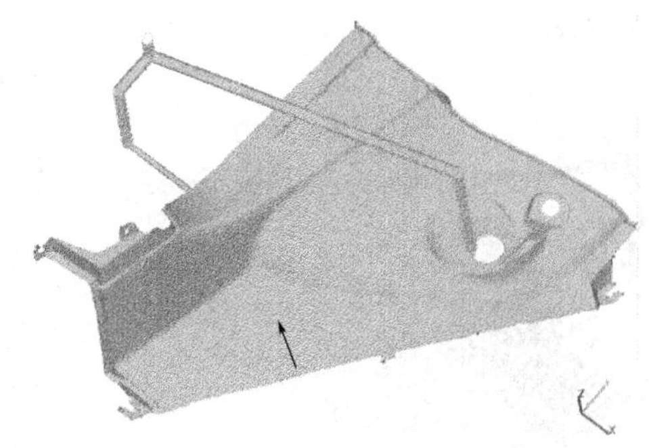

图 5-12　困气位置分布

（9）锁模力分布

如图 5-13 为锁模力—时间曲线。所需最大锁模力约为 1.8×10^6kg（1800Tone），锁模力较大。由于制品较大而薄（2mm），浇口又较少的缘故，故可增加一个浇口。

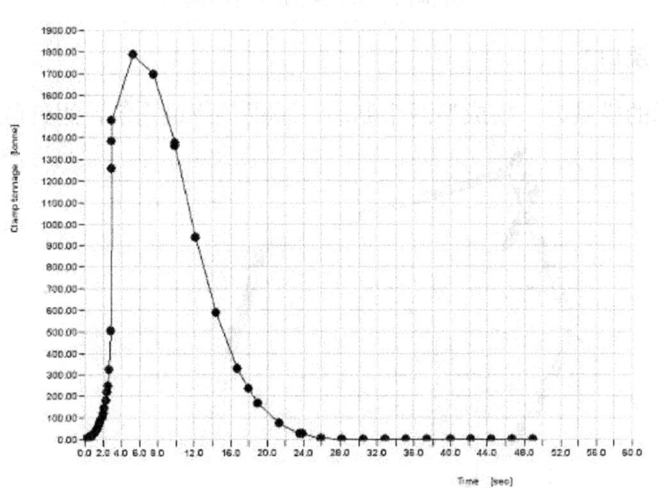

图 5-13　锁模力—时间曲线图

（10）保压压力分布

如图 5-14 所示的保压压力分布较为均匀，圆圈处压力较低。

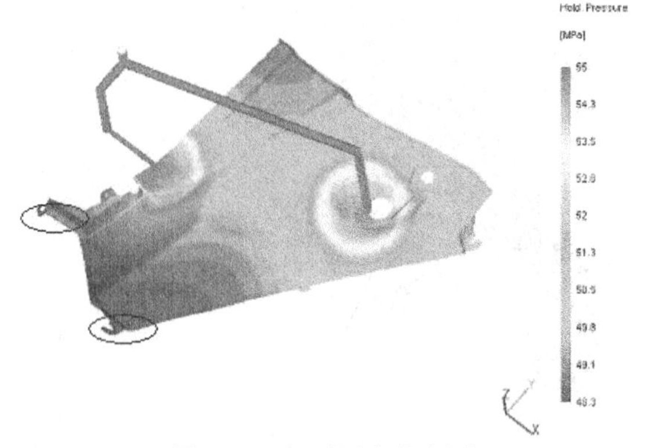

图 5-14　保压压力分布图

（11）体积收缩率

如图 5-15 所示的收缩不均匀是制品出现缩痕和翘曲变形的重要原因之一。在本例中，体积收缩率大部分为 2.65%～4.17%。

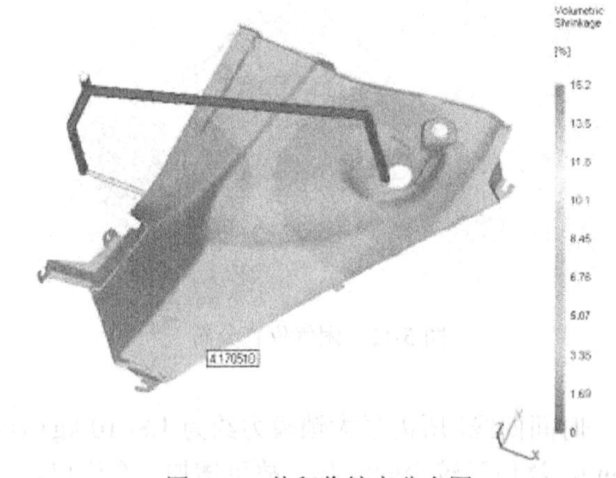

图 5-15　体积收缩率分布图

2．方案 2（三浇口）

如图 7-16 所示的模具为一模成型两个制品，采用热流道系统，用红颜色表示。

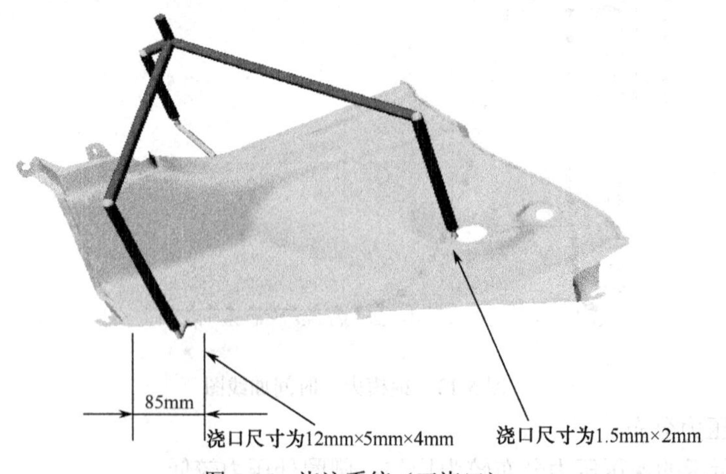

图 5-16　浇注系统（三浇口）

（1）工艺参数

1）模温：50.0℃；

2）熔体温度：230.0℃；

3）注射时间：2.2s；

4）保压压力和保压时间：

45 MPa：0s；

45 MPa：7s；

20 MPa：4s；

0 MPa：5s。

（2）塑料填充过程（见图 5-17）

如图 5-17 所示的方案显示塑料填充均匀，不会引起制品过保压。

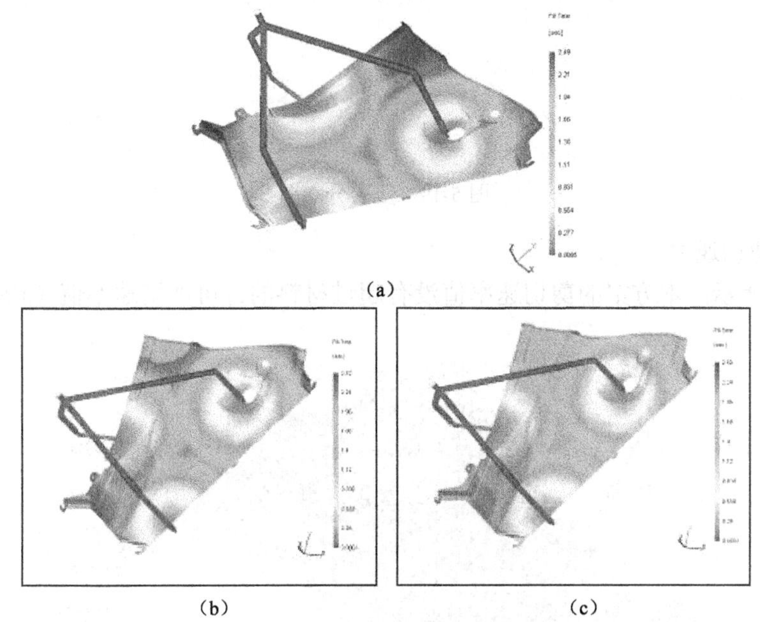

（a）

（b）　　（c）

图 5-17　塑料填充过程

（3）温度分布

如图 5-18 所示的最大温度降为 6℃，温降较小，温度分布均匀。这是由于制品壁厚均匀（大部分为 2mm）。这意味着表面质量将会得到保证。

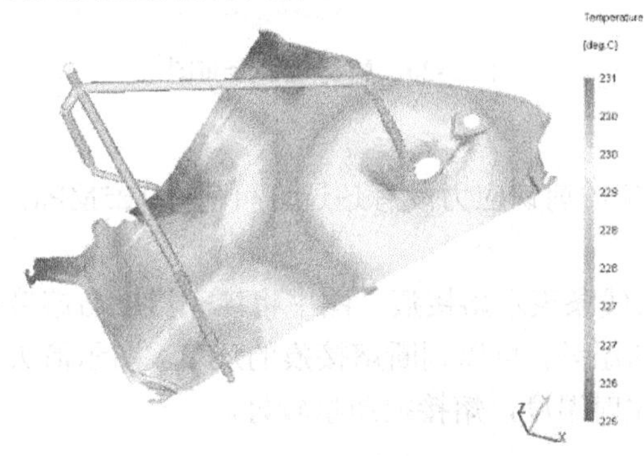

图 5-18　温度分布

（4）压力分布

如图 5-19 所示为型腔充满瞬间的型腔压力分布。从此结果可见成型所需注射压力和型腔压力降均匀与否。本方案所需注射压力为 45MPa，小于方案一（55MPa）。

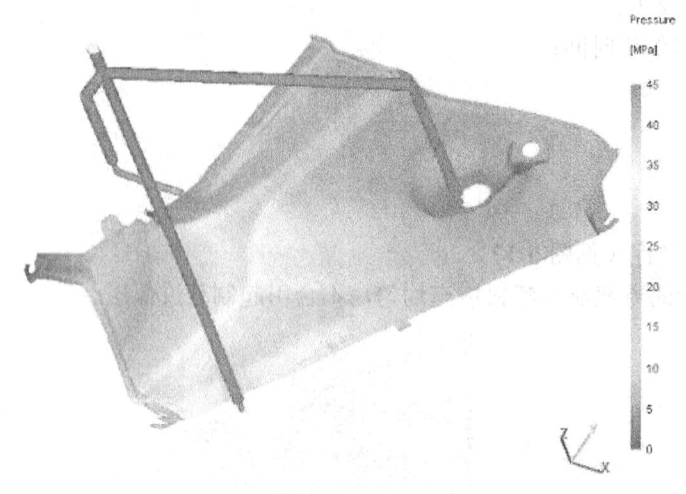

图 5-19 压力分布图

（5）最大剪切速率

如图 5-20 所示，本方案的剪切速率值没有超过材料的许可剪切速率值（100000 1/s）。

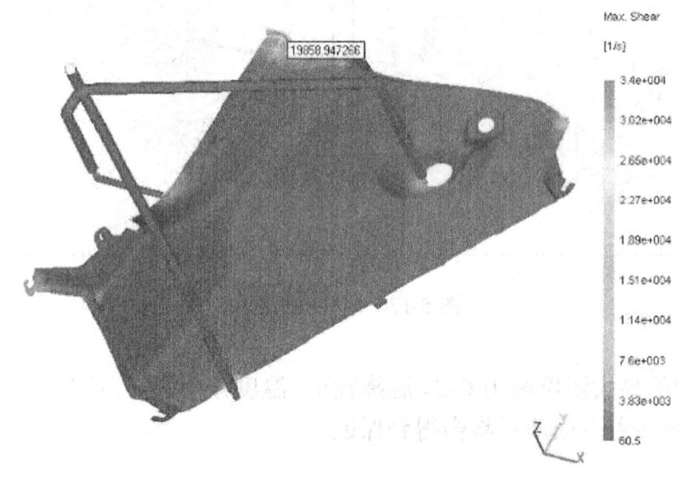

图 5-20 剪切速率分布图

（6）最大剪切应力

如图 5-21 所示，各部位的剪切应力没有超过许可值（0.25MPa）。

（7）熔接痕位置

如图 5-22 所示的箭头线条表示熔接痕。图中将填充温度与熔接痕结果叠加在一起，通过查看熔接痕形成时的温度的温差，可以判断熔接痕的质量。图示箭头所指处的熔接痕由于形成时温差小，该处温度接近注射温度，熔接痕质量较好。

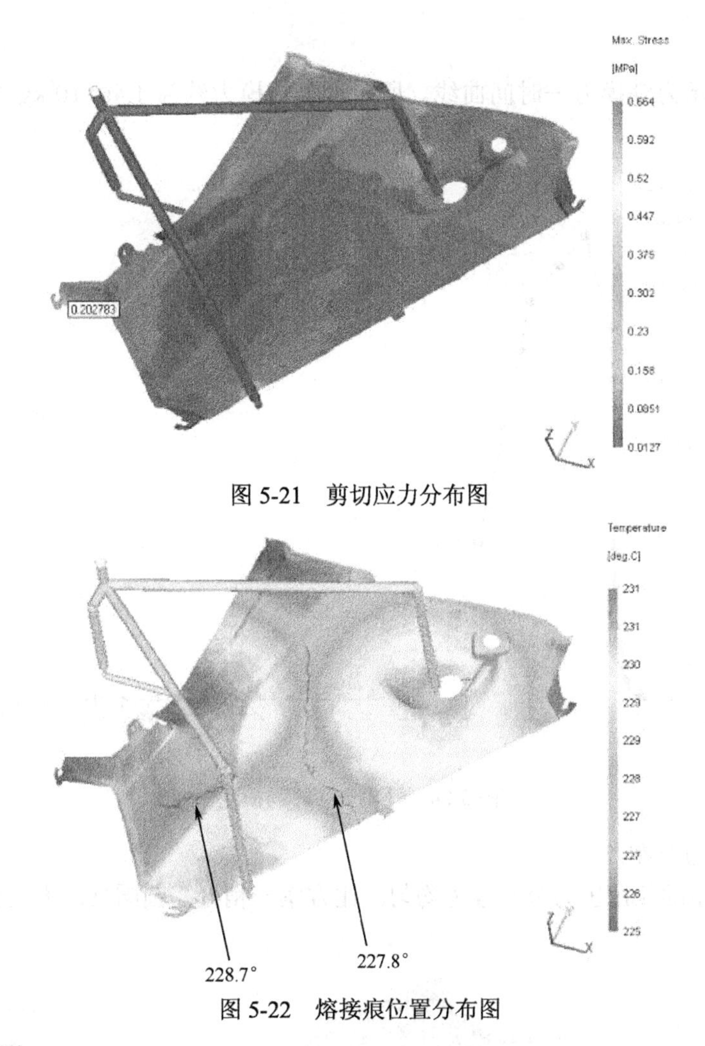

图 5-21　剪切应力分布图

图 5-22　熔接痕位置分布图

（8）困气位置

如图 5-23 所示的圆圈处表示气穴。如果气穴产生的位置有自然排气措施，将不会产生困气；如果排气不良，容易产生烧焦等现象，而且会有表面花纹。圆圈所指处气穴将不易排除，需在该处加顶杆或镶块。

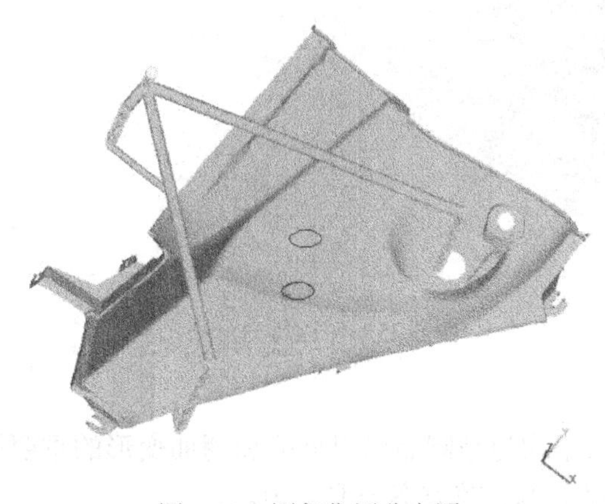

图 5-23　困气位置分布图

（9）锁模力

如图 5-24 所示为锁模力—时间曲线。所需最大锁模力约为 1.46×10^6kg（1460 吨）。比方案一要小。

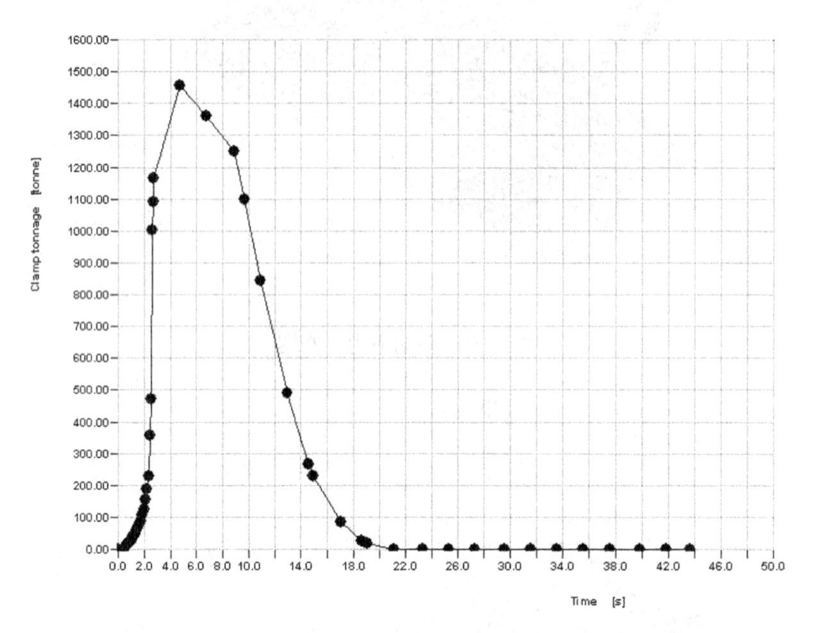

图 5-24 锁模力—时间曲线

（10）保压压力分布

如图 5-25 所示的保压压力分布较为均匀。比方案一稍好，圆圈处压力较低。

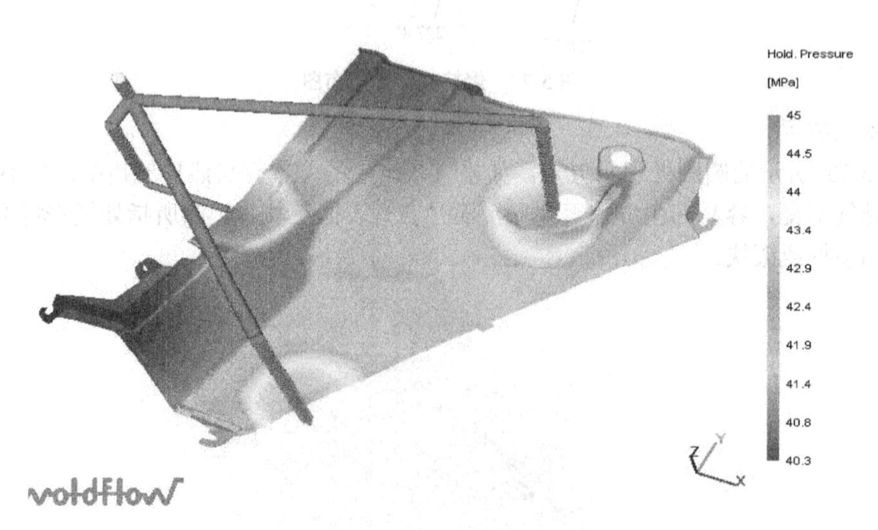

图 5-25 保压压力分布图

（11）体积收缩率

如图 5-26 所示的收缩不均匀是制品出现缩痕和翘曲变形的重要原因之一。在本例中，体积收缩率大部分为 3.2%～4.18%。较方案一要均匀。

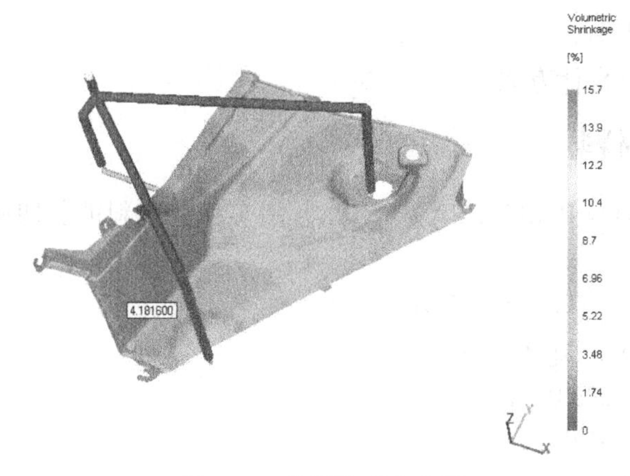

图 5-26　体积收率分布图

5.1.4　小结

1）方案一所需的注射压力较大，锁模力很高，而且型腔填充不平衡。

2）方案二增加了一个浇口，注射压力降低了，锁模力也降低了，而且型腔填充较平衡。

3）方案二的体积收缩率较方案一分布均匀。

通过以上分析，我们优化了浇注系统，确定了浇口位置及数量。传统的模具设计方法是设计人员凭经验反复修改—试模—再修改—再试模，直到合格。这就延迟了产品上市时间，增加了产品成本（模具成本+生产成本）。而利用 CAE 技术就可以在计算机上反复修改—试模，直到找到合理的方案后再进行加工，其效益是不言而喻的。

5.2　电视机后壳

如图 5-27 所示为电视机后壳的模型图。

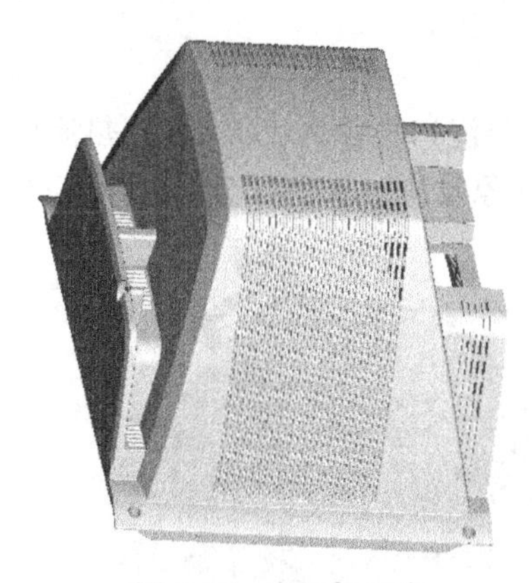

图 5-27　电视机后壳

5.2.1　分析目的

1）确定是否会有短射现象发生。

2）确定是否填充平衡。

3）确定最佳的模具设计方案。

5.2.2 制品材料

制品材料采用PS 4324 BASF(USA)(HIPS)，图5-28为材料的剪切速率—黏度曲线和PVT曲线图。

1）热传导系数：0.167W/(m·℃)；

2）比热容：2467.0 J/(kg·℃)；

3）推荐注射温度：225.0℃；

4）推荐模具温度：35.0℃；

5）顶出温度：76.0℃；

6）不流动温度：313℃；

7）许可剪切应力：0.24MPa；

8）许可剪切速率：40000 1/s。

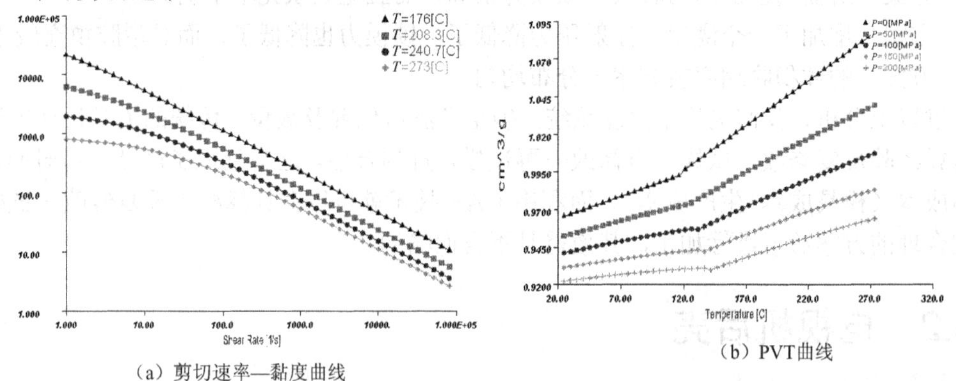

（a）剪切速率—黏度曲线

（b）PVT曲线

注：材料厂家为任意选择，以上为参考值

图5-28 材料的剪切速率—黏度曲线和PVT曲线图

5.2.3 方案一

方案一采用三点阀式浇口，热浇口直径为ϕ6.0 mm，热流道直径为ϕ22.0 mm。

如图5-29所示，填充不足现象发生，灰色部分为未填充处。

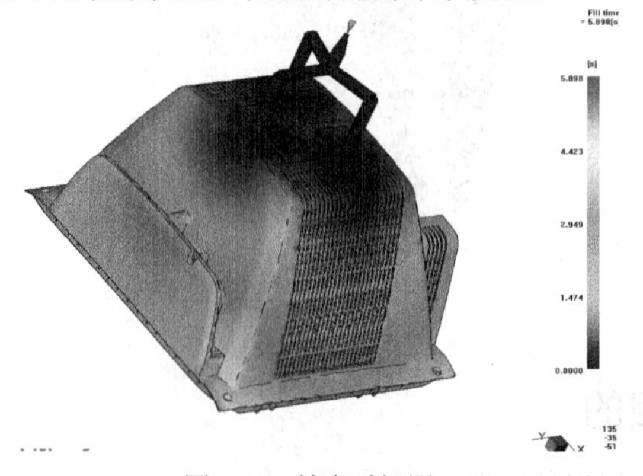

图5-29 填充时间图

5.2.4　方案二

本方案采用三点阀式浇口，产品下端热浇口直径为ϕ6.0mm，数量为 2；热流道直径为ϕ22.0mm，产品上端放一浇口，浇口直径为ϕ4.0mm，热流道直径为ϕ12.0mm。

（1）填充时间

如图 5-30 所示，填充完成。填充时间为 4.633s，产品左侧的填充时间为 4.633s，右侧的填充时间为 3.625s，左右填充不平衡。

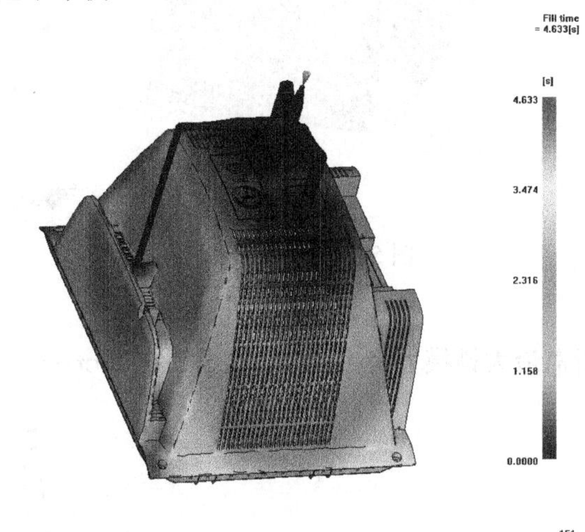

图 5-30　填充时间图

（2）填充平衡性

如图 5-31 所示，这是 3.625s 的填充示意图，左右填充不平衡。

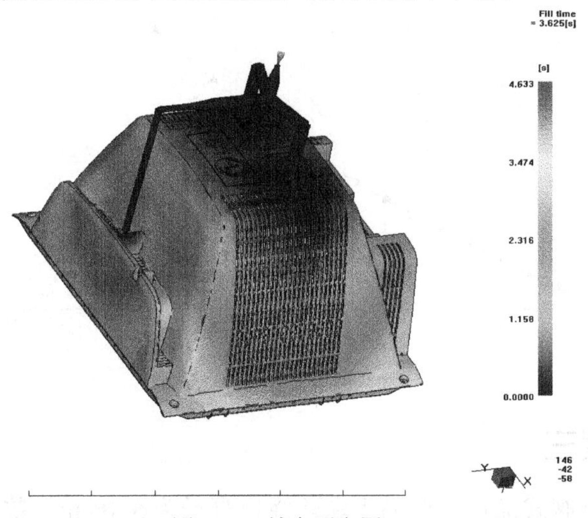

图 5-31　填充平衡图

（3）最大注塑压力

如图 5-32 所示，这是 V/P 状况的产品填充情况，此时的注塑压力为产品所需的最大注塑压力，可以看出最大注塑压力为 104.3MPa。

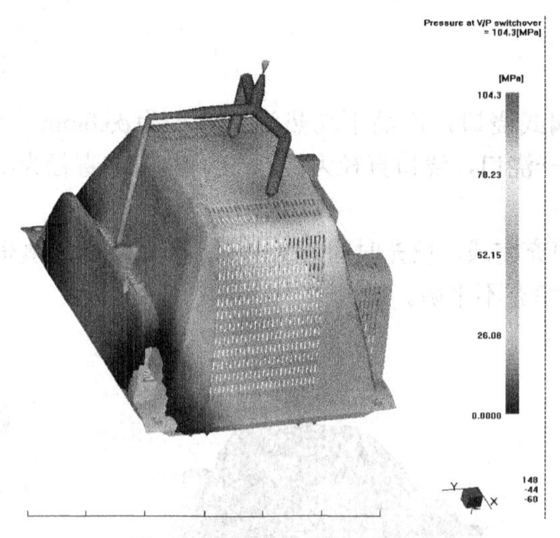

图 5-32 最大注塑压力图

（4）锁模力

如图 5-33 所示，所需最大锁模力为 1.472×10^6kg（1472Tone）。

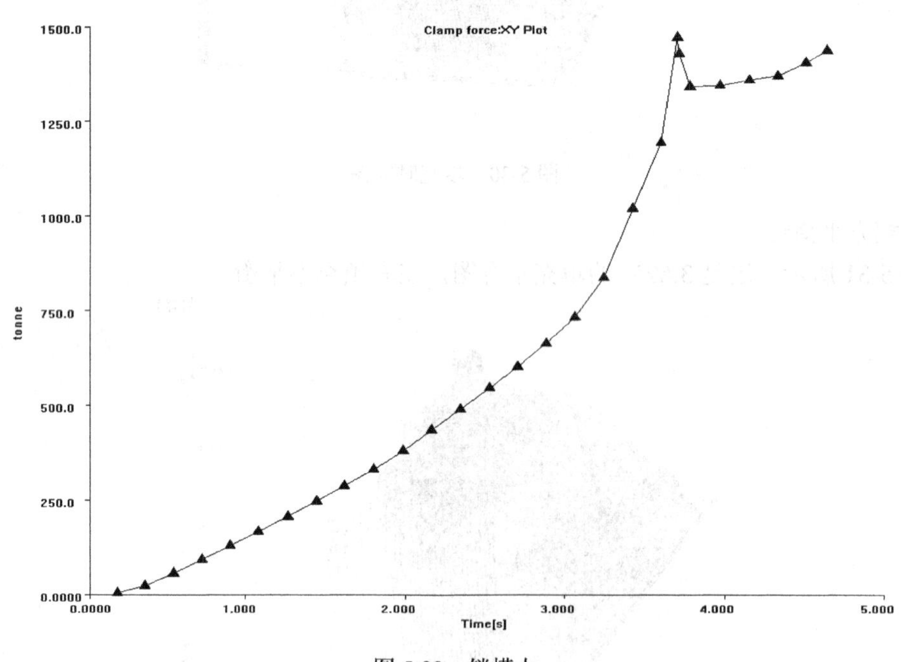

图 5-33 锁模力

5.2.5 方案三

本方案采用三点阀式浇口，产品下端热浇口直径为ϕ6.0mm，数量为 3；热流道直径为ϕ22.0mm，将产品上端浇口外移。

（1）填充时间

如图 5-34 所示，填充完成。填充时间为 4.846s，产品左侧的填充时间为 4.25s，右侧的填充时间为 4.85s，左右填充基本平衡。

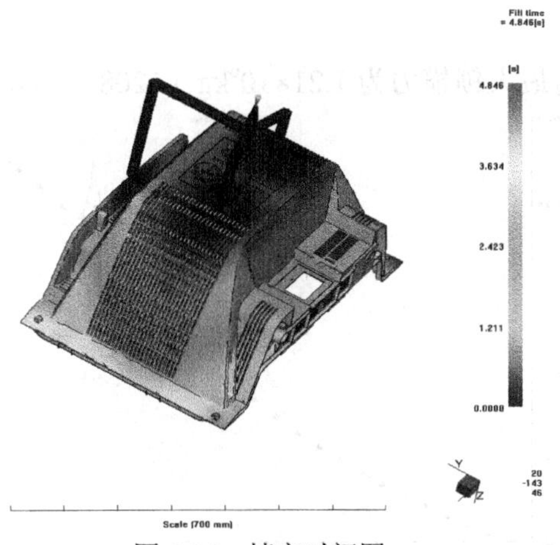

图 5-34 填充时间图

（2）填充平衡性

如图 5-35 所示，这是 3.792s 时的填充示意图，左右填充基本平衡。

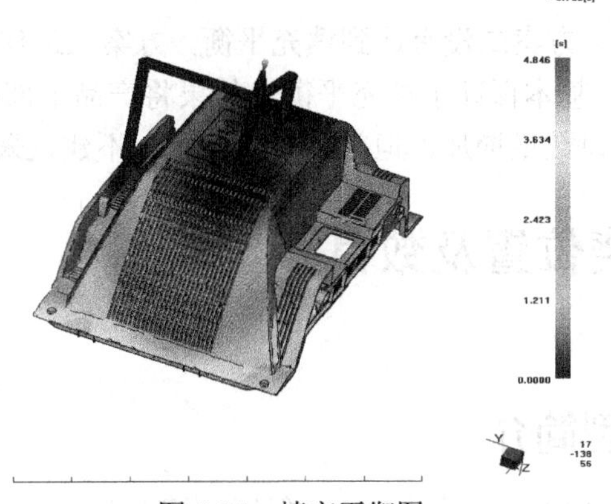

图 5-35 填充平衡图

（3）最大注塑压力

如图 5-36 所示，这是 V/P 状况的产品填充情况，此时的注塑压力为产品所需的最大注塑压力，可以看出最大注塑压力为 90.14MPa。

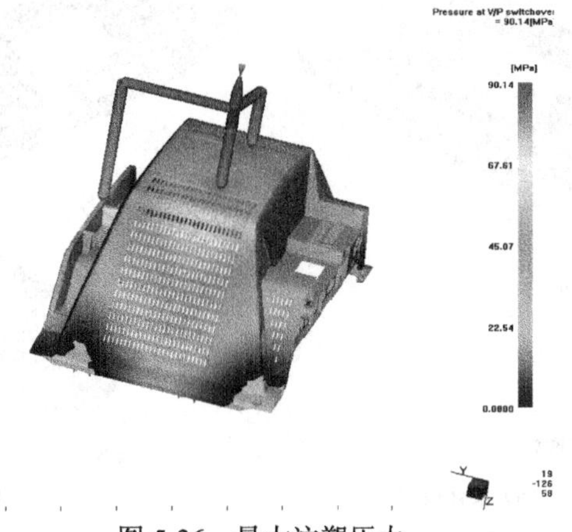

图 5-36 最大注塑压力

（4）锁模力

如图 5-37 所示，所需最大锁模力为 1.21×10^6kg（1208Tone）。

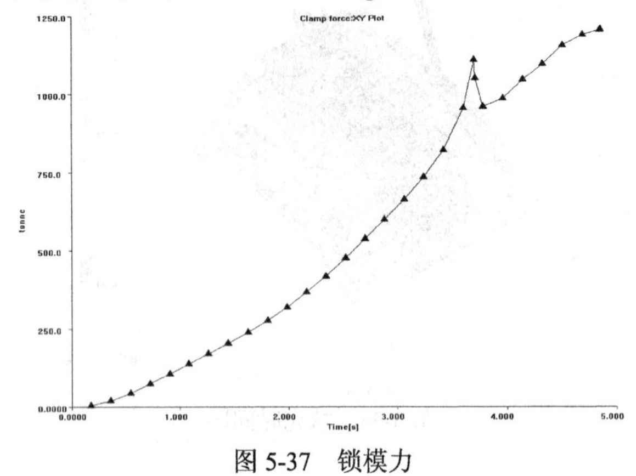

图 5-37　锁模力

5.2.6　小结

方案一发生短射现象，方案二没有达到填充平衡，方案三最佳（当然这要在产品允许浇口再次处于放置的前提下），基本保证了填充平衡，如果将产品下部两浇口向外稍移一定距离，效果会更好。方案二虽浇口数量增加，但效果却不明显，不建议采用。

5.3　最佳进浇位置及数目

5.3.1　产品模型简介

模流分析应依据客户的要求，通过充填、保压及翘曲分析（无冷却水路），寻找最佳进浇位置及数目，并考查产品是否可以顺利充填，以及可能发生的问题，有待于在客户的产品及模具设计时提供有价值的参考。产品模型如图 5-38 所示。

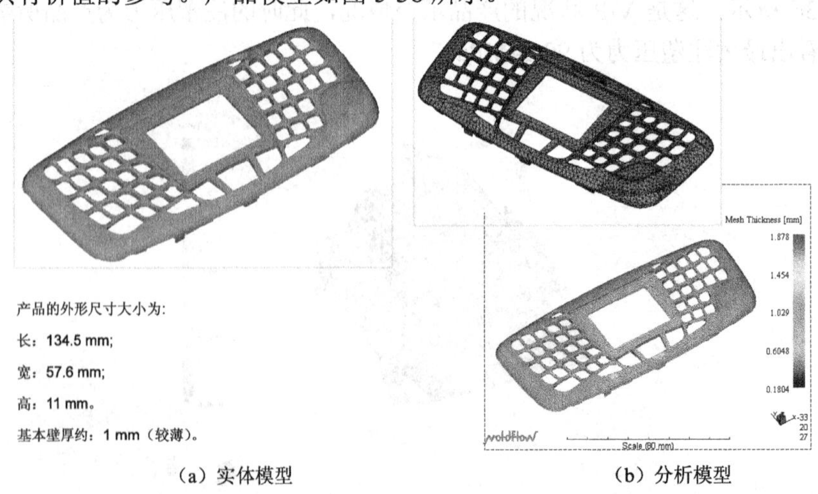

（a）实体模型　　　　（b）分析模型

图 5-38　产品模型

5.3.2 塑料材料简介

材料采用 PC+ABS（CYCOLOY C1000HF IM GE EUROPE），材料的 PVT 曲线和剪切速率—黏度曲线如图 5-39 所示，材料的特性如下：

1）热导率：0.260 W/（m/℃）；

2）比热容：2000.0 J/（kg/℃）；

3）熔体密度：1020.0（kg/ m^3）；

4）顶出温度：100.0℃；

5）不流动温度：165.0℃；

6）最小注射温度：240.0℃；

7）最大注射温度：280.0℃；

8）最小模具温度：60.0℃；

9）最大模具温度：80.0℃；

10）最大剪切应力：0.40 MPa；

11）最大剪切速率：40000.01/s；

12）熔体流动速率：24 cm^3/10min。

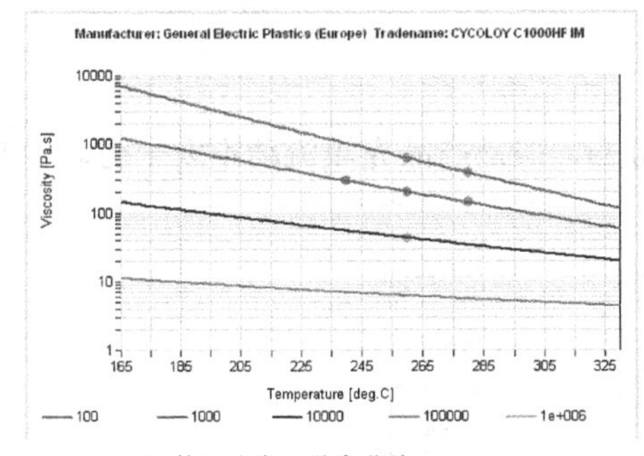

（a）剪切速度—黏度曲线

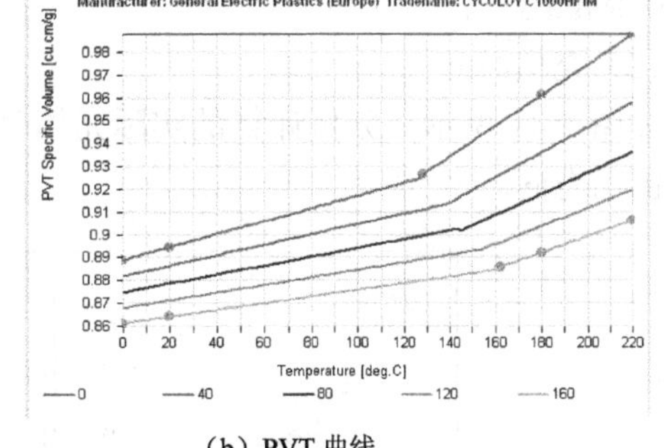

（b）PVT 曲线

图 5-39 剪切速率—黏度曲线和材料的 PVT 曲线图

5.3.3 浇注系统设计

采用热浇道，两点直接进浇，相关尺寸如图 5-40 所示。

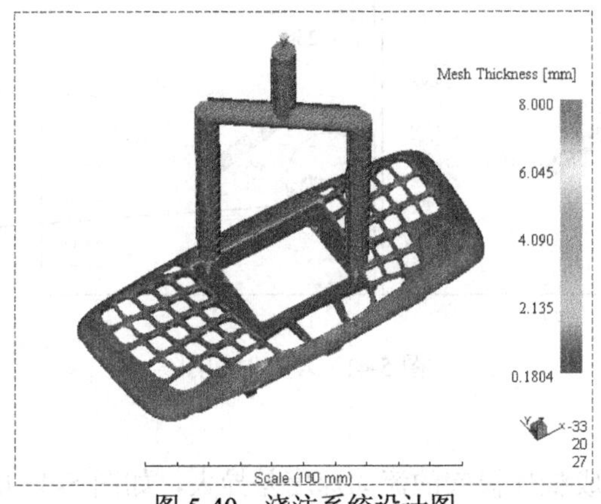

图 5-40 浇注系统设计图

5.3.4 成型条件简介

（1）充填条件

1）模具温度：70.00℃；

2）注射温度：260.00℃；

3）注射时间：0.30s；

4）零件容积：6.0779cm^3；

5）最大注射压力：180MPa；

6）最大锁模力：50×10^3kg（50Tone）；

7）保压条件如下（保压压力采用百分比形式，即保压开始阶段的压力为100%的熔体注射压力）：

冷却条件：自然冷却。

保压压力和保压时间如下：

100.0MPa 0.0s；

100.0MPa 1.0 s；

0.0MPa 2.0 s；

0.0MPa 3.0 s。

（2）充填时间

如图 5-41 所示，分析计算的实际充填时间为 0.3s，但是产品充填流动不太平衡，于 0.26s 时右侧已充满。

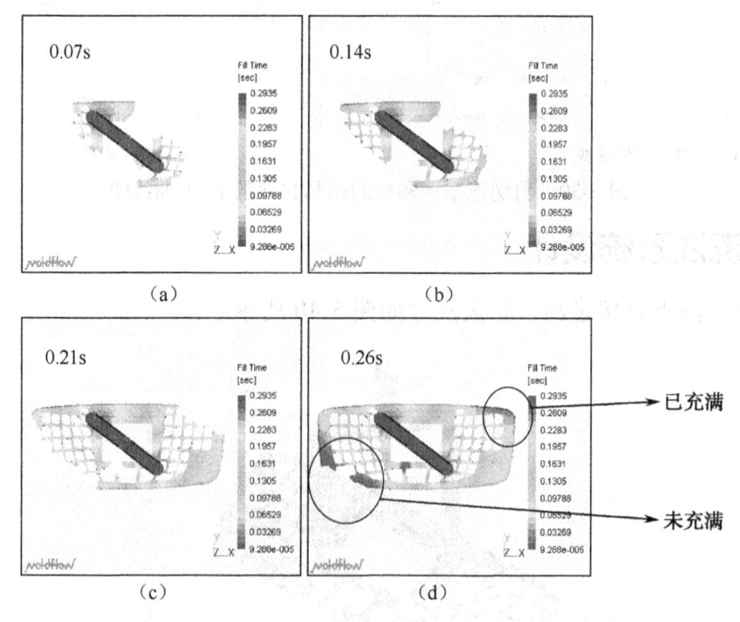

图 5-41 填充时间图

（3）流动速度差异

因产品的设计问题造成整体模穴的流动速度差异大，如图 5-42 所示。

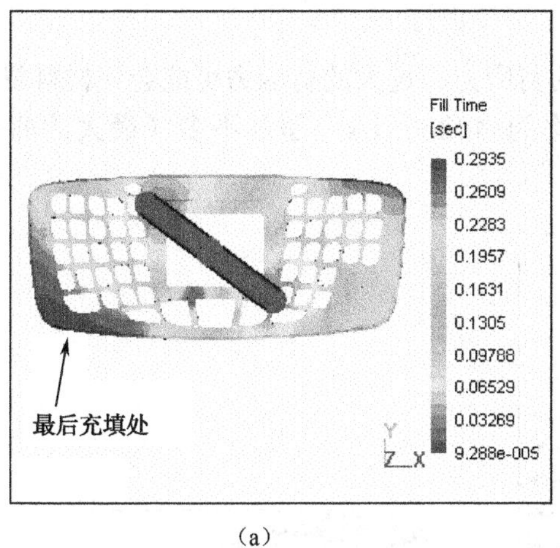

（a）

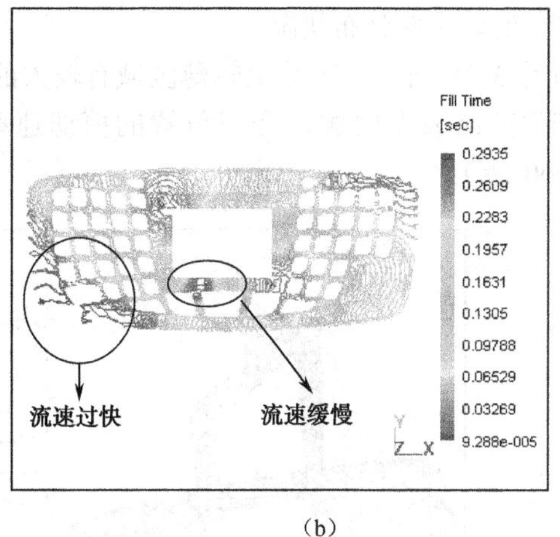

（b）

图 5-42　填充时间图

（4）压力分布

产品较薄，靠破孔洞较多，塑胶不易充填流动，所需射出压力较大，最大为 103MPa，图 5-43（b）为压力切换点（充填体积的 98%）的位置。

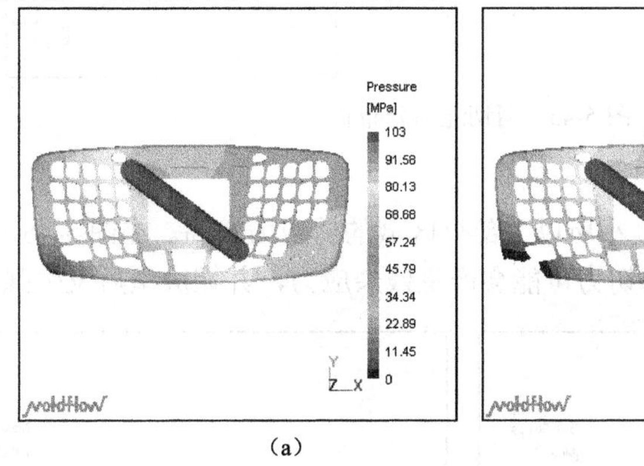

（a）

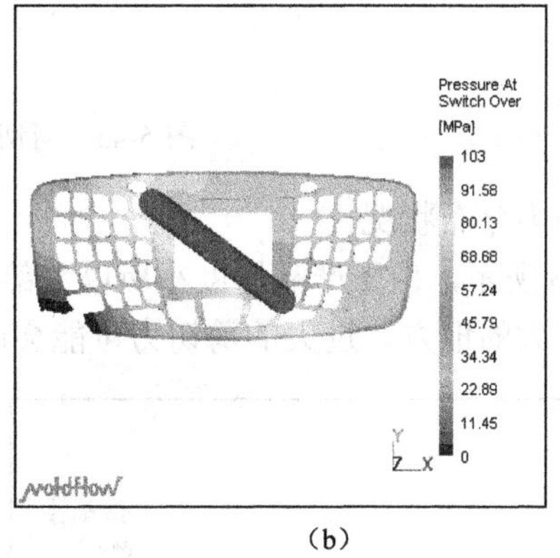

（b）

图 5-43　压力分布图

（5）波前温度分布

波前温度分布不均匀，图 5-44 箭头所示为较薄处，温度下降较快，有滞流现象产生，可能会使该处强度下降。

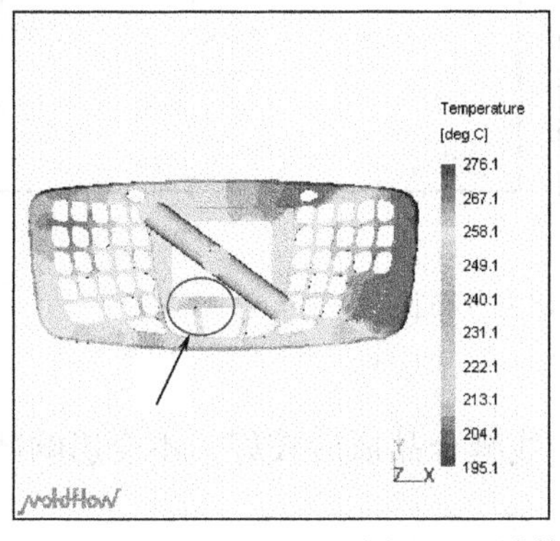

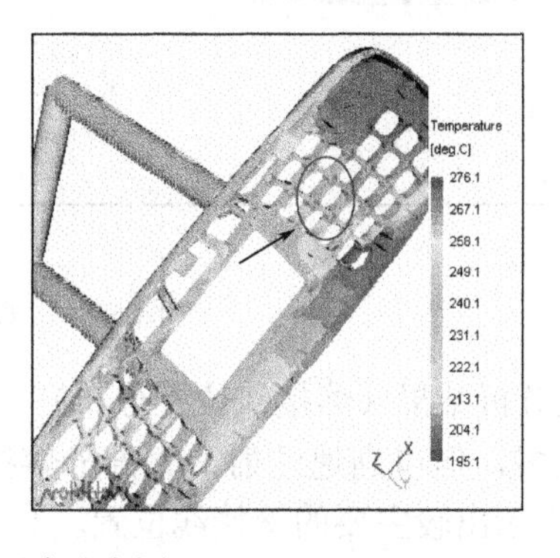

图 5-44　波前温度分布图

（6）剪切速率分布状况

如图 5-45 所示，产品上较薄区域有较大的剪应力。过大的剪应力可能会使材料裂解，可能会产生产品表面问题，浇口位置的剪切速率为 42260 1/s，超标不多（最大的剪切速率为 40000 1/s）。

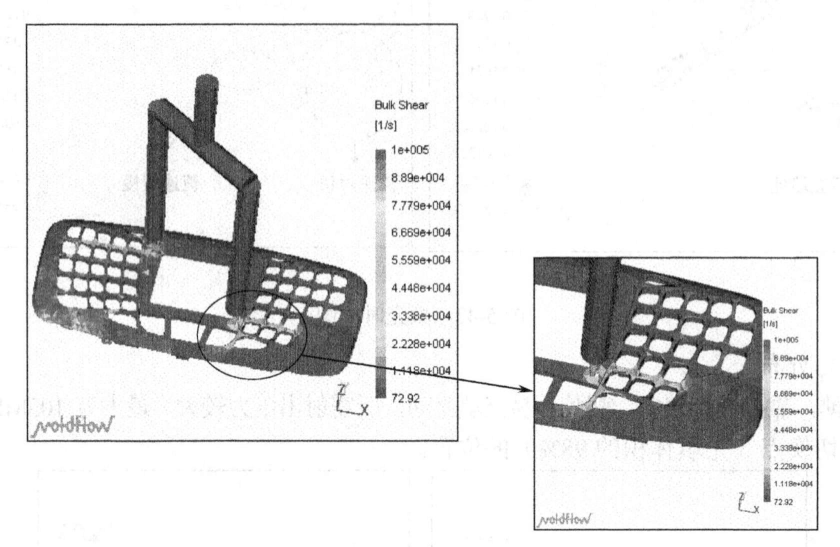

图 5-45　剪切速率分布状况

（7）剪切力分布状况

如图 5-46 所示，由于产品厚度小所以大部分区域的剪应力较高。在图 5-46（b）强调的位置为剪切力最大的地方。过大的剪切力可能会产生残余应力，并在成型后发生强度减弱问题。

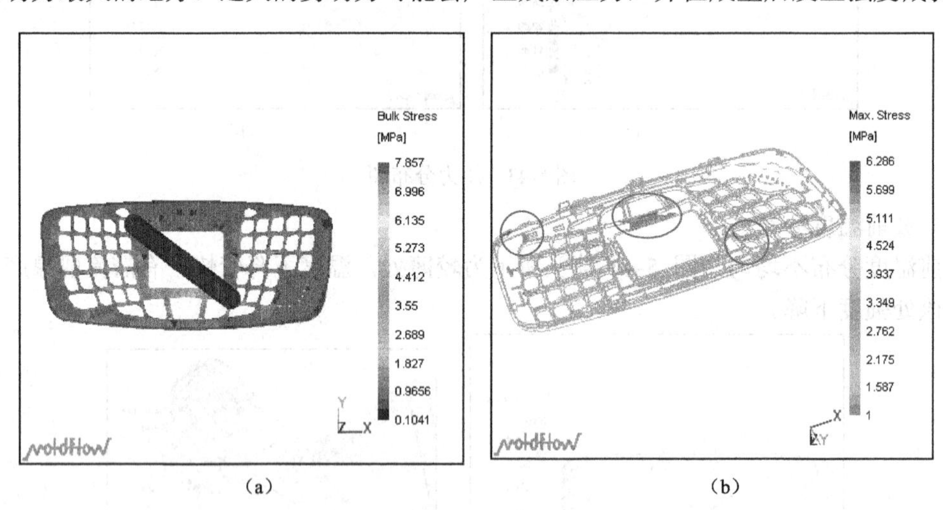

（a）　　（b）

图 5-46　剪切力分布状况

（8）充填分析结果（熔接线位置分布）

熔接线较多，但以高速注射，大部分熔接线缝合品质应较好，不会影响产品主要外观，图 5-47（a）表示出较主要的熔接线位置。

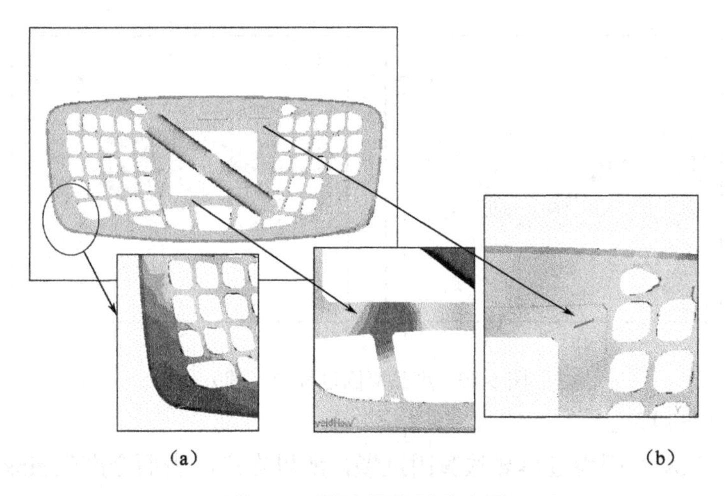

(a)　　　　　　　　　　　　　　　　(b)

图 5-47　缝合线位置分布图

（9）气穴位置分布

由于靠破孔较多，流动波前对接处较多，气穴也较多，注意设计相关机构（如入子）排除，图 5-48 中强调出最严重的位置。

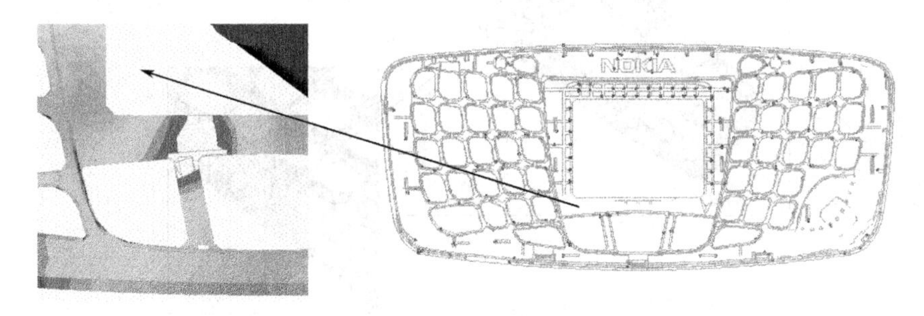

图 5-48　气穴位置分布图

（10）产品凝固过程一

如图 5-49 所示，由于产品进浇区域板面肉厚较小，凝固很快，导致产品两边大部分区域保压不良，可能会发生凹陷及翘曲等成型问题，模穴在所设定的充填保压冷却时间（6s）的 71%时几乎完全凝固。

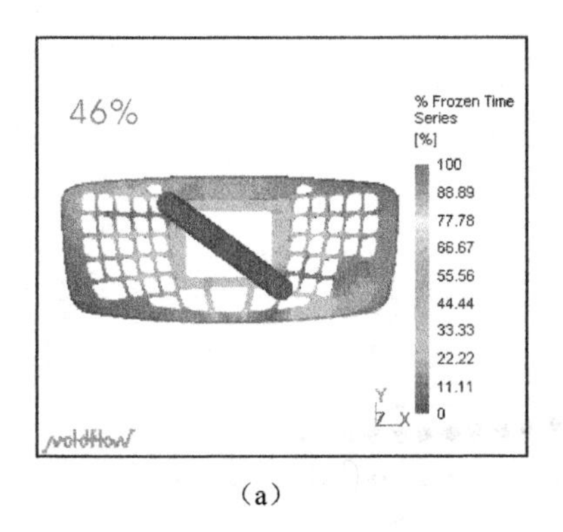

(a)

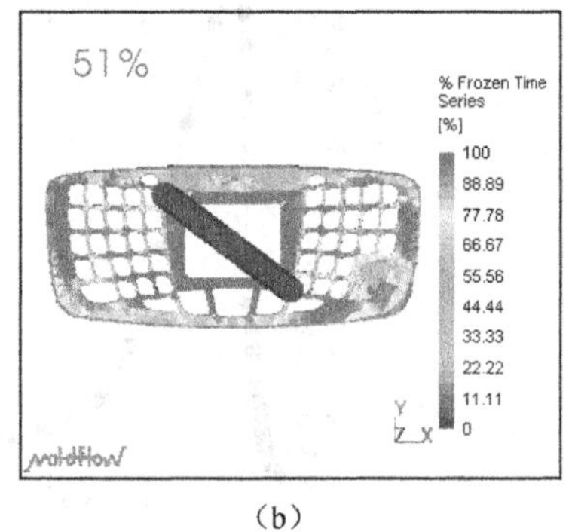

(b)

图 5-49　产品凝固过程图

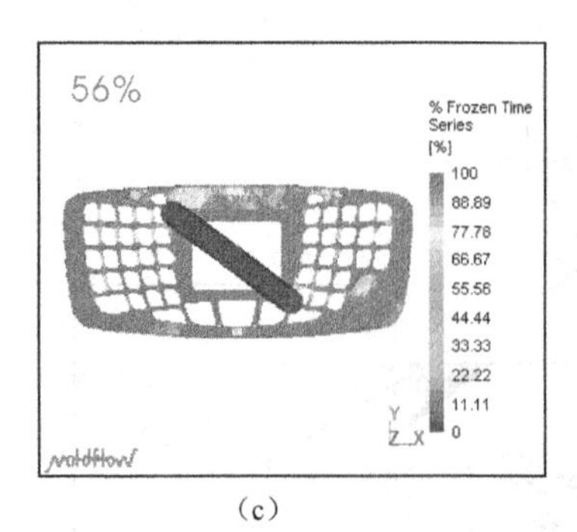

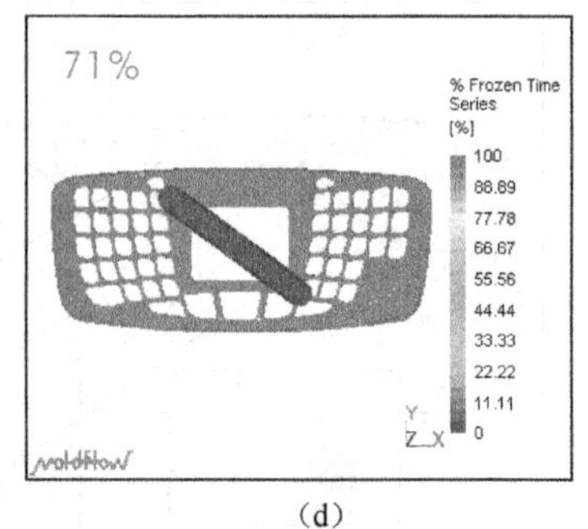

（c） （d）

图 5-49 产品凝固过程图（续）

（11）产品凝固过程二

底面的壁厚（boss）因为过厚导致凝固过慢，所以在产品表面会产生 sink mark。

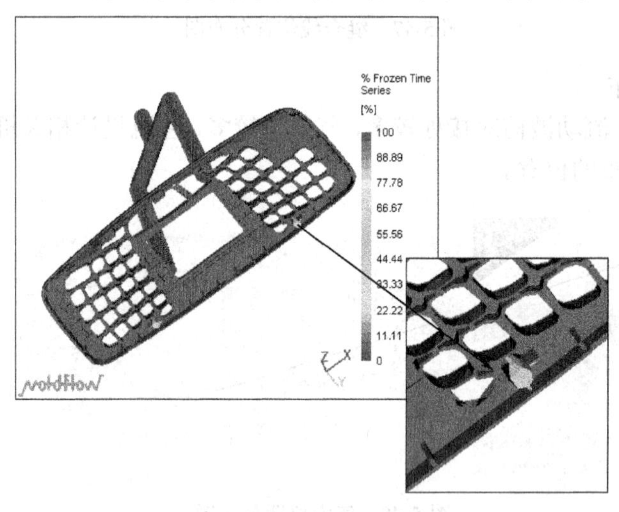

图 5-50 产品凝固过程二

（12）锁模力

如图 5-51 所示，锁模力较小，最大为 3.4×10^4kg（34Tone）。采用 5.0×10^4kg（50Tone）的注射机足够。

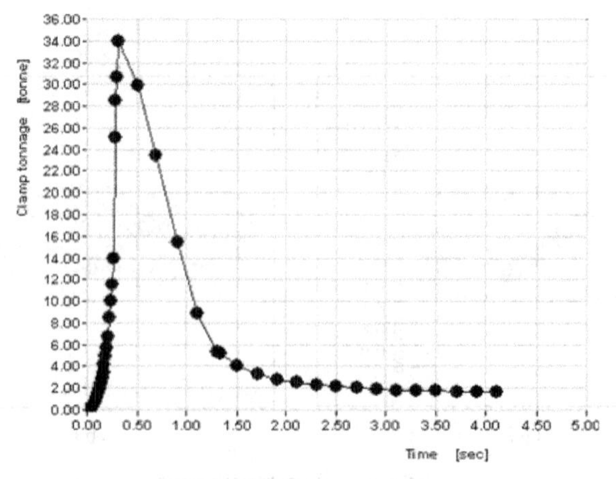

图 5-51 锁模力图

（13）体积收缩率分布

如图 5-52 所示，保压不良造成产品体积收缩不均匀。局部收缩较大区域将可能会产生明显凹陷，在浇口附近因为肉厚小为负收缩，此时应注意保压条件的设定。

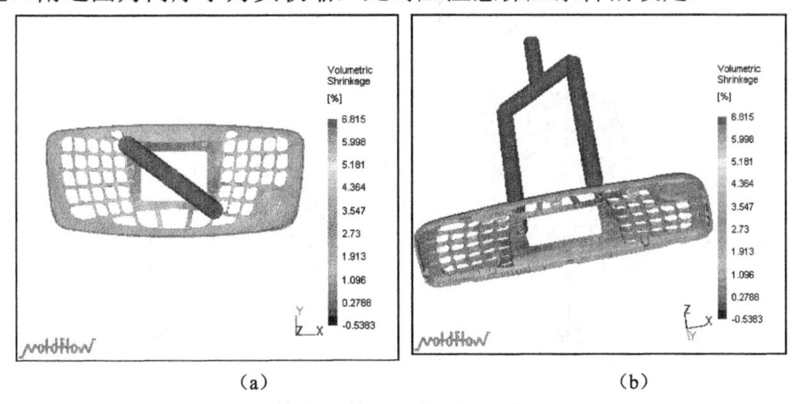

（a）　（b）

图 5-52　体积收缩率分布图

（14）变形方向及形状

产品时有翘曲变形发生，图 5-53 为变形后的情形（放大十倍），箭头指示方向为变形方向。

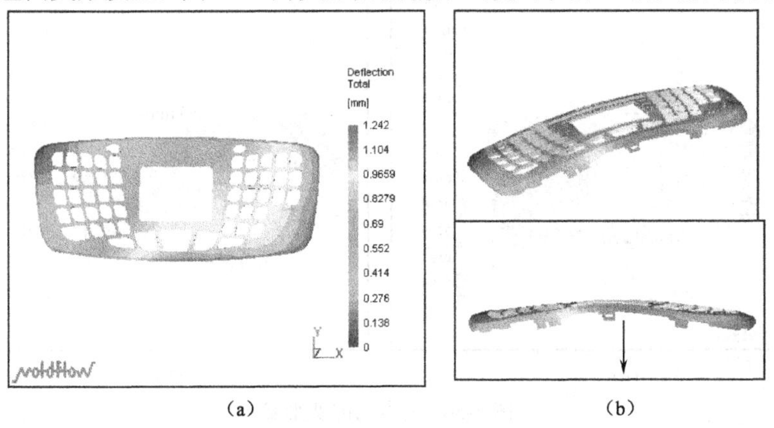

（a）　（b）

图 5-53　变形方向及形状图

（15）X 方向的变形量

以 A，B 点处为参考点，X 方向主要的变形量如图 5-54 所示。

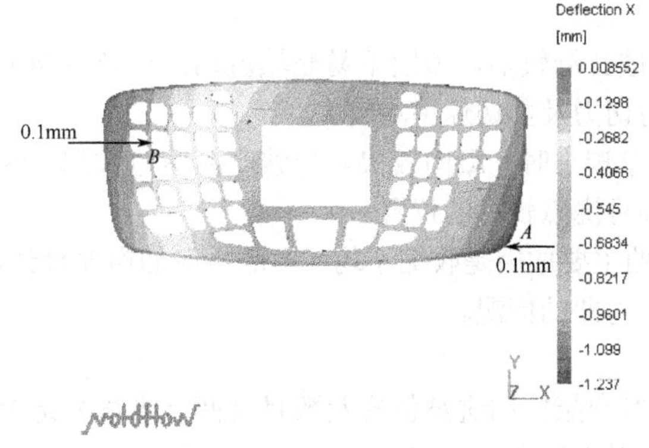

图 5-54　X 方向的变形量

（16）*Y* 方向的变形量

以 *A*，*B* 点处为参考点，*Y* 方向主要的变形量如图 5-55 所示。

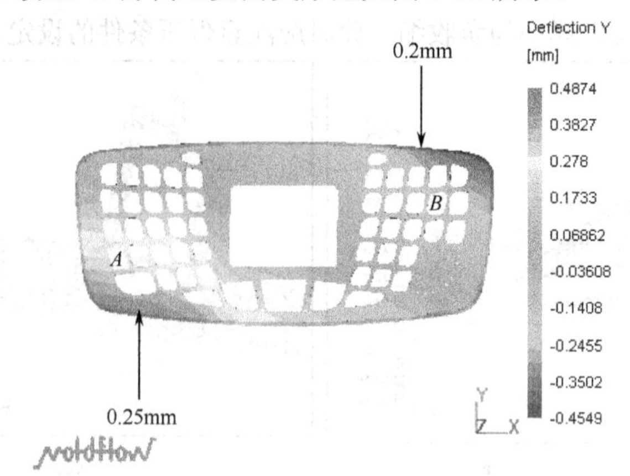

图 5-55　*Y* 方向的变形量

（17）*Z* 方向的变形量

以 *A*，*B* 点处为参考点，*Z* 方向主要的变形量如图 5-56 所示。

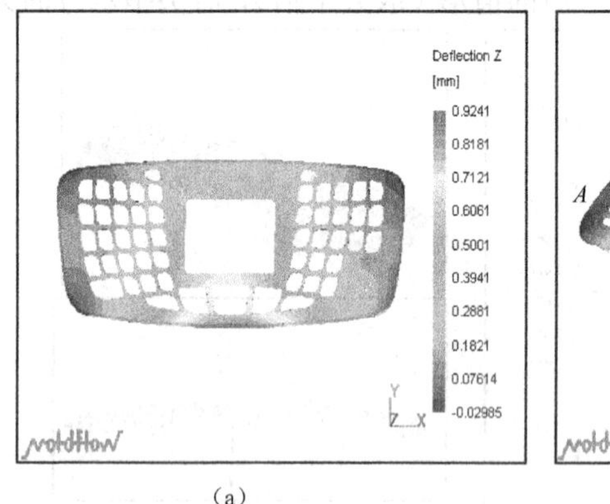

（a）

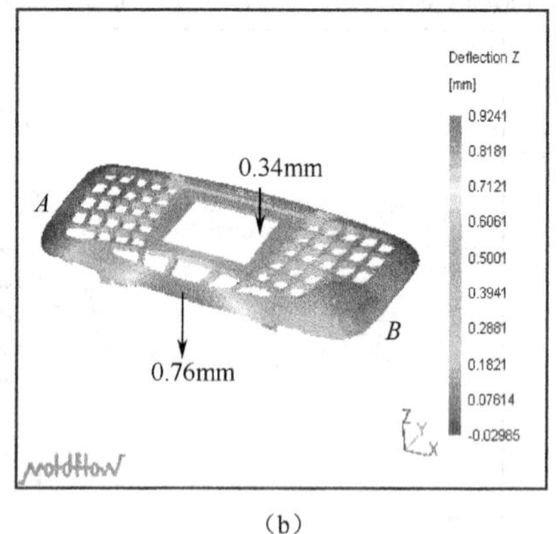

（b）

图 5-56　*Z* 方向的变形量

5.3.5　结论与建议

（1）结论

由以上分析结果比较得知：

1）产品较薄时，靠破孔洞较多，塑胶不易充填流动，充填流动不太平衡，所需射出压力较大，温度较不均匀，剪切力及剪切速率均较大。

2）进浇区域板面壁厚较小时，凝固较快，导致产品两边大部分区域保压不良，可能会发生凹陷问题，特别是距离进浇点较远的位置。

3）翘曲变形大。翘曲主要成因是收缩不均（产品本身的肉厚设计及保压不良造成的），应仔细设计冷却系统，改善翘曲的情况。

（2）建议

1）对该产品，采用客户指定的进浇位置及数目（两点进浇）是较合适的（不宜用一点进浇，否则流动极不平衡、射出压力太大）。

2）建议加厚进浇区域板面壁厚，以起到导流作用及避免前面所示的流动问题（迟滞效应，包封等）及保压不良问题。

5.4 外罩壳体

5.4.1 制品流动模拟分析

对该制品作流动模拟分析，采用 MPI/FLOW，COOL，WARP 模块来进行分析计算，模拟仿真流动过程，预测型腔压力分布、温度分布、锁模力大小等分析结果。该制品模型如图 5-57 所示。

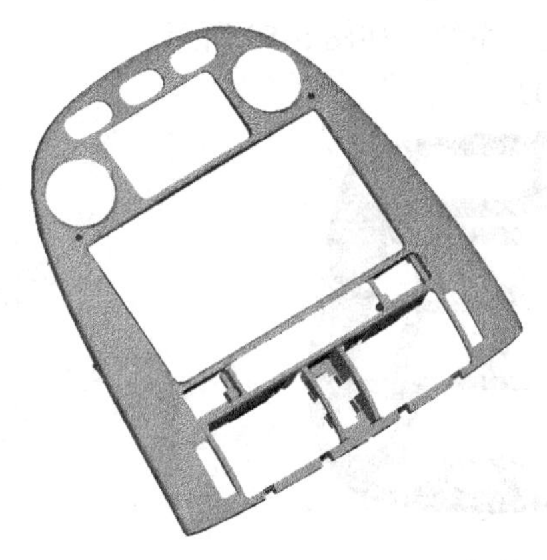

图 5-57 制品模型图

5.4.2 制品材料

材料为 LG Chemical HR5005A（ABS+PC），材料的剪切速率—黏度和 PVT 曲线图如图 5-58 所示。

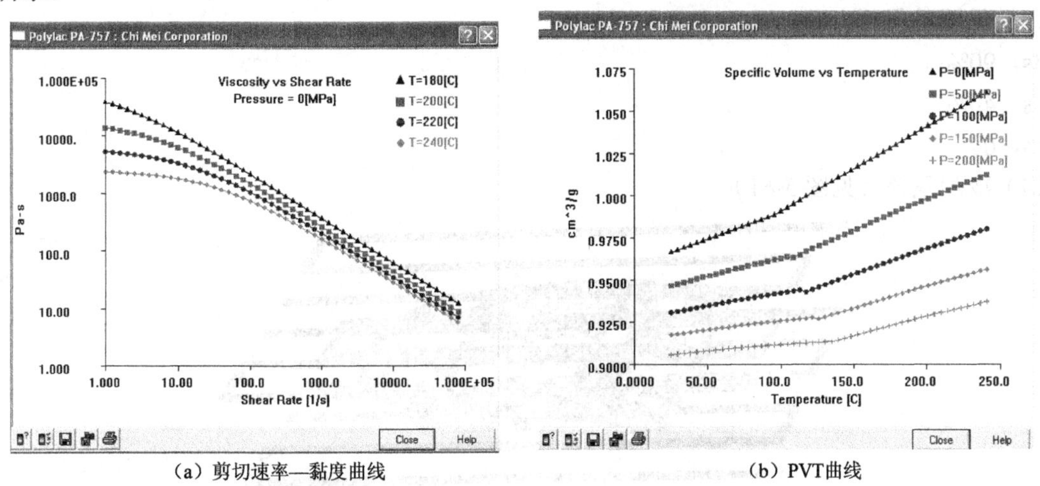

（a）剪切速率—黏度曲线　　（b）PVT曲线

图 5-58 材料的剪切速率—黏度和 PVT 曲线图

1）热导率：0.1797 W/（m/K）；

2）比热容：2160 J/（kg/K）；

3）推荐注射温度：235℃；

4）推荐模具温度：80℃；

5）顶出温度：125.0℃；

6）不流动温度：133.0℃；

7）许可剪切应力：0.4MPa；

8）许可剪切速率：40000 1/s。

5.4.3 型腔模型准备

初始模型采用“UG”建模，通过“igs”格式转入 Moldflow，在“MF/View”的前后处理器中完成最后的修改并生成流道系统，如图 5-59 所示。

（1）浇注系统（见图 5-60）

图 5-59 型腔模型图

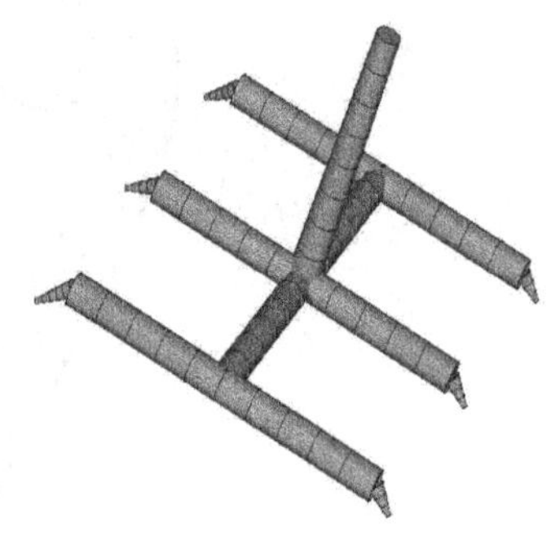

图 5-60 浇注系统图

（2）工艺参数

模温：80.0℃；

熔体温度：230℃；

注射时间：2.5s；

（3）保压过程

3s，90%；

5s，40%；

5s，0。

（4）冷却系统（见图 5-61）

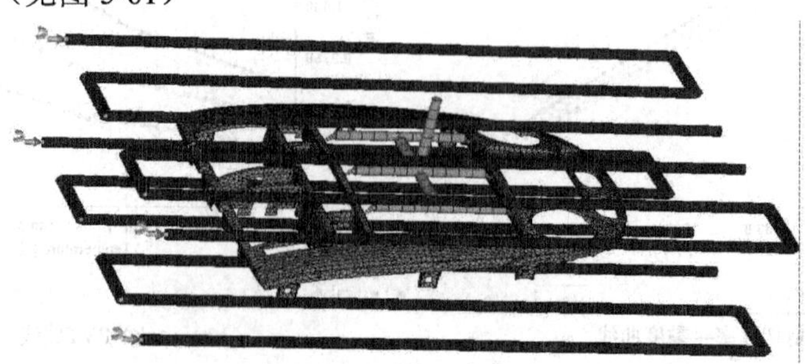

图 5-61 冷却系统图

冷却系统直径取为 10mm。

5.4.4 分析结果

（1）塑料填充时间

如图 5-62 所示分析结果为 2.687s 的填充情况。

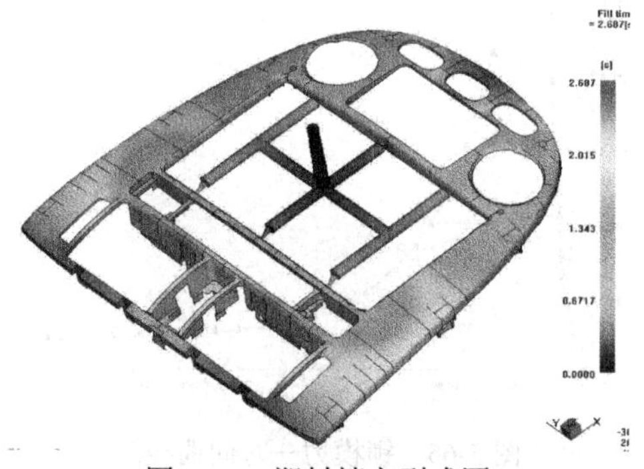

图 5-62　塑料填充型式图

（2）压力分布

如图 5-63 所示，此结果为填充结束时的压力分布，最大注射压力为 127.1MPa。

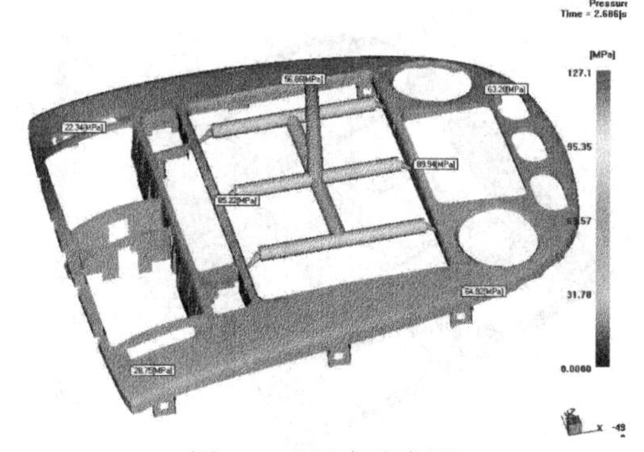

图 5-63　压力分布图

（3）喷嘴处压力曲线分布

如图 5-64 所示，最大注射压力为 127.1MPa。

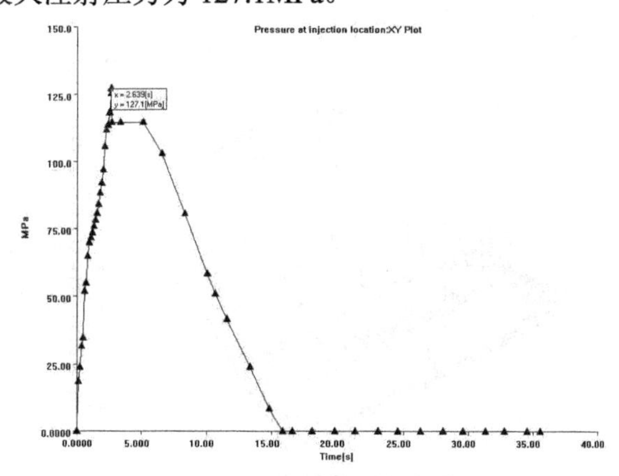

图 5-64　喷嘴处压力曲线分布

（4）锁模力

图 5-65 为锁模力—时间曲线，所需最大锁模力约为 3.03×10^5kg（303Tone）。

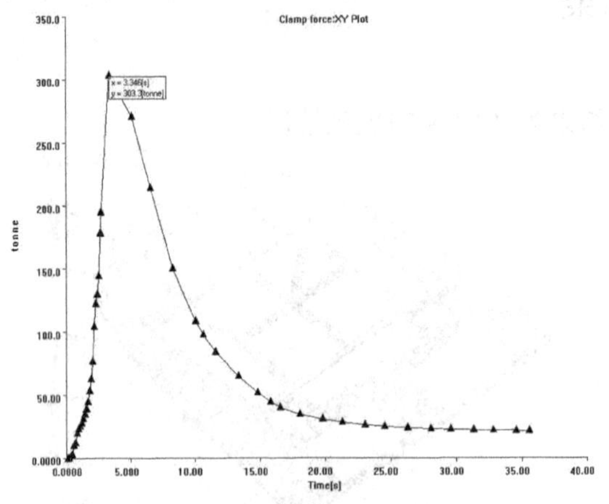

图 5-65　锁模力—时间曲线图

（5）流动前峰温度分布

如图 5-66 所示，熔体前峰温度分布较均匀，温度降不大，表面质量可以保证。

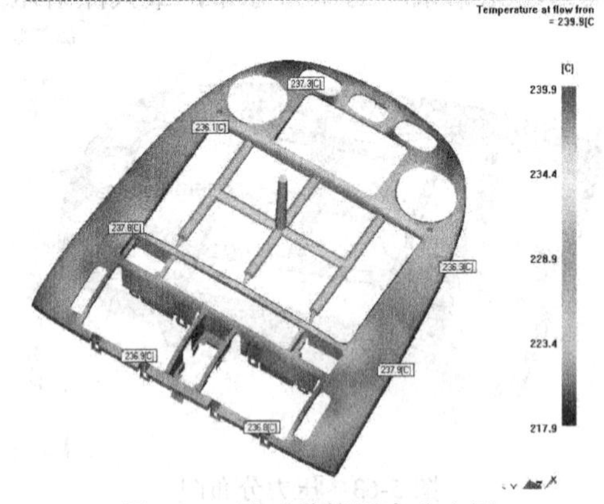

图 5-66　流动前锋温度分布图

（6）型腔温度分布如图 5-67 所示，大部分温度分布较均匀，温度分布均匀。这是由于制品壁厚均匀。

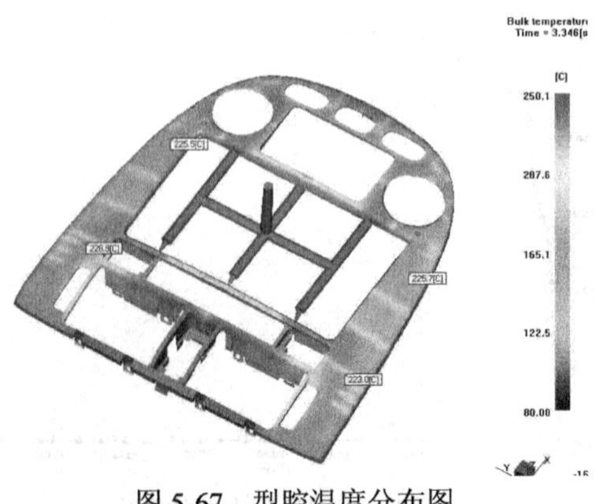

图 5-67　型腔温度分布图

（7）体积收缩率

如图 5-68 所示，保压压力为 30MPa，保压时间为 2s，由于 PS 材料收缩率较小，制品变形要求不高，为了提高效率，保压时间可取短一点。

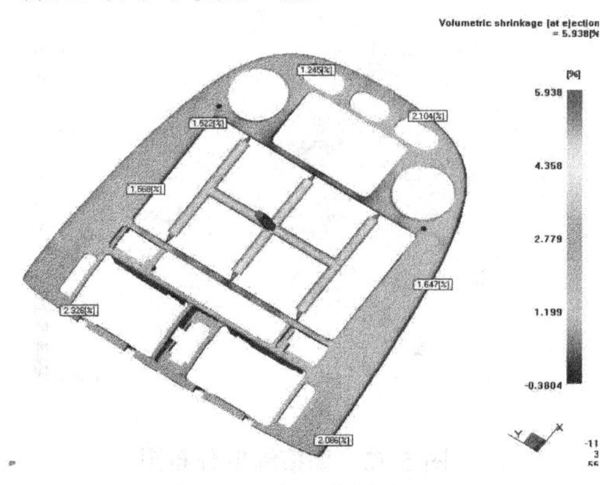

图 5-68　体积收缩率图

（8）熔接痕位置

图 5-69 所示为熔接痕分布位置。

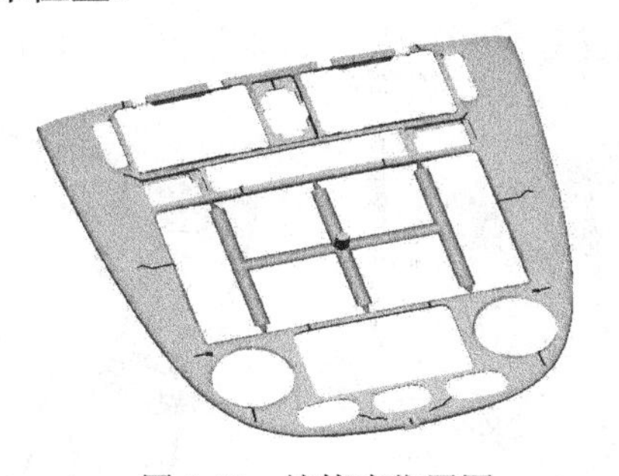

图 5-69　熔接痕位置图

（9）困气位置

图 5-70 中蓝色点表示气穴。如果气穴产生的位置有自然排气措施，将不会产生困气；如果排气不良，容易产生烧焦等现象，而且会有表面花纹。气穴分布在筋与分型面上（蓝色点），排气良好。

（10）分子取向分布（见图 5-71）

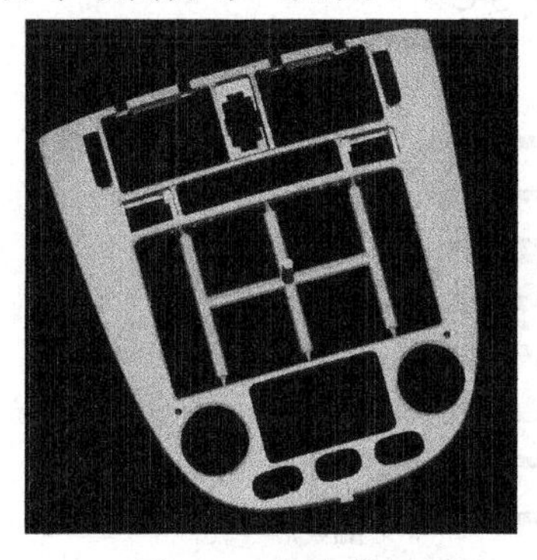

图 5-70　困气位置图

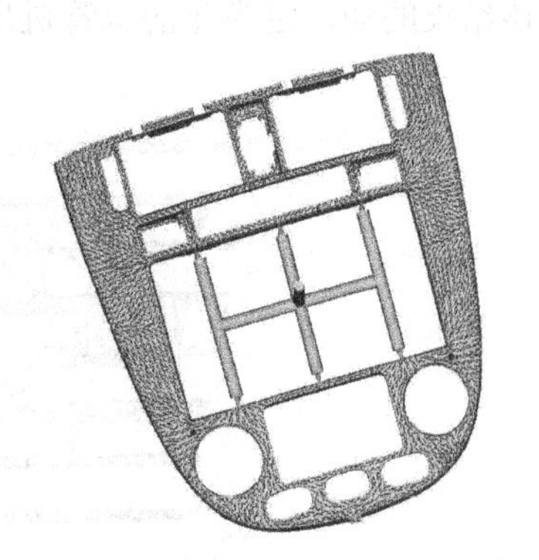

图 5-71　分子取向分布图

（11）缩痕深度分布

图 5-72 所示，缩痕深度最大为 0.02mm 左右。

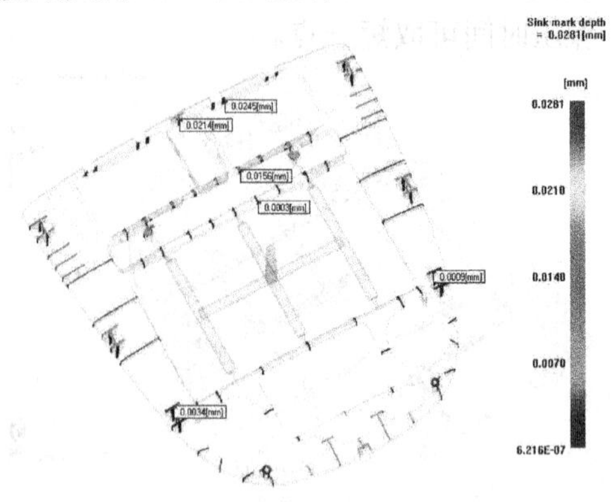

图 5-72　缩痕深度分布图

（12）制品表面温度分布

如图 5-73 所示图中红色处温度较其他部分高，为了得到更均匀的冷却，需要在上述部位加强冷却。

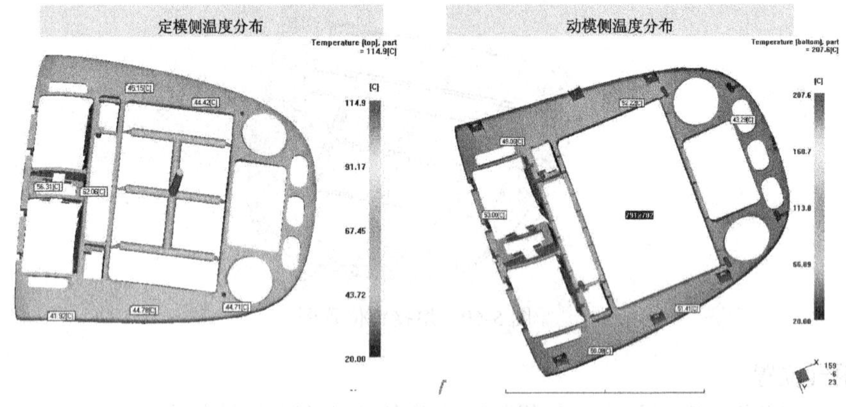

图 5-73　制品表面温度分布图

（13）冷却液温度

如图 5-74 所示，可以通过冷却液的进出口温差来判断冷却效率的高低。通常，此温差应小于 3℃，该结果的动、定模侧的水管进出口温差小于 3℃。

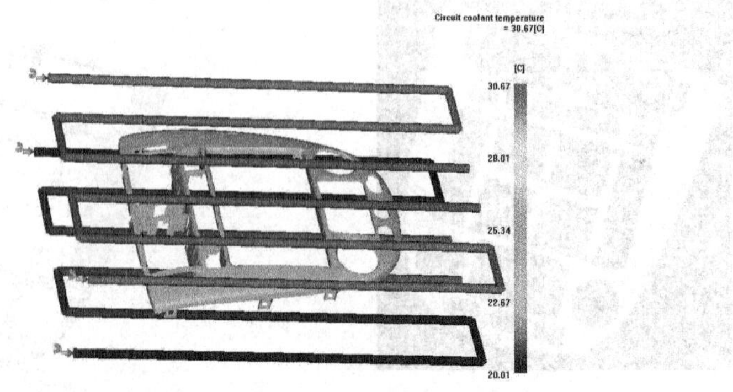

图 5-74　冷却液温度图

（14）变形情况一

如图 5-75 所示为制品相对于图中所示坐标系平面的变形总量。如果变形量均匀，只有尺寸的缩小，不会引起翘曲变形。从图中可以看出，变形放大了 5 倍，制品变形较小。

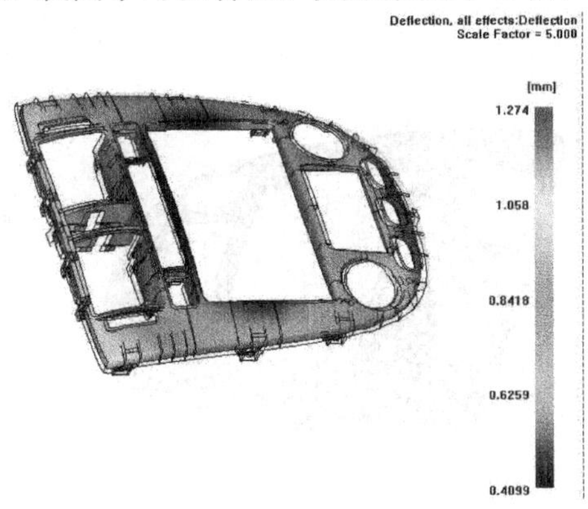

图 5-75　总体变形情况图

（15）变形情况二

图 5-76 为由于冷却原因所造成的变形。

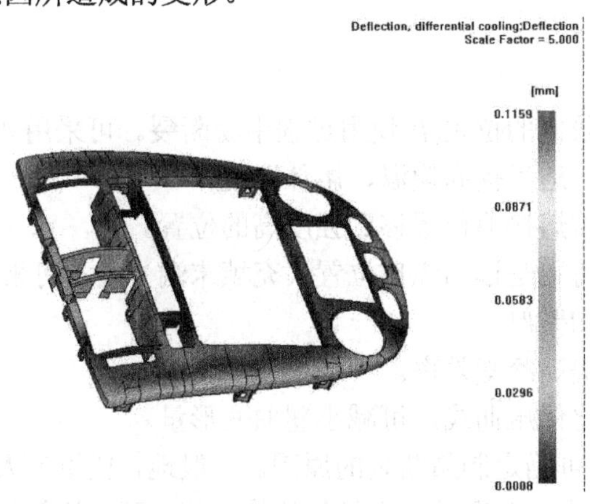

图 5-76　冷却原因变形情况图

（16）变形情况三

图 5-77 为由于收缩原因所造成的变形。

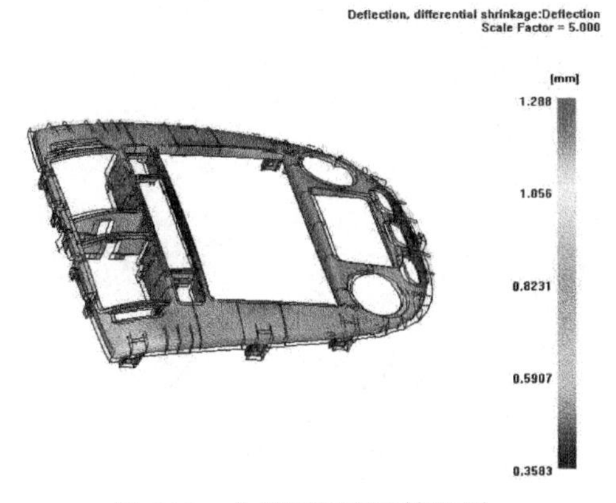

图 5-77　收缩原因变形情况图

（17）变形情况四

图 5-78 所示为由于取向原因所造成的变形。

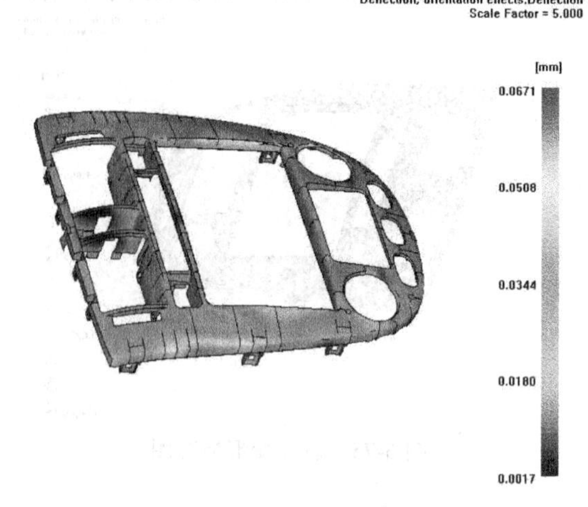

图 5-78　取向原因变形情况图

5.4.5　小结

1）熔接痕位于强度较低的位置,在使用过程中易断裂。可采用如下方法：

① 提高熔接痕质量：适当提高模温、熔体温度。

② 修改制品壁厚：将熔接痕位置移到强度高的位置。

2）制品存在缩痕，特别是远离浇口位置（充填末端）处。可采用如下方法：

① 可适当调整该处的壁厚。

② 优化冷却系统，提高冷却效率。

③ 在保压阶段，优化保压曲线，可减小翘曲变形量。

通过以上分析，我们可确定制品断裂的原因。一般地，凭设计人员的经验可以确定缺陷产生的原因和修改措施的方向，但很难确定具体的修改值，而只好凭经验修改—试模—再修改—再试模，直至合格。这就延迟了产品上市时间，增加了产品成本（模具成本+生产成本）。但利用 CAE 技术就可以在计算机上反复修改—试模，找到合理的方案后再进行加工。

第6章 DYNAFORM软件及其基本操作

6.1 DYNAFORM软件概述

DYNAFORM软件是美国ETA公司和LSTC公司联合开发的用于板料成型数值模拟的专用软件，是LS-DYNA求解器与ETA/FEMB前后处理器的完美结合，是当今流行的板料成型与模具设计的CAE工具之一。在其前处理器（Preprocessor）上可以完成产品仿真模型的生成和输入文件的准备工作。求解器（LS-DYNA）采用的是世界上最著名的通用显示动力为主，隐式为辅的有限元分析程序，能够真实模拟板料成型中各种复杂问题。后处理器（Postprocessor）通过CAD技术生成型象的图形输出，可以直观地动态显示各种分析结果。DYNAFORM软件基于有限元方法建立，被用于模拟钣金成型工艺。DYNAFORM的模块包含：冲压过程仿真（Formability）；模具设计模块（DFE）；坯料工程模块（BSE）；精确求解器模块（LS-DYNA）。几乎涵盖了冲压模模面设计的所有要素，包括：确定最佳冲压方向、坯料的设计、工艺补充面的设计、拉延筋的设计、凸凹模圆角设计、冲压速度的设置、压边力的设计、摩擦系数、切边线的求解、压力机吨位等。DYNAFORM软件可应用于不同的领域，如汽车、航空航天、家电、厨房卫生等行业。可以预测成型过程中板料的裂纹、起皱、减薄、划痕、回弹、成型刚度、表面质量，评估板料的成型性能，从而为板料成型工艺及模具设计提供帮助。DYNAFORM软件设置过程与实际生产过程一致，操作容易。其设计可以对冲压生产的全过程进行模拟：坯料在重力作用下的变形、压边圈闭合过程、拉延过程、切边回弹、回弹补偿、翻边、胀形、液压成型及弯管成型。

6.1.1 DYNAFORM主要特色

1）集成操作环境，无须数据转换，完备的前后处理功能，可实现无文本编辑操作，所有操作在同一界面下进行。

2）求解器采用业界著名、功能最强的LS-DYNA，能解决最复杂的金属成型问题。

3）工艺化的分析过程，囊括影响冲压工艺的60余个因素，以DFE为代表的多种工艺分析模块具有良好的工艺界面，易学易用。

4）固化丰富的实际工程经验。

6.1.2 DYNAFORM功能介绍

（1）基本模块

DYNAFORM提供了良好的与CAD软件的IGES、VDA、DXF，UG和CATIA等的接口，

与NASTRAN，IDEAS，Moldflow等CAE软件的专用接口，以及方便的几何模型修补功能。

IGES模型导入，可自动消除各种孔，DYNAFORM的模具网格自动划分与自动修补功能强大，可用最少的单元最大限度地逼近模具型面。初始板料网格自动生成器，可以根据模具最小圆角尺寸自动确定最佳的板料网格尺寸，并尽量采用四边形单元，以确保计算的准确性。

Quick Set-up能够帮助用户快速地完成分析模型的设置，大大提高了前处理的效率。

与冲压工艺相对应的方便、易用的流水线式的模拟参数定义功能，包括模具自动定位、自动接触描述、压边力预测、模具加载描述、边界条件定义等。用等效拉延筋代替实际的拉延筋，大大节省计算时间，并可以很方便地在有限元模型上修改拉延筋的尺寸及布置方式。

多工步成型过程模拟，网格自适应细分，可以在不显著增加计算时间的前提下提高计算精度。

显、隐式无缝转换，eta/DYNAFORM允许用户在求解不同的物理行为时在显、隐式求解器之间进行无缝转换，如在拉延过程中应用显式求解，在后续回弹分析当中切换到隐式求解。三维动态等值线和云图显示应力应变、工件厚度变化、成型过程等，在成型极限图上动态显示各单元的成型情况，如起皱、拉裂等。

（2）成型仿真（FS－Formability-Simulation）

成型仿真模块可以仿真各类冲压成型。液压涨形可以对冲压生产的全过程进行仿真，如坯料在重力作用下的变形、压边圈闭合过程、拉延过程、切边回弹、回弹补偿、翻边、胀形、液压成型、弯管成型，还可以仿真超塑性成型过程。成型仿真模块在世界各大汽车公司，电子、航空航天、模具、零配件等领域得到广泛的应用。通过成型仿真模块，可以预测成型缺陷的起皱、开裂、回弹和表面质量等，可以预测成型力、压边力、液压胀形的压力曲线和材料性能评估等。

本模块的主要功能特点如下：

1）可以允许三角形、四边形网格混合划分，可以用最少的单元最大限度地逼近模具的形状，并可方便进行网格修剪，如图6-1所示。

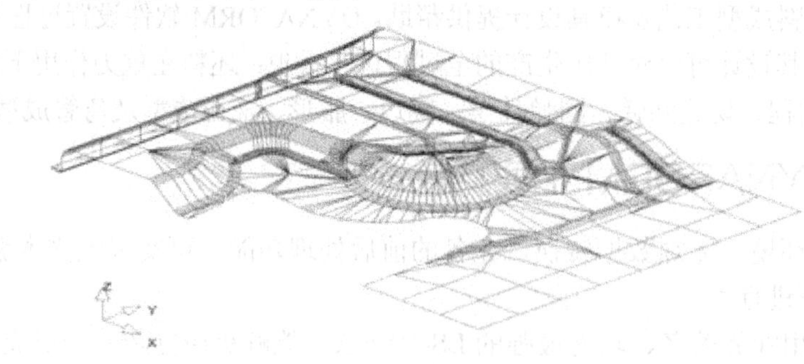

图6-1 网格划分

2）等效拉延筋的定义。通过拾取凹模（或下压边圈）上的节点（线）生成拉延筋（多种截面），可以方便分段、合并，修改拉延筋及其阻力。同时可以参数化生成多种形状的拉延筋，自动生成配合的凸凹筋。

3）建立分析模型。可以建立从自重、拉延、切边、翻边到回弹的整个过程。

4）弯管成型分析快速建模。可视化的操作界面使复杂的弯管成型工艺一目了然，建模方便、快捷。

5）准确分析起皱过程及最终起皱现象。DYNAFORM 的求解器可以准确地分析起皱和折叠的过程，并在后处理中真实再现起皱过程与最终结果，如图 6-2 所示。

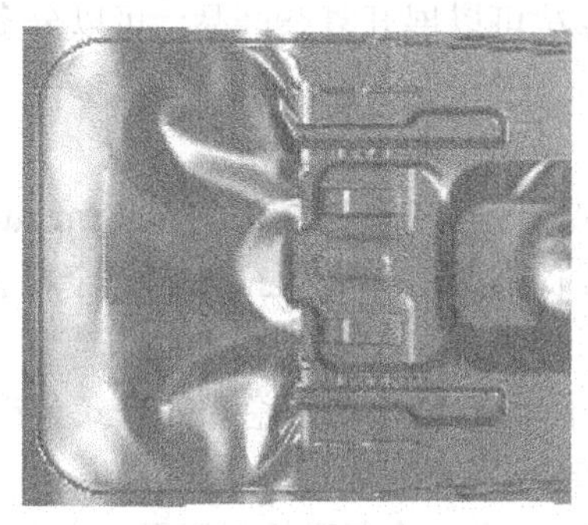

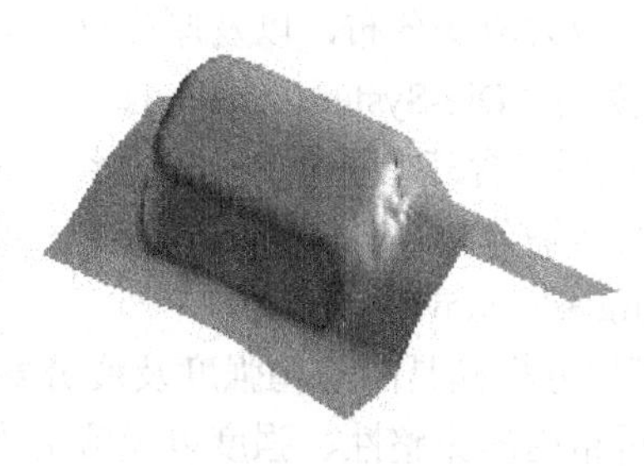

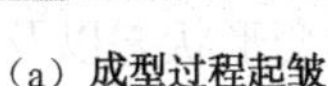

（a）成型过程起皱　　（b）成型结束材料折叠

图 6-2　起皱和折叠料

6）回弹量计算及回弹补偿。DYNAFORM 的求解器可以准确计算回弹量。

7）求解器 LS-DYNA。LS-DYNA 的求解器为业界功能最强的 LS-DYNA，是动态非线性分析的领导者，可实现无文本编辑操作，解决最复杂的金属成型问题。网格自适应划分功能可以由用户控制（重新划分等级及间隔），能够提高求解的精度，并在回弹分析之前可以对网格进行粗化处理。

LS-DYNA 允许用户在求解不同的物理行为时在显、隐式求解器之间进行无缝转换，如在拉延过程中应用显式求解，在后续回弹分析当中则切换到隐式求解。LS-DYNA 支持 140 余种金属及非金属材料的本构方程，对高强度钢成型、热成型等有专门的材料本构方程。

8）DYNAFORM 支持体积单元的求解及分析，以及超塑性成型、热成型、液压涨形和拼焊板成型。

9）后处理功能。后处理中除了提供常规的厚度、应力应变、FLD 等动画功能分析外，还提供了专业分析工具：即材料流动分析、栅格分析、表面光照、石条分析和模具磨损分析。

（3）模面工程模块（DFE－Die-Face-Engineer）

模面工程模块的主要功能是：根据产品数模设计拉延模，求解最佳冲压方向、内外孔的填充和面的修补；拉延深度与负角检查；参数化的设计压料面、工艺补充面和拉延筋设计布置；对称设计，一模两件等。为产品工程师快速提供拉延模，进行产品成型性评估，为模具工艺设计师快速提供模面，以确定冲压工艺方案。DFE 模块整个过程生成的面都是 NURBS 曲面。不仅可以将生成面以通用的 IGES 和 VDA 等通用格式输出外，还可以直接以各种主流三维 CAD 软件（UG、CATIA 等）的格式输出。

该模块的主要特色：压料面具有二位编辑功能，可以方便地参数化修改压料面到用户所需的形状；具有参数化的工艺补充生成功能，可以设计出最为复杂的工艺补充面，如汽车零件中的翼子板和侧围的工艺补充面。整个模面设计都有网格和几何曲面两套信息。所有曲面为 NURBS 曲面，可以以 IGES、VDA 以及 UG、CATIA 格式输出、输入。

（4）坯料尺寸工程模块（BSE－Blank-Size-Engineer）

坯料尺寸工程模块的主要功能是：将零件展开，精确地求解下料尺寸、排样、模具报价；快速预估零件的成型性；零件可局部展开，展开在任意曲面上，以及专业的求解修边线功能。

本模块可以减少废料，提高材料的利用率，进行模具报价，在模具工艺设计工程中，提取修边线，进行产品可行性分析。

该模块的主要特色：快速分层产品，一步算法可以展开复杂产品，可以分多步展开，获得每步的边界线、应力应变分布，以及厚度分布等。

（5）DSA 模块（Die-System-Analysis）

DSA 模块主要包含三个子模块：模具结构疲劳强度分析（DSI—Die-Structure-Itegrity）；冲压线产品移动及运输分析（SMTH—Sheet-Metal-Transferring-&Handling）；废料去向分析（SHR—Scrap Shedding &Removal）。

1）DSI 模块分析模具的结构强度及疲劳寿命，通过显式和隐式的方式分析结构上的载荷及载荷次数分析结构的完整性、强度以及疲劳寿命。

2）SMTH 模块主要分析板料或者产品在运动过程中的变形状态以及这些状态对产品本身、运输系统造成的影响。

3）SHR 模块分析冲压系统中切边或者冲孔后的废料去向。在自动冲压线中，导致冲压线停止大多数来自于废料去向不正确，导致冲压不能顺利进行。在切边模具结构设计阶段，引入仿真方法，可以预测设计是否不合理。通过 SHR 模块，用户可以在模具结构中方便地分出废料、切边模具、流道和切边产品。在本模块用户界面下，切边操作及废料分析建模方便、快捷。

（6）材料库介绍

DYNAFORM 软件中材料库有美国、日本、欧洲和我国常用金属板材共 350 余种，模拟分析时，可以直接调用。用户也可以在库中添加材料，建立自己的材料库。

DYNAFORM 的材料库提供了丰富的编辑、修改功能，如可以直接导入应力/应变曲线，直接编辑曲线、各种不同的应力/应变公式等。

DYNAFORM 软件可以对复合材料进行分析，如不等厚拼焊板成型分析，不同材料重叠冲压成型分析等。

（7）数据接口

DYNAFORM 软件能够直接导入绝大部分主流 CAD、CAE 数据格式，如 IGES、STL、UG、CATIA、Pro/E、AutoCAD、DAT 等。

同时也能将在 DYNAFORM 中产生的 CAD 数据导出成 IGS、UG、CATIA、DAT 等格式，供其他 CAD、CAE 软件读取。

6.2 DYNAFORM 界面介绍

6.2.1 菜单栏（MENU BAR）

如图 6-3 所示为 DYNAFORM 菜单栏。用鼠标单击菜单可以实现大部分 DYNAFORM 的功能，下面简要介绍 DYNAFORM 的功能。

File Parts Preprocess DFE BSE QuickSetup Tools Option Utilities View Analysis PostProcess Help

图 6-3 DYNAFORM 菜单栏

（1）File（文件管理）

导入/导出模型数据，打开/保存/创建数据库文件。

（2）Parts（零件层的控制）

组织和管理零件层。

（3）Preprocess（前处理）

前处理功能包括线/点、曲面、单元、借点、网格模型的检查和修复功能以及边界条件的设置等。

（4）DFE（模面设计）

提供建立压料面和工艺补充面等设计功能。

（5）BSE（坯料预估）

用于坯料大小预估，基于逆算法（一步法）的坯料展开功能。

（6）QuickSetup（快速设置）

快速设置菜单提供流水线式的简单方法来设置标准的冲压仿真参数。

（7）Tools（工具定义）

创建、定义和修改成型工具。

（8）Option（选项菜单）

包含各种选项来控制网格和文件窗口类型。

（9）Utilities（辅助工具）

为识别实体提供的辅助功能。

（10）View（视图选项）

显示选项及视图操作。

（11）Analysis（分析）

定义控制参数，输出 DYNAFORM 格式的卡片数据文件，从 DYNAFORM 界面提交分析工作。

（12）PostProcess（后处理）

分析计算结果。

（13）Help（帮助）

提供 DYNAFORM 支持及在线帮助。

6.2.2 图标栏（ICON BAR）

如图 6-4 所示为 DYNAFORM 的图标工具栏，此工具栏可使用户在 DYNAFORM 中更方便地使用一些常用的功能。用户只要单击图标就能激活这些功能，而无须在菜单中查找。

图 6-4 DYNAFORM 图标栏

（1）NEW（新建）

允许用户创建一个新的数据库文件。

（2）OPEN（打开）

允许用户打开一个已有的数据库文件。

（3）IMPORT（导入）

允许用户导入文件，如IGES，VDA等到当前的数据库。

（4）SAVE（保存）

更新、保存当前数据库。

（5）PRINT（打印）

生成一个显示区域的“postscript”文件，然后把该文件发送到打印机上（默认）或文件中。打印之前，必须初始化“postscript”驱动程序，使之适应DYNAFORM软件。

（6）PART ON/OFF（打开/关闭零件层）

打开或关闭零件层。单击该项，显示PART TURN ON/OFF 对话框。

（7）DELETE ALL UNREFERENCED NODES（删除所有的自由节点）

删除所有的自由节点，这些节点没有与之相关的网格单元。

（8）VIRTUAL X ROTATION（绕*X*轴旋转）

允许用户动态地旋转模型，随着光标的上下移动，模型绕全局*X*轴旋转。

（9）VIRTUAL Y ROTATION（绕*Y*轴旋转）

允许用户动态地旋转模型，随着光标的上下移动，模型绕全局*Y*轴旋转。

（10）VIRTUAL Z ROTATION（绕*Z*轴旋转）

允许用户动态地旋转模型，随着光标的上下移动，模型绕全局*Z*轴旋转。

（11）SCREEN X ROTATION（绕屏幕*X*轴旋转）

允许用户动态地旋转模型，随着光标的上下移动，模型绕屏幕*X*轴旋转。

（12）SCREEN Y ROTATION（绕屏幕*Y*轴旋转）

允许用户动态地旋转模型，随着光标的上下移动，模型绕屏幕*Y*轴旋转。

（13）ACTIVE WINDOW（窗口局部显示）

为了更详细地观察或编辑，此命令允许用户分离出一部分几何实体/模型。用户通过拖动窗口在需要分离的部位定义分离区域，DYNAFORM显示并激活在这个窗口内的单元、直线和曲面。其他物体不显示并处于非激活状态。

（14）SCREEN Z ROTATION（绕屏幕*Z*轴旋转）

允许用户动态地旋转模型，随着光标的上下移动，模型绕屏幕*Z*轴旋转。

（15）FREE ROTATION（自由旋转）

此功能是SX与SY的结合。上下移动鼠标即操作SX命令，左右移动鼠标即操作SY命令，沿着对角线移动鼠标即是这两种命令的结合。单击鼠标左键旋转停止，同时按住Ctrl键和鼠标左键此功能又会被激活。

（16）PAN（平移）

此命令能够通过用户移动光标来移动模型。如果光标移除屏幕，光标会重现在屏幕中间。单击鼠标左键命令停止，同时按住Ctrl键与鼠标中键会激活此功能。

（17）CURSOR ZOOM（指针缩放）

用户首先选一个缩放点，以此为中心的模型随着光标上下移动而放大或缩小。按住Ctrl键与鼠标右键会激活此功能。

（18）WINDOE ZOOM（窗口缩放）

用户首先在屏幕上通过鼠标选取窗口的一个角点，然后按住鼠标左键沿对角线拖动光标到想要的窗口。释放左键，窗口显示的部位将会全屏显示出来。

(19) FREE HAND ZOOM（自由缩放）

在显示区域内单击并一直按住鼠标左键，在此区域内画一个自由区域定义缩放窗口的区域。释放左键所包含的区域将会全屏显示。

(20) FILL（全屏显示）

改变模型比例包含所有属于打开的零件层的实体，全屏显示自动缩放使之适合屏幕可视范围。

(21) TOP VIEW（俯视图）

从 TOP（上方）或 *XY* 平面显示出模型。

(22) LEFT VIEW

在 *XZ* 平面中自动显示模型。

(23) RIGHT VIEW

在右面或 *YZ* 平面中显示模型。

(24) ISOMETRIC VIEW（等轴视图）

从等轴平面显示出模型。

(25) CLEAR（清除屏幕）

清除屏幕上高亮的实体，如由 SHOW LINE、BOUNDARYCHECK、ID ELEMENTS、DEFINE TITLE 等命令生成实体。

(26) REDRAW（重绘）

允许用户刷新屏幕区域。目前 DYNAFORM 通常在每个命令之后刷新屏幕。有时一些特殊命令要求图形在更新的同时还有一些附加的操作（例如：当前用户在操作动态缩放时，同时显示出单元的法向量，激活重画命令，将调整表示单元法向量的箭头大小）。

(27) UNDO（取消）

取消最近的操作。如果无内容取消，图标为灰色。

(28) REDO（重做）

重做最近的操作。如果无内容可重新操作，图标为灰色。

6.2.3 窗口显示（DISPLAY WINDOW）

如图 6-5 所示为 DYNAFORM 的用户界面。DYNAFORM 将显示屏幕划分为 6 个不同的区域，这些区域用来为用户接受输入或者显示用户提示信息。

(1) 模型显示区（DISPLAY AREA）：

显示模型和图表。

(2) 菜单栏（MENU BAR）：

显示命令和命令选项。

(3) 图标工具栏（ICON BAR）：

用户可以方便地使用 DYNAFORM 的常用功能。

(4) 对话框（DIALOG WINDOW）：

用户一旦选择了菜单栏里的命令，相应的对话框就会显示出来，对话框里有各种相应功能。

(5) 显示选项（DISPLAY OPTIONS）：

在 DYNAFORM 运行时，这组命令就会被显示出来，而且在任何时候都可以使用。

（6）消息提示区（PROMPT AREA）：

DYNAFORM 显示注解和信息给用户。

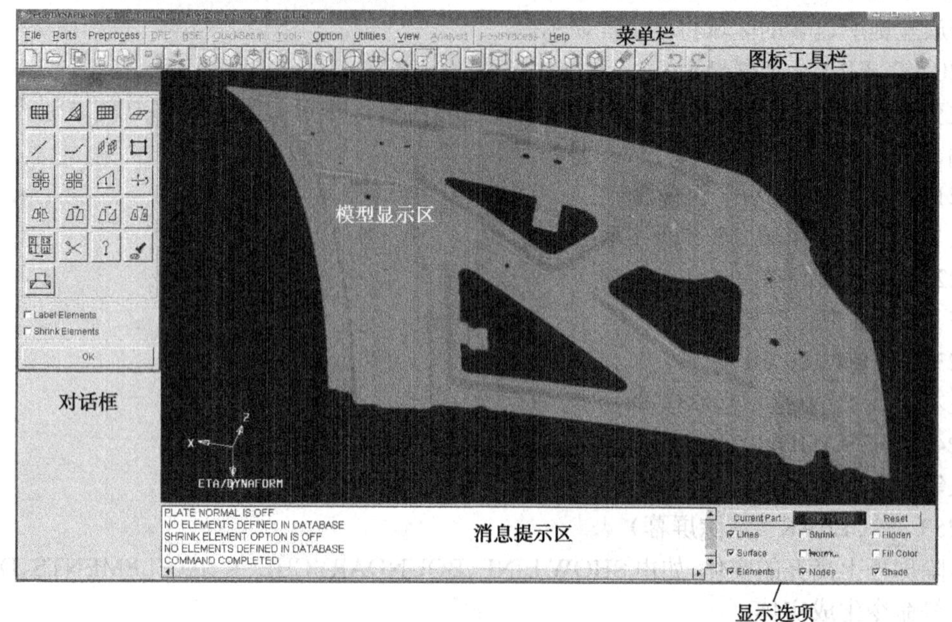

图 6-5　DYNAFORM 用户界面

6.2.4　显示选项（DISPLAY OPTIONS）

显示选项（DISPLAY OPTIONS）窗口位于屏幕位于屏幕右下角，如图 6-6 所示，显示当前零件层，并包含下列一些常用功能。

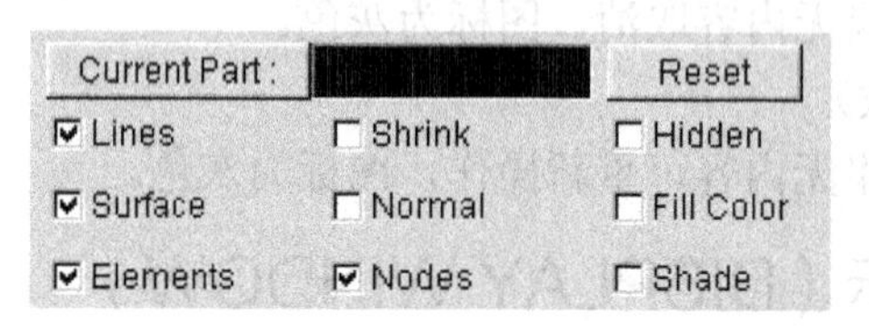

图 6-6　DYNAFORM 显示选项

（1）重新设置（Reset）

恢复所有的选项至默认值。

（2）线（Lines）

开/关线显示。

（3）曲面（Surface）

开/关曲面显示。

（4）单元（Elements）

开/关单元显示。

（5）收缩（Shrink）

创建一单元图可减少 20%尺寸。收缩单元在壳中或实体结构中对于查找任何小的单元也同样有效。

（6）法线（Normal）

此功能可使用箭头来显示单元法线方向，此箭头位于单元的中心并且垂直于单元曲面。对于一实体单元，箭头点对着单元曲面的底部。

（7）节点（Nodes）

开/关节点显示。

（8）隐藏（Hidden）

此功能提高了模具的三维模拟的完整性。当使用 SHADING 和 HIDDEN SUFFACE 命令时，用户可按下隐藏线 ON/OFF。此结果创建不透明的单元，可以防止背景中的物体显示通过前景中的物体。

（9）填充色（Fill Color）

填色功能满足了指定色显示单元。当单独使用时，此功能不能够显示模具的深度透视图，零件层可显示弯曲或相互穿透。但是，当结合 HIDE PLOT 选项（讲解于下面部分）使用时，填色命令显示了零件层精确的三维透视图。

（10）渲染（Shade）

显示的网络单元就好像是被灯光照射似的。没有直接暴露在灯光下的单元恰当地被阴影化，用以模拟实际的阴影效果。

6.2.5 鼠标功能（MOUSE FUNCTIONS）

DYNAFORM 的大多数功能通过鼠标左键来实现。在选择某一功能时，用户可通过鼠标指向某一命令，然后单击鼠标左键来选择此功能。有时也利用鼠标中键去实现一些功能，例如，创建线、选择节点和单元等。鼠标右键可用于取消一些功能。鼠标上的 3 个键可分别与 Ctrl 键组合来进行旋转、平移和缩放。

6.2.6 规格（SPECIFICATIONS）

DYNAFORM 标准版是以 PC 和 Linux/UNIX 为基础的工作站，每一数据库都有如下限定：

150000：线；

900000：点；

8000：曲面；

600000：边缘点（曲面）；

600000：边界线（曲面）；

500000：单元；

500.000：节点；

1000：属性；

1000：材料；

1000：零件层；

1000：局部坐标系；

8：零件层，材料，属性名的长度。

6.2.7 几何数据（GEOMETRY DATA）

DYNAFORM可以直接读取IGES、VDA以及DYNAFORM/FEMB的几何数据（线和面）。它同样可以在本地数据库中直接读取CATIA以及UG零件。

6.2.8 推荐命名规范（RECOMMENDED NAMING CONVENTION）

在DYNAFORM中命名规范包括在文件名后添加扩展名以标识文件类型，适合的文件名列在文件对话框的选择区域。DYNAFORM使用文件的扩展名如下：

1）DYNAFORM数据库文件名：filename.df。

2）DYNAFORM几何数据文件名：filename.lin。

3）IGES几何数据文件名：filename.igs，or filename.iges。

4）VDA曲面数据文件名：filename.vda，or filename.vdas。

5）AutoCAD数据交换文件名：filename.dxf。

6）STL文件名：filename.stl。

7）ACIS文件名：filename.sat。

8）CATIA4数据库文件名：filename.model。

9）CATIA5数据库文件名：filename.CATIAart。

10）STEP文件名：filename.stp。

11）UG数据库文件名：filename.prt。

12）NASTRAN导入格式文件名：filename.nas or filename.dat。

13）LS-DYNA导入格式文件名：filename.dyn。

14）LS-DYNA模拟文件名：filename.mod。

15）LS-DYNA导入格式文件名：filename.k。

16）LS-DYNA导入格式文件名：dynain。

17）ABAQUES导入格式文件名：filename.inp。

6.2.9 对话框（DIALOG BOXES）

在整个程序中，DYNAFORM综合运用不同的对话框来实现各种功能。对话框底部有执行、取消、重置或者关闭对话框的按钮。按钮功能如下所示。

（1）退出（ABORT）

中断当前操作，退出对话框。

（2）应用（APPLY）

执行当前操作，不退出对话框。

（3）返回（BACK）

返回到前一对话框。

（4）取消（CANCEL）

取消当前操作。

（5）关闭（CLOSE）

关闭当前对话框。

（6）完成（DONE）

结束对话框当前步骤，继续下一步骤。

（7）退出（EXIT）

退出当前对话框。

（8）确定（OK）

接受对话框数据，继续下一步骤。

（9）撤销（UNDO）

取消上一步所做的操作。

（10）拒绝（REJECT）

取消前一个选择。

6.2.10 属性表（PROPERTY TABLES）

DYNAFORM 允许用户在表格里输入材质、单元、拉深筋等各种属性。表格里的数据项可以用不同的方式编辑。用户单击鼠标能够在数据域里的特定点插入数据；单击并拖动光标可高亮被选择的部分；双击可高亮显示该项数据，用键盘输入新的有效值。表格保存改变的值直到下次重新设置。大部分参数被系统分为两类：标准参数与高级参数。屏幕上只显示标准参数（见图 6-7）。表格底部的确定（OK）、高级（Advanced）、默认（Default）、重置（Reset）和取消（Cancle）按钮允许用户接受或者拒绝某数据。单击 Advanced 按钮，显示材料、属性、接触、自适应网格等控制参数。

DRAW BEAD PROPERTIES

SECTION TITLE	drwb_pro
STATIC FRICTION COEF.	1.000000E-001
DYNAMIC FRICTION COEF.	0.000000E+000
BENDING LOAD CURVE ID	0
DRAW BEAD DEPTH	1.000000E+000
BENDING CURVE SCALE	1.000000E+000
VISCOUS DAMPING COEF.	2.000000E+001
SLAVE PENALTY SCALE	1.000000E+000
MASTER PENALTY SCALE	1.000000E+000
PRINT SLAVE FORCES	0
PRINT MASTER FORCES	0
NORMAL LOAD CURVE ID	0
DRAW BEAD BIRTH TIME	0.000000E+000
DRAW BEAD DEATH TIME	1.000000E+020
INTEGRATION POINTS	150

OK　Regular　Default　Reset　Cancel

图 6-7　属性表

（1）确定（OK）

同意接受当前显示值并退出属性表。

（2）高级（Advanced）

高级参数一旦被激活，高级（Advanced）按钮就变成标准（Regular）。

（3）默认（Default）

将所有数据项恢复设置为默认值。

（4）重置（Reset）

将新的设置恢复到前一状态。

（5）取消（Cancel）

退出，不改变任何输入。

6.3 DYNAFORM 软件的基本功能

6.3.1 文件管理（File）

文件管理菜单中的选项可用来打开、保存、导入、导出和打印当前文件，如图 6-8 所示。

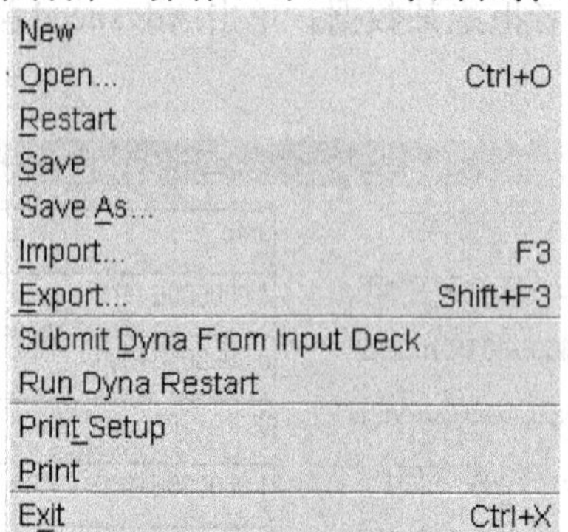

图 6-8　文件管理菜单

（1）创建新文件（New）

本功能允许用户创建新的数据库文件。

（2）打开文件（Open）

本功能用于打开数据库文件。

（3）重新开始（Restart）

本功能允许将当前数据库文件更新到该文件最近的保存点。DYNAFORM 将会提示用户保存当前的数据库文件。

（4）保存（Save）

更新、保存当前的数据库文件。

（5）另存为（Save As）

将当前数据库另存为一个新的数据库文件。

（6）导入文件（Import）

导入 CAD 数据或者模型数据。

（7）导出文件（Export）

将 DYNAFORM 当前数据以其他文件格式输出，该选项和导入文件类似。以卡片组的形式提交到 DYNA，此功能提交输入文件至 LS-DYNA（求解器）并且自动设置 LS-DYNA。

（8）运行 LS-DYNA 重启（Run Dyna Restart）

此功能提交 DYNA 重启文件至 LS-DYNA 并且自动开始执行 LS-DYNA。

（9）打印设置（Print Setup）

本功能允许用户为打印定义默认设置参数。

（10）打印（Print）

此功能建立一个显示区域的“postscript”文件，并将此文件发送到打印机（默认）或者发送到一个文件。在打印之前，“postscript”驱动必须被初始化。

（11）退出（Exit）

此功能允许用户退出程序，DYNAFORM 将提示保存当前数据库。

6.3.2 零件层控制（Parts）

在 DYNAFORM 数据文件中，零件层是一系列线、面以及网格单元的组合体。每个零件层都有一个唯一的零件层标识号（PID）。零件层的名称由不多于 8 个字符的字符串组成。目前，用户最多可以在一个数据库文件中创建 1000 个不同的零件层，零件层菜单的功能选项如图 6-9 所示，用户可以通过其所提供的功能对线、面以及网格单元进行操作。

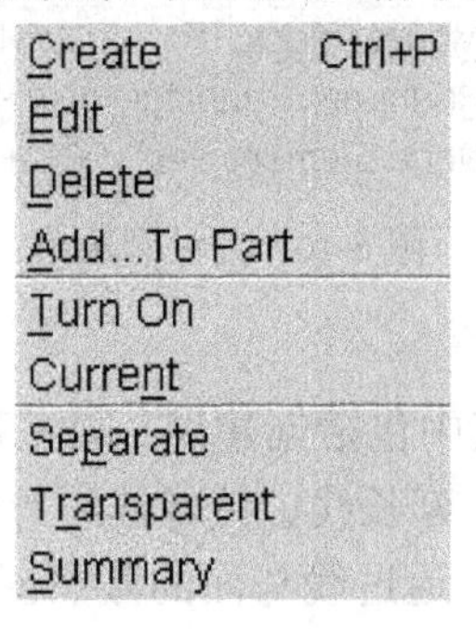

图 6-9 零件层菜单

（1）创建零件层（Create）

此功能使得用户可以创建一个新的零件层。

（2）编辑零件层（Edit）

此功能使得用户可以修改或者删除一个零件层，包括改变零件层的颜色、名称以及标号。

（3）添加数据到零件层（Add…To Part）

此功能允许用户将线、单元或曲面从一个零件层移到另一个零件层中。

（4）打开零件层（Turn On）

本功能使得用户可以打开或者关闭零件层，如果 Turn On（打开）菜单项被选中系统将弹出零件层 Turn On/Off（开关零件）对话框。

（5）设置当前零件层（Current）

本功能使得用户可以改变当前零件层。所有新创建的线、曲面以及网格单元被自动添加到当前零件层中。当前零件层的名称显示在屏幕的右下角（在DISPLAY OPTIONS窗口中，也可以通过单击该区域来改变当前零件层）。

（6）分离零件层（Separate）

分离零件层功能可以快速将有共同节点的零件层分离。一旦这些零件层被分离，每一个共同的节点将会变成几个节点，每一个零件层都分别有一个节点，且这些节点位于同一位置上。

（7）透明处理（Transparent）

透明处理功能可以使得被选择的零件层在渲染时透明，也可以调整透明程度，透明程度对所有的零件层的透明程度影响是相同的。

（8）统计小结（Summary）

该功能可以对选择两件层的几何信息、材料信息、单元属性等进行统计。

6.3.3 前处理（PREPROCESS）

用户可以利用前处理菜单来构造或修改一个模型，或者产生带有单元的模型，也可以检查或添加边界条件，前处理菜单如图6-10所示。

Line/Point	Ctrl+L
Surface	Ctrl+S
Element	Ctrl+E
Node	Ctrl+N
Mesh Repair	Ctrl+R
Model Check	Ctrl+M
Boundary Condition	Ctrl+U
Node/Element Set	Ctrl+V

图6-10 前处理菜单

（1）点、线（Line/Point）

本功能用来处理点、线数据，其中包括创建线、圆弧和样条曲线、删除线、复制或移动线、修改线、添加点、连接线、分割线、延长线、镜像线、等距线、比例缩放线、显示线、颠倒线方向、重新分布线上的点、投影线、通过线与面的截点创建线、网格边界和桥接线等功能。

（2）曲面（Surface）

本功能用来处理曲面数据，其中包括通过两条线创建曲面、通过3条线创建曲面、通过4条线创建曲面、旋转曲线、扫描曲面、显示曲面、删除曲面、移动曲面、复制曲面镜像曲面、比例缩放曲面、创建边界线、创建截面线、重新设置曲面U-V线、曲面法向反向、曲面相交、分割曲面、修剪曲面、删除曲面上的孔、创建蒙皮曲面、删除曲面剪裁信息、检验重复曲面、中间曲面生产和组合曲面等功能。

（3）单元（Element）

本功能用来处理单元数据，其中包括两线网格划分、三线网格划分、四线网格划分、曲面网格划分、用线来划分梁单元、两线点网格、拉伸网格、创建单元、粗化单元、分割单元、投影单元、单元法向方向、镜像单元、复制单元、改变单元的编号、单元重新编号、删除单元、识别单元、查找单元和网格修复等功能。

（4）节点（Node）

本功能用来处理节点数据，其中包括创建节点、在两个节点/点间添加节点、复制节点、删除自由节点、移动节点、比例缩放节点坐标、投影节点、检查重合节点、检查节点和零件层的关系、压缩节点、改变节点编号、重新编号所有节点、节点/点间的距离和查找节点等功能。

（5）网格修补（Mesh Repair）

本功能可以用来进行网格修补，它集合了 Node（节点）、Element（单元）和 Modelcheck（模型检查）菜单中的大多数常用的方法来高效地进行网格修补。

（6）模型检查（Model Check）

本功能用来进行模型检查，其中包括自动翻转法线、边界线显示、检查长宽比、检查内角、检查单元重叠、法向检查、检查单元尺寸、检查锥度、检查翘曲变形、特征线、锁模、时间步长和截面线等功能。

（7）边界条件（Boundary Conditions）

本功能用来处理边界条件，其中包括加载操作、单点约束选项、初始速度和刚性制动器等功能。

（8）节点、单元集合（Node/Element Set）

本功能用来处理节点和单元集合。节点和单元集合可以方便地组织输出数据。

6.3.4 模面设计（DFE）

模面设计（DIE FACE ENGINEERING）模块提供了在模具设计的早期阶段生成（工艺补充面和压料面）的工具，其功能菜单如图 6-11 所示。

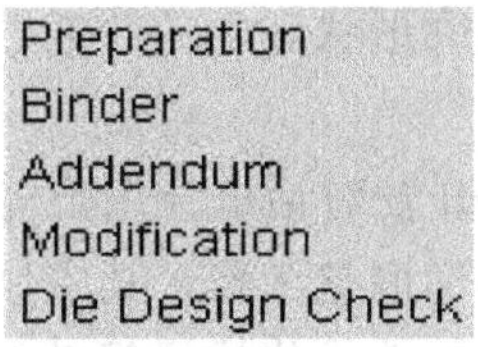

Preparation
Binder
Addendum
Modification
Die Design Check

图 6-11 模面设计菜单

（1）准备（Preparation）

本功能主要用来进行一些与零件准备相关的操作，以便开始模面设计工序，其中包括展开法兰、对称、工具网格划分、内部填充、网格检查和网格修补、冲压方向调整和外部光顺等功能。

（2）压料面设计（Binder）

本功能用来生成各种类型的压料面。其中包括两线压料面、平压料面、锥形压料面、边界线压料面、法兰压料面和自定义压料面等功能。

（3）工艺补充面设计（Addendum）

本功能提供了在成型面上创建过渡曲面和网格的工具。其中包括主截面设计、创建工艺补充面和创建开模线等功能。

（4）修改（Modification）

本功能通过修改线、曲面和单元来完善模面设计。其中包括线变形、曲面变形、单元变形、拉深筋、裁剪拉深筋、激光切割和压料面裁剪等功能。

（5）凹模设计检查（Die Design Check）

此功能允许用户根据裁剪方向、冲压深度来直观地检查凹模。

6.3.5 毛坯尺寸估算（BSE）

毛坯尺寸估算（BLANK SIZE ENGINEERING，BSE）模块是DYNAFORM新增加的一个子模块，其中包括了快速求解模块，用户可以在很短的时间内完成催产品可成型性分析，大大缩短计算时间。此外，BSE 还可以用来精确预测毛坯的尺寸和帮助改善毛坯外形。如图 6-12 所示，BSE菜单包括准备（Preparation）、快速求解（MSTEP）和毛坯开发（Development）子菜单。

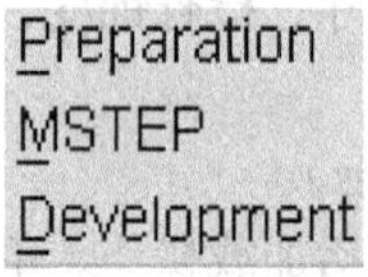

Preparation
MSTEP
Development

图 6-12 毛坯尺寸估算菜单

（1）准备（Preparation）

准备功能包括文件导入、检查重复面、翻边、毛坯网格划分、模型检查、调整冲压方向和坯料轮廓尺寸估算等功能。

（2）一步求解器（MSTEP）

一步求解器（MSTEP）是DYNAFORM新增加的基于有限元逆算法的快速求解器。它可以用来在精确模拟零件成型过程之前，对零件成型进行快速的计算，得到零件的可成型性分析结果，同时还可以得到毛坯的最初轮廓形状。

（3）毛坯开发（Development）

得到估算后的毛坯轮廓后，毛坯开发对话框让用户能够为后续的毛坯排样、成本估计和成型模拟等应用进行必要的毛坯轮廓外形调整工作，其中包括毛坯网格生成、外部光顺、矩形拟合、输出板坯轮廓估算报告和输出、零件优化排样等功能。

6.3.6 快速设置（QS）

在快速设置菜单中提供了一个图形化的用户界面来帮助用户快速设置成型模拟参数，如图 6-13 所示，快速设置菜单包含标准的成型操作。

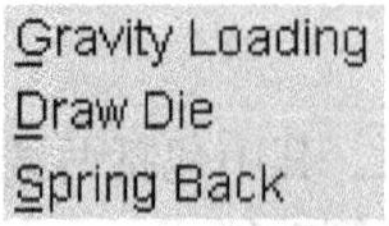

Gravity Loading
Draw Die
Spring Back

图 6-13 快速设置菜单

DYNAFORM的快速设置图形界面是一种流线型、用户友好的、完全自动的设置界面。在冲压模拟过程中，快速设置接口提供了等距偏移接触算法，这种算法能够消除几何模型在网络等距过程中将发生的潜在错误。与模型等距功能得到的模型结果相比，“快速设置”在没有明显减少精度的情况下，为用户提供了一个更加快速的冲压模拟结果。

快速设置（QS）菜单支持的标准成型工序如下。

（1）重力加载（Gravity Loading）

其中包括：工具定义图形界面、毛坯参数、快速设置/重力加载工序等功能。

（2）拉深（Draw Die）

1）无压边成型；

2）倒装式拉深（单动）；

3）正装式拉深（双动）；

4）四工具拉深（双动拉深）。

快速设置中的拉深图形用户界面将引导用户一步一步地对拉深模拟进行设置。其中包括工具定义界面、工具控制、快速设置拉深程序等功能。

（3）回弹（Springback）

6.3.7 工具定义

工具菜单如图 6-14 所示，用户可以对工具、材料和属性、加载曲线、接触面、拉深筋等进行定义，查看所定义工具的运动以及修改变形的毛坯形状等操作。

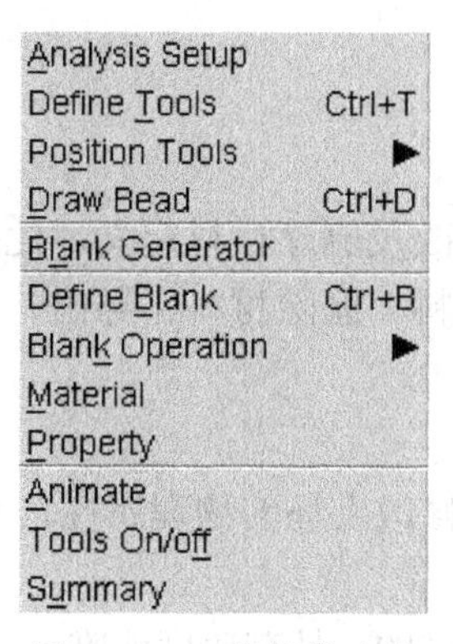

图 6-14 工具菜单功能

工具菜单的功能如下。

（1）分析设置（Analysis Setup）

此功能让用户能够为 LS-DYNA 分析设置参数。

（2）定义工具（Define Tools）

在 DYNAFORM 中，有 3 个标准的工具：凹模、凸模和压料面。用户同时也可以为任何模拟创建足够多的所需要的工具。其中包括工具设置、添加、删除和显示、定义接触、定义加载曲线、生成配合工具等功能。

（3）定位工具（Position Tools）

定位工具菜单包含一个子菜单，子菜单提供了以下操作：

1）自动定位。

2）移动工具。

3）测量最小距离。

（4）拉深筋（Draw Bead）

拉深筋菜单中的功能用来创建、修改和指定拉深筋。其中包括：拉深筋显示、设置拉深筋颜色、新建和删除拉深筋、锁定拉深筋到零件层、编辑拉深筋属性和设置拉深筋阻力等功能。

（5）毛坯生成器（Blank Generator）

此功能主要用来对平整毛坯进行网格划分。

（6）定义毛坯（Define Blank）

此功能允许用户定义冲压模拟的毛坯材料和属性。

（7）毛坯操作（Blank Operation）

此菜单包含 8 个不同的子菜单，包括操作毛坯的几何形状、查看板坯结果、映射板坯结果等。子菜单如下：

1）毛坯自动定位（Blank auto Position）；

2）毛坯映射（Blank Mapping）；

3）结果映射（Result Mapping）；

4）Dynain 文件等值线云图（Dynain ContouR）；

5）裁剪（Trim）；

6）冲压方向调整（Tip）；

7）焊接缝（Tailor Welded）；

8）切缝（Lancing）。

（8）材料（Meterial）

材料对话框允许用户创建、修改及删除材料定义。此外，用户还可以输入/输出任何定义的材料。其中包括：新建、修改材料、删除材料、导出、导入材料库、应变/应力曲线、成型极限曲线等功能。

（9）属性（Property）

属性菜单中的功能用来定义和修改毛坯的物理属性。其中包括：新建、修改和删除功能。

（10）动画（Animate）

动画功能用来演示所有被定义过的、具有速度或唯一加载运动曲线的工具的运动情况。但是用户不能观看到具有力曲线的工具运动。

（11）工具开关（Tools On/Off）

此功能允许用户打开或关闭单个或所有的工具。

（12）摘要（Summary）

此功能让用户能够从“选择工具”对话框了解每个工具的统计信息。

6.3.8 选项菜单

选项菜单包含各种前处理辅助功能，如图 6-15 所示。

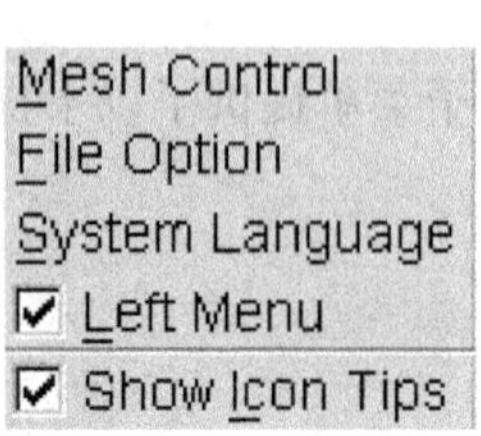

Mesh Control
File Option
System Language
☑ Left Menu
☑ Show Icon Tips

图 6-15 选项菜单

选项菜单的功能包括：

（1）网格控制（Mesh Control）

此功能让用户能够控制网格参数，其中包括控制点、边界偏置网格、角偏置网格、平板单元类型和线网格方法等功能。

（2）文件选项（File Option）

此功能让用户设定“文件对话框风格”（Windows 或 UNIX）和“自动备份”文件保存功能（备份文件名称和备份间隔时间）。

（3）系统语言（System Language）

此功能允许用户改变屏幕显示的菜单、提示信息和图标提示的语言。

（4）显示图标提示（Show Icon Tips）

显示图标提示勾选后，将显示对话框中每个图标的显示信息，帮助用户理解其功能。

6.3.9 辅助工具

辅助工具菜单中的功能构成了 DYNAFORM 的工具箱，其中许多功能在其他菜单也能找到，但是辅助工具菜单为用户提供了进入这些功能的方便途径，如图 6-16 所示。

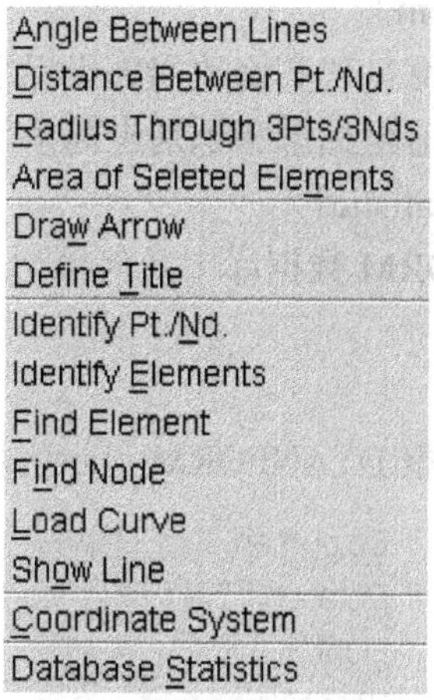

Angle Between Lines
Distance Between Pt./Nd.
Radius Through 3Pts/3Nds
Area of Seleted Elements
Draw Arrow
Define Title
Identify Pt./Nd.
Identify Elements
Find Element
Find Node
Load Curve
Show Line
Coordinate System
Database Statistics

图 6-16 辅助工具菜单

辅助工具菜单的功能如下：

（1）线间夹角（Angle Between Lines）

此功能能够让用户测量两个所选矢量之间的夹角。

（2）点/节点间距离（Distance Between Points/Nodes）

此功能允许用户测量两点或两节点，或一个节点和一个点之间的距离。

（3）经过三点/三节点的半径（Radius Through 3Pts/3Nds）

此功能用来测量经过 3 个点或 3 个节点圆的半径。

（4）所选单元的面积（Area Of Selected Elements）

此功能用来计算所选单元的面积。

（5）绘制箭头（Draw Arrow）

此功能允许用户在屏幕上某个特定区域绘制一个箭头。

（6）定义标题（Define Title）

此功能允许用户在屏幕的任何位置输入一个标题或文本。

（7）识别点或节点（Identify Node/Point）

此功能允许用户识别任何点或节点的编号及点或节点在全局坐标下的 *X*、*Y*、*Z* 坐标值。

（8）识别单元（Identify Element）

此功能允许用户识别单元的编号以及相应节点的编号。

（9）寻找单元（Find Element）

此功能允许用户通过输入单元的编号来寻找或识别单元。

（10）寻找节点（Find Node）

此功能允许用户通过输入节点的编号来获得指定节点的位置（*X*、*Y*、*Z* 坐标）。

（11）加载曲线（Load Curve）

此功能菜单中的选项用来生成或修改加载曲线。其中包括创建曲线、删除加载曲线、列出加载曲线、修改加载曲线、读取曲线数据、重编号加载曲线、重命名曲线和显示加载曲线等功能。

（12）显示线（Show Line）

此功能用来识别任何已存在的线及其方向。

（13）坐标系（Coordinate System）

此功能菜单的作用是使用户能够创建和修改局部坐标系。其中包括创建坐标系、删除坐标系、复制坐标系、修改坐标系、当前坐标系和识别坐标系等功能。

（14）数据库统计（Database Statistic）

此功能允许用户查看 DYNAFORM 数据库中几何模型、单元模型、材料属性等相关的信息。

6.3.10 视图选项

视图选项菜单中的功能用来调整 DYANFORM 显示区域各个项目的显示，如图 6-17 所示。

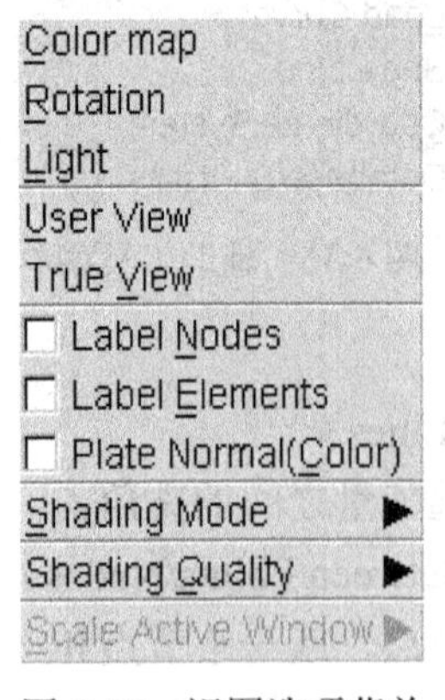

图 6-17 视图选项菜单

视图选项菜单的功能如下：

（1）色彩图（Color map）

改变默认的颜色表。

（2）旋转（Rotation）

此功能让用户能够在显示区域绕全局坐标的（或虚拟的）*X*、*Y* 和 *Z* 轴旋转目标。

（3）光照（Light）

等强度均匀地移动一个方向光源。左、右箭头按钮分别用来在 *X* 轴的正、负方向上移动光源，上、下箭头按钮分别用来在 *Y* 轴的正、负方向上移动光源。

（4）用户视图（User View）

此功能用来在当前数据库中保存或存储一个视图，并且可以再次查看任何以前保存的视图。

（5）真实视图（True View）

此功能让用户能够以真实视图显示一个对象，即从局部坐标系的 *W* 轴投影到局部坐标系的 *UV* 平面的法向视图。

（6）标记节点（Label Nodes）

切换节点标记开关。选择复选框后，程序会显示屏幕中所有节点的节点编号。

（7）标记单元（Label Element）

切换单元标记开关。选择复选框后，程序会显示屏幕中所有单元的单元编号。此外，在“前处理/单元”中也有此功能。

（8）平面法向（Plate Normal）

此功能能够让用户用不同的颜色显示单元的不同法向方向。

（9）渲染模式（Shading Mode）

渲染模式为渲染零件或模型提供了 3 个选项。光滑渲染模式是默认的模式，其法向是基于节点算法而得到的，而平面渲染的法向是基于单元算法的。

（10）渲染质量（Shading Quality）

程序提供了 3 种渲染质量。高（Hight）模式是渲染质量最好的一种方法，但是它花费更多的 CPU 时间；常规（Normal）模式是默认方式；低（Low）模式是渲染质量最差的方法，但是渲染速度最快。用户可以根据计算机的运行速度和对图形质量的要求来决定渲染级别。

（11）缩放活动窗口（Scale Active Window）

此功能让用户通过下拉菜单给出的比例系数来缩放一个活动窗口。

6.3.11　分析

分析菜单中的功能允许用户提交一个分析任务或者产生一个输出文件，如图 6-18 所示。

图 6-18　分析菜单

分析菜单的功能如下：

（1）LS-DYNA

此功能采用 LSTC 公司的 LS-DYNA 求解器 4 进行求解计算。分析输出有两种类型：

1）LS-DYNA 输出文件：输出 LS-DYNA 格式的文件，用于运算求解。

2）直接运行 LS-DYNA：此功能输出一个 LS-DYNA 计算所需的输入文件并直接提交到 LS-DYNA 中进行计算，而且计算工作将在后台运行。

（2）一步法求解器（Mstep）

此功能采用一步法求解器进行求解计算。一步法求解器（MSTEP）是 DYNAFORM 新增加的基于有限元逆算法的快速成型求解器，可以用来在精确模拟零件成型过程之前，对零件成型进行快速的计算，并得到零件的可成型性分析结果。

（3）输出新 DYNAIN 文件（Output New Dynain File）

此功能允许用户输出一个新的 DYNAIN 文件。

6.4 后处理

6.4.1 后处理功能简介

单击菜单栏中的 PostProcess（后处理）进入 DYNAFORM 后处理程序。选择“File/Open”菜单项，系统弹出如图 6-19 所示的对话框。

打开 d3plot、d3drlf 或 dynain 格式的结果文件，其中 d3plot 文件是成型模拟的结果文件，包含拉深、压边等和回弹过程的模拟结果；d3drlf 文件是模拟重力作用的结果文件；dynain 文件是板料变形的结果文件，用于多工序中。

选择 d3plot 文件，单击“Open”按钮，打开模拟结果。打开后在程序右边会出现一些功能选项，如图 6-20 所示。

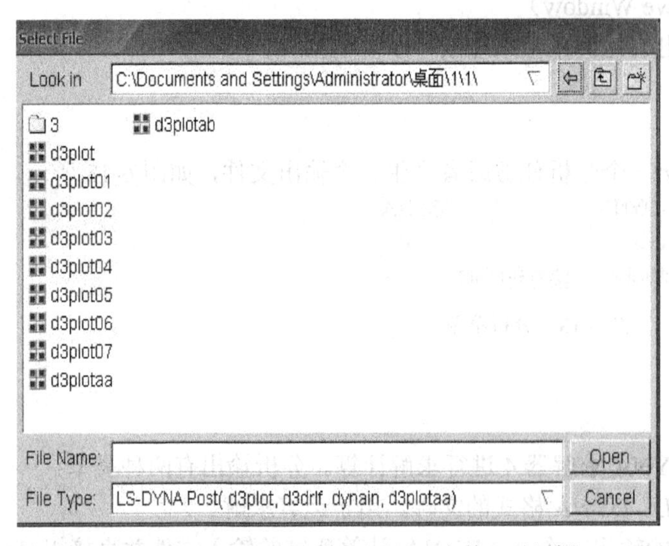

图 6-19 SelectFile（打开后处理文件）对话框

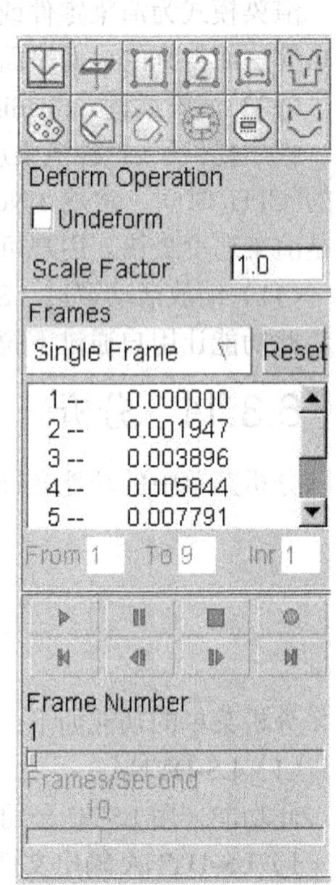

图 6-20 “后处理功能”工具栏

（1）FLD 成型极限图（Forming Limit Diagram）工具按钮

此功能可以描述冲压工程中毛坯的成型状况，如图 6-21 所示。

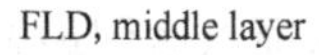

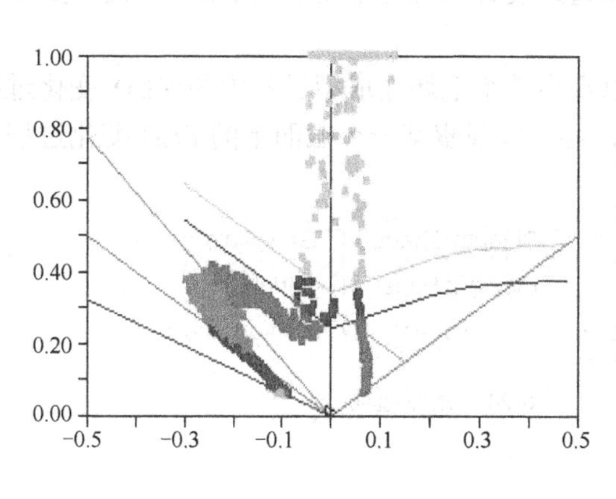

图 6-21　成型极限图

图 6-21 中的不同颜色表示毛坯变形所处的不同状态：绿色表示安全状态，红色表示破裂状态，黄色表示破裂危险点，橙色表示严重变薄区域，灰色表示无形变区域，蓝色表示有起皱趋势区域，粉色表示起皱区域。

（2）Thickness（变薄检查）工具按钮

该功能可以以不同颜色显示毛坯在成型过程中毛坯厚度的变化，通过变薄量的变化可以得知毛坯在成型过程中发生的破裂、起皱等缺陷。可在观察毛坯厚度变化时，单击工具栏中的打开、关闭零件层工具按钮，系统弹出如图 6-22 所示的对话框。只保留毛坯零件层，关闭其他所有工具，被关闭的工具层的颜色变为白色，选择完成后单击“Exit”按钮退出。

（3）Major strain（最大主应变）工具按钮，Minor Strain（最小主应变）工具按钮，In-plane Strain（平面应变）工具按钮

这三个选项分别描述成型过程中毛坯上应变分布。在观察结果时，可以通过选择“Frame”（帧）下拉列表框中的不同类型进行观察，如图 6-23 所示。用户可以通过不同的需要选择不同帧类型。

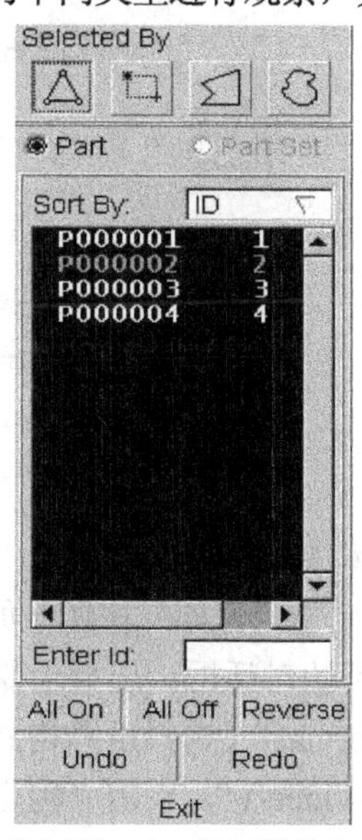

图 6-22　“选择打开、关闭零件”对话框

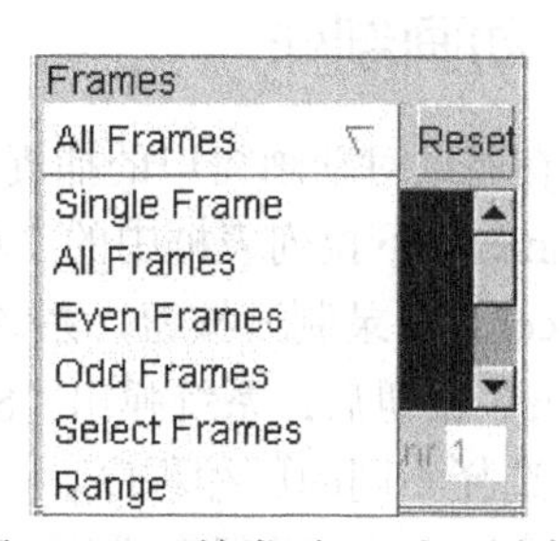

图 6-23　“帧类型”下拉列表框

为了达到最好的观察效果，可以通过设置屏幕右下角的光照选项以达到最好的观察效果，如图 6-24 所示。

在后处理分析过程中，不仅可以观察整个毛坯在成型过程中的 FLD 变化过程、厚度变化过程以及应变/应力等物理量的分布，还可以观察某一个截面上的 FLD 变化过程、厚度变化过程以及应变/应力等物理量的分布。

Shade
Smooth Shade
Gray Color
Fill Color
Element Edge
Shrink
Hidden Surface
Plate Normal
Background

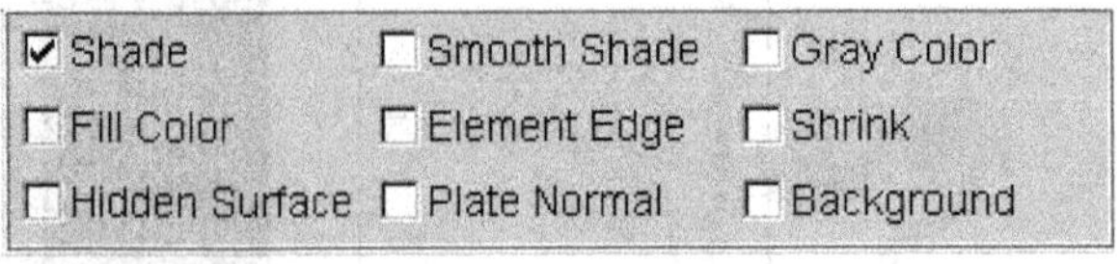

图 6-24　光照选项

其操作如下：

选择 Tool/Select cut 菜单项，系统弹出 6-25 所示的对话框。

通过"选择截面方式"对话框列出的选择截面类型，根据不同需要选择截面，选择完成单击"Exit"按钮，系统弹出的对话框询问是否接受所选截面，如图 6-26 所示。"Accept"选项表示接受所选截面，"Cancel"选项表示返回重新选择，"Exit"选项表示退出。选择完成后，可以对所选截面进行 FLD 变化过程、厚度变化过程以及应变/应力等物理量分布的操作。

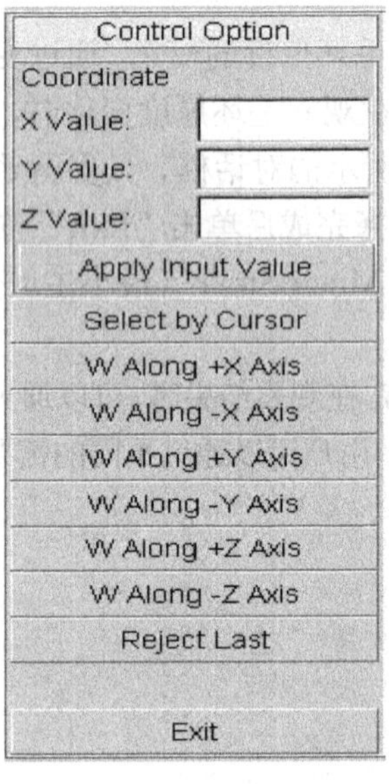

Control Option
Coordinate
X Value:
Y Value:
Z Value:
Apply Input Value
Select by Cursor
W Along +X Axis
W Along -X Axis
W Along +Y Axis
W Along -Y Axis
W Along +Z Axis
W Along -Z Axis
Reject Last
Exit

图 6-25　"选择截面方式"对话框

Control Option
Accept
Cancel
Exit

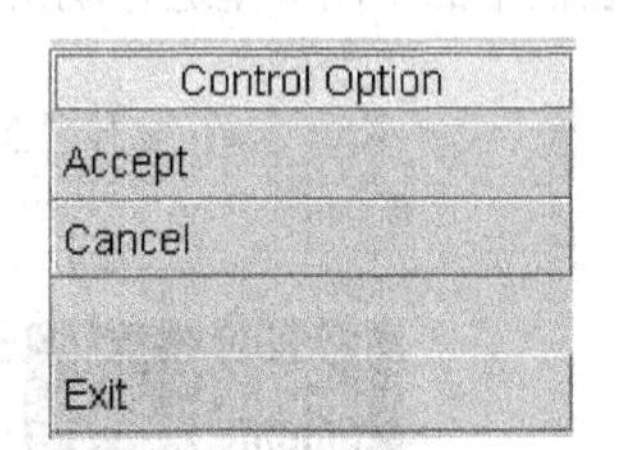

图 6-26　"询问选择"对话框

6.4.2　动画制作

后处理具有通过对动画窗口的捕捉自动创建电影文件和 E3D 文件的功能。

选择"Frames"下拉列表框中的"All Frames"类型，单击"开始"按钮，如图 6-27 所示，然后单击"Record"（录制）按钮，系统弹出如图 6-28 所示的对话框。选择录制动画的保存路径，单击"Save"按钮后，系统弹出"Select compression format"（选择压缩格式）对话框，如图 6-29 所示。选择不同的压缩程序，一般选择"Microsoft video 1"，单击"确定"按钮保存文件，开始捕捉屏幕动画，并保存成为文件。

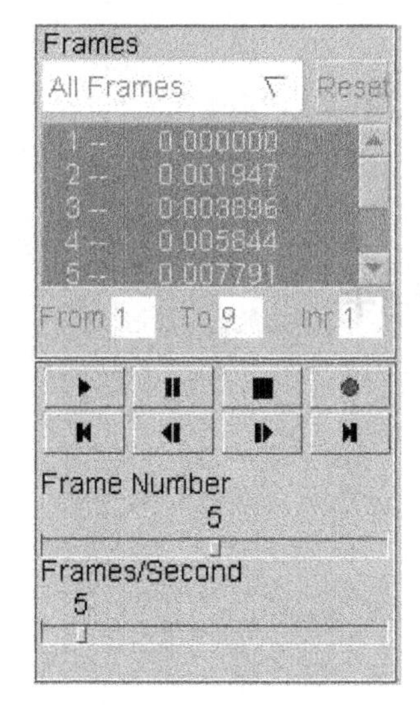

图 6-27　全选帧操作

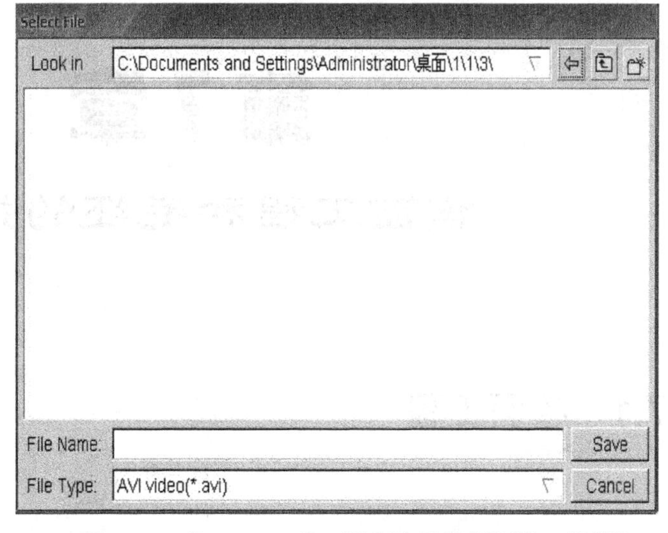

图 6-28　“Select File”（录制电影保存路径）对话框

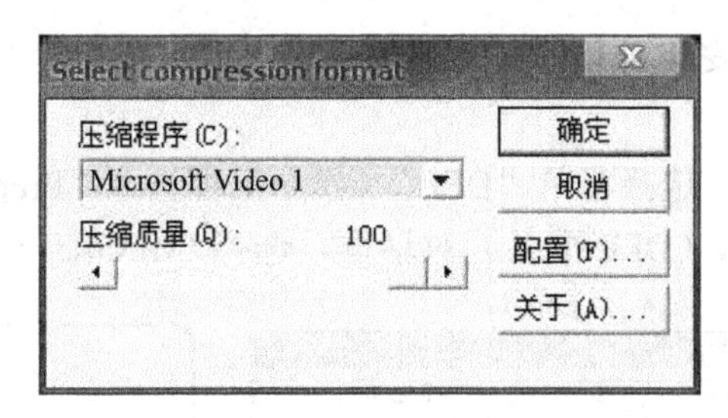

图 6-29　“Select compression format”（选择压缩格式文件）对话框

第7章

模面工程和毛坯的排样

7.1 模面工程

7.1.1 导入零件几何模型及保存

1）打开软件窗口，在安装目录或开始菜单中单击可执行文件“Dyanform.exe”，进入前处理界面。

2）导入零件几何模型，选择菜单“DFE”（模面工程）→“Preparation”（准备）选项，系统弹出DFE PREPARATION（DFE准备）对话框，选择IMPORT（导入），如图7-1所示。

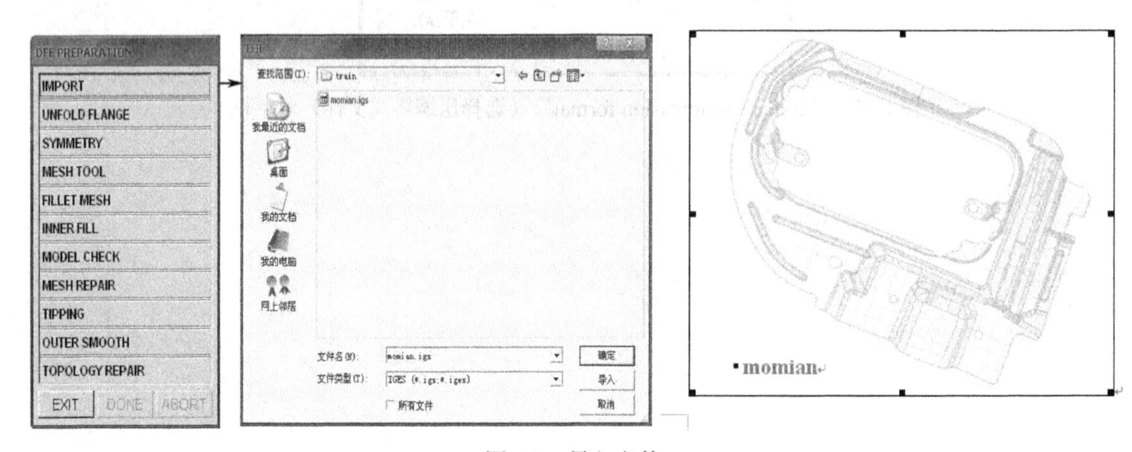

图7-1 导入文件

3）在系统弹出的对话框中更改文件类型为“IGES（*.igs，*.iges)”，选择文件“名为hood_inner.igs”并双击，则文件就被导入DYNAFORM中。

4）选择菜单“File”（文件）→“Save As”（另存为）选项，在系统弹出的对话框中输入文件名“Hood_inner.df”，然后单击“保存”按钮，保存数据库。

7.1.2 划分曲面网格

1）创建一个新零件，首先选择菜单“Parts”（零件）→“Creats”（创建）选项，在系统弹出的对话框名称栏输入“DIE”，单击“Apply”按钮，创建一个新零件，并自动设为当前零件。

2）在菜单DFE的Preparation子菜单中选择“MESH TOOL”选项，系统弹出“Surface Mesh”

（曲面网格）对话框，单击“Select Surface”按钮，在系统弹出的对话框中选择“Displayed Surf”选项，这样在屏幕区域的曲面将被全部选中，如图 7-2 所示。

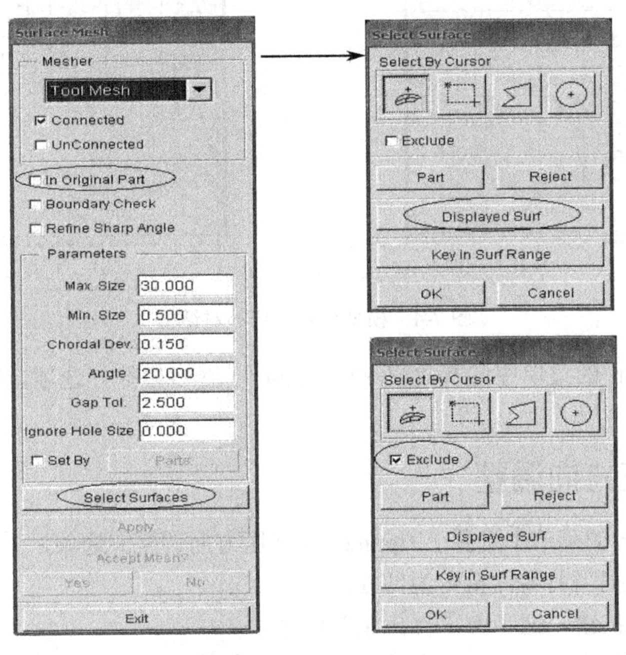

图 7-2　划分曲面网格

3）在“Select Surface”对话框中勾选“Exclude”（排除），然后选择两处凸缘面，如图 7-3（a）所示，则所选曲面将被排除在选择集之外。

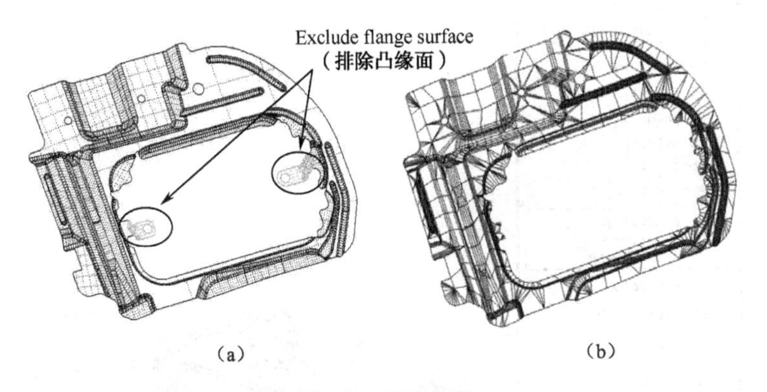

图 7-3　曲面选择

4）单击“OK”按钮，返回如图 7-2 所示的曲面网格对话框并修改网格最大尺寸为 20，单击“Apply”按钮接受网格，划分好的网格如图 7-3（b）所示。

7.1.3　检查并修补网格

1）在 Preparation 的菜单中选择“Model Check”（模型检查）选项，如图 7-4 所示，在系统弹出的对话框中，依次单击“Boundary Display”、“Overlap Element”、“Plate Normal”等按钮，检查不合格的单元（可以让鼠标在按钮上停留片刻，则会出现相应图标的提示）。

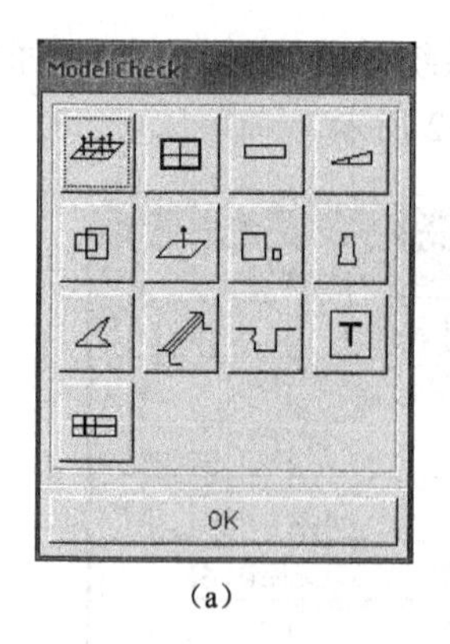

(a)

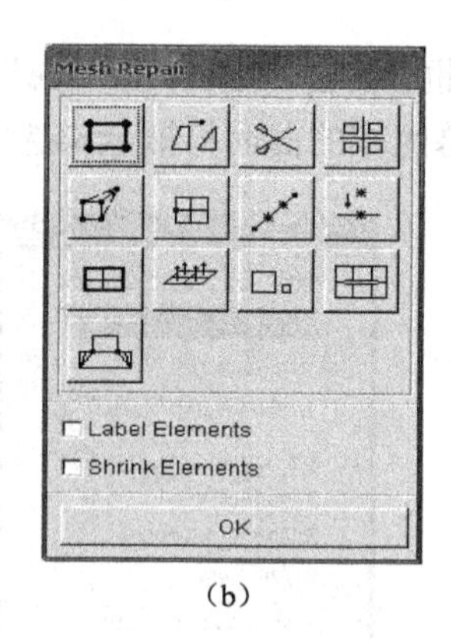

(b)

图 7-4　模型检查及修补对话框

2）在 Preparation 的菜单中选择“Mesh Repair”（网格修补）选项，对不合格的网格进行修补。

7.1.4　冲压方向调整

1）在 Preparation 的菜单中选择“Tipping”（冲压方向调整）选项，系统弹出如图 7-5 所示的对话框，询问是否把当前零件指定为凹模。

2）单击“Yes”按钮，把当前零件指定为凹模。

3）在系统弹出的对话框中，选中“Undercut”复选框，如图 7-5（a）所示，则屏幕区域如图 7-5（b）所示。

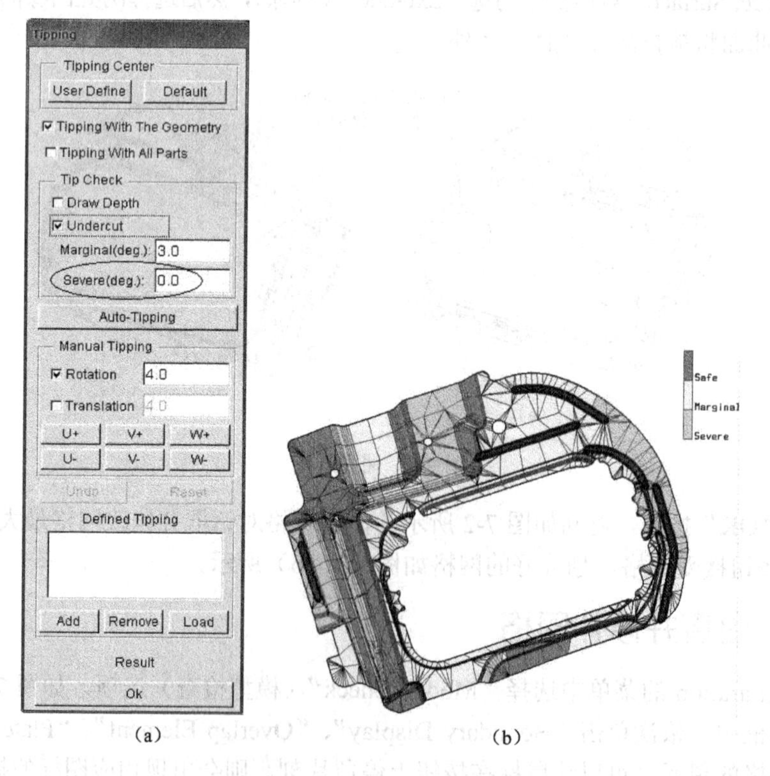

(a)　(b)

图 7-5　冲压方向调整

Undercut 选项用来检查凹模中是否存在冲压负角的地方，绿色区域为安全区域，红色区域标识拉延角角度小于零度的区域。

4）因为本零件的方向合适，故不需要进行调整，单击“OK”按钮，退出 Tipping 选项。

7.1.5　镜像网格

1）在 Preparation 的下拉菜单中选择“Symmetry”（对称）选项，系统弹出“Symmetry”对话框，如图 7-6 所示。

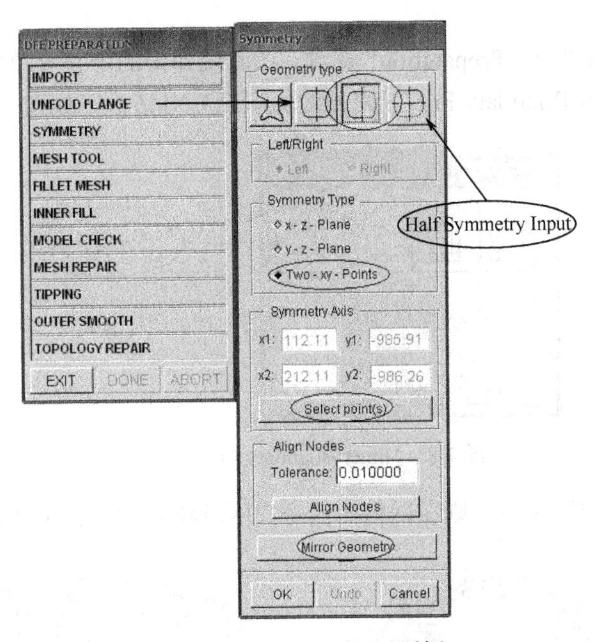

图 7-6 “Symmetry”对话框

2）在对话框中单击“Half Symmetry Input”按钮，对称类型设为“Two-xy-Points”，单击“SelectPoints”按钮，在网格的对称面上选择两点作为对称轴。

3）选择好两点后，把视图设为“Top View”，结果显示如图 7-7（a）所示，红色箭头表示对称轴方向。

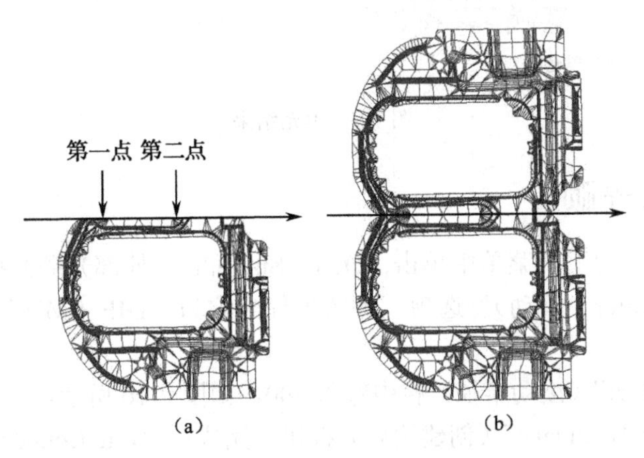

图 7-7　镜像结果

4）单击“Mirror Geometry”按钮，在系统弹出的对话框中选择“DIE”零件，单击“OK”按钮，则程序会自动生成原来网格的对称网格，如图 7-7（b）所示。

5）单击“OK”按钮退出“Symmetry”对话框，单击“Exit”按钮退出“Preparation”对话框，单击“Save”按钮保存数据库。

7.1.6 内部填充

1）首先创建一个新零件，选择“Parts”→“Create”选项，输入名称“FILL”，单击“OK”按钮。

2）选择菜单“DFE”→“Preparation”选项，在系统弹出的下拉菜单中选择“INNER FILL”选项，系统弹出“Inner Boundary Fill”（内部边界填充）对话框，如图 7-8 所示。

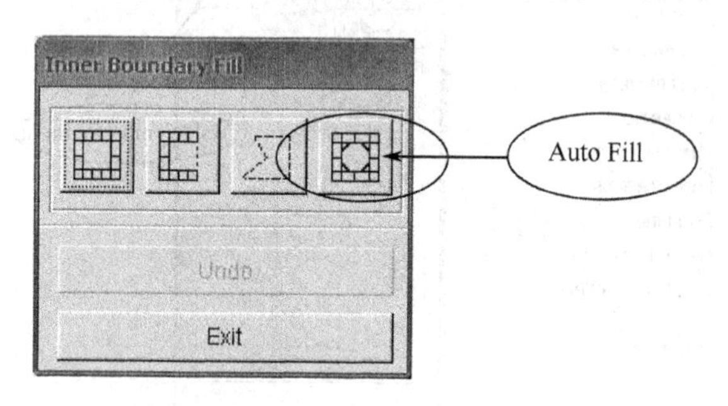

图 7-8 “Inner Boundary Fill”对话框

3）单击“Auto Fill”按钮，则在网格中的空白区域将自动填充网格，如图 7-9 所示。

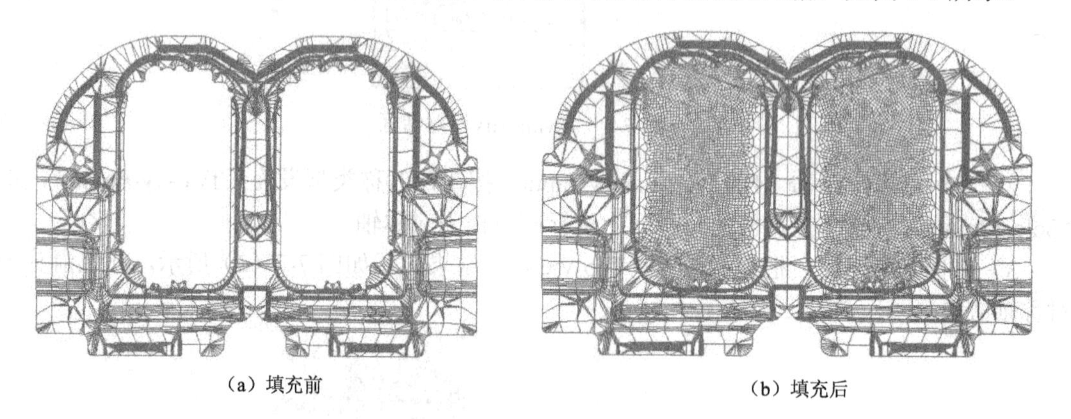

（a）填充前　　（b）填充后

图 7-9 填充结果

7.1.7 外部光顺

1）在 Preparation 的下拉菜单中单击“Outer Smooth”（外部光顺）按钮，保留系统弹出对话框中默认的“Roller（滚动）”选项，保留零件名称为“DIE_SMH”，并把自动生成的网格放在其中。

2）在“Roll Radius”（滚动半径）栏中输入 300，如图 7-10 所示。

3）单击“Create Boundary”（创建边界）按钮，完成后“Fill Boundary”按钮被激活，单击它，则填充的图形如图 7-11 所示。

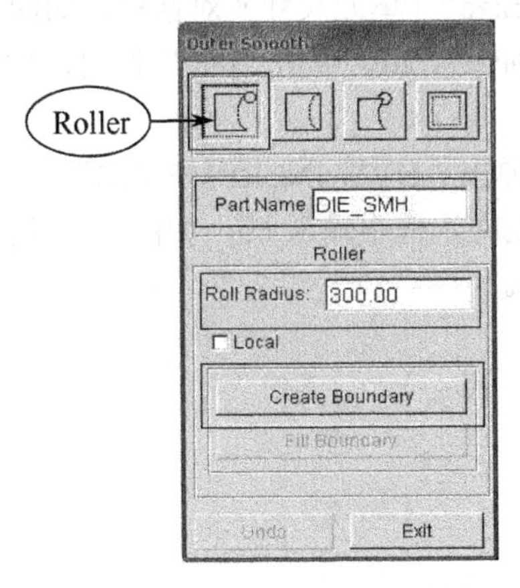

图 7-10　外部光顺对话框

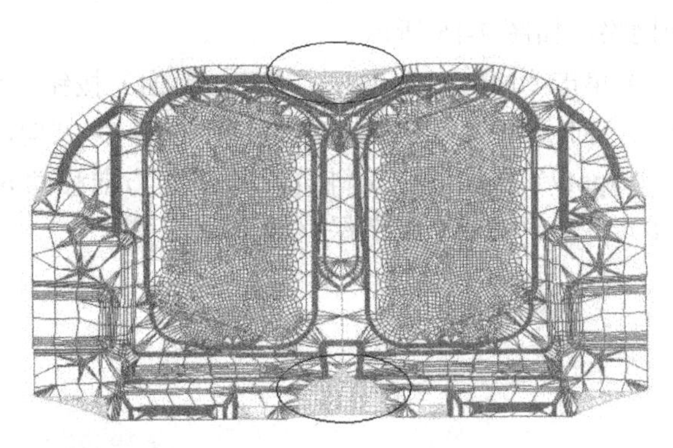

图 7-11　光顺结果

7.1.8　创建压料面

1）选择菜单“DFE”→“Binder”（压料面）选项，系统弹出如图 7-12（a）所示的对话框。

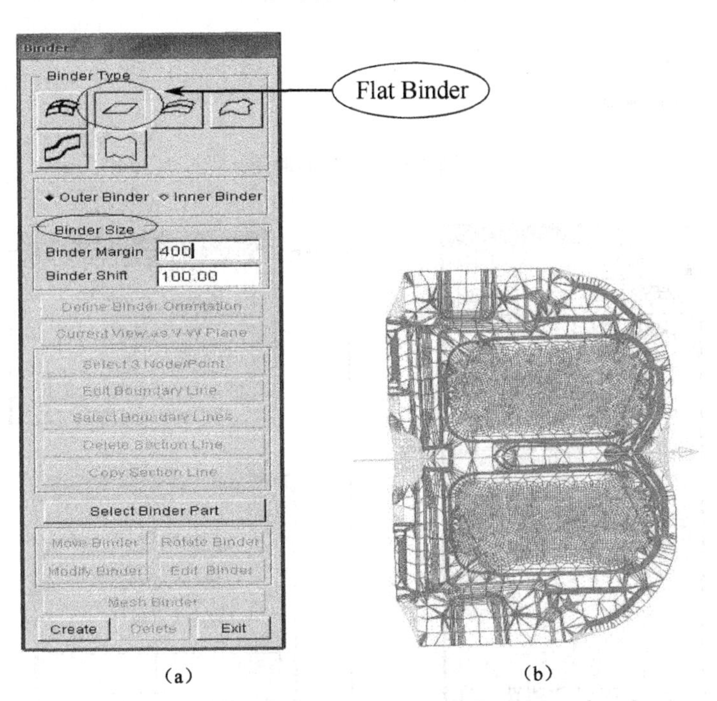

图 7-12　创建压料面

2）单击“Flat Binder”按钮，设定压料面类型为平压料面。

3）确定压料面尺寸。在“Binder Margin”栏中输入 400，在“Binder Shift”栏中输入 100。

4）单击“Define Binder Orientation”按钮，屏幕区域的图形显示如图 7-12（b）所示，此时单击鼠标中键确认。

5）单击“Create”按钮，则压料面曲面创建完成，如图 7-13 所示。

6）单击“Mesh Binder”按钮，系统弹出“Element Size”（单元尺寸）对话框，如图 7-14 所示，在 Max Size（最大）和 Min Size（最小）栏中分别输入 20，单击“OK”按钮，生成压料面网格，如图 7-15 所示。

7）单击“Move Binder”（移动压料面）按钮，系统弹出“UVW INCREMENTS”对话框，在运动方向（Move Direction）选项中选择 *W* 方向，并在文本框中输入 60，如图 7-14 所示，单击“Apply”按钮，则压料面就向 *W* 正方向移动 60mm。

8）单击“Save”按钮保存数据库。

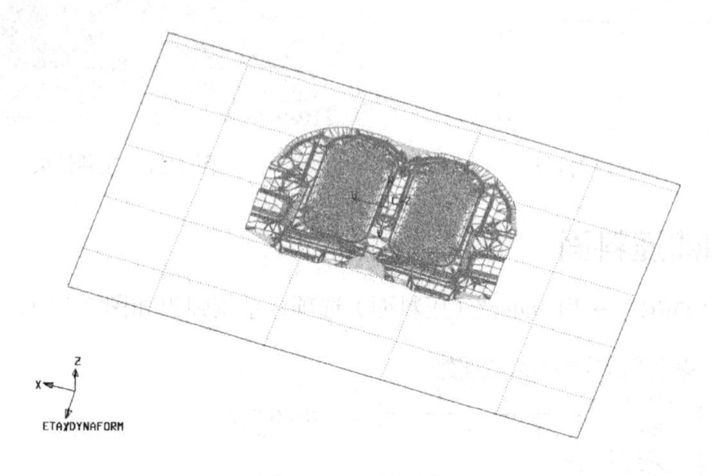

图 7-13　压料面曲面

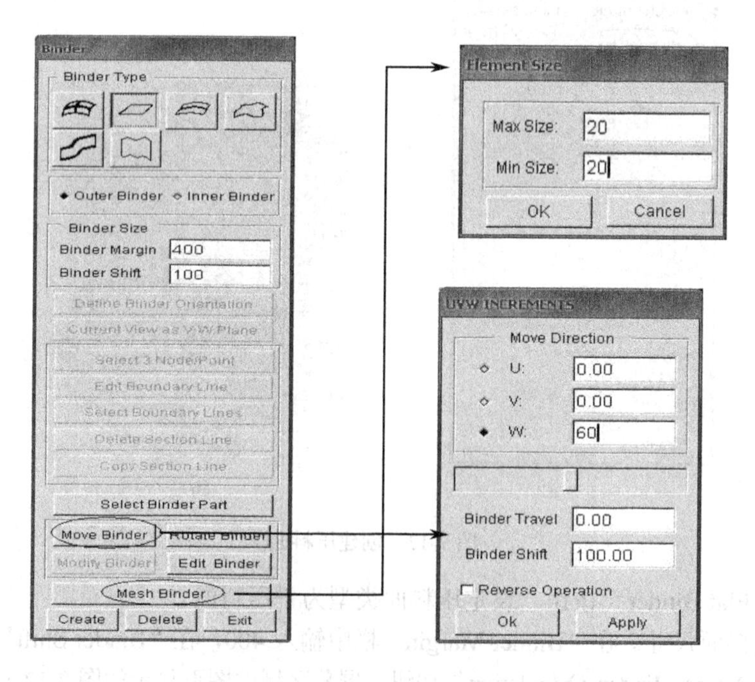

图 7-14　移动压料面及创建网格对话框

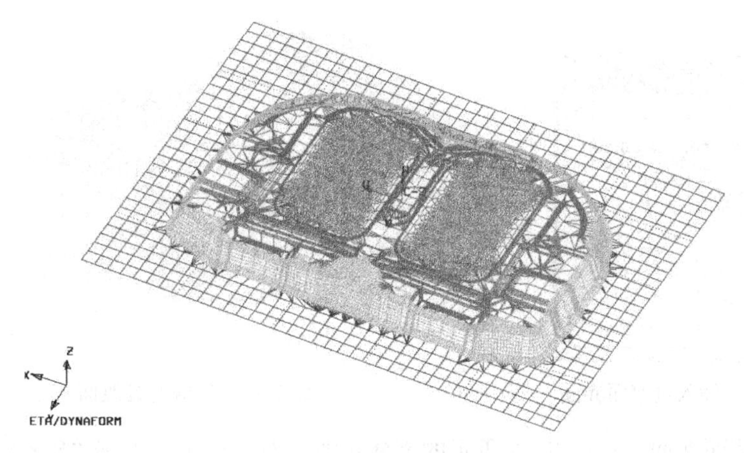

图 7-15　压料面网格

7.1.9　创建过渡面（Addendum）

1）单击 DIE，在其下拉菜单中选择“Addendum”选项，系统弹出“Addendum Generation”对话框。

2）单击“New”按钮，系统弹出“Master”（主轮廓）窗口，在“Profile Type”（轮廓类型）中选择 type（类型 2），单击“OK”按钮，则在主轮廓文本域中就显示出刚刚选择的主轮廓，命名为“Master1（Type2）”，如图 7-16 所示。

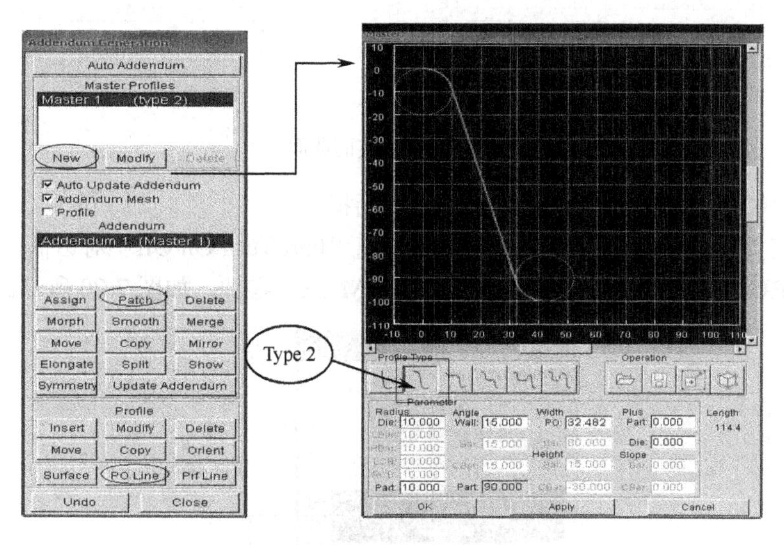

图 7-16　选择主轮廓

3）创建过渡面。单击“Assign”按钮，系统弹出“Insert Addendum”（插入过渡面）对话框。默认选择“Outer”（外部）选项，如图 7-17 所示。

4）程序自动设置零件 C_BINDER 为压料面零件，单击“Apply”按钮，将自动生成过渡面，如图 7-18 所示。如果希望分段生成过渡面，则可以勾选“By Segment”，程序将提示选择该段过渡面的起点和终点位置。对于内过渡面，则可以选择过渡面的类型为“Inner”；对于一些特殊拐角的部位，可选择过渡面类型为“Corner”自动生成。

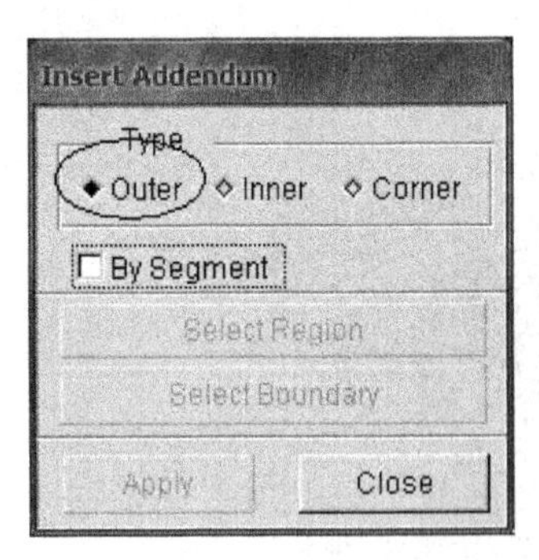

图 7-17　插入过渡面界面

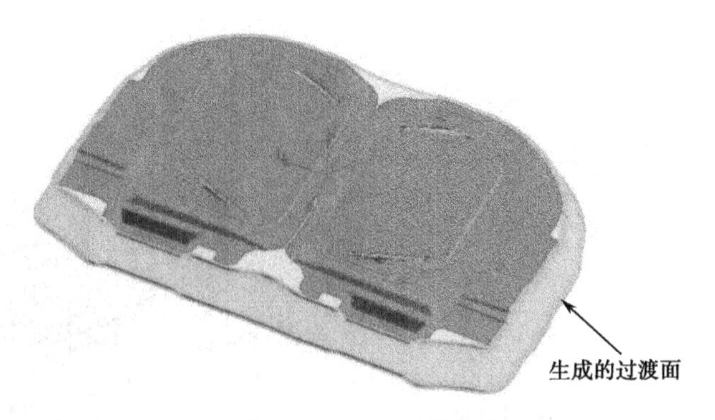

图 7-18　生成的过渡面

5）创建过渡面曲面。在图 7-16 所示的创建过渡面对话框中，单击“Surface”按钮，则自动生成过渡面曲面，如图 7-19（b）所示。

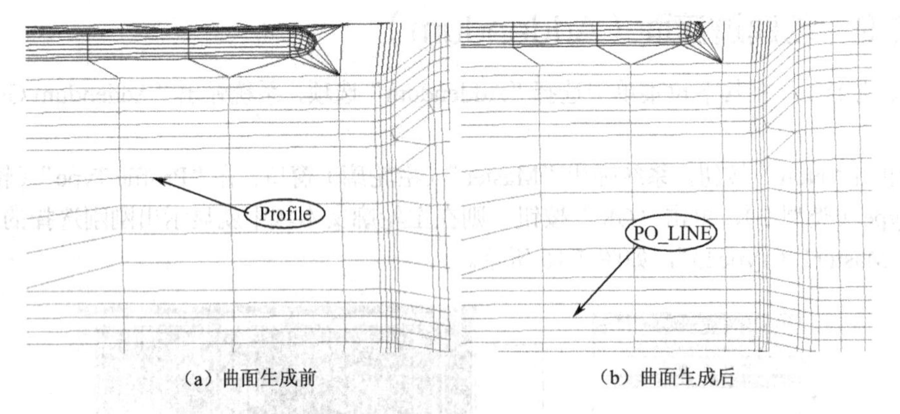

（a）曲面生成前　　（b）曲面生成后

图 7-19　过渡面曲面

6）单击“Close”按钮，退出创建过渡面对话框。

7）单击工具条中零件开关按钮，系统弹出“Part Turn On/Off”对话框，可以发现程序自动生成了 PROFILE、POP_LINE 和 ADDENDUM 三个零件，如图 7-20 所示。

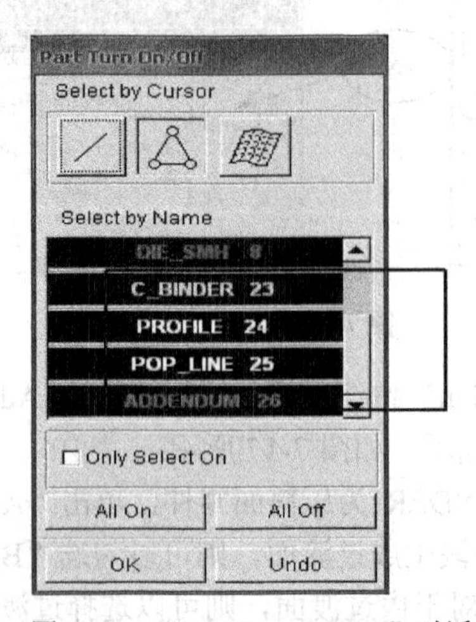

图 7-20　“Part Turn On/Off”对话框

8）单击 Isometric View（等角视图）按钮，并选择右下角 Shade（渲染）选项，查看生成的过渡面。

9）单击“Save”按钮保存设置。

7.1.10　切割压料面

1）选择菜单 DFE，在下拉菜单中选择“Modification”（修改）选项，系统弹出 DFE MODIFICATION 对话框，如图 7-21（a）所示。

2）选择“BINDER TRIM”（压料面切割）选项，系统弹出“Binder Trim”对话框，如图 7-21（b）所示。

注意：此时程序生成了一个临时零件“BNDTRIML”并被设为当前零件，如图 7-22 所示。而且在过渡面的边缘自动生成一条线。

3）选择“Outer”选项，单击“Select”按钮，系统弹出“Select Line”（选择线）对话框，如图 7-23 所示。

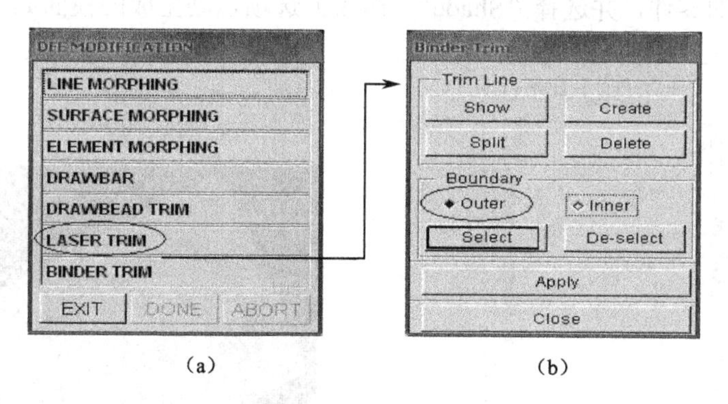

（a）　　（b）

图 7-21　切割压边圈

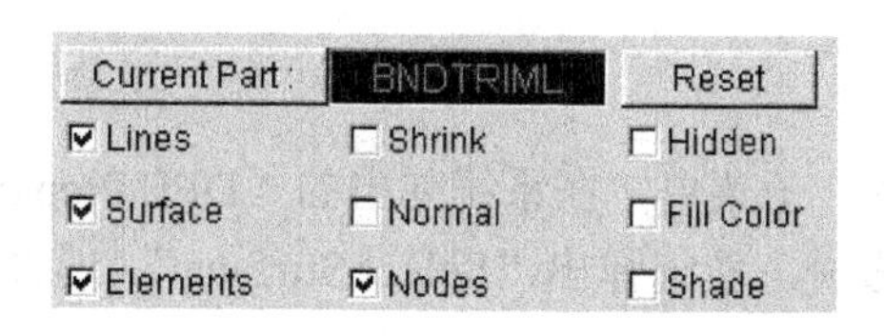

图 7-22　当前零件名称显示窗口

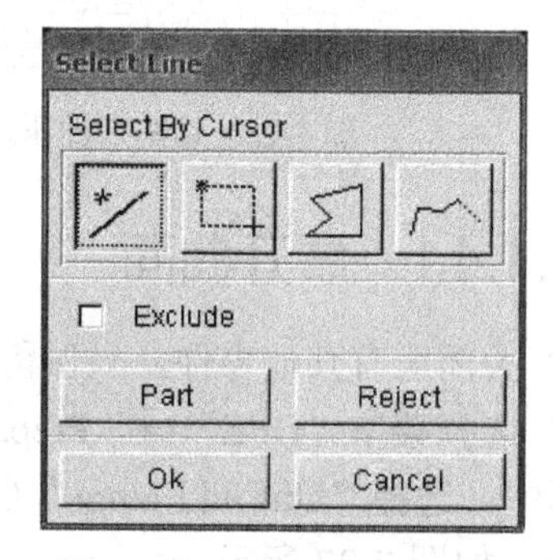

图 7-23　“Select Line”对话框

4）在屏幕区中选择自动生成的线，选中后曲线以白色显示，如图 7-24 所示，单击“OK”按钮，返回到“Binder Trim”对话框。

5）单击“Apply”按钮，系统弹出“Dynaform Question”对话框，询问是否用显示的线来切割压料面。

6）单击“YES”按钮，则完成了压料面的切割，切割后的压边圈如图 7-25 所示。

7）单击“Save”按钮保存设置。

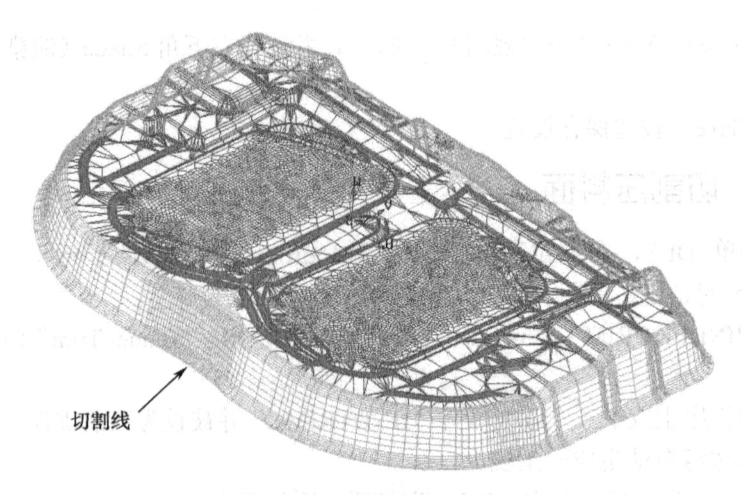

图 7-24　选择切割线

8）显示所有的零件，并选择“Shade”（渲染）选项，则生成的模面如图 7-26 所示。

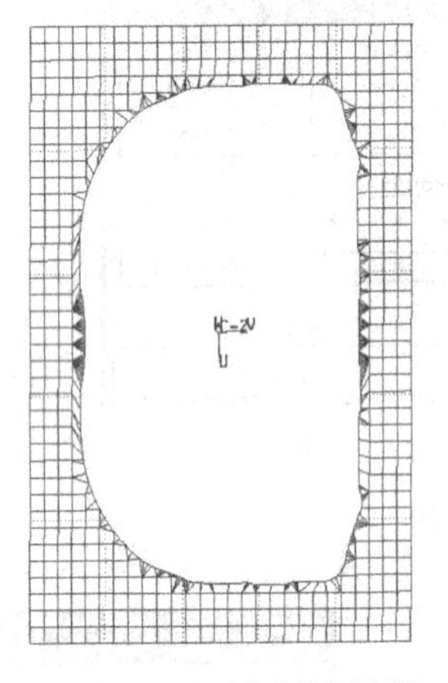

图 7-25　切割后的压边圈

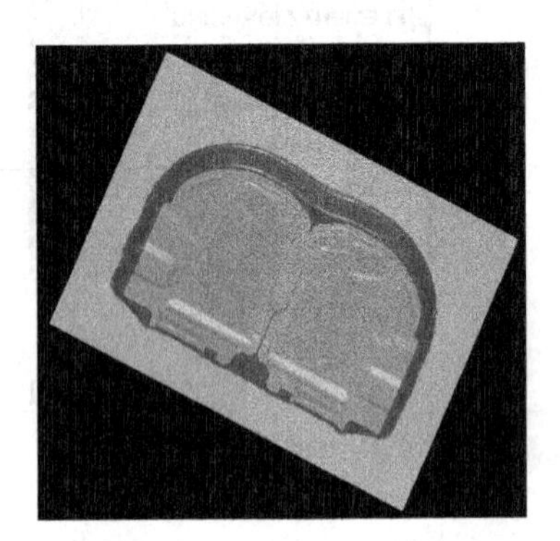

图 7-26　生成的整个模面

7.1.11　展开曲面

1）关闭所有其他零件，只保留初始的曲面。

2）选择菜单“DFE”→“Preparation”（准备）子菜单，在系统弹出的“DFE Preparation”对话框中，选择“Unfold Flange”（展开凸缘）选项，系统弹出“Select Surface”（选择曲面）对话框，如图 7-27 所示。

3）在屏幕区域选择凸缘曲面，如图 7-28（a）所示，在选择曲面对话框中单击“OK”按钮，则程序自动计算出基线并以粗线条显示，如图 7-28（b）所示。

4）在“SELECT OPTION”（选择选项）对话框中选择“ACCEPT（接受）”菜单，系统弹出“Input Bent Angle”（输入弯曲角）对话框，如图 7-29 所示。

5）保留默认值，单击“OK”按钮，则凸缘曲面被展平，如图 7-30（a）所示，系统弹出“CONTROL KEYS”（控制键）对话框，如图 7-30（b）所示。

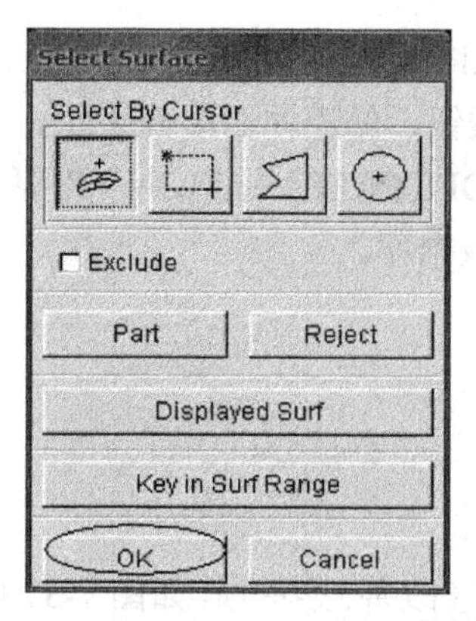

图 7-27　“Select Surface”（选择曲面）对话框

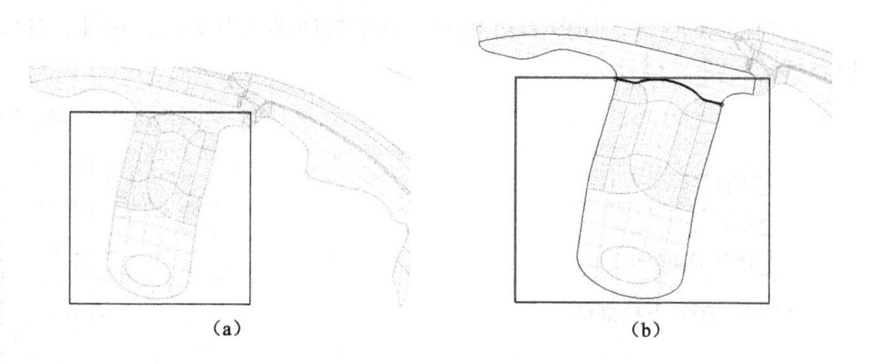

（a）　（b）

图 7-28　凸缘曲面

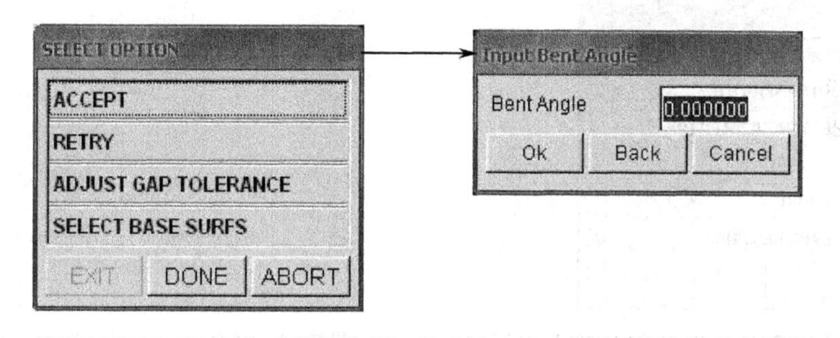

图 7-29　“SELECT OPTION”（选择选项）及“Input Bent Angle”（输入弯曲角）对话框

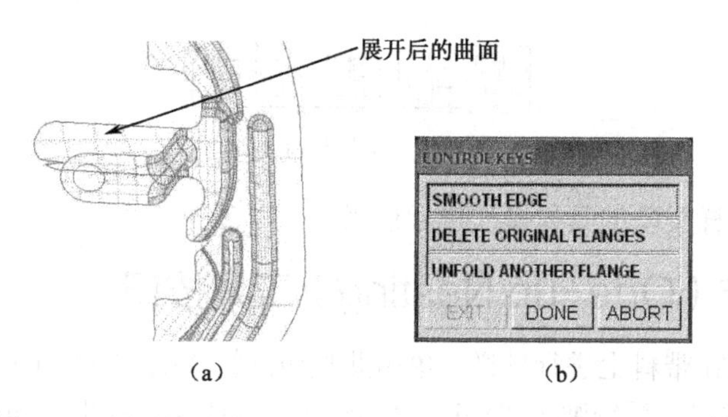

（a）　（b）

图 7-30　展平结果及“CONTROL KEYS”（控制键）对话框

6）选择“UNFOLD ANOTHER FLANGE”（展开其他凸缘）选项，按照相同的方法展开其他凸缘，完成后单击“DONE”按钮，结束曲面展开工作。

7）单击“Exit”按钮退出“DFE PREPARATION”对话框。

8）单击 Save 按钮，保存数据库。

7.2 毛坯的排样

选择“BSE”→“Development”（改善）菜单项，如图 7-31 所示，系统弹出“DEVELOPMENT”对话框。单击“BLANK NESTING”（毛坯排样）对话框选项，如图 7-32 所示。系统弹出“Blank Nesting”（毛坯排样）对话框，如图 7-33 所示。其中排样操作有单排、对排、对称排、双排以及混排五种类型，如图 7-34 所示。

Preparation
MSTEP
Development

图 7-31 BSE 下拉菜单

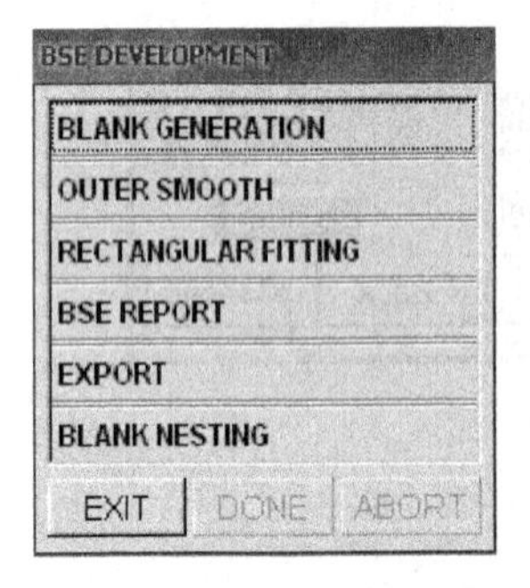

图 7-32 “BSE DEVELOPOMENT”对话框

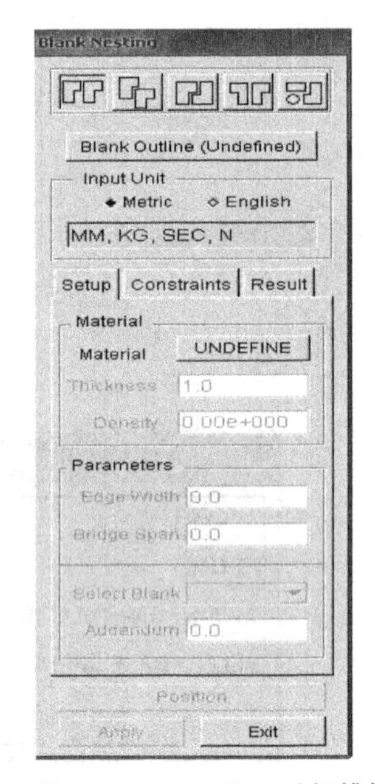

图 7-33 “Blank Nesting”（毛坯排样）对话框

图 7-34 毛坯排样类型

下面将对这些排样类型的具体操作进行说明。

7.2.1 单排（One-up Nesting）工具按钮

此排样类型可以在带料上进行排样，单击此按钮，如图 7-33 所示。单击“Profile（Not Defined）”（轮廓）按钮，系统弹出“Select Line”（选择线）对话框，如图 7-35 所示。用来选择一条封闭曲线定义板坯的轮廓。

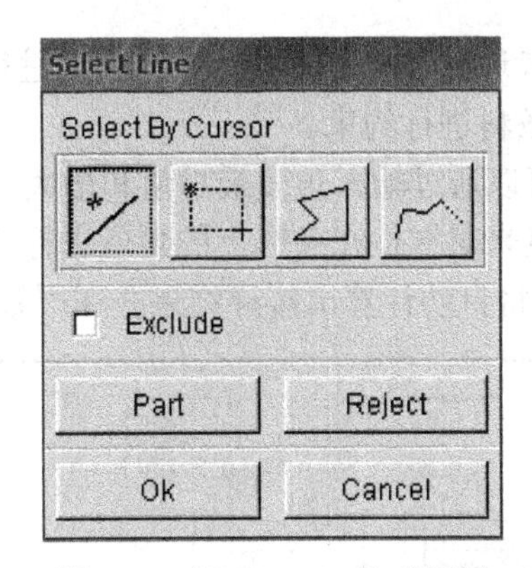

图 7-35 “Select Line”对话框

选择完成后，Profile 按钮后面的 Not Defined 字符自动消失，这表示毛坯轮廓线定义完成。

（1）Setup（设定）选项卡

选择图 7-33 中 Setup（设定）标签，系统弹出如图 7-36 所示的“Setup”选项卡，可以进行参数定义以及材料属性定义。

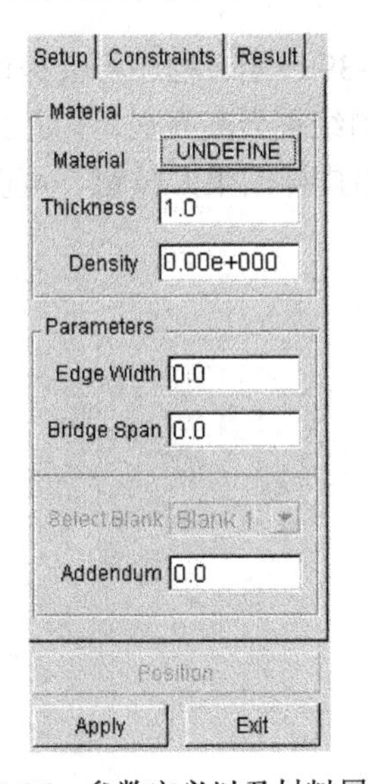

图 7-36 参数定义以及材料属性定义

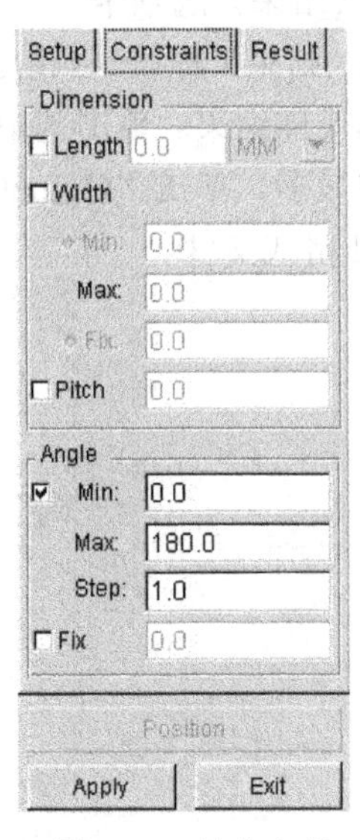

图 7-37 约束定义

1）在 Parameters 选项区域中，可以设置参数来控制排样过程中的搭边值大小和尺寸缩放余量：

① Coil Edge：定义零件与设置条料边缘间的搭边值大小。

② Part Bridge：定义零件与零件之间的大小。

2）在 Addendum（扩大补充量）选项区域中的数值是用来定义毛坯零件的尺寸放大余量大小。

3）在 Material 选项区域中，可以定义材料的属性。定义完成后，材料厚度和密度会显示在下面的文本中。

（2）Constraints（约束）选项卡

选择 Constraints（约束）标签，系统弹出如图 7-37 所示的“Constraints”选项卡，用来对毛坯排样进行约束控制，包括对条料的宽度约束以及零件在条料上的角度约束。

1）在 Dimension 选项区域中，Width 用来约束条料的宽度。可以通过选择输入宽度的最小值和最大值约束条料宽度；或者通过选择 Fix 固定条料宽度进行排样约束。选择“Length”复选框，通过给定条例长度来对条料进行约束。

2）在 Angle 选项区域中可以通过输入角度最小值和最大值来对零件进行角度约束；或者选择 Fix 复选框，通过输入角度来对零件在条料上的角度进行约束并排样。

单击“Apply”按钮，程序将自动计算出排样结果并在屏幕上显示出来，如图 7-38 所示。

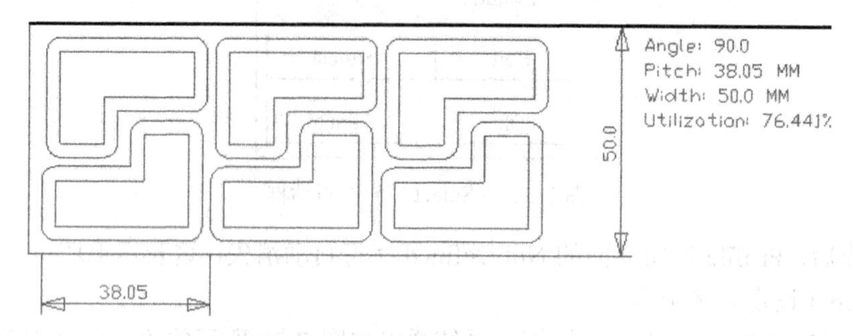

图 7-38 自动计算出的排样结果

（3）Result（结果）选项卡

选择 Result（结果）标签，系统弹出的选项卡如图 7-39 所示。程序将会提供除一系列可能满足约束条件的排样结果。单击其中任一结果，所选中的结果会高亮显示，并且对应的约束条件将在提示框中显示。单击“Output Nest Report”（输出排样结果）按钮，可以生成包含排样结果信息的 html 格式文件。

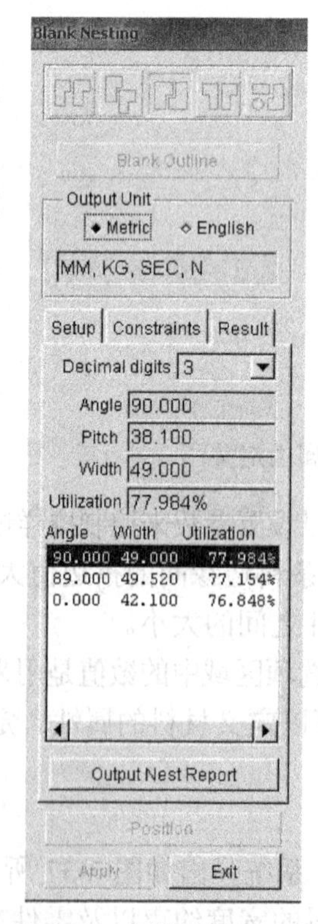

图 7-39 排样结果显示图

7.2.2　对排（Two-pair Nesting）工具按钮

对排排样可以将零件相对地按两行排列在条料上，其搭边值及约束设置操作同单列操作类似。在对排操作中，可用 Position（定位）按钮进行零件定位操作。单击“Position”按钮，系统弹出如图 7-40 所示的对话框。

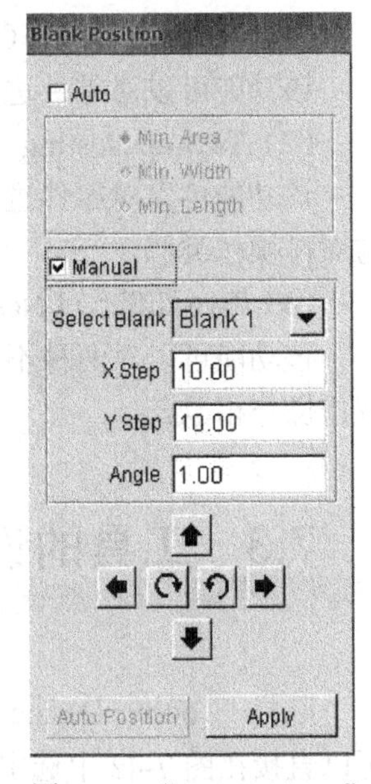

图 7-40　“Auto Position”（定位操作）对话框

定位操作可以进行自动调整。选中“Auto”（自动）复选框，并选定一个程序所提供的优化目标，程序自动根据优化目标计算出对排时零件之间的间隙。其中程序所提供的优化目标有如下三种。

1）Min.Area：在进行对排时，保证排样后结果面积最小。

2）Min.Width：对排进行时，保证排样后条料宽度最小。

3）Min.Length：对排进行时，保证排样后条料长度最小。

定位操作还可以进行手动调整，通过平移或转动零件来调整零件排样位置。选中“Manual（手动）”复选框，平移和转动按钮激活，在“XStep”以及“Angle”文本框中输入增量值，可以进行手动调整。单击移动按钮或者旋转按钮时，零件就会以给定的增量值向着该方向移动或者旋转。

↑：使第二个零件的轮廓线向上平移给定的增量。

←：使第二个零件的轮廓线向左平移给定的增量。

↓：使第二个零件的轮廓线向下平移给定的增量。

→：使第二个零件的轮廓线向右平移给定的增量。

↻：使第二个零件沿着顺时针旋转一个角度质量。

↺：使第二个零件沿着逆时针旋转一个角度质量。

调整完成后，单击“Apply”按钮，得到调整后的排样图，如图 7-41 所示。单击“Exit”按钮退出“Auto Position”对话框。

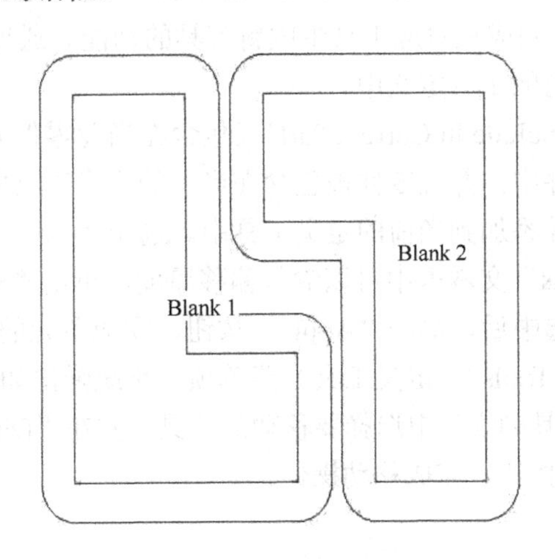

图 7-41　对排排样图

7.2.3 其他排样工具

（1）Mirror Nesting（对称排）

该功能可以对零件进行对称排列，其搭边值及约束操作设置与对排操作类似。

（2）Two-up Nesting（双排）

该功能可以对零件进行双排排列，两排零件的方向应保持相同。其搭边值及约束操作设置与对排操作类似。

（3）Two-different Nesting（两行混排）

该功能可以对两种不同形状的零件进行两行混排排列，其搭边值及约束操作设置与单排和双排操作相似。

7.3 工具的设定

选择“Tools→Define tools”（定义工具）菜单项，系统弹出如图 7-42 所示的对话框。用户可以直接在图 7-42 中选中“Standard Tools”（标准工具）复选框，从“Tool Name”（工具名称）选项区域中选择 Punch（凸模）、Die（凹模）或 Binder（压边圈），然后单击“Add”按钮添加要定义的零件。

用户也可以自己定义工具。选中“User Define Tools”（自定义工具）复选框，然后单击“New”按钮添加要定义的工具名称，系统弹出如图 7-43 所示的对话框。输出/输入工具名称，单击“Ok”按钮，完成自定义工具的创建；单击“Add”按钮，系统弹出的对话框用以选择零件，如图 7-44 所示。选择完成后，Include Parts List（零件清单）列表里会显示所选择的零件。

用户可以在图 7-42 中单击“Offset from Mating Tool”（由对应工具偏移）按钮，系统弹出如图 7-45 所示的对话框，完成从对应工具生成新工具的功能。通过复制或偏移单元等操作，创建零件和添加零件到当前的工具定义中。

在图 7-45 中，选中“Include In Current Part”（包含在当前零件）复选框，则新复制或偏移的单元将包含在当前的零件中，并且零件被包含在当前的定义工具中；如果没有选择此选项，则自动创建一个新的零件并添加到当前的定义工具中。选中“Normal Offset”复选框，则沿法向偏移单元。在“Thickness”文本框中可以输入偏移厚度。单击“Select Elements”按钮，选择要复制或偏移的单元，选中后，单击“Apply”按钮，完成单元的复制或偏移。

选择“Tools→Position Tools”（定义工具）菜单项，系统弹出如图 7-46 所示的对话框。用户可以从“Tools List”（工具列表）中选择要移动的工具，并在“Distance”文本框中输入要移动的距离，单击“Apply”按钮，完成移动操作。

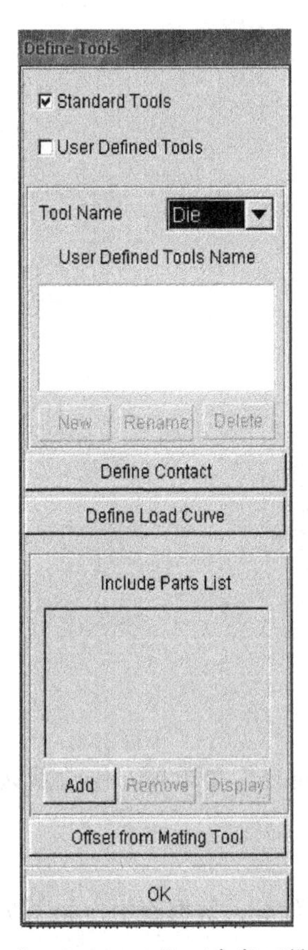

图 7-42　“Define Tools”（定义工具）对话框

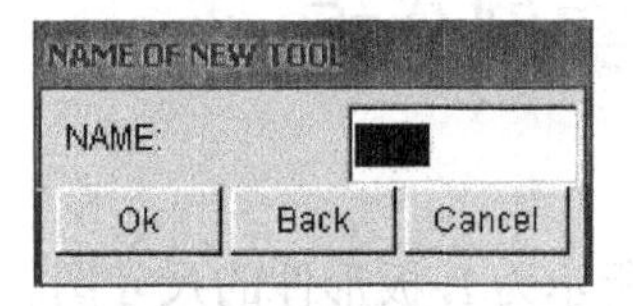

图 7-43　“NAME OF NEW TOOL”（用户自定义工具名）对话框

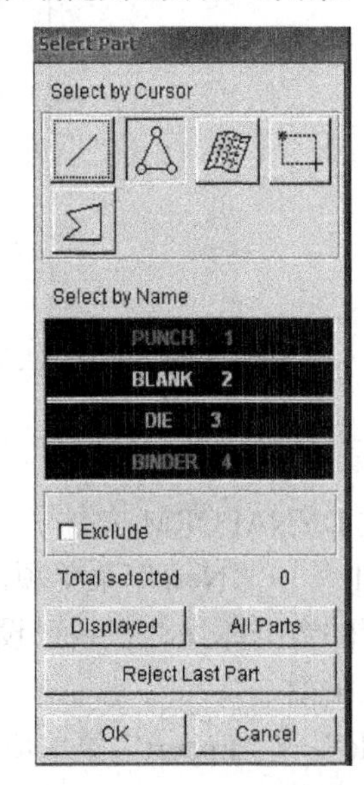

图 7-44　“Select Part”（选择零件）对话框

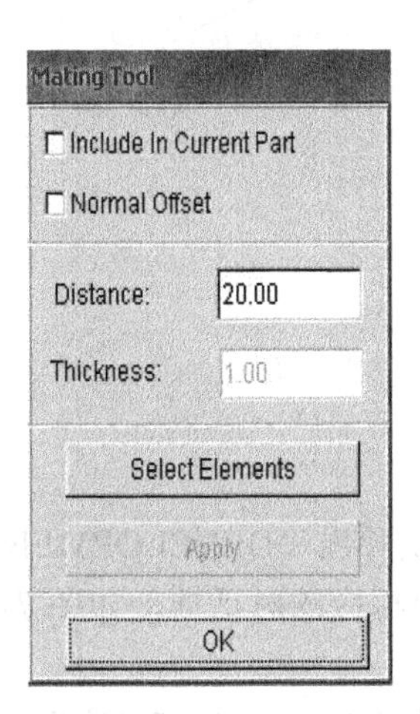

图 7-45　“Mating Tool”（对应工具）对话框

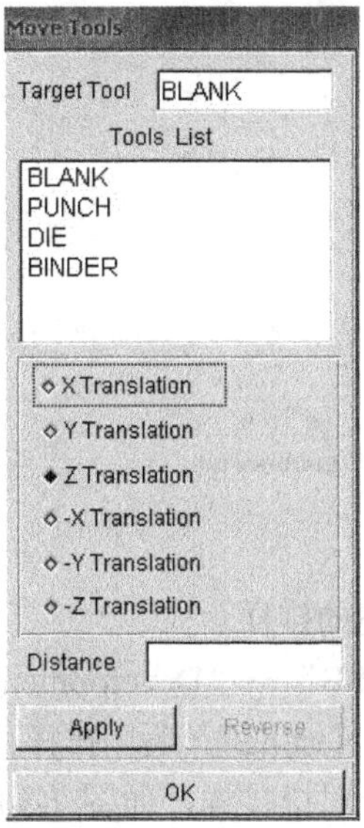

图 7-46　“Move Tools”（移动工具）对话框

7.4 实例分析

图7-47所示为L板形件的尺寸图。

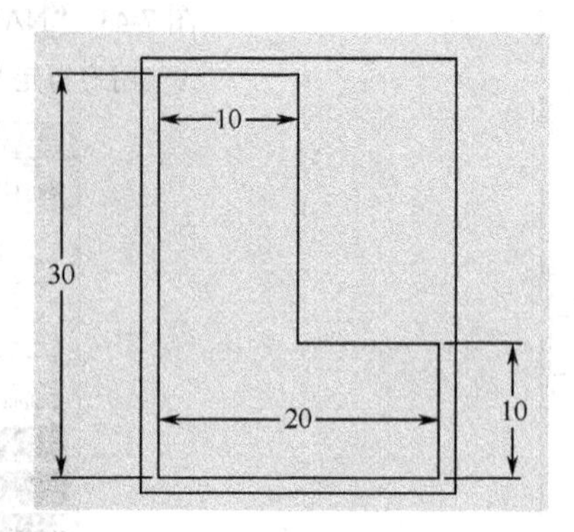

图7-47 L板形件的尺寸图

（1）创建DYNAFORM文件

选择“File”→“New”菜单项，再选择“File”→“Save as”菜单项，修改默认文件名，将所建立的新的数据库保存在自己设定的目录下。

（2）导入模型

选择“File”→“Import”菜单项，将上面所示的L形件文件导入数据库中，如图7-48所示。

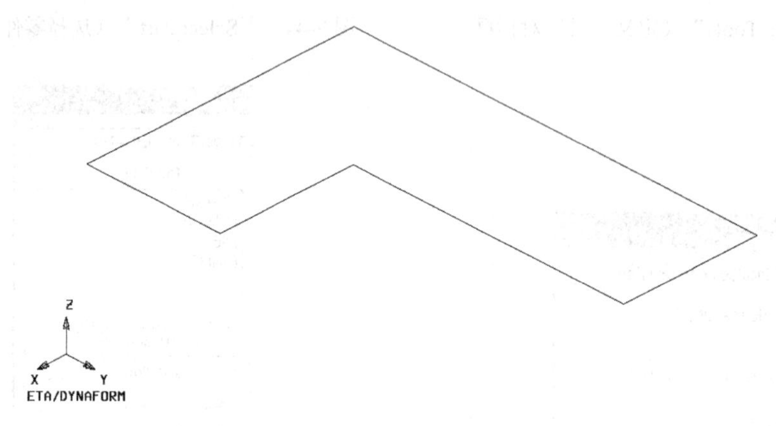

图7-48 导入模型文件

（3）毛坯的排样

选择“BSE”→“Development”（改善）菜单项，系统弹出“DEVELOPMENT”对话框。单击“Blank Nesting”（毛坯排样）对话框选项，系统弹出相应的对话框，如图7-49所示。选择其中第三个对排排样，如图7-50所示。

单击“Blank Outline （Un Defined）”按钮，系统弹出“Select Line”（选择线）对话框，如图7-51所示。在选择线方式中选择一条封闭曲线定义板坯的轮廓。选择完成后，图7-52中“Blank Outline”按钮后面的“Un Defined”字符自动消失，表示毛坯轮廓线定义完成。

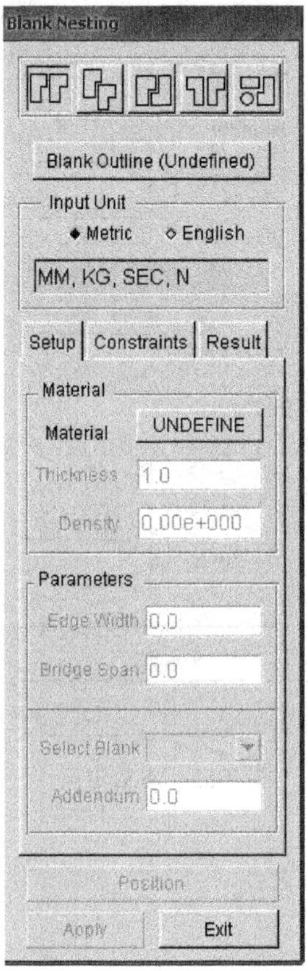

图 7-49 “Blank Nesting”（毛坯排样）对话框

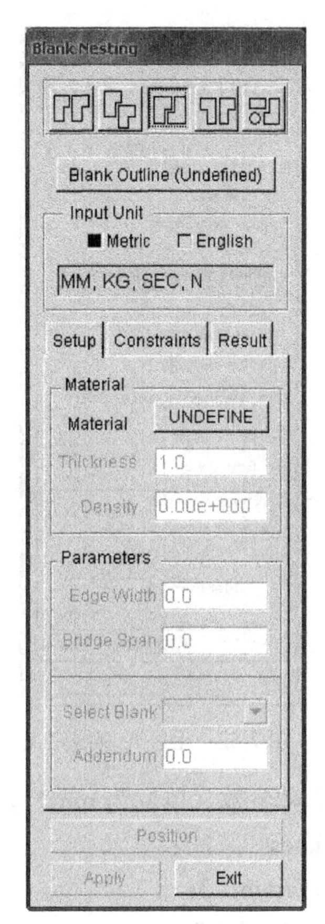

图 7-50 对排排样

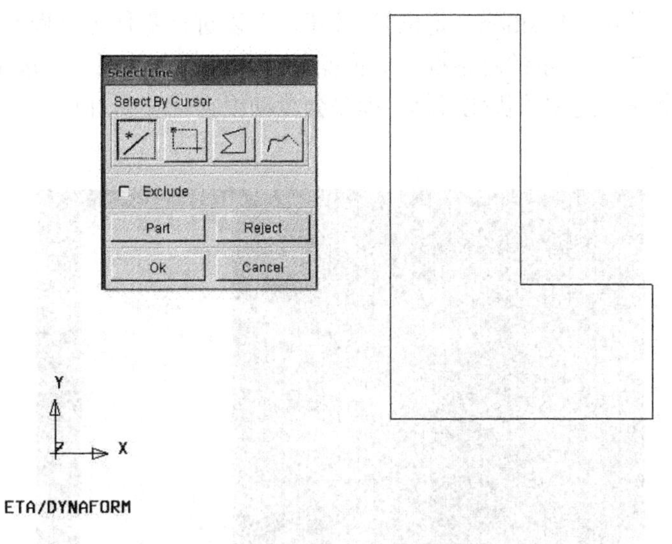

图 7-51 “Select Line”（选择线）对话框

单击图 7-52 中“Setup”标签，系统弹出“Setup”选项卡，可以进行参数定义，以及材料属性定义，如图 7-53 所示。

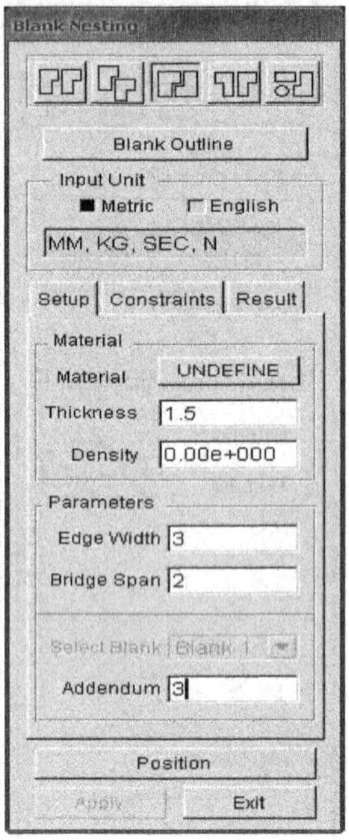

图 7-52　毛坯轮廓线定义

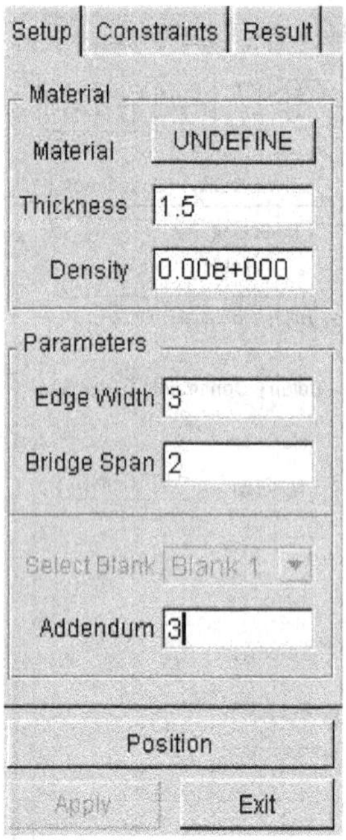

图 7-53　参数定义

设置的具体参数（单位为 mm）如下：

1）Thickness ：1.5；

2）Edge Width：3；

3）Bridge Span：2；

4）Addendum：2。

在对排操作中，单击“Position（定位）”按钮，可以进行零件定位操作。单击“Position”按钮，系统弹出如图 7-54 所示的对话框。定位操作可以进行自动调整。选中“Auto”（自动）复选框，并选定一个程序提供的优化目标，程序会自动根据优化目标计算出对排时零件之间的间隙。

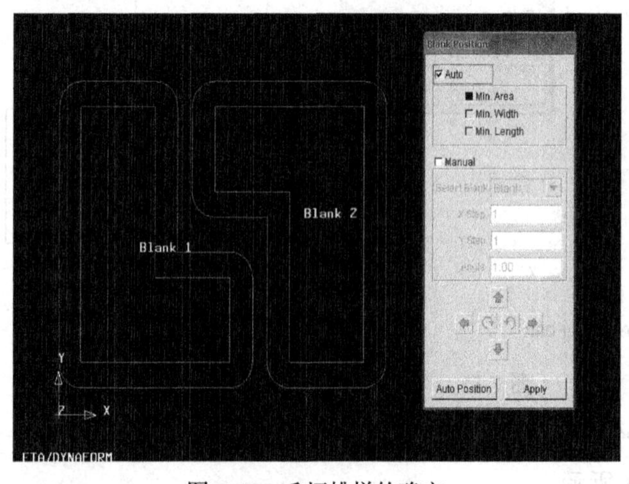

图 7-54　毛坯排样的确定

选择 Result（结果）标签，系统弹出的选项卡如图 7-55 所示。程序将会提供一系列可能满足约束条件的排样结果。单击其中任意结果，所选中的结果会高亮显示，并且对应的约束条件将在提示框中显示。

单击“Output Nest Report”（输出排样结果）按钮，可以生成包含排样结果信息的 html 网页格式文件，如图 7-56 所示。

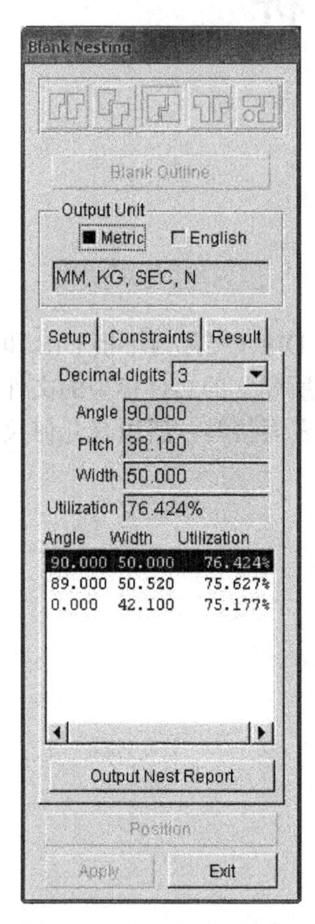

图 7-55　排样结果显示图

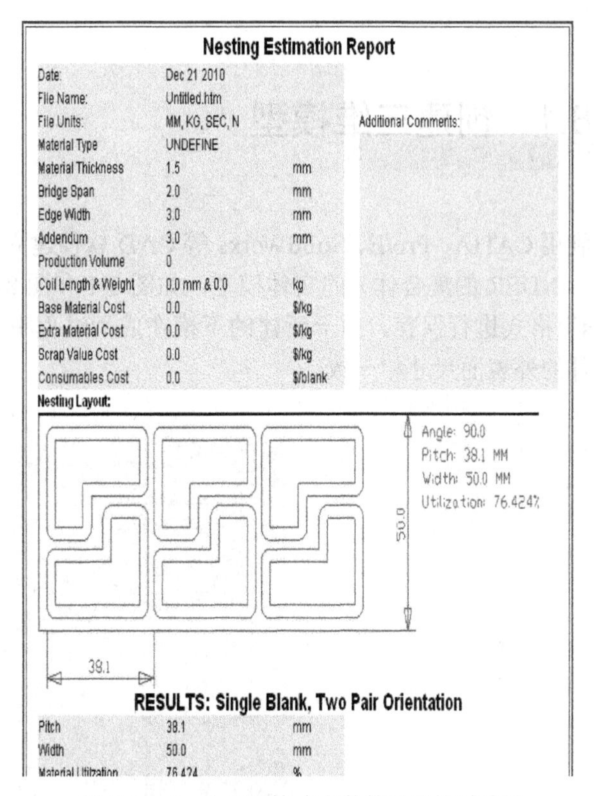

Nesting Estimation Report

Date:	Dec 21 2010	
File Name:	Untitled.htm	
File Units:	MM, KG, SEC, N	
Material Type	UNDEFINE	
Material Thickness	1.5	mm
Bridge Span	2.0	mm
Edge Width	3.0	mm
Addendum	3.0	mm
Production Volume	0	
Coil Length & Weight	0.0 mm & 0.0	kg
Base Material Cost	0.0	$/kg
Extra Material Cost	0.0	$/kg
Scrap Value Cost	0.0	$/kg
Consumables Cost	0.0	$/blank

Additional Comments:

Nesting Layout:

Angle: 90.0
Pitch: 38.1 MM
Width: 50.0 MM
Utilization: 76.424%
50.0
38.1

RESULTS: Single Blank, Two Pair Orientation

Pitch	38.1	mm
Width	50.0	mm
Material Utilization	76.424	%

图 7-56　html 网页格式文件的输出排样结果

第 8 章

盒形件拉深成型过程分析

8.1 创建三维模型

利用 CATIA、Pro/E、SolidWorks 等 CAD 软件建立制件和下模 DIE（实际为下模 DIE 和压边圈 BINDER 的集合体）的实体模型，如图 8-1 和图 8-2 所示。将所建立的实体模型的文件以“*.igs”格式进行保存。由于所建的下模在成型过程中与制件的外表面接触，所以其几何尺寸与制件的外表面尺寸相一致。

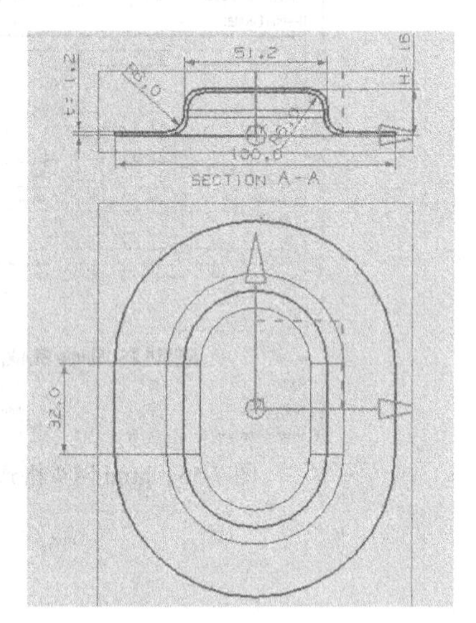

图 8-1　带凸缘的低盒形件

具体操作步骤如下所述。

（1）新建和保存数据库

启动 DYNAFORM 软件后，程序自动创建默认的空数据库文件“Untitled.df”。选择“File”→“Edit”菜单项，修改文件名，将所建立的数据库保存在自己设定的目录下。

（2）导入模型

选择“BSE”→“Preparation”→“Import”菜单项，将上面所建立的“*.igs”格式的制件模型文件导入数据库中，如图 8-3 所示。

图 8-2　下模实体模型图

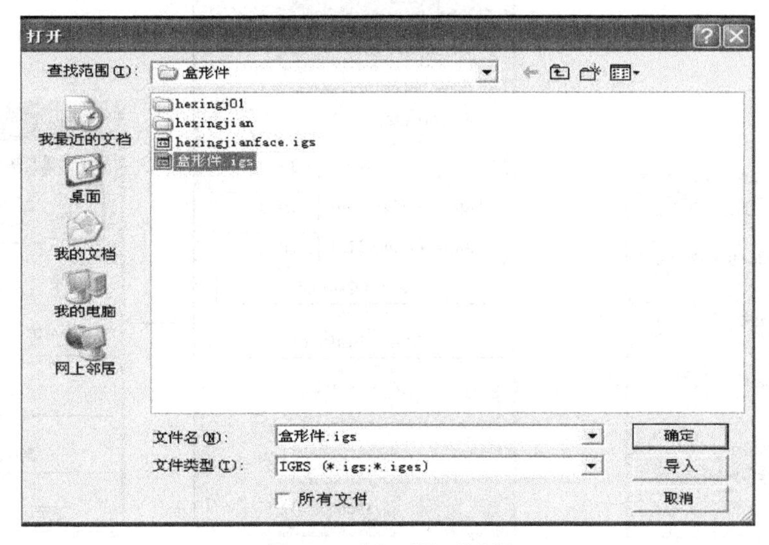

图 8-3　“打开”对话框

选择“Part”→“Edit”菜单项，系统弹出如图 8-4 所示的对话框，编辑修改零件层的名称和颜色，制件层命名为 PART，单击“OK”按钮确定。

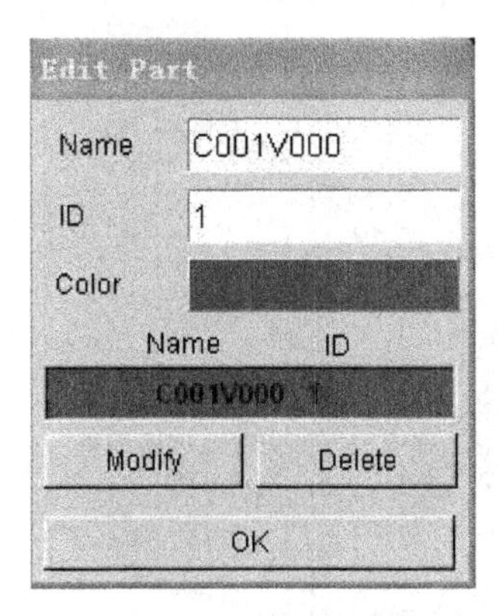

图 8-4　“Edit Part”（编辑零件层）对话框

（3）自动曲面网格划分

在如图 8-5（a）所示的“BSE PAEPARATION”对话框中选择“PART MESH”选项，系统

弹出“Suface Mesh”对话框，如图 8-5（b）所示。从“Mesher”下拉列表框中选择“Part Mesh”，分别单击“Select Surface”和 Displayded Surf 按钮选择所有显示的曲面，如图 8-5（c）所示，确认所选择的曲面。在参数组中输入最大尺寸为 2.0mm。单击“Apply”按钮进行网格划分，如图 8-5 所示。划分完确认后，所得网格如图 8-6 所示。

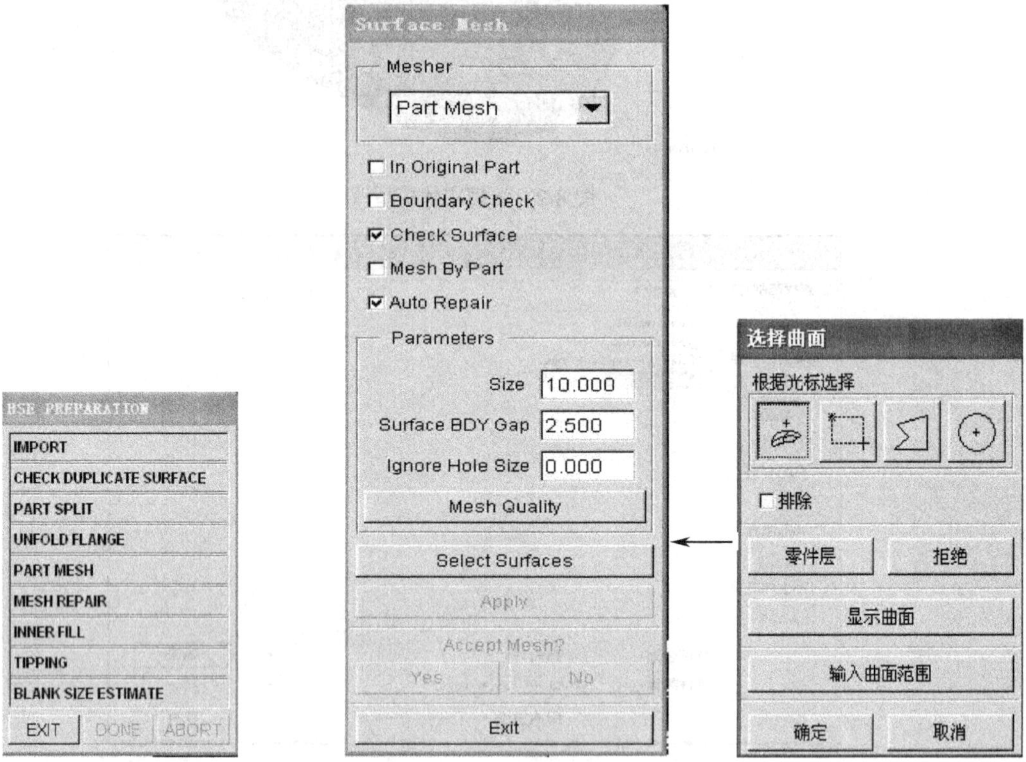

（a）“BSE PREPAPATION”对话框　（b）“Suface Mesh”对话框　（c）选择划分网格的曲面

图 8-5　网格划分操作过程

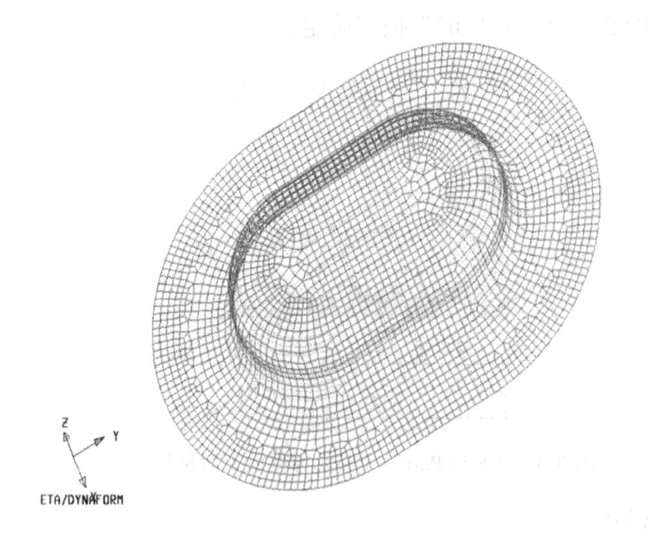

图 8-6　制件网格划分

（4）检查和修补网格

在图 8-7（a）所示的 BSE PREPARATION 对话框中选择“MESH REPAIR”选项，系统弹出网格修补工具栏，如图 8-7（b）所示，单击“Boundary Display”工具按钮，显示制件的边界，观察边界是否与实际边界相同，若有差异需进行修改。单击“Auto Normal”工具按钮，操作过程如图 8-8 所示，选择“CURSOR PICK PART”选项，移动鼠标来选择制件上的一个单元，单击“Yes”按钮接收法线方向，如图 8-8 所示。网格检查结果如图 8-9 所示。

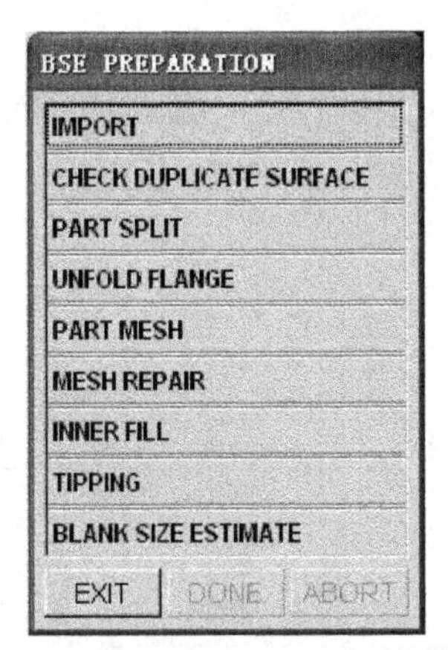

（a）“BSE PREPARATION”对话框

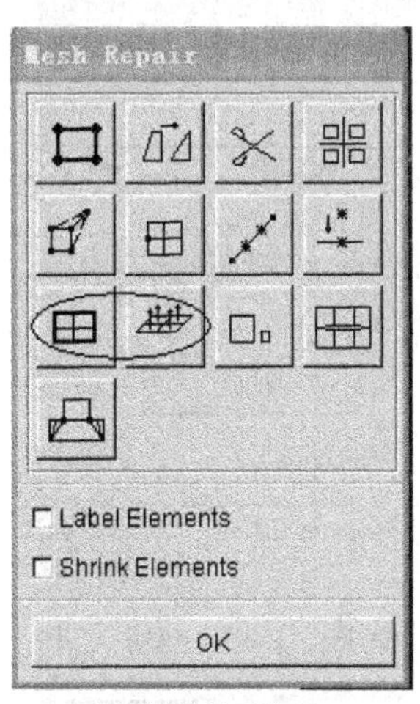

（b）网格单元检查

图 8-7　网格检查过程

（a）单元的选取方式

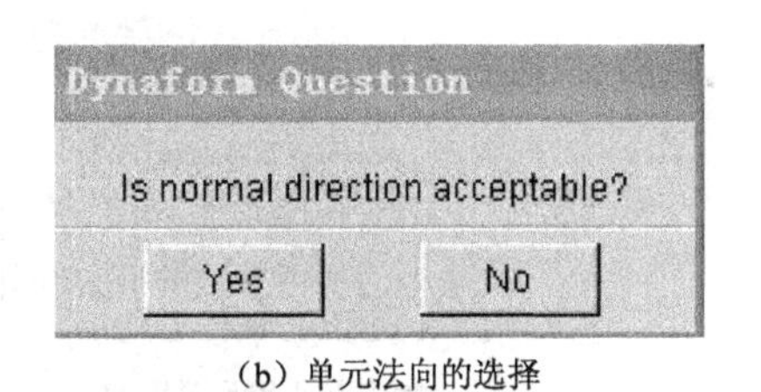

（b）单元法向的选择

图 8-8　法线方向设置操作过程

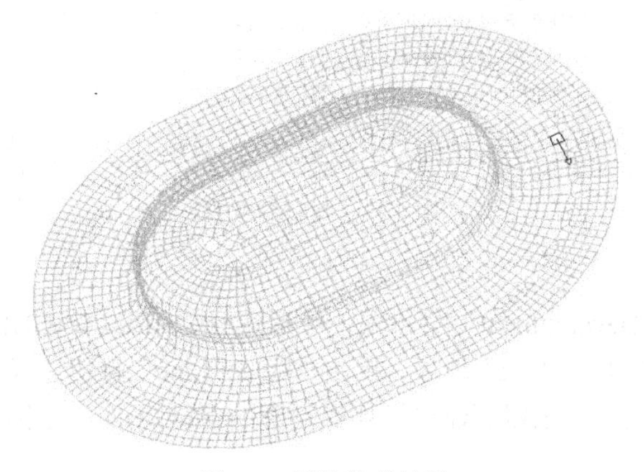

图 8-9　网格检查结果

（5）毛坯尺寸估算

选择“BSE”→“Blank Size Estimate”菜单项，依次单击“NULL”和“New”按钮定义材料，如图 8-10 所示，材料参数如图 8-11 所示，输入“CQ”作为新材料的名字。材料参数设置完后，在 Thickness（厚度）文本框处输入 1mm 作为材料厚度。单击“Apply”按钮开始运行坯料预估。计算结果如图 8-12 所示。

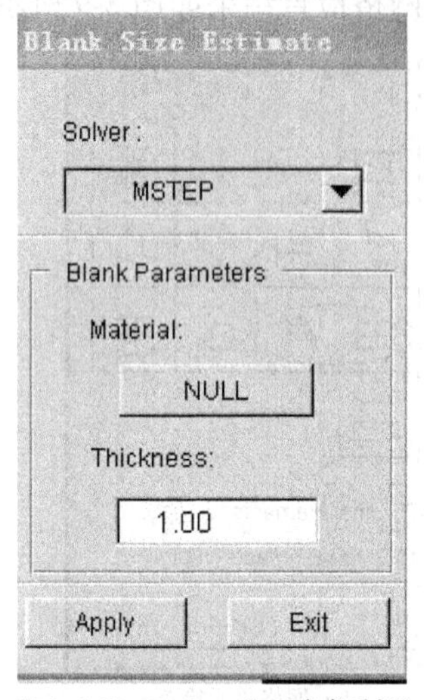

（a）“Blank Size Estimate”（定义毛坯）对话框

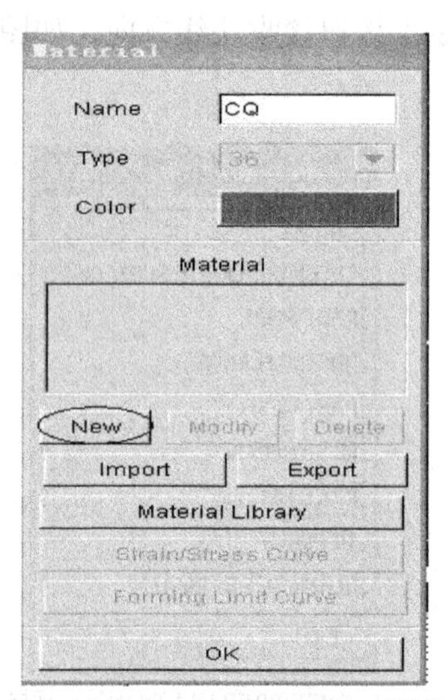

（b）“Material”（材料）对话框

图 8-10　材料定义操作过程

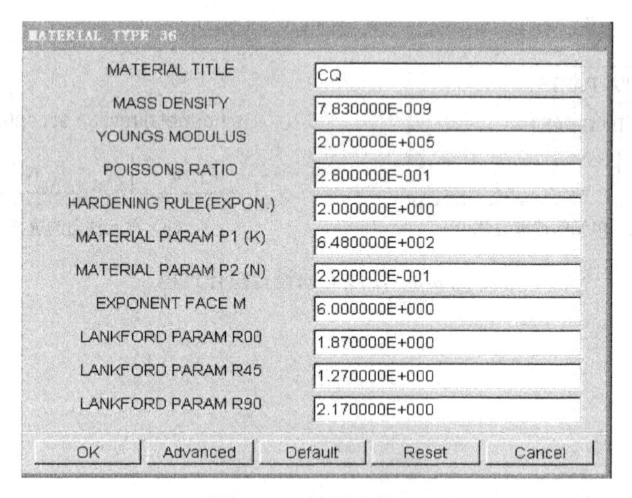

图 8-11　材料参数表

（6）矩形包络

选择“BSE”→“Development”菜单项，然后选择“RECTANGULAR FITTING”选项，如图 8-13 所示。选择“Manual Fit”选项，单击“Select Line”按钮选择毛坯轮廓线，如图 8-14 所示。选定后单击“Apply”按钮创建包络坯料轮廓的包络矩形，结果如图 8-15 所示。

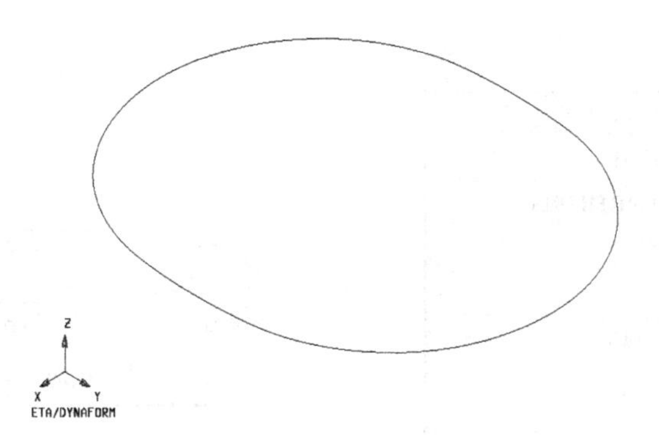

图 8-12　计算所得毛坯

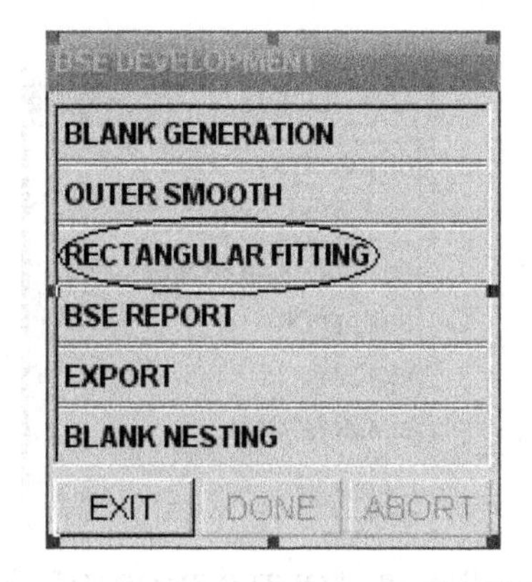

图 8-13　“BSE DEVELOPMEN”对话框

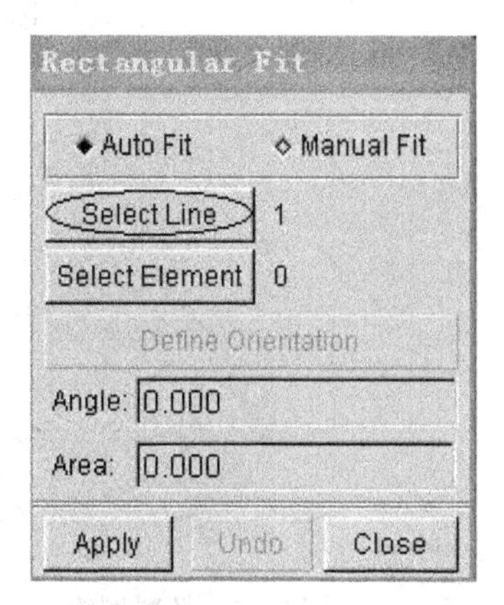

图 8-14　“Rectangular Fitting”（选线）对话框

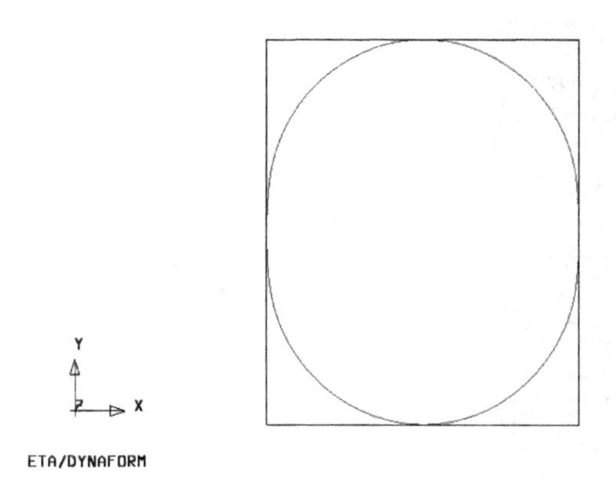

图 8-15　矩形包络结果

（7）毛坯生成

选择图 8-16（a）中的“BLANK GENERATION”选项，选择由坯料得到的毛坯轮廓线，在 RADII 文本框中输入“2.0”，如图 8-16（b）所示，单击“Ok”按钮生成毛坯网络结果，如图 8-17 所示。选择图 8-16（a）中的“OUTER SMOOTH”选项，如图 8-18 所示。先单击“Boundary Expand”按钮，此时“Fill Boundary”按钮会由灰色不可操作变为可操作，如图 8-19 所示。在 Extension 文本框中输入 3mm 作为修边余量，单击“Fill Boundary”按钮填充边界，结果如图 8-20 所示。

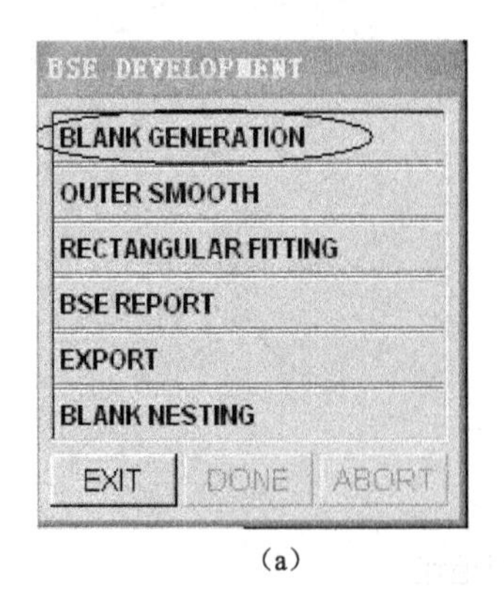

(a)

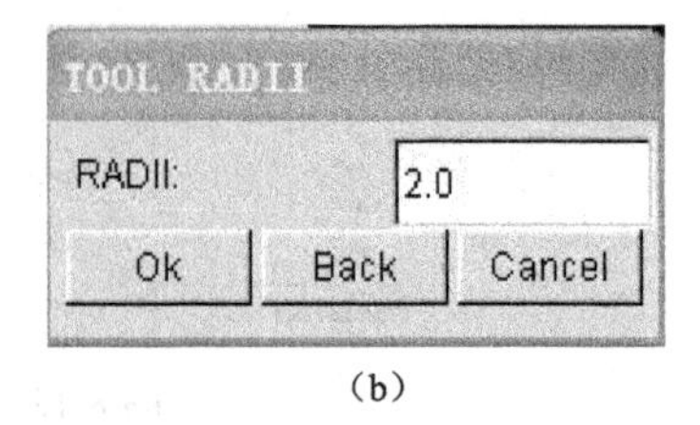

(b)

图 8-16　毛坯生成操作过程

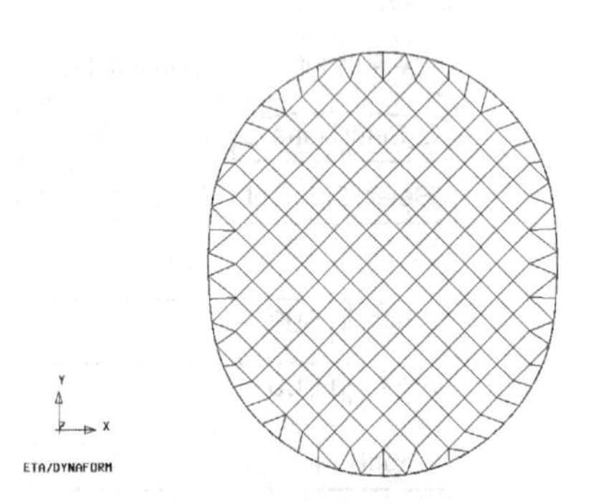

图 8-17　坯料网络

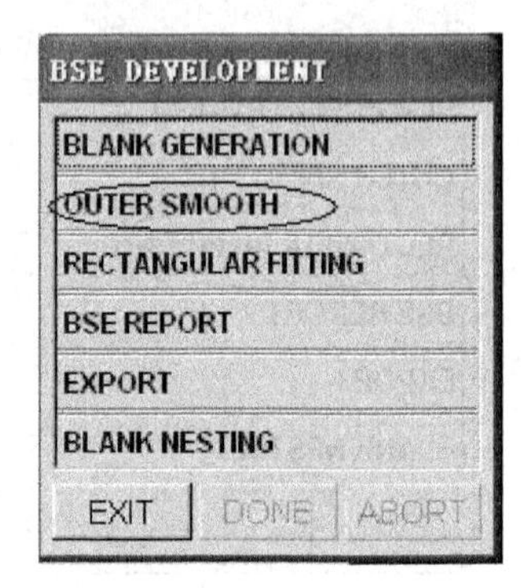

图 8-18　“OUTER SMOOTH”选项

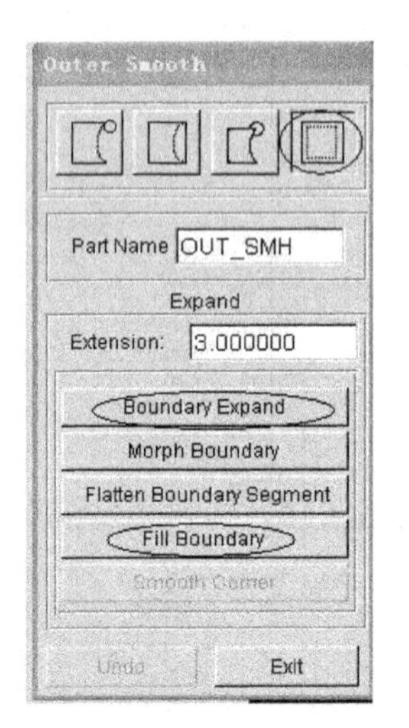

图 8-19　Boundary Expand 操作过程

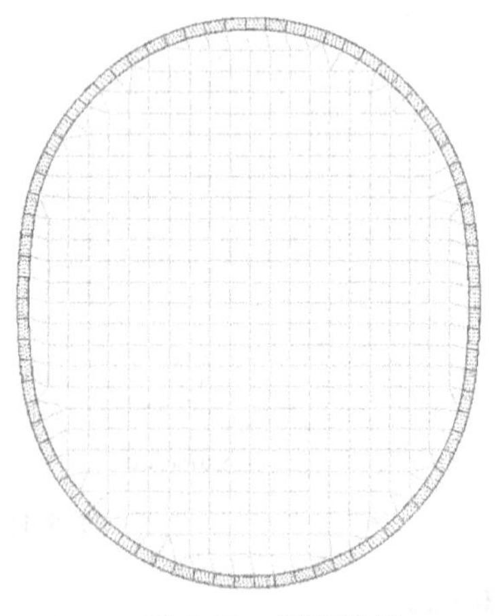

图 8-20　填充结果

通过以上步骤，得到了实际毛坯的尺寸，现在要生成新的毛坯轮廓线和网络。选择“Preprocess/Line/Points”菜单项，单击“FE Boundary Line”工具按钮，选中“In New Part”复选框，在“Split Angle”文本框中输入 0，并以“BLANK”作为新的零件名，如图 8-21 所示。单击“Ok”按钮生成新的毛坯轮廓线，如图 8-22 所示，内部为原坯料轮廓线，外部为新的坯料轮廓线。将生成的新轮廓线导出至 CAD 软件，完成修复后以*.igs 格式保存。

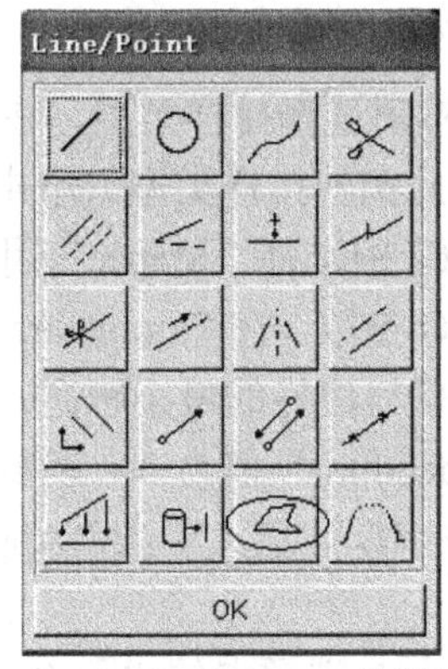

（a）“Lind/Point”对话框

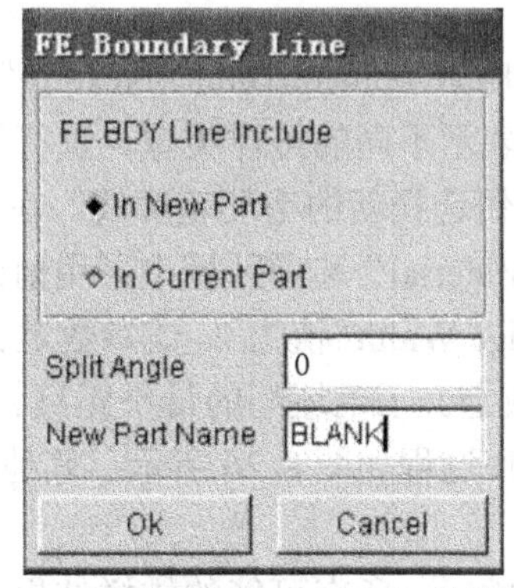

（b）“FE. Boundary Line”对话框

图 8-21　新轮廓线生成操作过程

选择“Tool/Blank Generation/BOUNDARY LINE”菜单项，在图形区选择毛坯轮廓线，单击“OK”按钮退出对话框。在 RADII 文本框输入 3，如图 8-23 和图 8-24 所示，单击“确定”按钮生成网格，并接收所生成的网格，结果如图 8-25 所示。

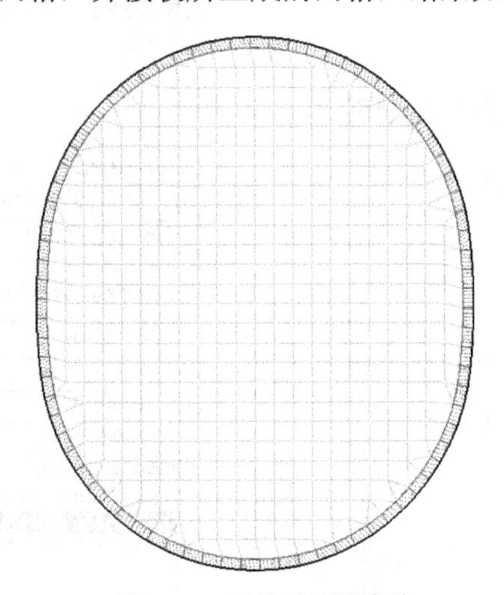
图 8-22　新的毛坯轮廓线

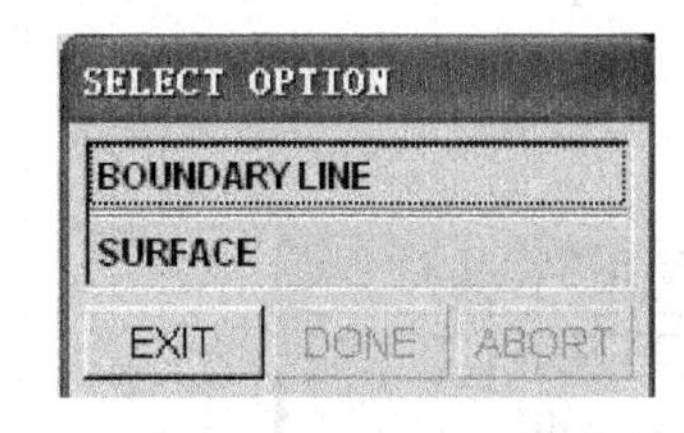

图 8-23　选择边界线操作

图 8-24　输入网格尺寸操作

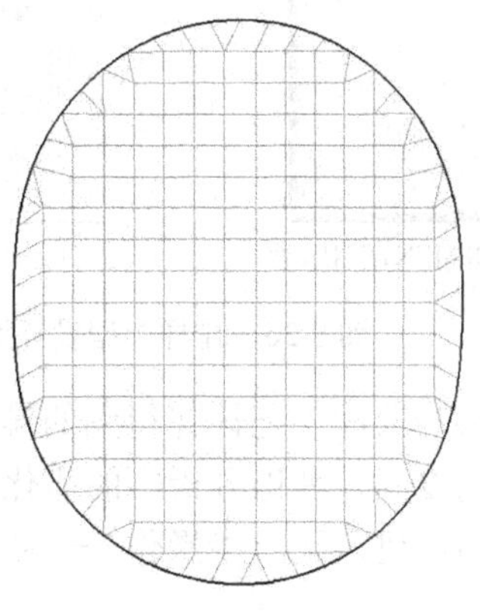
图 8-25　最终毛坯网络

（8）排样

选择“BSE/Development/Blank Nesting”菜单项，然后选择排样类型，在排样对话框的上部，有五个按钮表示不同的排样类型。选择第一种作为此例的排样类型。单击“Blank Outline（Undefined）”按钮选择新的毛坯轮廓线。在“Input Unit”中选择“Metric”用于随后的计算和输出结果。在“Material”选项区域中采用前面提到的CQ参数。在Parameters选项区域中输入搭边值，输入“Edge Width”值为2，该参数定义了毛坯与条料边界的最小距离。输入“Part Spain”值为1.5，该参数定义了毛坯间的最小距离。输入“Addendum”值为3，该参数设置了毛坯的扩大补充量，操作过程如图8-26所示。其他参数采用系统默认值。单击“Apply”按钮，开始排样计算。

排样计算完成后，所有可能的排样结果都显示在Result选项卡的Results列表中。图形区中默认显示的是在默认约束条件下材料利用率最大的排样结果。Nesting对话框底部的“Output Nest Report”按钮此时已被激活，如图8-27所示，单击此按钮开始输出结果，图形区显示的结果如图8-28所示。单击“Apply”按钮，程序将自动将结果以“*.htm”格式写入到指定文件目录中。

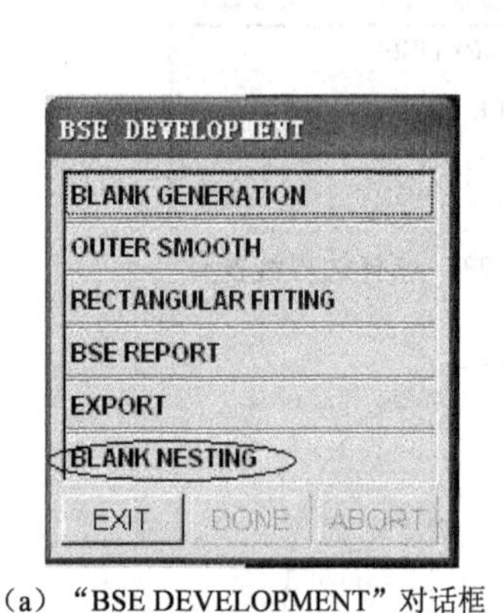

（a）“BSE DEVELOPMENT”对话框

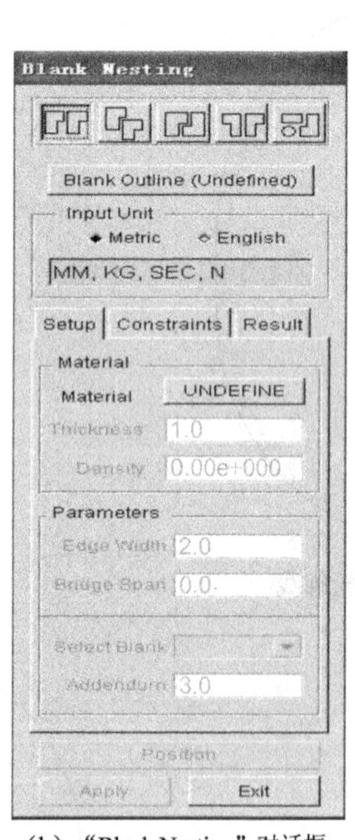

（b）“Blank Nesting”对话框

图8-26　排样类型设置操作

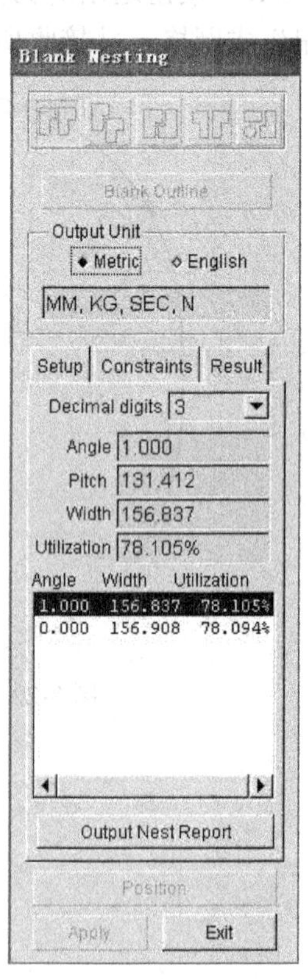

图8-27　排样结果显示

将排样结果与前面工艺计算得到的排样结果进行比较，可以发现两者的误差较大，说明有限元数值计算精度高，理论分析中的简化计算较粗糙。

排样结束后，进入下一步操作——制件的拉深成型分析。

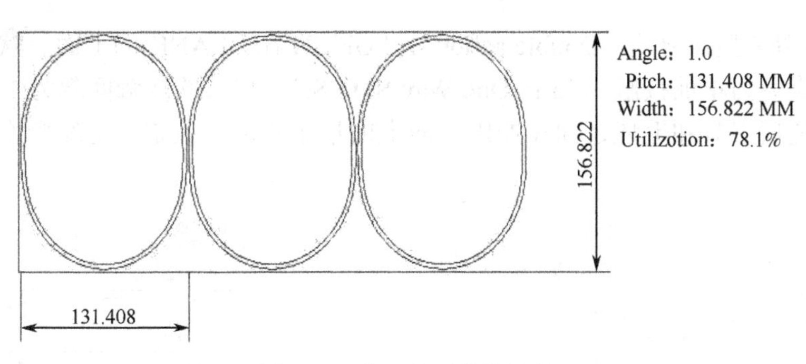

图 8-28　窗口显示排样结果

8.2　数据库操作

数据库操作步骤如下所述。

（1）创建 DYNAFORM 数据库

选择“File”→“New”菜单项，系统弹出相应的对话框，单击“Yes”按钮保存上一步排样中得到的数据库。然后选择“File”→“Save as”菜单项，修改默认文件名，将所建立的新的数据库保存在自己设定的目录下。

（2）导入模型

选择“File”→“Import”菜单项，将上面所建立的“*.igs”下模模型文件和排样中得到的“*.igs”格式的坯料轮廓线文件导入到数据库中，如图 8-29 所示。选择“Parts”→“Edit”菜单项，系统弹出如图 8-30 所示的对话框，编辑修改零件层的名称、编号（注意编号不能重复）和颜色，将毛坯层命名为“BLANK”，将下模层命名为 DIE，单击“OK”按钮。

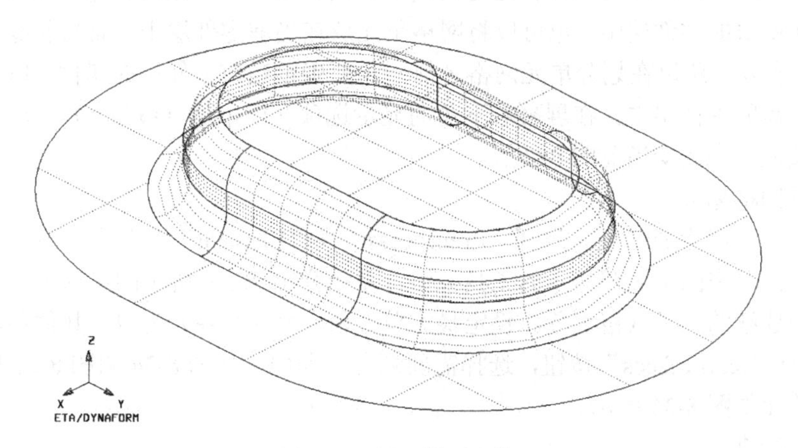

图 8-29　导入模型文件

（3）参数设定

选择 Tools 菜单中的“Analysis Setup”选项，系统弹出如图 8-31 所示的对话框。默认的单位是：长度单位为 mm（毫米），力单位为 N（牛顿），时间单位为 SEC（秒），质量单位为

TON（吨）。成型类型：双动（Double action），PUNCH在BLANK的上面。默认毛坯和所有工具的接触面类型为单面接触（Form One Way S. to S.）。默认的接触间隙为1.0mm，接触间隙是指自动定位后工具和毛坯之间在冲压方向上的最小距离，在定义毛坯厚度后此项设定的值被自动覆盖。

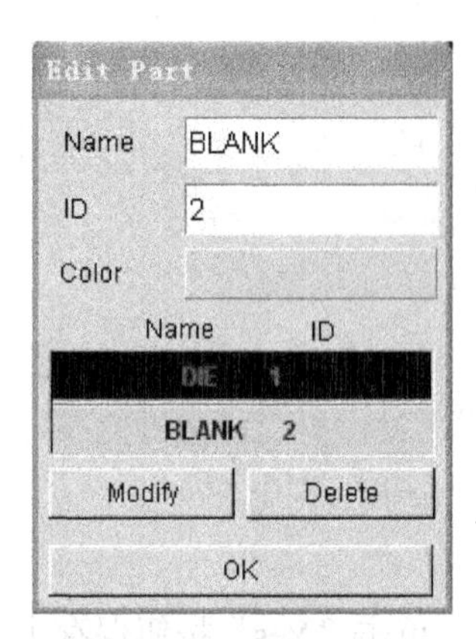

图8-30 “Edit Part”（编辑零件层）对话框

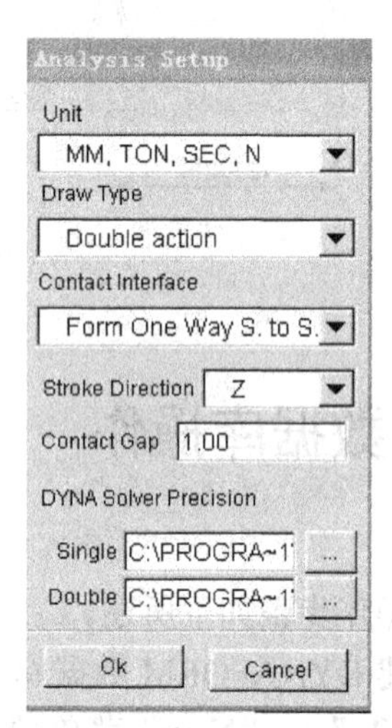

图8-31 “Analysis Setup”（分析参数设置）对话框

8.3 网格划分

为了能够快速有效地进行模拟，应对所导入的曲面或曲面数据进行合理的网格划分，这一步骤十分重要。由于DYNAFORM在进行网格划分时提供了一个选项，既可以将所创建的单元网格放在单元所属的零件层中，也可以将网格单元放在当前零件层中，而当前零件层可以不是单元所属的零件层，所以在划分单元网格之前一定要确定当前零件层的属性，以确保所划分的单元网格在所需的零件层中。在屏幕右下角的显示选项（Display Options）区域中，单击“当前零件层”按钮用来改变当前的零件层。

（1）工具网格划分

设定当前零件层为DIE层，选择“Preprocess”→“Element”菜单项，系统弹出如图8-32所示的工具栏。单击图中椭圆所示的工具按钮，系统弹出8-33所示的对话框。一般划分模具网格采用的是连续的工具网格划分。设定最大单元值（Max.Size）为2，其他各项的值采用默认值。单击“Select Surfaces”按钮，选择需要划分的曲面，如图8-34和图8-35所示，最后所得到的网格单元如图8-36所示。

（2）网格检查

为了防止自动划分所得到的网格存在一些影响分析结果的潜在缺陷，需要对得到的网格单元进行检查。选择“Preprocess”→“Model Check”菜单项，系统弹出如图8-37所示的工具栏。最常用的检查为以下两项。

1）在Moldel Check工具栏中，单击“Auto Plate Normal”（自动翻转单元法向）工具按钮，系统弹出如图 8-38 所示的对话框。单击“CURSOR PICK PART”选项，系统弹出如图 8-39 所示的对话框，单击“Yes”按钮确定单元法线的方向，如图 8-40 所示。

2）在 Moldel Chech 工具栏中，单击“Boundary Display”（边界线显示）工具按钮，此时边界线高亮显示，如图 8-41 所示。在观察边界线显示结果时，为更好地观察结果中存在的缺陷，可将曲线、曲面、单元和节点都不显示，结果如图 8-42 所示。

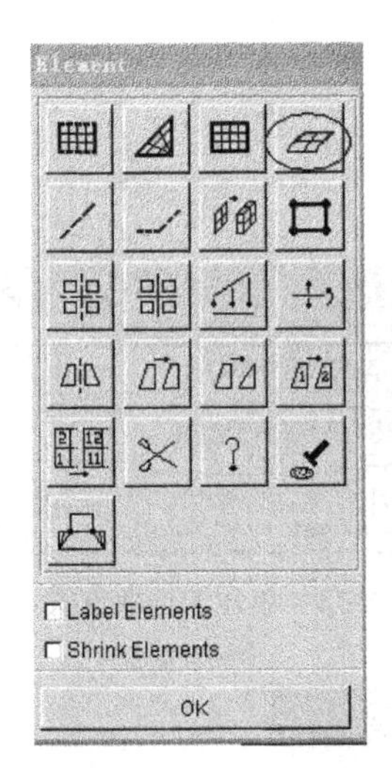

图 8-32　Element 工具栏

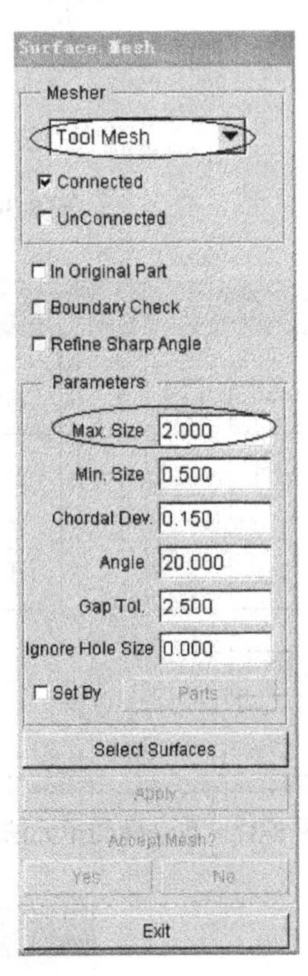

图 8-33　“Surface Mesh”对话框

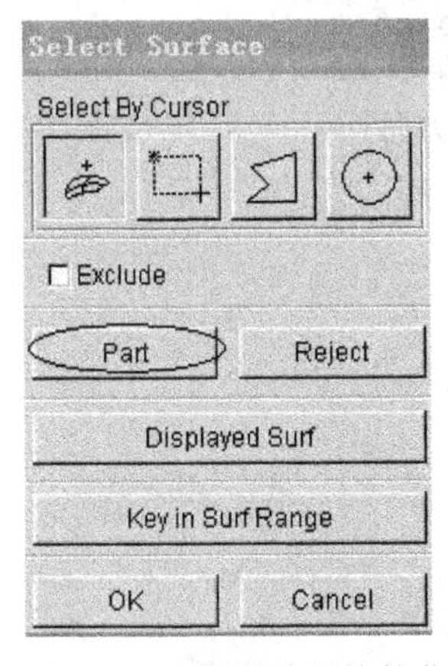

图 8-34　选择划分网格的曲面

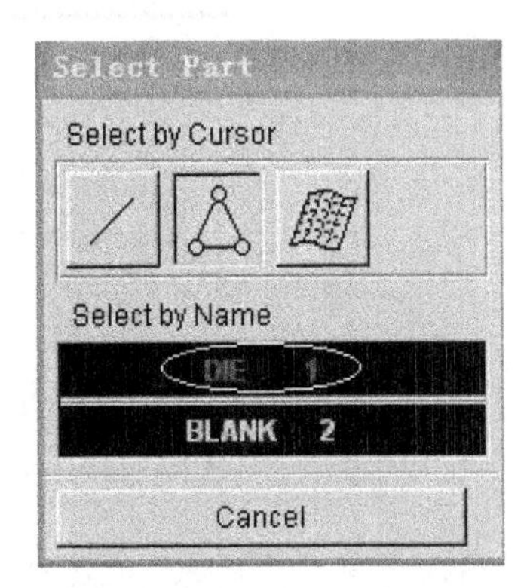

图 8-35　选择 DIE 层的曲面划分网格

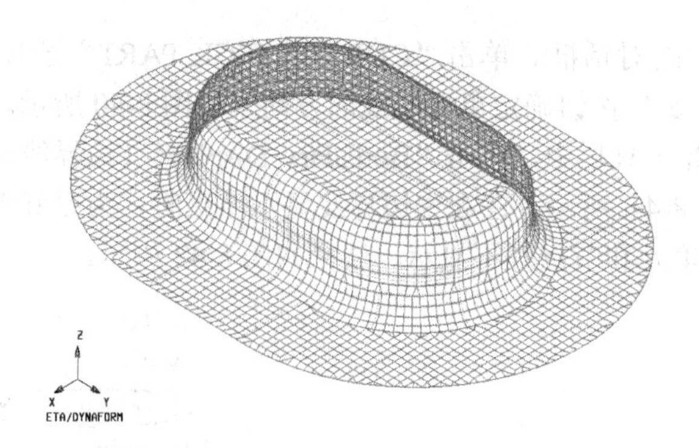

图 8-36　DIE 划分网格单元结果图

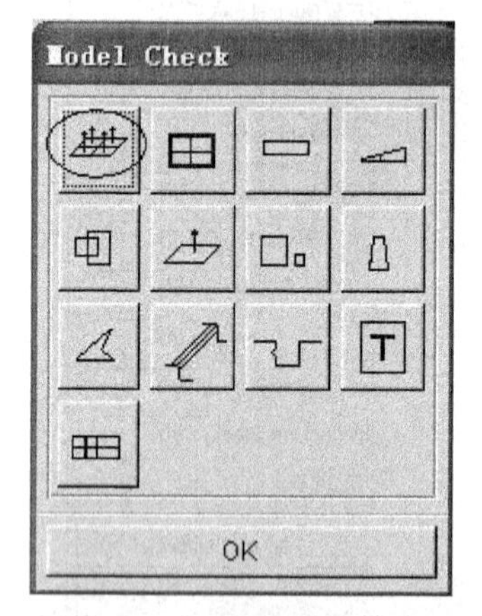

图 8-37　自动翻转单元法向检查

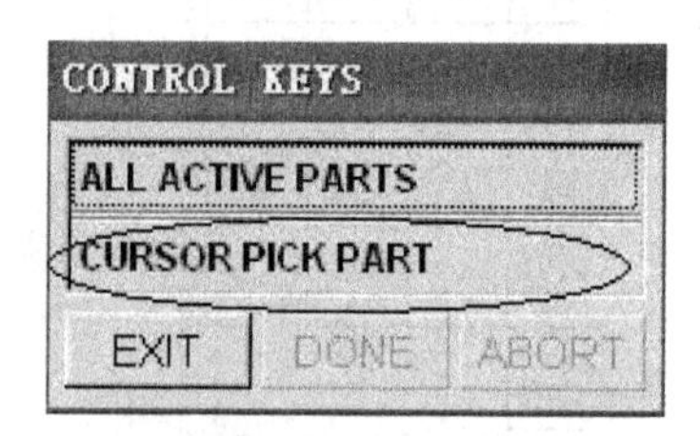

图 8-38　单元的选取方式

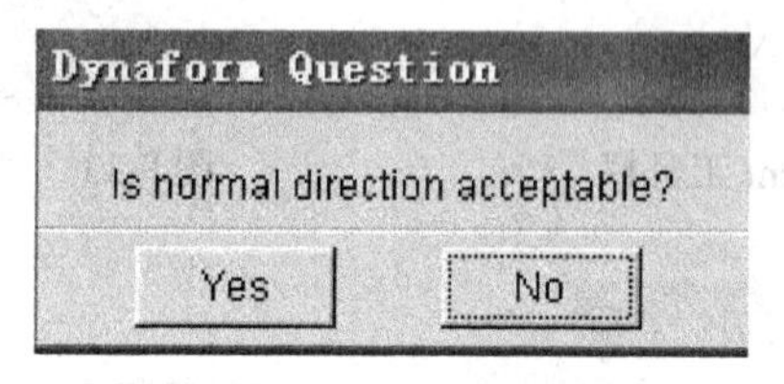

图 8-39　确定法线的方向

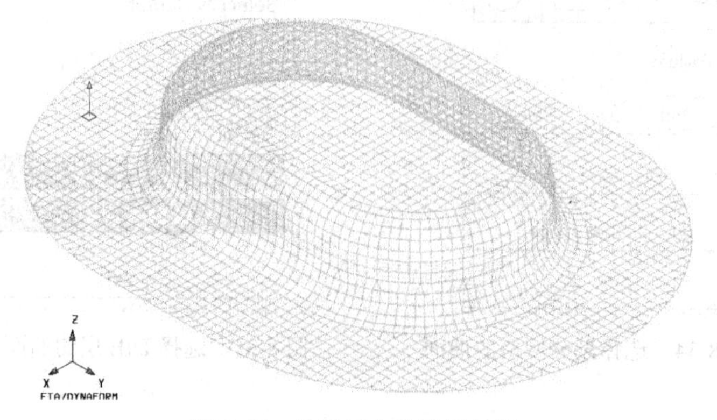

图 8-40　单元法向的选择结果

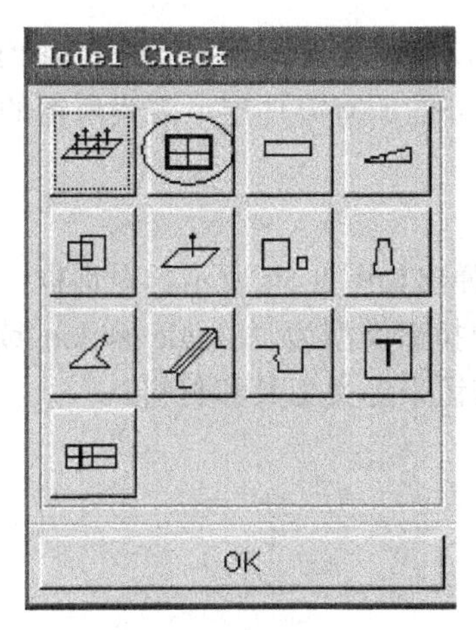

图 8-41　边界线显示项检查

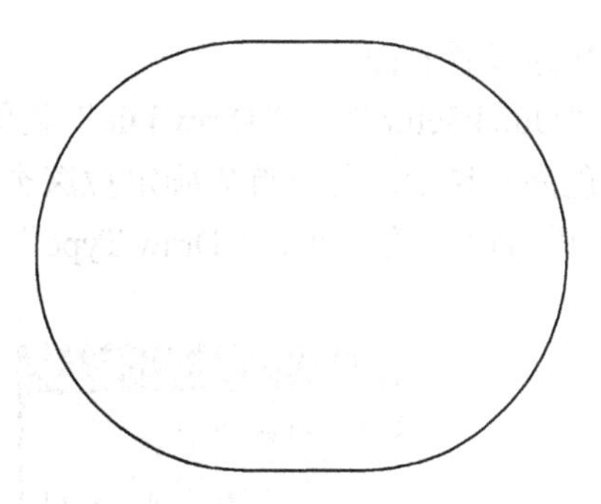

图 8-42　边界线显示项检查结果

8.4　快速设置

快速设置操作步骤如下所述。

（1）创建 BINDER 层及网格划分

选择“Parts”→“Create”菜单项，系统弹出如图 8-43 所示的对话框，创建一个新零件层，命名为“BINDER”作为压边圈零件层，同样系统自动将新建的零件层设置为当前零件层。选择“Parts”→“Add…To Part”菜单项，系统弹出如图 8-44 所示的对话框。单击“Element（s）”按钮，选择下模的法兰部分，添加网格到 BINDER 零件层，系统弹出如图 8-45 所示的对话框。单击“Spread”按钮，选择通过向四周发散的方法，与角度滑动条配合使用，如果被选中的单元的法矢和与其相邻单元的法矢之间的夹角不大于给定的角度 1°，相邻的单元就被选中。选择 BINDER 作为目标零件层，如图 8-46 所示，最终网格划分的结果如图 8-47 所示。

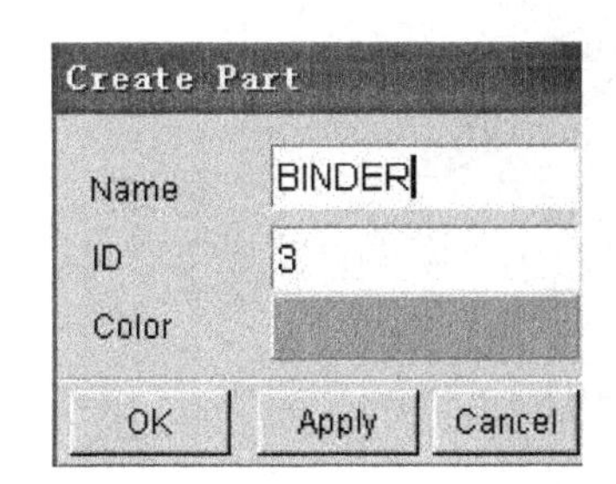

图 8-43　创建 BINDER 零件层

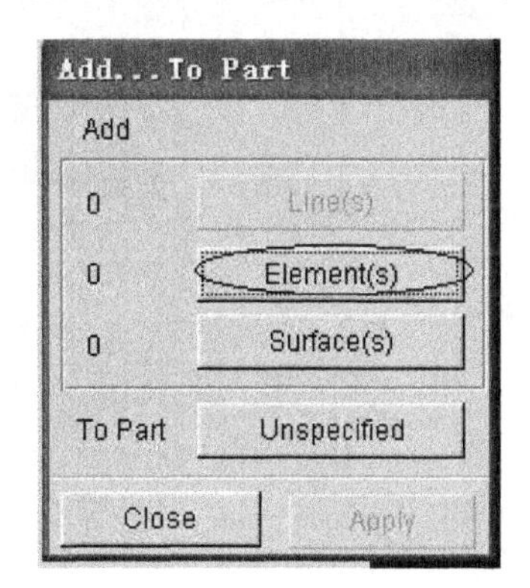

图 8-44　“Add…To Part”对话框

（2）分离 DIE 和 BINDER

经过上述的操作后，DIE 和 BINDER 零件层拥有了不同的单元组，但是它们沿着共同的边界处还有共享的节点，因此需要将它们分离开来，使得它们能够拥有各自独立的运动。选择

"Parts"→"Separate"菜单项，系统弹出如图8-48所示的对话框，分别选择"DIE"和"BINDER"零件层，单击"OK"按钮结束分离。关闭除BINDER外的所有零件层，观察所得的压边圈，结果如图8-49所示。

（3）快速设置界面

选择"QuickSetup"→"Draw Die"菜单项，系统弹出如图8-50所示的对话框，未定义的工具以红色高亮显示。用户首先确定拉深类型。此例中拉深类型为"Single action 或 Inverted draw"，下模可用。通过单击"Draw Type"窗口中的按钮来定义工具和材料。

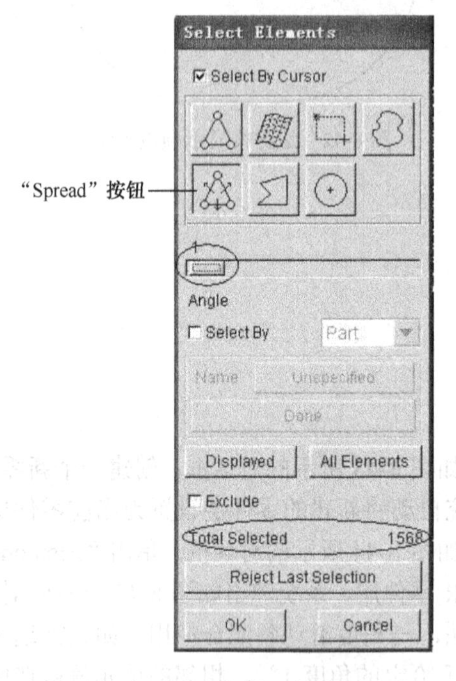

图8-45 添加单元的选取

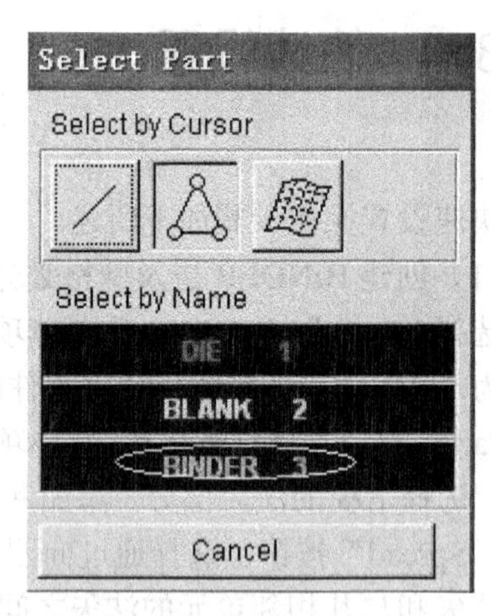

图8-46 选择目标零件层

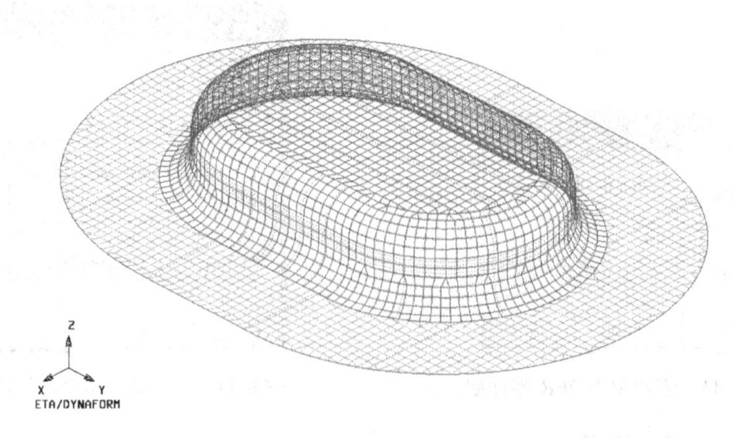

图8-47 最终网格划分的结果

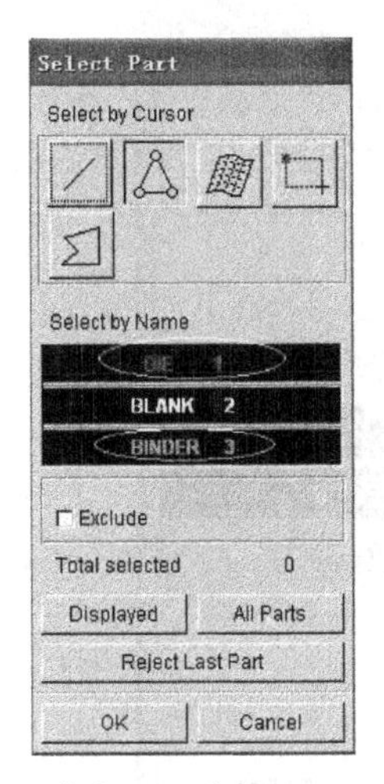

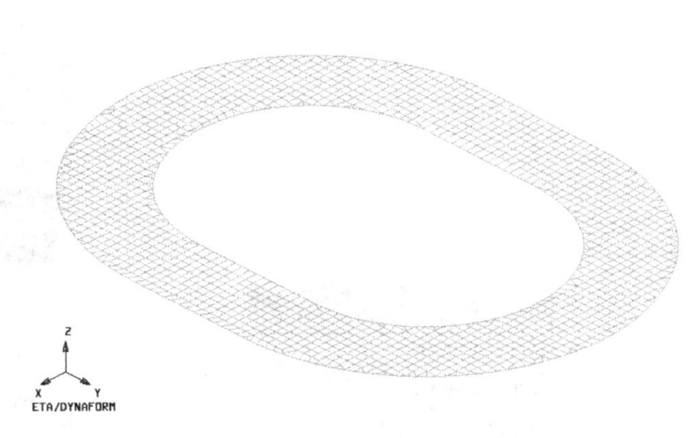

图 8-48 分离 DIE 和 BINDER 零件层

图 8-49 压边圈

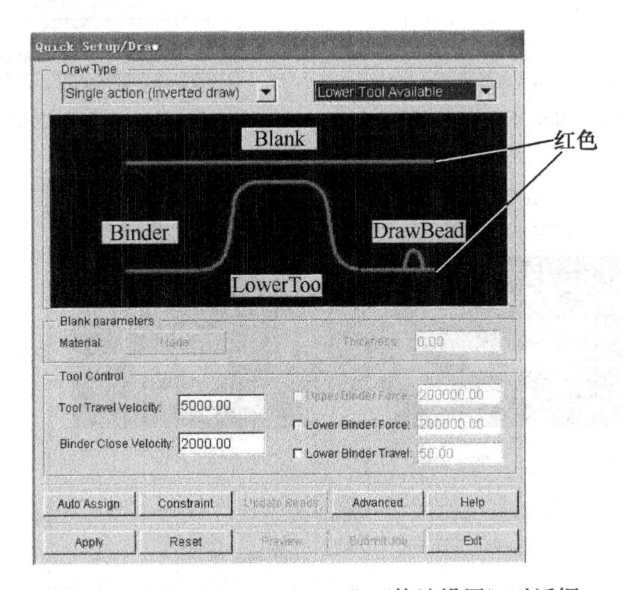

图 8-50 “Quick Setup/Draw”（快速设置）对话框

（4）定义工具

定义压边圈的操作：单击“Binder”按钮，然后从 DEFINE TOOL 对话框中选择“SELECT PART”选项，从 Define Binder 对话框选择“Add”选项，从零件层列表选择零件层为“BINDER”，如图 8-51 和图 8-52 所示。

重复同样的过程定义 Lower Tool 和 Blank。由于该制件的拉深成型不需要设置 Draw-Bead，所以不用定义。一旦工具定义完后，Quick Setup/Draw 窗口中的工具颜色将变为绿色，如图 8-53 所示。

由于在前面的零件编辑中，单个零件层的命名与工具定义中默认的工具名相同，所以可以单击图 8-50 中的“Auto Assign”按钮自动定义工具。

图 8-51　BINDER 选择操作

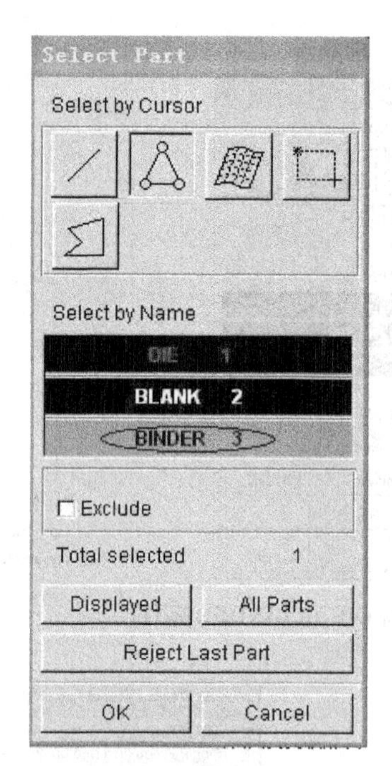

图 8-52　BINDER 设置过程

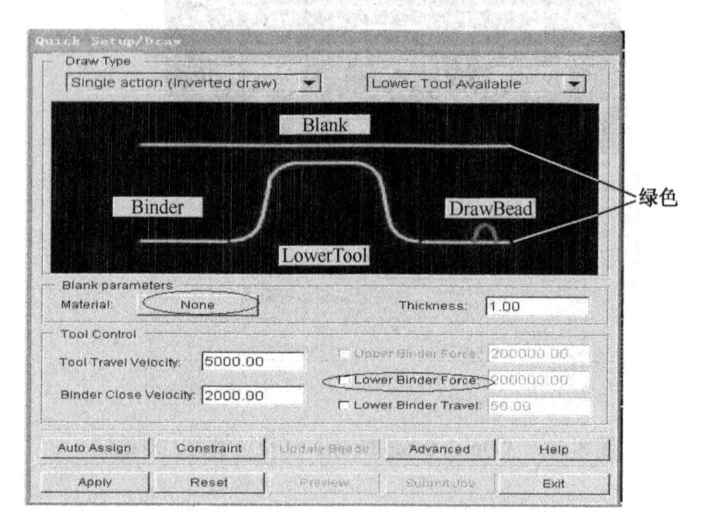

图 8-53　工具定义完成后的设置界面

（5）定义毛坯材料

单击图 8-53 中 Blank parameters 选项区域的“None”按钮，系统弹出如图 8-54 所示的对话框。单击“New”按钮系统弹出“材料属性输入”对话框。在图 8-53 所示对话框中将 CQ 的材料属性输入对应的文本框，在 Thickness 中输入 1.0mm 作为材料厚度。单击“OK”按钮退出。

（6）设置工具控制参数

在图 8-53 所示的对话框中，Tool Control 选项区域的 Tool Travel Velocity 和 Binder Close Velocity 设置了默认值：5000，2000。该值远远大于实际成型中的工具运动速度，为了更有效地模拟成型过程，又不过大地影响计算效率，可以将该值缩小一定比率。

选中“Lower Binder Force”复选框，输入压边力。压边力的设置对成型模拟结果影响很大。过大，会导致破裂现象；过小，会使制件的法兰部分产生起皱现象。所以在输入前需要进行计算，确保压边力设置得当。压边力的计算公式为 $F_Q=Ap$，其中 A 为在压边圈下的毛坯投影面积（mm^2）；p 为单位压边力（MPa），视材料而定，硬铝的 p 值为 1.2～1.8MPa。通过计算，将压边力设置为 12000N。

其他采用默认值。单击“Apply”按钮，程序自动创建配对模具，放置模具并产生相应的运动曲线，结果如图 8-55 所示。

单击“Preview”按钮预览模具运动，确保模具运动正确后，可以定义最后参数并进行分析求解。

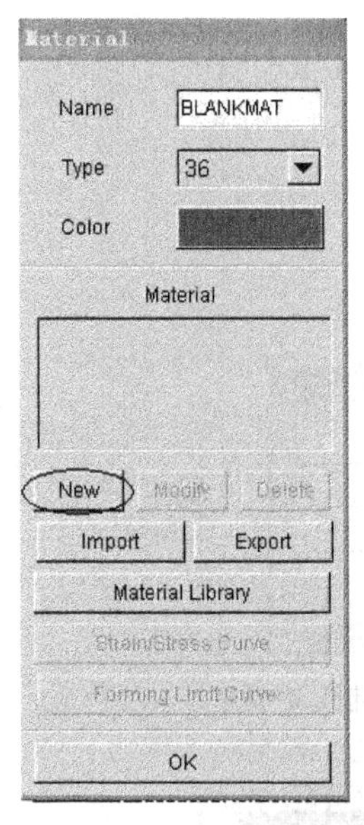

图 8-54　定义毛坯操作

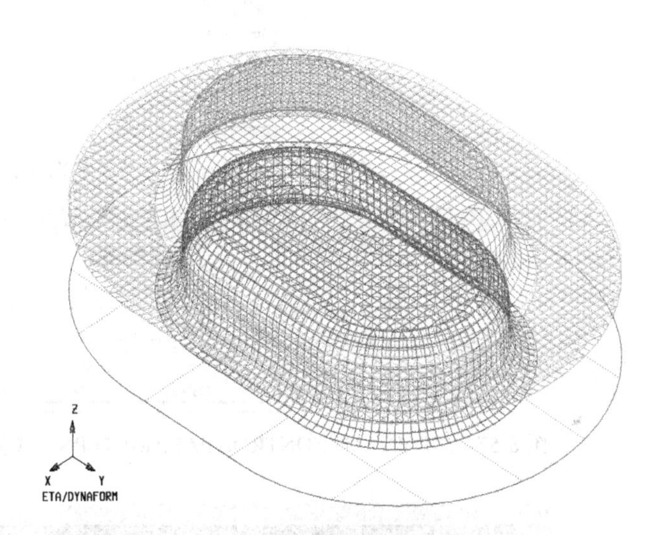

图 8-55　模具设置结果

8.5　分析求解

单击“Submit Job”（提交工作）按钮，系统弹出“Analysis”（分析）对话框，如图 8-56 所示。单击“Control Parameters”（控制参数）按钮，系统弹出如图 8-57 所示的对话框。对于新用户，建议使用默认控制参数，单击“OK”按钮。对于“Adaptive Parameters”（自适应参数）选项，同样采用默认值。在“Analysis”下拉列表框中选择“Full Run Dyna”（自动运行）选项，输入内存数量为 120MB，然后，单击“OK”按钮开始计算。求解器将在后台运行，如图 8-58 所示。

求解器以 DOS 窗口显示计算运行状况。程序给出了大概完成时间。由于采用了自适应网格划分，在计算过程中会有几次网格的重新划分，所以该时间并不准确。同样，CPU 的数量和速度也会对计算时间产生影响。

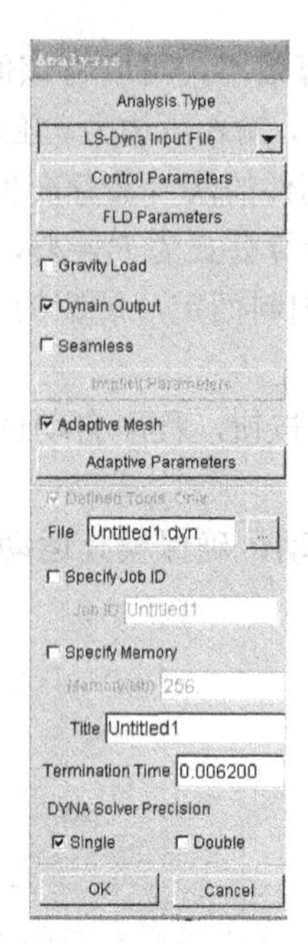

图 8-56 “Analysis”（分析）对话框

DYNA3D CONTROL PARAMETERS

TERMINATION TIME(ENDTIM) 6.200000E-003
TIMESTEP (DT2MS) -1.200000E-006
PARALLEL (NCPU) 1
STATES IN D3PLOT (DPLTC) -4

OK Advanced Default Reset Cancel

图 8-57 “DYNA3D CONTROL PARAMETERS”（参数控制）对话框

```
C:\PROGRA~1\DYNAFO~1.2\lsdyna.exe

initialization completed
   1112 t 1.1999E-03 dt 1.08E-06 write d3plot file
   1149 t 1.2409E-03 dt 1.08E-06 write adaptivity stress file
   1149 t 1.2409E-03 dt 1.08E-06 increase shells from     8746 to      8746

input of data is completed
   1149 t 1.2409E-03 dt 1.08E-06 flush i/o buffers

initialization completed
   1292 t 1.3954E-03 dt 1.08E-06 write adaptivity stress file
   1292 t 1.3954E-03 dt 1.08E-06 increase shells from     8746 to      8746

input of data is completed
   1292 t 1.3954E-03 dt 1.08E-06 flush i/o buffers

initialization completed
   1436 t 1.5509E-03 dt 1.08E-06 write adaptivity stress file
   1436 t 1.5509E-03 dt 1.08E-06 increase shells from     8746 to      8746

input of data is completed
   1436 t 1.5509E-03 dt 1.08E-06 flush i/o buffers

initialization completed
```

图 8-58 求解器窗口

8.6 后置处理

后置处理包括以下几个步骤。

（1）绘制变形过程

单击菜单栏中的“PostProcess”选项进入 DYNAFORM 后处理程序，即通过此接口转入到 ETAPost 后处理界面，如图 8-59 所示。

图 8-59　ETAPost 后处理界面

选择“File”→“Open”菜单项，浏览找到保存结果文件的目录，选择正确的文件格式，然后选择 d3plot 文件，单击“Open”按钮读取结果文件。在系统默认的绘制状态时绘制变形过程（Deformation），可在帧（Frame）下拉列表框中选择“All Frame”选项，然后单击“play”按钮动画显示过程的变化，也可选择单帧对过程中的某步骤进行观察，如图 8-60 所示，最终所得到的零件外形如图 8-61 所示。

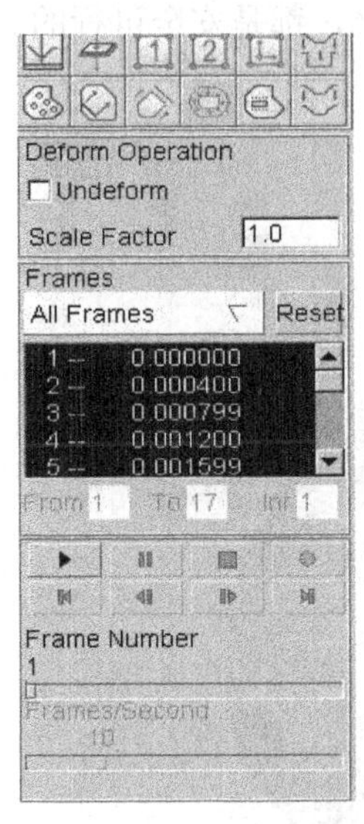

图 8-60　变化过程的绘制

图 8-61　零件的最终外形图

（2）绘制厚度变化过程及成型极限图

单击如图 8-62 所示（标有椭圆形）的两个按钮，可绘制成型过程中毛坯厚度的变化过程

（见图 8-63）和零件的成型极限图（见图 8-64）。同上所述可在帧（Frame）下拉列表框中选择“All Frame”选项，然后单击“play”按钮，采用动画显示过程的变化，也可选择单帧对过程中的某步骤进行观察，根据计算数据分析成型结果是否满足工艺要求。

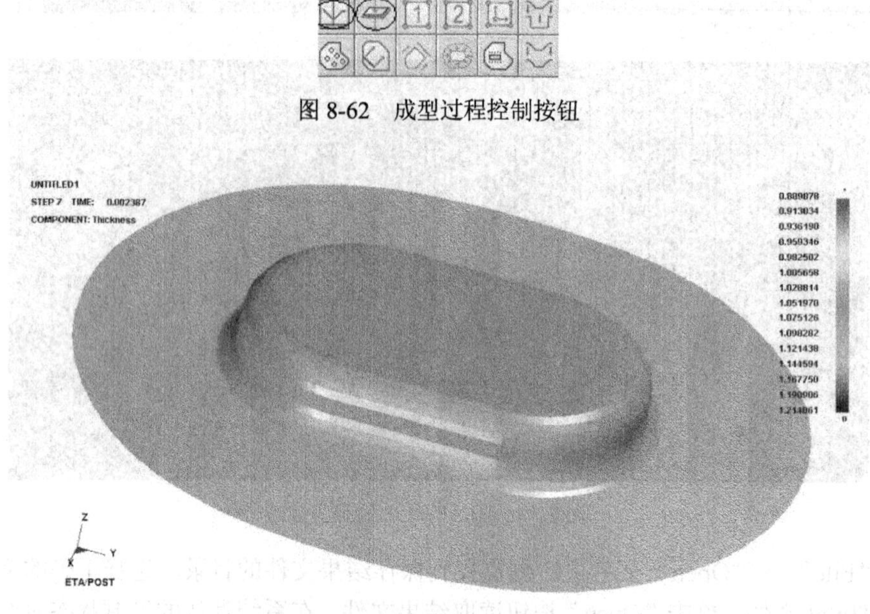

图 8-62 成型过程控制按钮

图 8-63 最终零件的壁厚分布情况

从图 8-63 最终零件的壁厚分布情况可以看出，在制件底部圆角处有破裂的可能，在制件的法兰直边部分有起皱的趋势。为了确定是否有破裂和起皱，对危险区域的壁厚分布进行了测量，根据实际经验，当壁厚减薄量小于 20%，壁厚增厚量小于 5%，都是安全可行的。通过测量，两个数值都在控制范围内，所以拉深过程是可行的。

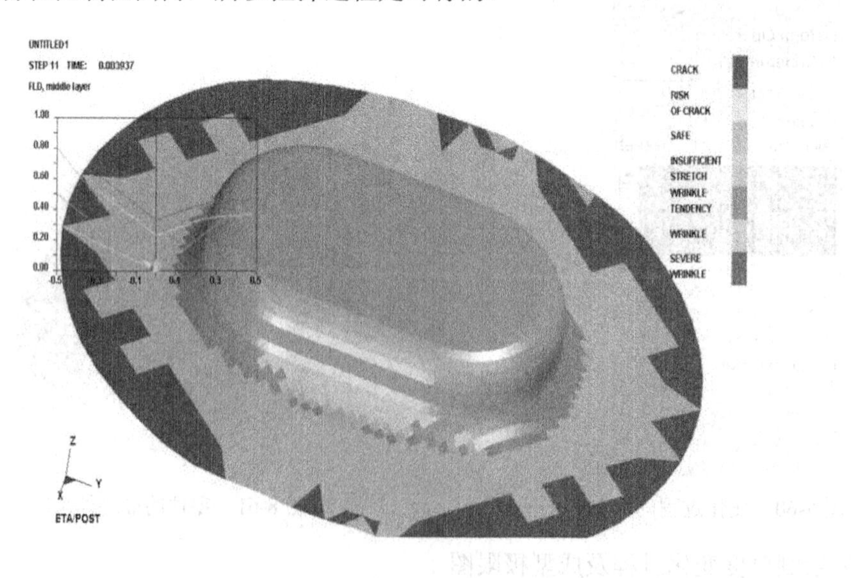

图 8-64 最终零件的 FLD 图

第9章

DEFORM 软件介绍

9.1 DEFORM 软件简介

DEFORM 系列软件是由美国 Ohio Clumbus 的科学成型技术公司（Science Forming Technology Corporation）即 SFTC 公司开发的。它的前身是美国空军 Battelle 实验室开放的 ALPID 软件。该软件系统因其功能强大、应用成熟、界面友好、学习难度低而在全球制造业中占有重要席位。它是一套基于有限元分析方法的专业工艺仿真系统，用于分析金属成型及其相关的各种成型工艺和热处理工艺。二十多年来的工业实践证明了基于有限元法的 DEFORM 有着卓越的准确性和稳定性，在模拟大流动、行程载荷和产品缺陷预测等方面同实际生产相符，保持着令人叹为观止的精度，被国际成型模拟领域公认为处于同类型模拟软件的领先地位。

DEFORM 不同于一般的有限元程序，是专为金属成型而设计，为工艺设计师量身定做的软件。DEFORM 可以用于模拟零件制造的全过程，从成型、热处理到机械加工。DEFORM 主旨在于帮助设计人员在制造周期的早期能够检查、了解和修正潜在的问题或缺陷。DEFORM 具有非常友好的图形用户界面，可帮助用户方便地进行数据准备和成型分析。这样，工程师们便可把精力主要集中在工艺分析上，而不是去学习烦琐的计算机软件系统。

DEFORM 通过在计算机上模拟整个加工过程，帮助工程师设计人员：①设计工具和产品工艺流程，减少昂贵的现场试验成本；②提高模具设计效率，降低生产和材料成本；③缩短新产品的研究开发周期；④分析现有工艺方法存在的问题，辅助找出原因和解决方法。

9.2 DEFORM 软件的特色

（1）友好的图形界面

DEFORM 专为金属成型而设计，具有 Windows 风格的图形界面，可方便快捷地按顺序进行前处理及其多步成型分析操作设置，分析过程流程化，简单易学。此外，DEFORM 针对典型的成型工艺提供了模型建立模板，采用向导式操作步骤，引导技术人员完成工艺过程分析。

（2）高度模块化、集成化的有限元模拟系统

DEFORM 是一个高度模块化、集成化的有限元模拟系统，它主要包括前处理器、求解器、后处理器三大模块。前处理器完成模具和坯料的几何信息、材料信息、成型条件的输入，并建

立边界条件。求解器是一个集弹性、弹塑性、刚（黏）塑性、热传导于一体的有限元求解器。后处理器是将模拟结果可视化，支持 OpenGL 图形模式，并输出用户所需要的结果数据。DEFORM 允许用户对其数据库进行操作，对系统设置进行修改，并且支持自定义材料模型等。

（3）有限元网格自动生成器及网格重划分自动触发系统

DEFORM 强大的求解器支持有限元网格重划分，能够分析金属成型过程中多个材料特性不同的关联对象在耦合作用下的大变形和热特性，由此能够保证金属成型过程中的模拟精度，使得分析模型、模拟环境与实际生产环境高度一致。DEFORM 采用独特的密度控制网格划分方法，可方便地得到合理的网格分布。在计算过程中，在任何有必要的时候能够自行触发高级自动网格重划生成器，生成细化、优化的网格模型。

（4）集成金属合金材料

DEFORM 自带材料模型包含弹性、弹塑性、刚塑性、热弹塑性、热刚（黏）塑性、粉末材料、刚性材料及自定义材料等类型，并提供了丰富的开放方式材料数据库，包括美国、日本、德国的各种钢、铝合金、钛合金、高温合金等 250 种材料的相关数据。用户也可根据自己的需要定制材料库。

（5）集成多种成型设备模型

DEFORM 集成多种实际生产中常用的设备模型，包括液压机、锻锤、机械压力机、螺旋压力机等。可以分析采用不同设备的成型工艺，满足用户各种成型条件下模拟的需要。

（6）用户自定义子程序

DEFORM 提供了求解器和后处理程序的用户子程序开发。用户自定义子函数允许用户定义自己的材料模型、压力模型、破裂准则和其他函数，支持高级算法的开发，极大地扩展了软件的可用性。后处理程序的用户子程序开发允许用户定制所关心的计算结果信息，丰富了后处理显示功能。

（7）辅助成型工具

DEFORM 针对复杂零件锻造过程，提供了预成型设计模块 Preform，该模块可根据最终锻件的形状反算锻件的预成型形状，为复杂锻件的模具设计提供指导。针对热处理工艺界面热传导参数的确定，提供反向热处理分析模块（Inverse Heat），帮助用户根据试验结果确定界面热传导参数。

9.3 DEFORM 软件的功能概览

DEFORM 用来分析变形、传热、热处理、相变和扩散及晶粒组织变化等。以上的各种现象之间都是相互耦合的，拥有相应模块以后，这些耦合效应将包括塑性功、界面摩擦功引起的升温、加热软化、相变控制温度、相变内能、相变塑性、相变应变、应力对相变的影响、应变及温度对晶粒尺寸的影响及碳含量对各种材料性能产生的影响等。

（1）成型分析

成型分析包括冷、温、热锻的成型和热—力耦合分析。丰富的材料数据库包括各种钢、铝合金、钛合金和高温合金。提供材料流动、模具充填、成型载荷、模具应力、纤维流向、缺陷形成和韧性破裂等信息。刚性、弹性和热黏塑性材料模型，特别适用于大变形成型分析。完整的成型设备模型可以分析液压成型、锤上成型、螺旋压力成型和机械压力成型。用户自定义子函数允许用户定义自己的材料模型、压力模型、破裂准则和其他函数。流线和质点跟踪可以分析材料内部的流动信息及各种场量分布。温度、应变、应力、损伤及其他场变量等值线的绘制使后处理信息更加丰富。自动接触条件及完美的网格再划分使得在成型过程中即便形成了缺陷，模拟也可以进行到底。

（2）热处理

模拟的热处理工艺类型：包括正火、退火、淬火、回火、时效处理、渗碳、蠕变、高温处理、相变、金属晶粒重构、硬化和时效沉积等。精确预测硬度、金相组织体积比值（如马氏体、残余奥氏体含量百分比等）、热处理工艺引起的挠曲和扭转变形、残余应力、碳势和含碳量等热处理工艺评价参数。专门的材料模型用于蠕变、相变、硬度和扩散。

（3）热微观组织分析

可模拟微观组织在金属成型过程、热处理过程及加热、冷却过程中的演变，模拟晶粒生长，分析整个过程的晶粒尺寸变化，计算成型及热处理过程中的恢复再结晶现象，包括动态再结晶、中间动态再结晶及静态再结晶，通过微观演变预测总体性能，避免缺陷，如图 9-1 所示。

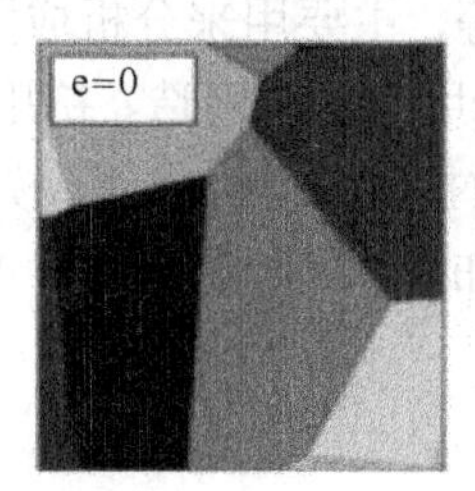

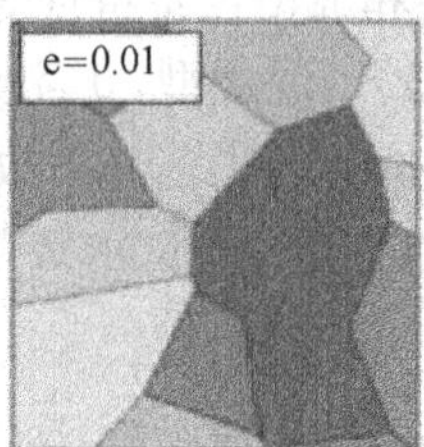

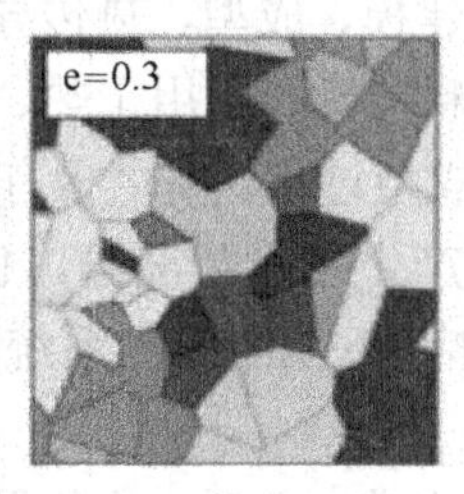

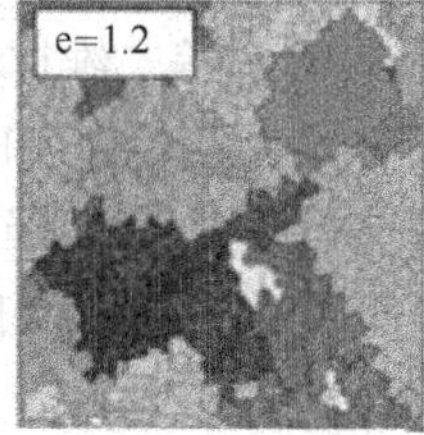

图 9-1　微观组织模拟

（4）切削过程分析

可模拟车、铣、刨及钻孔等机械加工过程，模拟切削过程工件温度、变形及切屑产生，预测切削刀具的受力、温度变化，评估刀具的磨损情况，如图 9-2 所示。

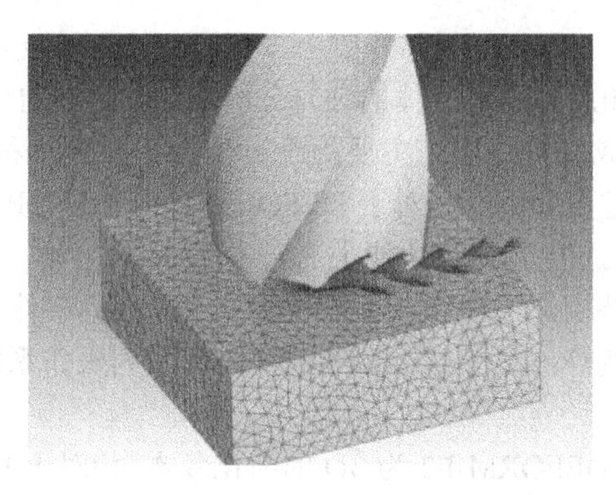

图 9-2　钻孔过程模拟

（5）综合模拟方案

针对金属成型行业提供全方位的综合模拟方案，从金属的开坯、轧制到成型、热处理、组装、机械加工及微观组织计算，全面解决行业关注问题，如图 9-3 所示。

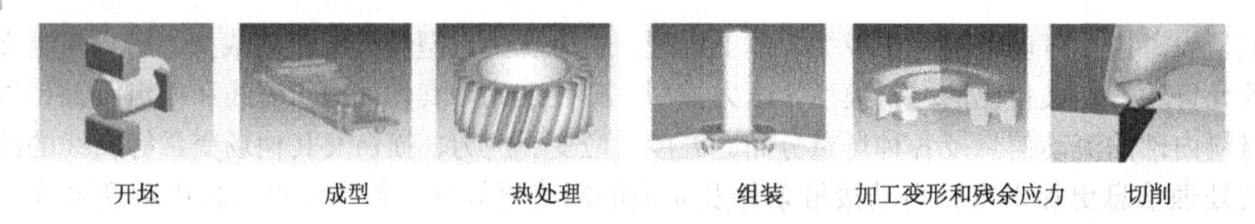

图 9-3 DEFORM 综合模拟方案

9.4 DEFORM 软件的主要模块

DEFORM 软件具有许多通用模块和专用模块，可根据分析对象选择合适模块或者几种模块的组合进行分析。DEFORM 针对典型的成型工艺提供了模型建立模板，采用向导式操作步骤，引导技术人员完成工艺过程分析，极大地方便了工程师的使用。

（1）DEFORM-2D

在同一集成环境内综合建模、成型、热传导和成型设备特性等，主要用来分析成型过程中平面应变和轴对称等二维材料流动，适用于热、冷、温成型，广泛用于分析锻造、挤压、拉拔、开坯、镦锻和许多其他金属成型过程，提供极有价值的工艺分析数据，如材料流动、模具填充、锻造负荷、模具应力和缺陷产生发展情况等。包含了 DEFORM 的核心功能。支持 Windows XP/Vista 系列操作系统，支持 UNIX/Linux 系统。

（2）DEFORM-3D

在同一集成环境内综合建模、成型、热传导和成型设备特性等，主要用于分析各种复杂金属成型过程中三维材料流动情况，适用于热、冷、温成型，提供极有价值的工艺分析数据，如材料流动、模具填充、锻造负荷、模具应力和缺陷产生发展情况等，DEFORM- 3D 功能与 2D 类似，但它处理的对象为复杂的三维零件、模具等。支持 Windows XP/Vista 系列操作系统，支持 UNIX/Linux 系统。

（3）DEFORM-F2

集成前处理、求解器和后处理于一体的独立分析系统，具有向导式的操作界面，使得用户可以方便地建立模型并完成分析过程。主要用于典型的平面应变和轴对称等二维材料流动的冷、温、热成型以及传热过程分析。相对于 DEFORM-2D，DEFORM-F2 更容易使用，用户能够很轻松完成前处理设置。但是软件功能上有一些限制，比如，支持材料本构类型相对于 DEFORM-2D 较少，不支持用户子程序，不能设置复杂的边界条件，不能配置 ADD-ON 的模块，只能手动设置多步成型等。支持 Windows XP/Vista 系列操作系统。

（4）DEFORM-F3

与 DEFORM-F2 类似，DEFORM-F3 为 3D 的简化版本。相对于 DEFORM-3D，DEFORM-F3 更容易使用，主要用于分析各种复杂金属成型过程中三维材料流动情况，对于典型成型过程，具有向导化的操作界面，用户能够很轻松完成前处理设置。但是软件功能上有一些限制，比如，支持材料本构类型相对于 DEFORM-3D 较少，不支持用户自定义子程序，不能设置复杂的边界条件，不能配置 ADD-ON 的模块，只能手动设置多步成型等。支持 Windows XP/Vista 系列操作系统。

（5）DEFORM 2D/3D

DEFORM2D 与 DEFORM3D 整合的金属成型模拟系统，将 2D 与 3D 模拟系统合为一体，包含完整的 2D/3D 模拟系统并可无缝转接。2D 网格可转变为 3D 六面体及四面体网格，边界条件、参数控制都可自动转换，后处理数据可以转换。该系统可用于复杂多工序成型，实现 2D 模拟与 3D 模拟的结合分析，提高计算效率。

（6）DEFORM F2/F3

DEFORM F2/F3 金属体积成型模拟系统，将 F2 与 F3 模拟系统合为一体，包含完整的 F2/F3 模拟系统可用于模拟金属体积成型问题，具有向导化操作界面，可视为 2D/3D 的简化版，前处理、求解及后处理在同一界面。

（7）DEFORM-HT（热处理）

可以独立运行也可以附加在 DEFORM-2D 和 DEFORM-3D 之上。DEFORM-HT 能分析热处理过程，包括硬度、晶相组织分布、扭曲、残余应力、含碳量等。 能够模拟复杂的材料流动特性，自动进行网格重划和插值处理，除变形过程模拟外，还能够考虑材料相变、含碳量、体积变化和相变引起的潜热，计算出相变过程各相的体积分数、转化率、相变应力、热处理变形和硬度等一系列相变引发的参数变量。能够计算金属成型过程发生的再结晶过程及晶粒长大过程。

（8）其他主要 ADD-ON 模块

包含 DEFORM-RR、Microstructure、Cogging、Machining、Shaping Rolling、Inverse Property Extraction(HTC)、Ring Rolling、Geometry Tool、Simulation Queue、Preform 等模块。

9.5　DEFORM-3D 的主界面及基本操作

随着计算机技术的飞速发展，CPU、内存和显卡的数据处理能力得到了相当大的提高，多 CPU 并行运算及网络运算技术越来越成熟，制约 DEFORM-3D 广泛应用的最大瓶颈——运算时间已不再是有限元模拟的主要障碍，而其对复杂形状零件的模拟和优秀的三维可视化功能成为人们关注的焦点。在 DEFORM 众多模块中，由于 DEFORM-3D 模块处理的对象为复杂的三维零件、模具，可用于分析各种复杂金属成型过程中三维材料流动情况，三维可视化效果好。而 DEFORM-2D 模块只能用来分析成型过程中平面应变和轴对称等二维材料流动，受限制较多，因此 DEFORM-3D 得到了广泛的应用。本部分主要针对 DEFORM-3D 的功能作详细讲解，其他模块如 DEFORM-2D、DEFORM-F3 等操作界面和菜单与 DEFORM-3D 基本类似，读者可借助系统提供的帮助文档自行学习。

DEFORM-3D 模块包括前处理程序（Pre-processor）、模拟程序（Simulator）和后处理程序（Post Processor）。首先要在 CAD 软件（如 Pro/E、UG 等）中进行实体造型，建立模具和坯料的实体信息并将其转换成相应的数据格式（STL）；然后在软件中设定变形过程的相应环境信息，进行网格剖分；再在应用软件上进行数值模拟计算；最后在后处理单元中将计算结果按需要进行输出。

事实上，由于设置了成型、工件材料、模具等信息后，环境条件几乎全是默认的。因此只要熟悉了操作步骤，严格按要求操作可以顺利完成前处理工作（Pre-processor）；设置完成后，通过数据检查（Check data）、创建数据库（Generate Data），将数据保存，然后退出预处理模块；开启模拟开关（Switch Simulation）、运行模拟程序（Run Simulation），进入模拟界面，模拟程序开始自动解算，在模拟解算过程中，可以打开模拟图表（Simulation Graphics）监视模拟解算进程，并进行图解分析，对变形过程、应力、应变、位移、速度等进行监视。

应用后处理器（Post Processor）分析演示变形过程，也可以打开动画控制开关（Animation Control），隐去工（模）具（Single Object Mode），进行动画演示。并同时可以打开概要（Summary）和图表（Graph），对载荷、应力、应变、位移和速度等进行详细分析。

9.5.1 DEFORM-3D 主界面简介

双击桌面上 DEFORM 图标，或者在 Windows“开始”菜单中选择“程序”→“DEFORM-3D V6.1”→“DEFORM-3D”菜单命令，启动 DEFORM-3D，启动后出现如图 9-4 所示的主界面。DEFORM 的主界面包含七个区域：标题栏、菜单栏、工具栏、工作目录栏、项目信息窗口、状态栏及主菜单栏，如图 9-4 所示。

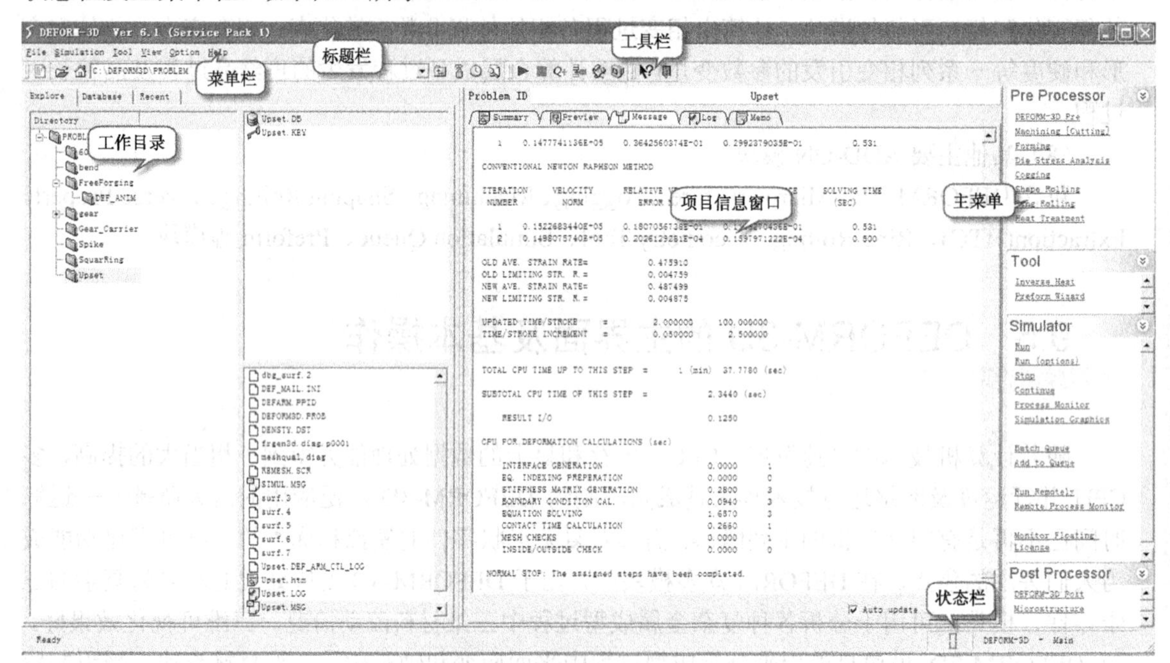

图 9-4 DEFORM 主界面

1）标题栏：指明了当前系统所使用的 DEFORM-3D 的版本信息，本书为 DEFORM-3D V6.1（Service Pack 1）版本。

2）菜单栏：包含文件管理、模拟控制、工具、视图、环境设置和帮助菜单。菜单栏是我们和 DEFORM 交互操作的主要方式。

3）工具栏：包含新建项目、工作目录选择、运行控制、模拟控制等常用的操作命令。

4）工作目录：显示系统已有的项目信息。

5）项目信息窗口：显示当前选中或运行项目的概要信息、分析模型的预览、模拟计算结果信息、运行日志等内容。

6）状态栏：显示当前 DEFORM-3D 系统的状态、正在运行的任务数量以及当前所使用的处理器为 DEFORM-3D 主界面。

7）主菜单：进行 DEFORM 分析时建模、计算和后处理等模块的菜单选择。包含前处理 Pre Processor，模拟 Simulator，后处理 Simulator 等 DEFORM 的主要功能模块。

9.5.2　模具及坯料模型的建立

DEFORM-3D 的前处理模块只提供了一些简单的模型生成，包含长方体、圆柱体等最简单的模型，可满足自由镦粗等一些最简单的工程分析。而工程实际中常用的模具形状都是很复杂的，DEFORM 本身的造型功能无法满足我们的需要。因此，DEFORM 系统提供了与 UG、Pro/E、CATIA 等成熟的商业三维造型软件的数据交换方式。可以利用 UG、Pro/E 等软件的造型功能完成模具及坯料的造型，然后导出为 IGES 或 STL 格式，最后在 DEFORM-3D 的前处理模块中导入相应的文件，用来实现前处理模块中造型的需要。

本节以 UG NX6.0 软件为例，介绍 STL 图形数据文件的生成，以及在 DEFORM-3D 前处理模块中的输入方法。

1）首先在 UG NX6.0 软件中完成如图 9-5 所示的三维模型。选择“文件”→“导出”→“STL…”菜单选项（见图 9-6），然后根据提示指定保存文件夹及文件名，选择相应的对象，完成导出操作。

2）在 DEFORM 主界面上，选择主菜单前处理中的 Pre Processor DEFORM-3D Pre 进入 DEFORM-3D 前处理模块（见图 9-7），在前处理模块的主界面中单击 Geometry 图标，然后单击 Import Geo... 图标，系统弹出“Import Geometry”对话框，如图 9-8 所示，找到刚刚保存文件的文件夹，选择相应文件，单击“打开”按钮，完成模型的导入，如图 9-9 所示。

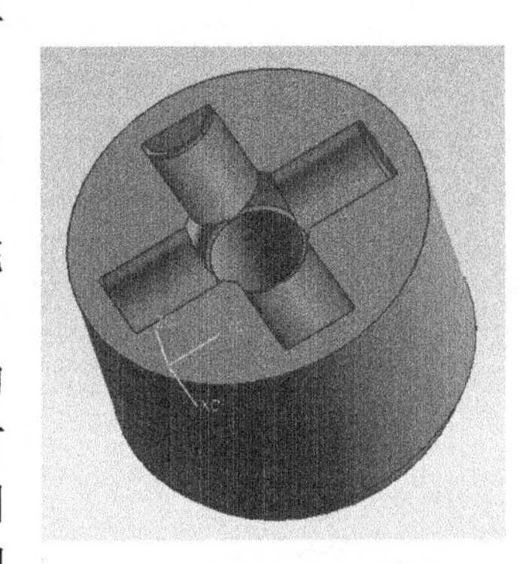

图 9-5　需要导入的三维模型

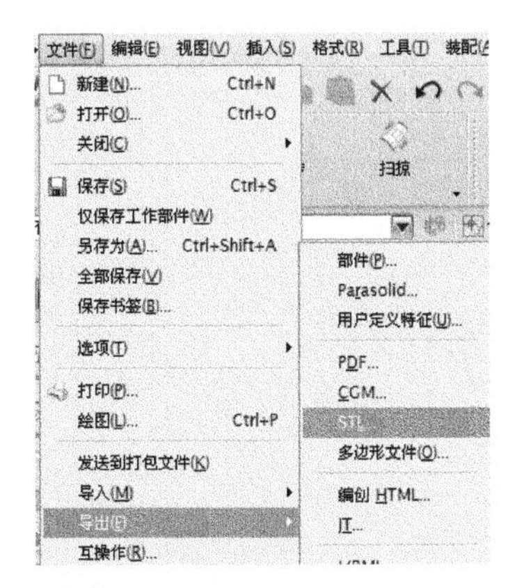

图 9-6　UG NX6.0 导出菜单图

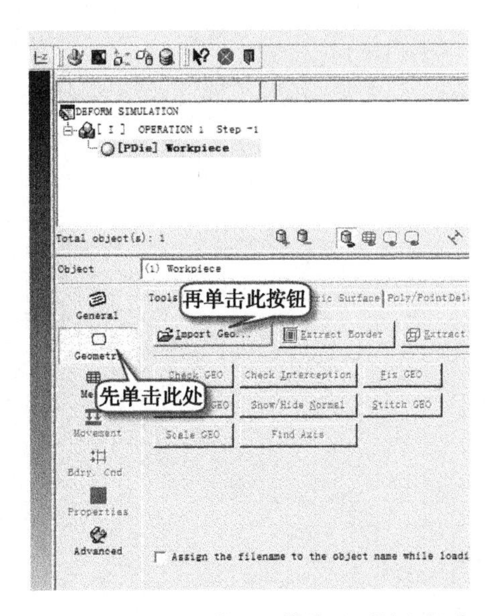

图 9-7　DEFORM 前处理模块界面导入操作

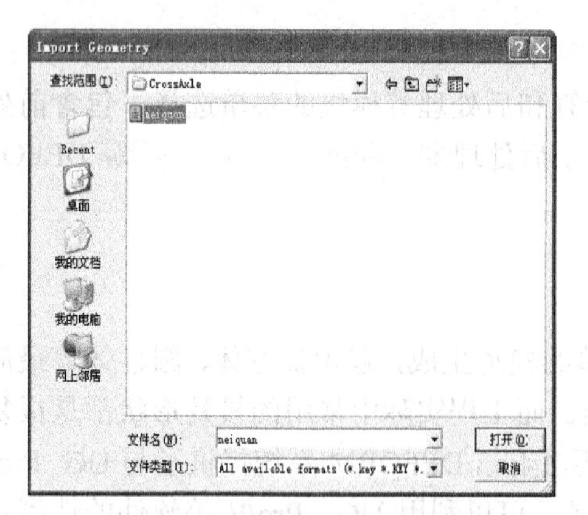

图 9-8 “Import Geometry”对话框

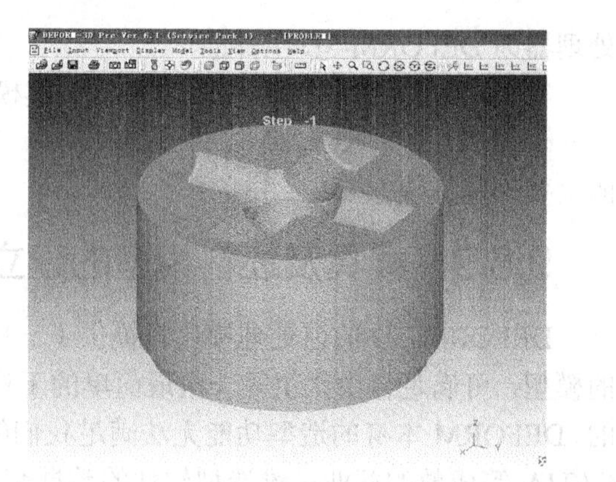

图 9-9 完成导入到 DEFORM 前处理模块中的模型

第10章

DEFORM-3D 软件的前处理

10.1 DEFORM-3D 前处理主界面简介

DEFORM 的求解是否快捷而且精确，关键在于前处理文件的创建。因此 DEFORM 的前处理至关重要。在 DEFORM 主界面上，选择主菜单前处理部分中的 Pre Processor DEFORM-3D Pre 进入 DEFORM-3D 前处理模块（见图 10-1）。DEFORM-3D 的前处理主界面包含六个区域：标题栏、菜单栏、工具栏、模型显示区、对象设置区和状态栏。

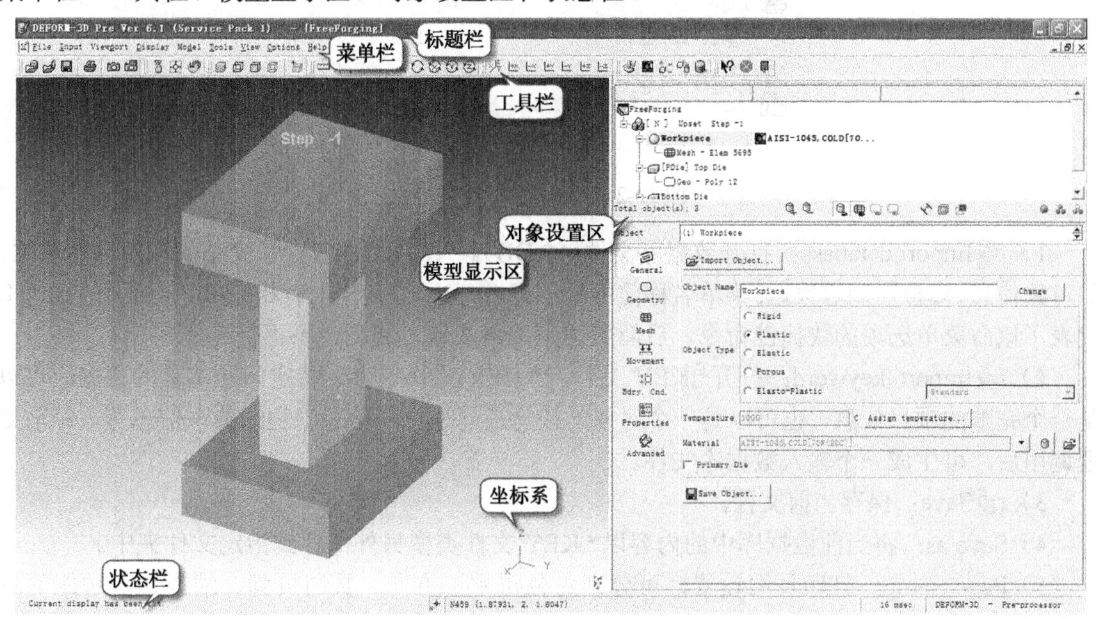

图 10-1 DEFORM-3D 的前处理主界面

1）标题栏：指明了当前所在的模块为 DEFORM-3D Pre 模块，即预处理模块，版本信息为 ver 6.1（Service Pack 1），方括号内的是项目名称。

2）菜单栏：包含文件管理、信息输入、工具、视区、显示、模型、选项和帮助菜单。菜单栏是我们和 DEFORM 交互操作的主要方式。

3）工具栏：包含菜单选项中一些常用的操作命令，比如模型的显示方式、图形视区的变换、模拟控制等命令。

4）模型显示区：显示通过 DEFORM 建立或导入的分析模型。

5）对象设置区：在此区域完成分析模型所需的几何信息、材料信息、网格划分、边界条件、对象运动等信息的输入，是 DEFORM-3D 预处理工作最主要的内容。

6）状态栏：显示当前操作命令的提示信息、拾取的节点坐标等信息。

使用 DEFORM-3D 预处理器可实现分析数据文件的生成，主要通过菜单栏及对象设置区的操作来完成。下面就针对这两部分内容作详细讲解。

10.2 File（文件）菜单

文件菜单包含了文件的打开、保存、图像抓取、打印设置等选项，如图 10-2 所示。

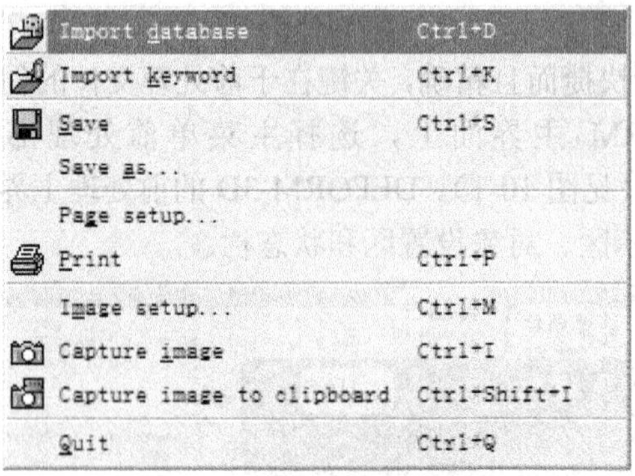

图 10-2 File（文件）菜单

1）Import database：打开数据库文件（*.DB）。*.DB 文件包含了完整的模拟分析数据，如对象信息、模拟控制等数据。菜单名称前面的图标表示工具栏上有相应按钮，后面的 Ctrl+D 代表了该命菜单选项的快捷键命令。后面所述菜单格式基本相同，不再赘述。

2）Import keyword：打开*.KEY 文件。*.KEY 文件包含了特定问题定义的数据，可以是一个完整的项目信息，也可以是一个对象的模型信息、材料信息、物间关系信息等。经前处理调用后，可生成一个输入数据库文件。

3）Save：保存当前文件。

4）Save as：将当前数据库中的内容以*.KEY 文件类型另外保存到指定文件夹中。

5）Page setup：打印页面设置，可分别对分辨率、方向、页眉页脚、缩放、页边距等进行设置。

6）Print：将模型显示区的内容进行打印。

7）Image setup：进行抓取图像的设置，包含抓取区域和像素大小。

8）Capture image：按照 Image setup 中的设置来进行图像抓取，抓取到的图像可以以.png, .jpeg 和.bmp 三种格式保存到文件中。

9）Caputre image to clipboard：抓取图像并输出到剪贴板上。

10）Quit：退出 DEFORM-3D 前处理模块。

10.3　Input（输入）菜单

输入菜单包含了模拟控制、材料定义、位置定义、物间关系设置和生成数据库等选项，如图 10-3 所示。

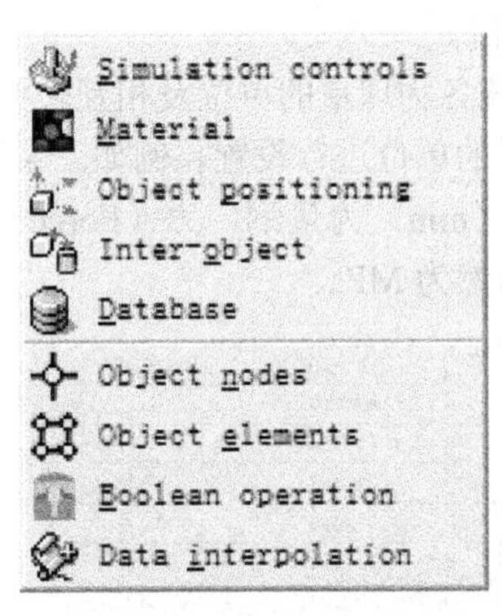

图 10-3　Input（输入）菜单

10.3.1　Simulation controls（模拟控制）

模拟控制是对 DEFORM-3D 模拟分析的过程及方法进行设置。选择此选项，系统弹出如图 10-4 所示对话框。

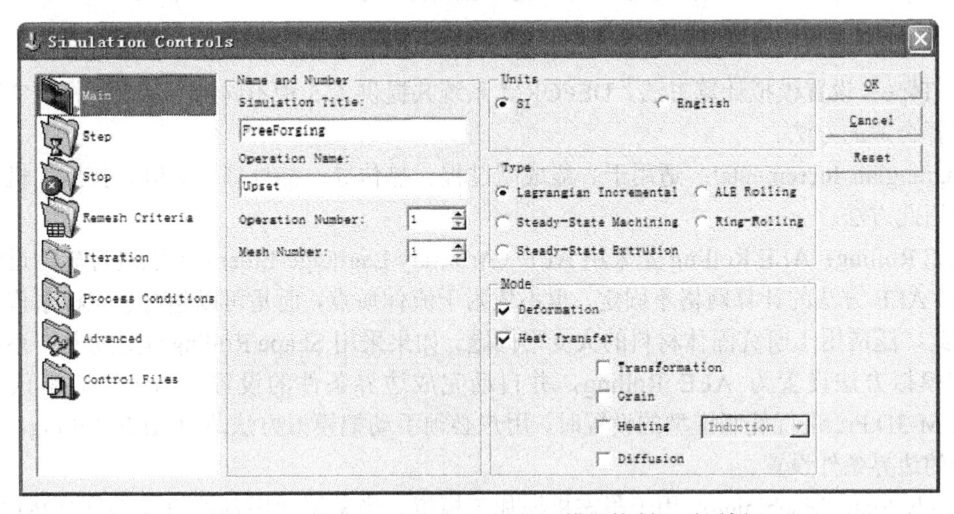

图 10-4　“Simulation Controls”（模拟控制）对话框

各选项的含义如下：

（1）Main：模拟分析的主要设置（见图 10-4）

1）Name and Number：设定模拟分析的标题及操作。

Simulation Title：设置模拟分析标题，此标题会显示在对象设置区的左上角。

Operation Name：设置操作名称。

Operation Number：操作的序号。

Mesh Number：网格划分次数，不需改变。

2）Units：进行模拟分析单位的设定。DEFORM 提供了“SI”和“English”两种单位系统。单位系统的设置应是最先完成的操作。

SI：设置单位系统为国际单位制；

English：设置单位系统为英制。

图 10-5 提供了两种单位系统各物理量的单位及相互转换标准。在进行模拟分析参数的输入时，应严格按照如图 10-5 所示的单位进行设置。例如，某模拟分析采用 SI 单位系统，则分析模型的尺寸（Length）以毫米（mm）为量纲，力（Force）的设定以牛顿（N）为量纲，分析结果中应力（Stress）的量纲自然为 MPa。

Entity	SI unit	English unit	SI unit = English unit * factor
Time	second	second	1.0
Length	mm	in	25.4
Area	mm2	in2	6.4516e2
Volume	mm3	in3	1.6387e4
Force	N	Klb	4.4484e3
Mechanical Energy	N-mm	Klb-in	1.13e5
Stress	MPa	KSI	6.8918
Heat Energy	N-mm	BTU	1.055e6
Temperature	C	F	C = (F-32)/1.8
Conductivity	N/sec/C	Btu/sec/in/F	7.4764e4
Heat Flux Rate	N/mm/sec	BTU/in2/sec	1.6353e3
Heat Capacity	N/mm2/C	BTU/in3/F	1.1589e2
Convection Coefficient	N/sec/mm/C	BTU/sec/in2/F	2.943e3
Lubricant Heat Transfer Coefficient	N/sec/mm/C	BTU/sec/in2/F	2.943e3

图 10-5　DEFROM 的单位系统

3）Type：设置模拟计算方法。DEFORM 系统共提供了 5 种不同的方法，可根据实际加工情况选择合适的方法。

Lagrangian Incremental：适用于一般成型过程、热传导、热处理。轧制、挤压、机加工等也可采用此方法。

ALE Rolling：ALE Rolling 是采用 ALE（Arbitraty Lagrange-Euler）方法进行轧制过程的模拟分析。ALE 方法的计算网格不固定，也不依附于流体质点，而是可以相对于坐标系作任意运动，因此广泛应用于研究固体材料的大变形问题。如果采用 Shape Rolling 快速分析，系统会自动地把模拟方法设置为 ALE Rolling，并自动完成边界条件的设置。当采用通用预处理器 DEFORM-3D Pre 进行轧制模型的设置时，用户必须手动把模拟方法改为 ALE Rolling，同时进行正确的边界条件设置。

Steady-State Machining：用于稳态机械加工模拟。当采用通用预处理器 DEFORM-3D Pre 进行稳态械加工的设置时，用户必须手动把模拟方法改为 Steady-State machining，并设置适当的自由面和热边界条件。如果采用 Machining 快速分析，当进入稳态机加工阶段时，系统会自动地把模拟方法设置为 Steady-State machining，并自动完成边界条件的设置。

Ring-Rolling：用于环形件轧制过程的非等温模型处理。

Steady-State Extrusion：用于稳态挤压过程的分析。

4）Mode：DEFORM 提供了一组模拟分析模式，可单独打开或关闭，也可进行组合分析。

Deformation：变形模拟。对由于力、热、相变引起的变形进行模拟。

Heat Transfer：传热模拟。对传热过程进行模拟，包含对象间的传热，与环境的传热，以及由于变形和相变所产生的热能交换。

Transformation：相变模拟。对由于热力耦合和时间效应引起的相变进行模拟分析。

Grain：晶粒度及再结晶的模拟分析。

Heating：热处理模拟。主要用于由于电阻加热（Resistance Heating）和感应加热（Induction Heating）产生的热能模拟。

Diffusion：扩散模拟。对碳原子在材料中的扩散过程进行模拟。

（2）Step：步长控制

在 Simulation Control 模拟控制对话框中选择左侧的 Step 选项，进入步长控制设置窗口，如图 10-6 所示。DEFORM 系统把一个连续的非线性问题分解为一系列离散的时间段的组合。在设定好边界条件、材料的热性能和力学性能以及前一时间段状态变量的基础上，对每一个时间段内的节点速度、温度等参量进行计算，并由此计算出其他状态变量值。这个过程中时间段的大小的控制即由步长控制设置窗口来进行。

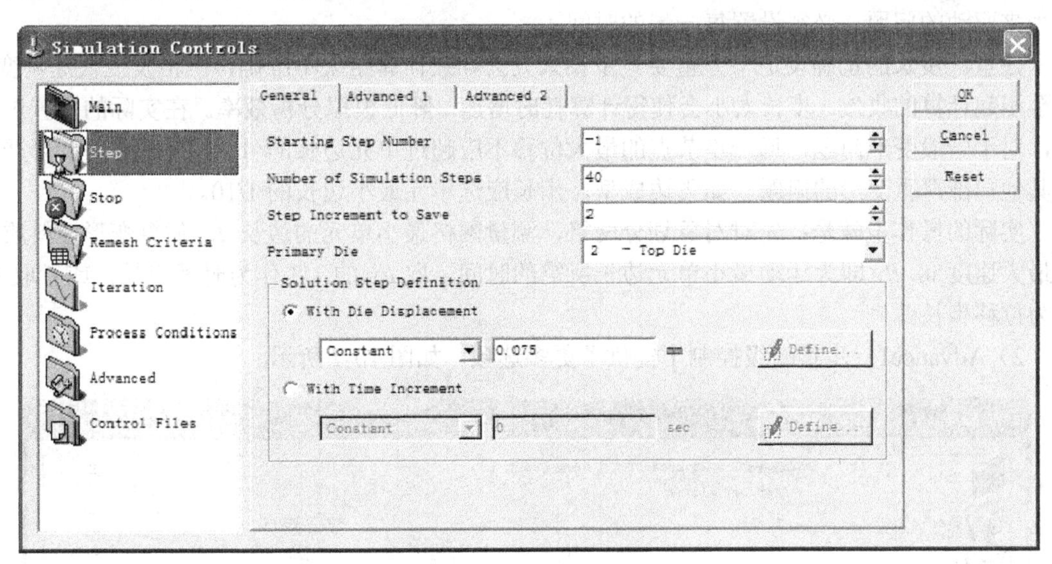

图 10-6　步长控制设置窗口

各选项的含义如下：

1）General：一般设置。包含步长控制的一些最常用的设置。

Starting Step Number：设定模拟分析的起始步。对于新生成的数据库，此时应该是第一步。如果往已存在的数据库增加数据，则应输入具体的数值。负号表明数据是由预处理器写入到数据库中的，图中“-1”即表明模拟分析由第一步开始，数据由预处理写入到数据库中。

注意：所有由前处理产生的起始步都应加负号。

Number of Simulation Steps：设置总的模拟步数，即由起始步开始，DEFORM 分析求解的总步数。例如：如果起始步（Starting Step Number）为-35，总的模拟步数（Number of Simulation Steps）设为 30，系统会在第 65 步之后结束运行（如果设置了程序终止条件，则另当别论）。

Step Increment to Save：设置存储数据的间隔步数。当系统运行时，每一步都会进行计算，但并不一定都需要保存。此数值控制 DEFORM 软件要把计算结果保存到数据库中的步数，其值越小，信息保存越完整，同时所占存储空间也越大。可根据总的模拟步数、工艺特点及计算机硬件水平来调整。

Primary Die：设置主模具。可在下拉菜单中选择系统中存在的对象作为主模具。主模具可用来控制程序的停止和增量步的设置。

Solution Step Definition：设定模拟步长，即每一步所需的时间或每一步模具运动的距离。DEFORM 软件提供了两种设置步长的方式，分别为由主模具位移和时间增量来控制。每种方式提供了 3 种不同的方法，即 Constant、f(time)和 f(stroke)。

With Die Displacement：通过设定主模具位移来定义模拟步长。

With Time Increment：通过设定每一步的时间来定义模拟步长。

Constant：每一步所需的时间或模具运动的位移为一个常数。

f(time)：时间与增量步序号的函数。

f(stroke)：行程与增量步序号的函数。

对于通常的变形问题，采用模具位移控制比较直观。对于没有模具运动或者模具的运动是由力来驱动的问题，必须设置每一步的时间。

注意：步长的正确设定十分重要。步长太大会导致计算结果不准确，网格发生快速畸变，甚至引起计算的收敛；步长太小会使得计算耗时增加，降低模拟分析效率。在实际的设置过程中，对于一般变形问题，每一步节点的最大位移不应超过单元边长的 1/3。对于边角变形严重或其他局部严重变形的问题，如飞边成型，步长应选单元最小边长的 1/10。

实际的操作步骤是：先对对象划分网格，测量网格最小单元的边长 l。估算变形坯料质点的最大速度 v，l/v 即为运动最小单元边长所需的时间，取 l/v 的 1/3 作为时间步长，或者取 $l/3$ 作为位移步长。

2）Advance1：步长高级控制 1 提供了更多选项，如图 10-7 所示。

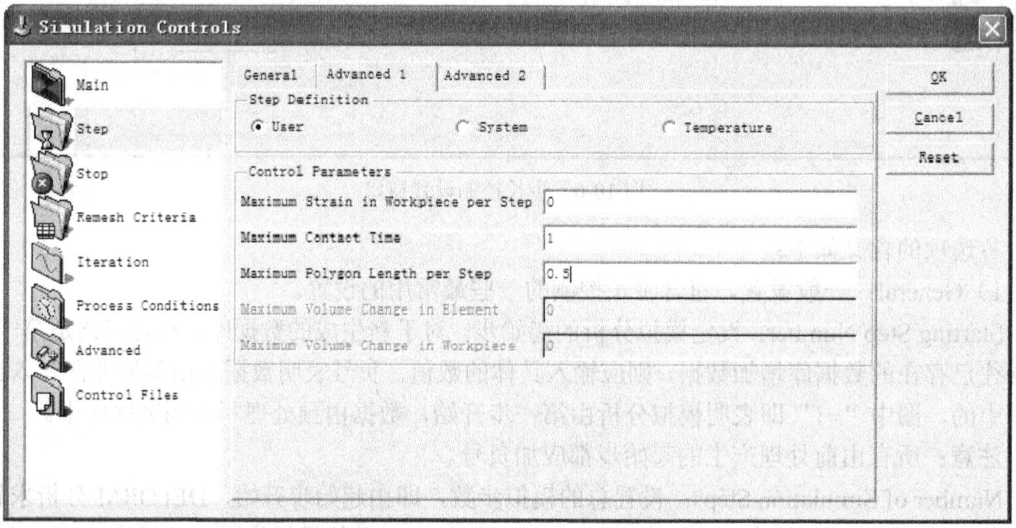

图 10-7　步长高级控制 1 选项卡

① Step Definition：步长的定义方式，有三种：

● User：和一般设置中的 Number of simulation steps 相关，一般情况都采用此模式。

● System：此模式下每一个子增量步都保存到数据库中，并且作为一个增量步来处理，一般用于程序调试。

● Temperature：用于热引起的变形模拟分析中时间步长的设定。

② Control Parameters：控制参数，是上面的步长定义模式的具体参数设置。

● Maximum Strain in Workpiece per step：当一个步长的变形中应变超过此值，系统自动产生一个子步长。

● Maximum Contact Time：最大接触时间。一般设为 1，不会产生子步长。

● Maximum Polygon Length per Step：当节点的位移超过此值即自动生成子步长。一般取 0.2～0.5，取 0.2 则计算较慢；取 0.5 计算较快，但精确程度下降。

3）Advance2：步长高级控制 2 提供了更多选项，如图 10-8 所示。

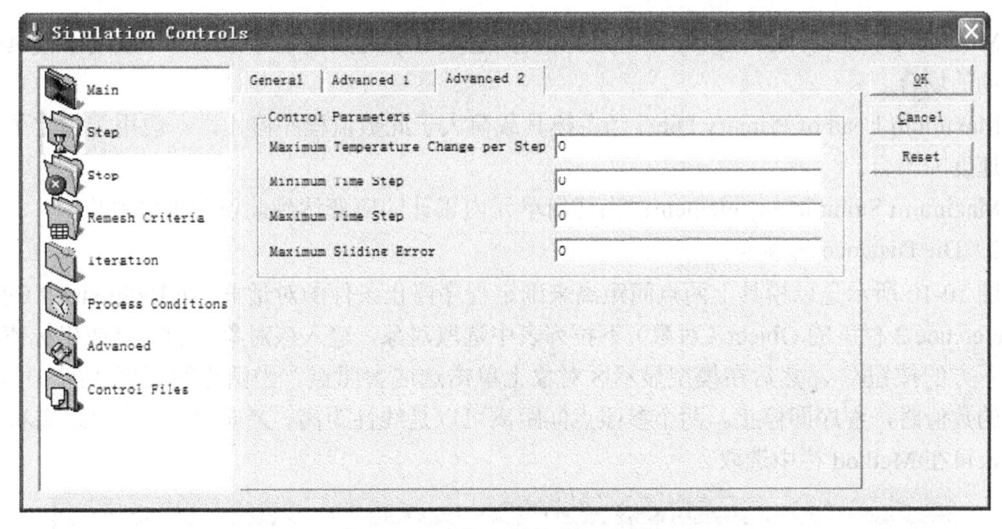

图 10-8　步长高级控制 2 选项卡

Maximum Temperature Change per Step：当一个步长的变形中温度的变化超过此值，系统自动产生一个子步长。

Minimum Time Step：以温度变化控制子步长的生成时最小时间步长。

Maximum Time Step：以温度变化控制子步长的生成时最大时间步长。

（3）Stop：程序停止控制

在 Simulation Control 模拟控制对话框中选择左侧的 Stop 选项，进入程序停止控制设置对话框，如图 10-9、图 10-10 和图 10-11 所示。此设置窗口提供了使程序停止运行的参数。程序可以根据最大时间步数、单元最大应变、最长运行时间、最小速度、最大行程、主模具上最大载荷等来判断是否停止。设置为 0，表明此参数不起作用；设置不为 0 的参数中只要有一项满足，程序即停止运行。

1）Process Parameters 选项卡。

Process Duration：当总运行时间达到此数值程序停止。

Primary Die Displacement：当主模具总位移达到此数值程序停止。

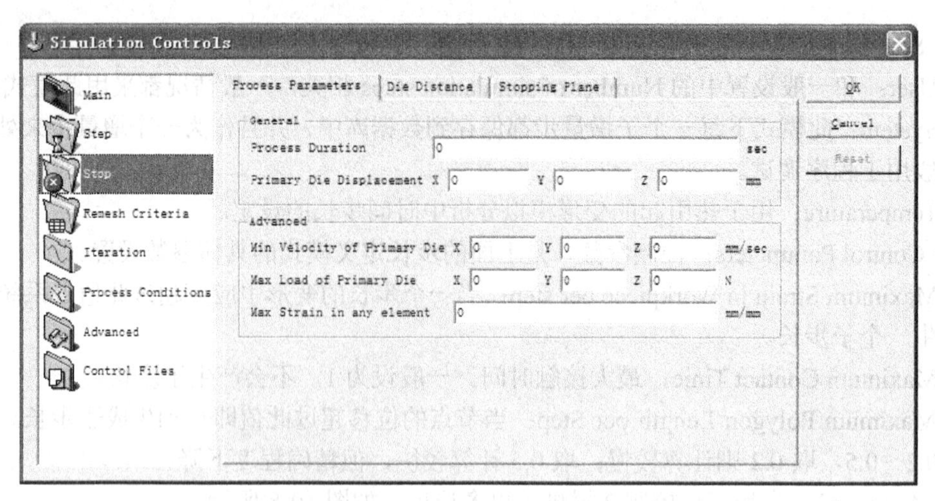

图 10-9 程序停止控制对话框（Process Parameters 选项卡）

Minimum Velocity of Primary Die：当主模具速度低于此数值程序停止，一般用于模具受力而运动的场合。

Maximum Load of Primary Die：当主模具载荷大于此数值程序停止，一般用于指定了模具运动速度的场合。

Maximum Strain in any element：当任何单元内累计的应变达到此值时程序停止。

2）Die Distance 选项卡。

图 10-10 所示是以模具上两点间距离来确定程序停止条件的对话框。在 Reference 1（参照）和 Reference 2 栏里的 Object（对象）下拉列表中选取对象，输入该对象上的节点或坐标值，或单击下方的按钮，然后在模型显示区对象上单击选取参照点。当两点间距离达到 Distance 框内的数值时，程序即停止。两个参照点间距离可以是线性距离、X 向距离、Y 向距离和 Z 向距离，可在 Method 栏中选取。

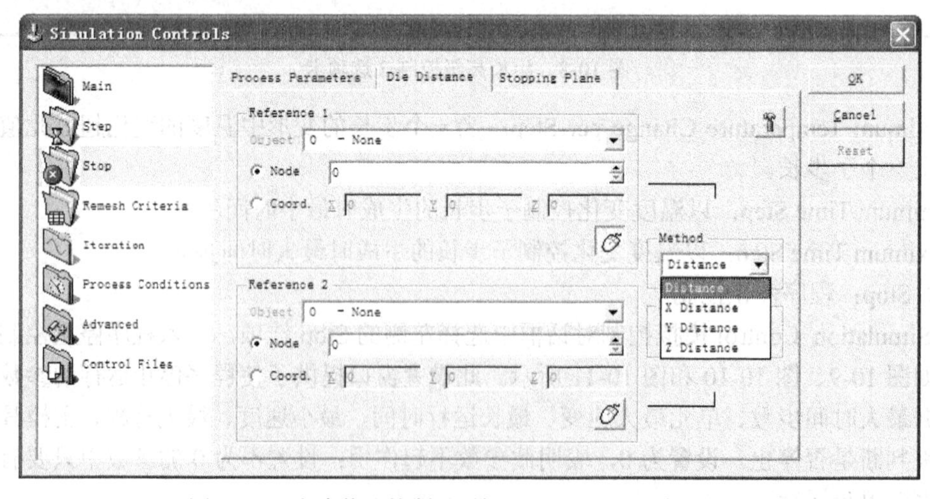

图 10-10 程序停止控制对话框（Die Distance 选项卡）

3）Stopping Plane 选项卡。

坯料一旦穿过此平面，程序即停止运行。一般用于瞬态轧制工艺分析中，通过一点和法向矢量来确定此平面，如图 10-11 所示。

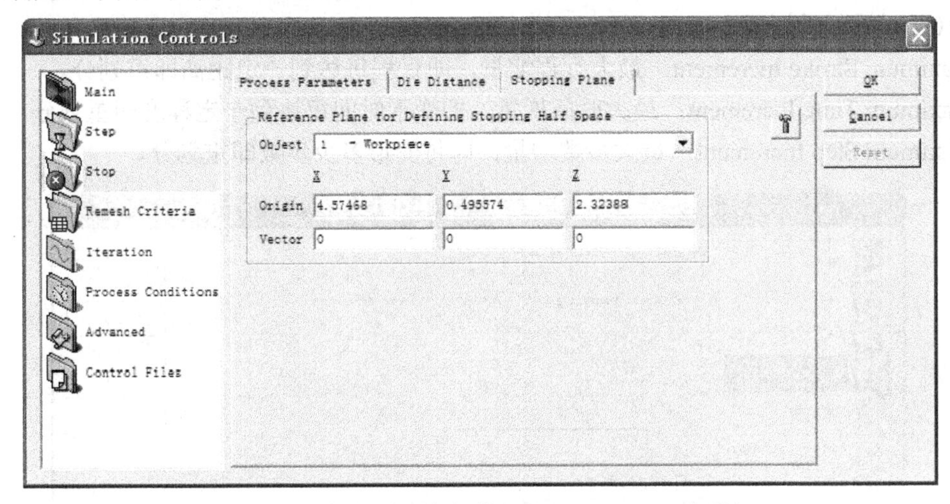

图 10-11　程序停止控制对话框（Stopping Plane 选项卡）

（4）Remesh Criteria

网格重划分规则。塑性变形过程一般为大变形，随着变形的进行，网格会随之变化。当变形达到一定程度时，原有网格畸变严重或者蜕化，使得后续的计算精度降低，甚至引起计算的不收敛。此时需要对变形体的网格进行重划分，重新生成规则的网格，把已有的计算结果映射到新网格中。图 10-12 和图 10-13 即为网格重划分规则的设置，可以设置在什么时候和什么方式进行网格重划分。

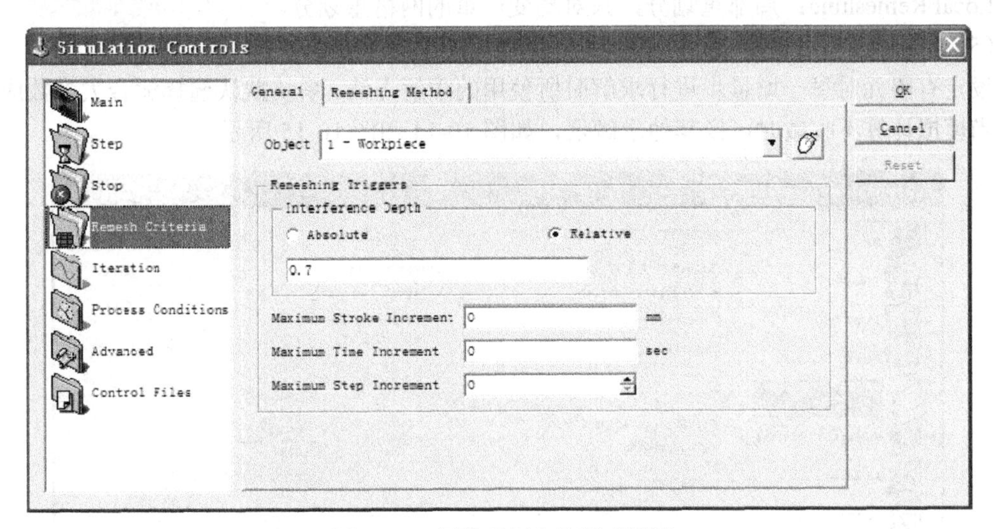

图 10-12　网格重划分控制对话框

Object：在下拉栏或模型显示区选取要进行重划分的对象，只能选择已存在网格的对象。

Remeshing Triggers：设置何时进行网格重划分。

Interference Depth：当对象上单元边与其他对象发生穿透的深度达到一定值，进行网格重划分，可设置绝对值或相对值。

Absolute：穿透深度的绝对大小，单位为长度量纲。

Relative：穿透深度与单元边长的比值，图 10-12 中的 0.7 即指当穿透深度与单元边长的比值达到 0.7 时进行重划分。

Maximum Stroke Increment：最大行程增量，即行程每达到一定距离即重划分。

Maximum Time Increment：最大时间增量，即变形时间每达到一定程度即重划分。

Maximum Step Increment：最大步数增量，即每变形多少步数即重划分。

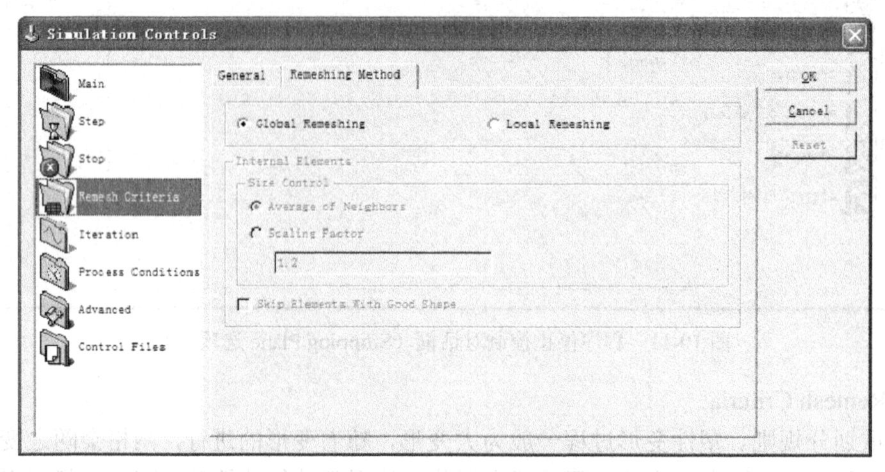

图 10-13　网格重划分方法设置对话框

Global Remeshing：全局重划分，当任意一个网格畸变严重时就对整个对象进行网格重划分。

Local Remeshing：局部重划分，只对畸变严重的网格重划分。

（5）Iteration

设定有限元对每一增量步进行求解时所使用的求解方法。系统默认选择适合大多数成型模拟，当模拟计算不收敛时可换其他求解器，如图 10-14 和图 10-15 所示。

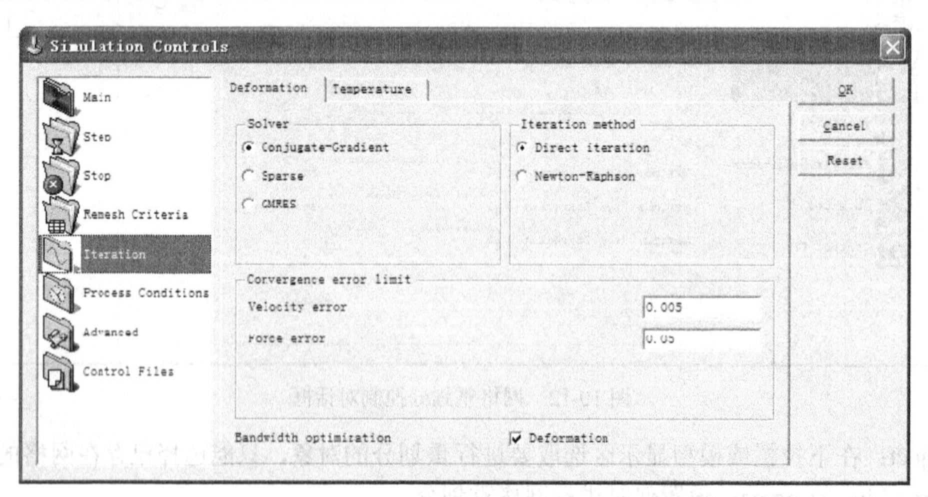

图 10-14　变形求解设置对话框

Conjugate-Gradient：共轭梯度求解器，默认的求解器，所需计算时间较短，占用内存较少，适于网格数多的分析。

Sparse：稀疏求解器，计算费时。

GMRES：用于多 CPU 环境下的求解。

Direct iteration：直接迭代法，易于收敛但收敛较慢。

Newton-Raphson：牛顿-拉普森法，如果收敛则收敛较快但是经常不收敛，适合于大多数问题。

Convergence error limit：当速度或力的变化小于此数值则认为问题收敛，不再继续迭代。

Bandwidth optimization：对刚度矩阵的带宽进行优化，可极大减少计算时间，绝大多数情况下都要选中。

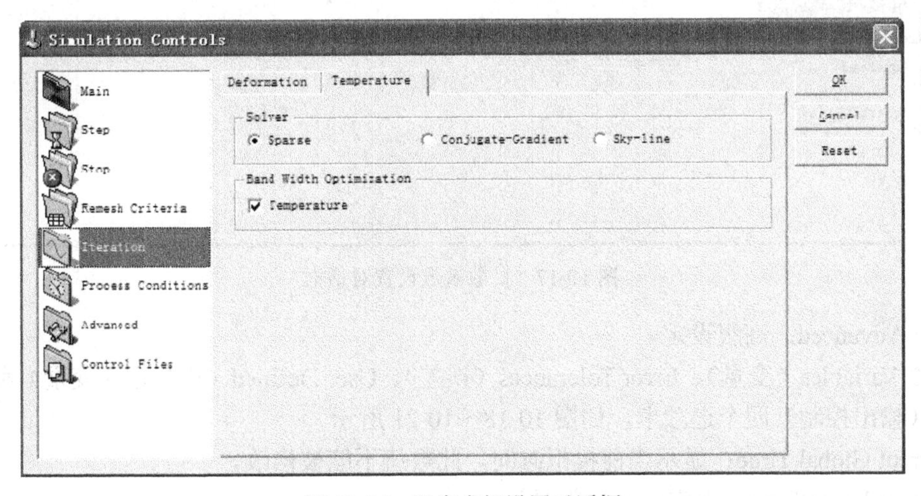

图 10-15　温度求解设置对话框

Sparse：是求解热问题唯一适用的求解器。图 10-15 中所有选项大多数情况下无须改变。

（6）Process Conditions：设定工艺条件

包含 Environment Temperature（环境温度）、Convection Coefficient（对流换热系数）、Difusion（扩散）等参数的设置，可以是常数，也可以是一个与时间有关的函数，如图 10-16 和图 10-17 所示。

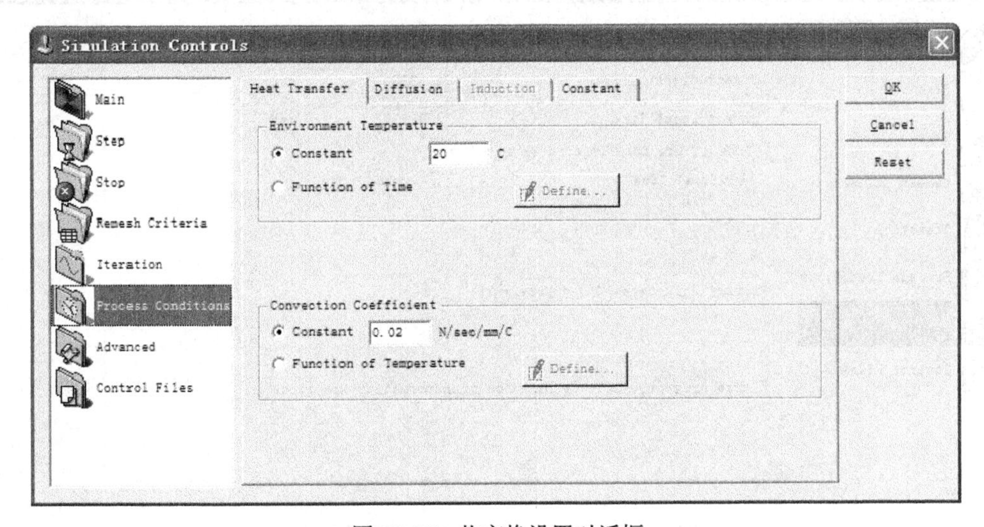

图 10-16　热交换设置对话框

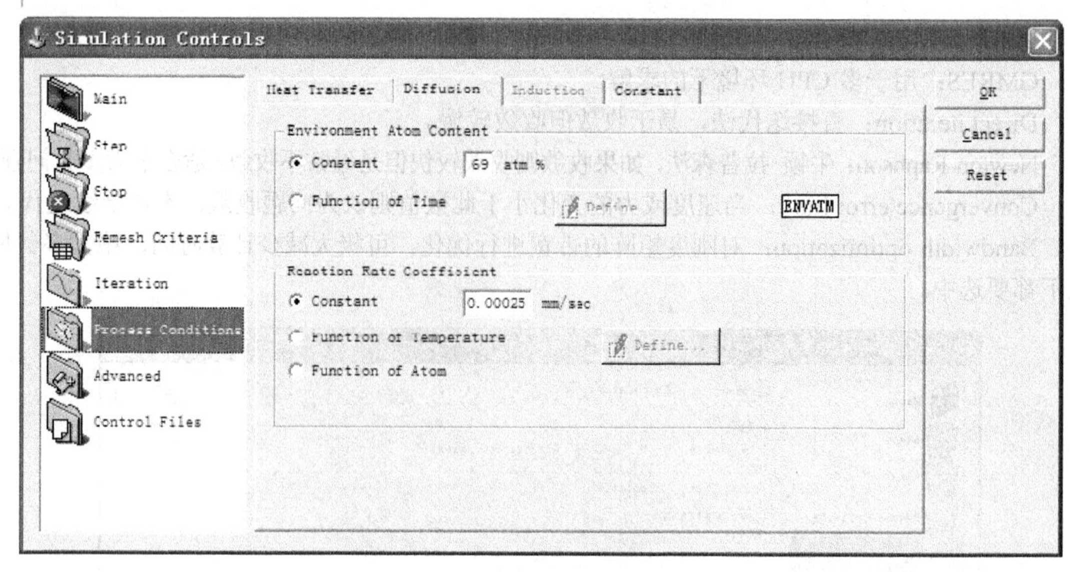

图 10-17　扩散参数设置对话框

（7）Advanced：高级设定

包含 Variables（变量）、Error Tolerances（误差）、User Defined（用户定义变量）和 Output Control（输出控制）四个选项卡，如图 10-18～10-21 所示。

Current Global Time：显示当前模拟时间，此数值不能被修改。

Current Local Time：设定一个局部时间值。

Primary Workpiece：设置工件，此工件不能是刚体。

Geometry Error：设定 Tangential Direction（切线方向）和 Normal Direction（法线方向）的几何误差，默认数值适合大多数模拟，一般不用修改。

User Defined Value：允许用户自定义用户变量，但不能超出 10 个。

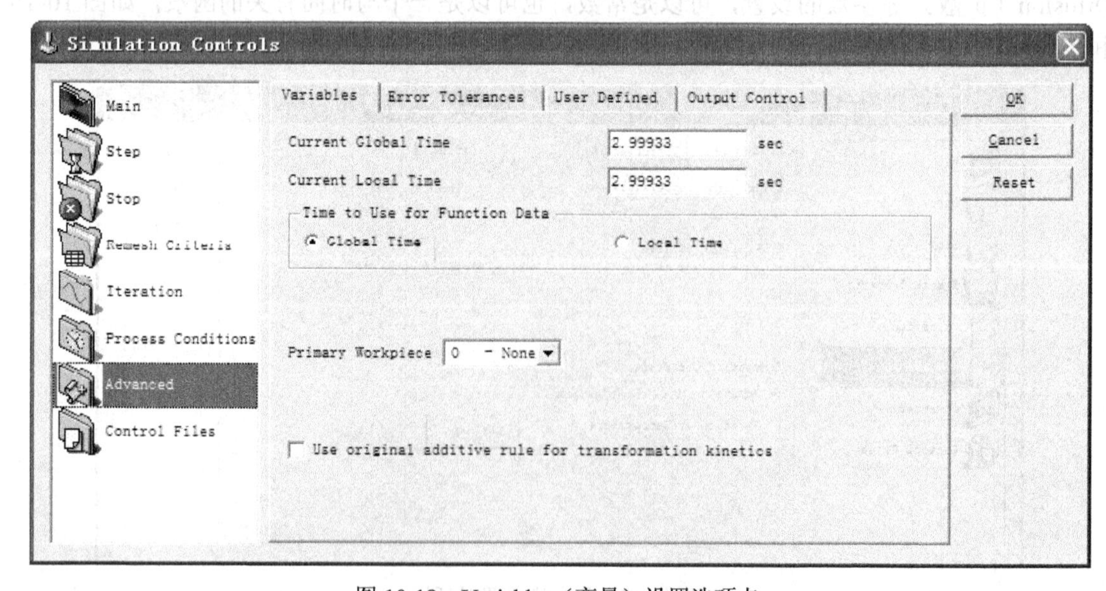

图 10-18　Variables（变量）设置选项卡

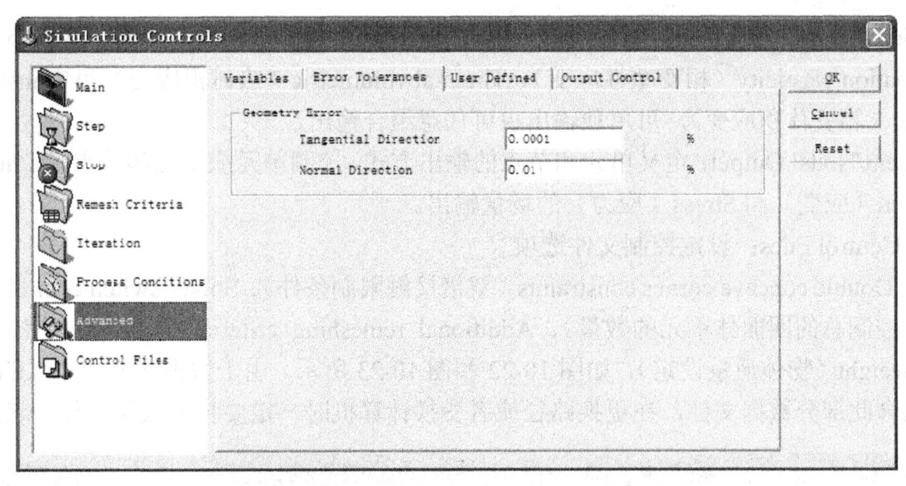

图 10-19　Error Tolerances（误差）设置选项卡

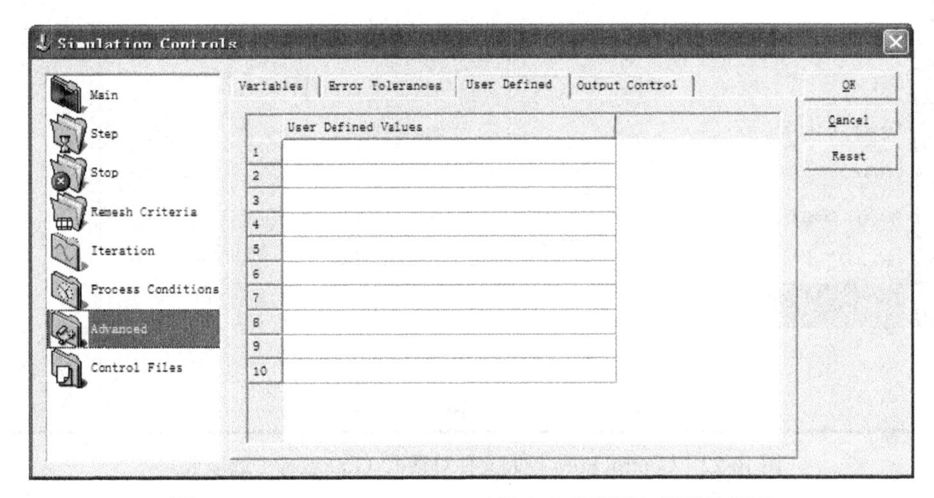

图 10-20　Vser Defined Values（用户定义变量）设置选项卡

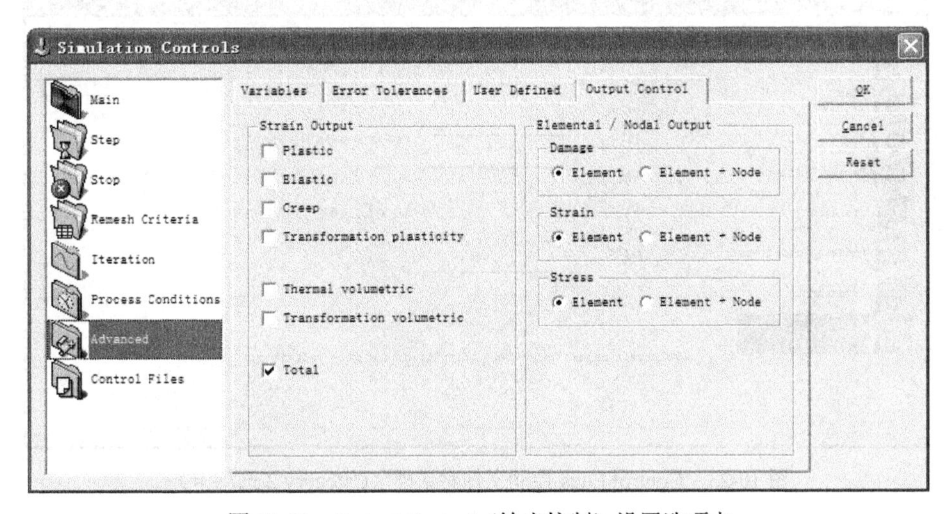

图 10-21　Output Control（输出控制）设置选项卡

Strain Output：定义应变的输出类型，包含 Plastic（塑性）、Elastic（弹性）、Creep（蠕变）、Transformation plasticity（相变塑性应变）、Thermal volumetric（热体积应变）和 Transformation volumetric（相变体积应变），可单独输出也可任意组合输出。

Element/Nodal Output：定义单元和节点的输出方式，控制单元或单元和节点上 Damage（缺陷）、Strain（应变）和 Stress（应力）的场量输出。

（8）Control Files：设定控制文件选项

包含 Double concave corner constraints（双倍接触限制条件）、Solver switch control（求解限制设置，控制总的四面体单元的数量）、Additional remeshing criteria（附加网格重划分规则）和 Body weight（物体质量设定），如图 10-22 和图 10-23 所示。由于数据库文件和 KEY 文件中都不会包含此部分数据文件，在更换路径或者变换计算机时一定要将此数据文件一起复制。

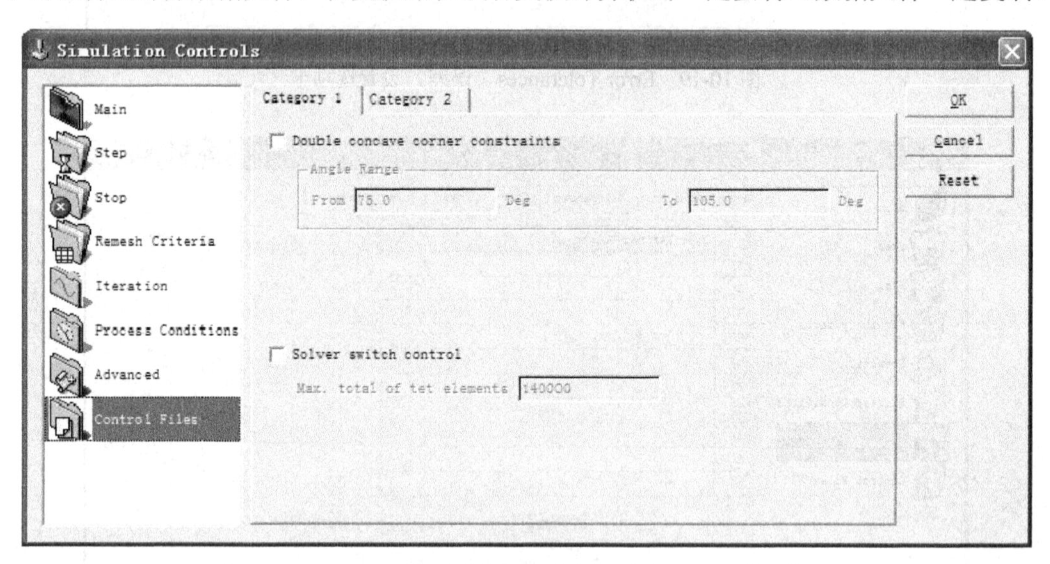

图 10-22 Control Files 控制文件对话框（Category 1 选项卡）

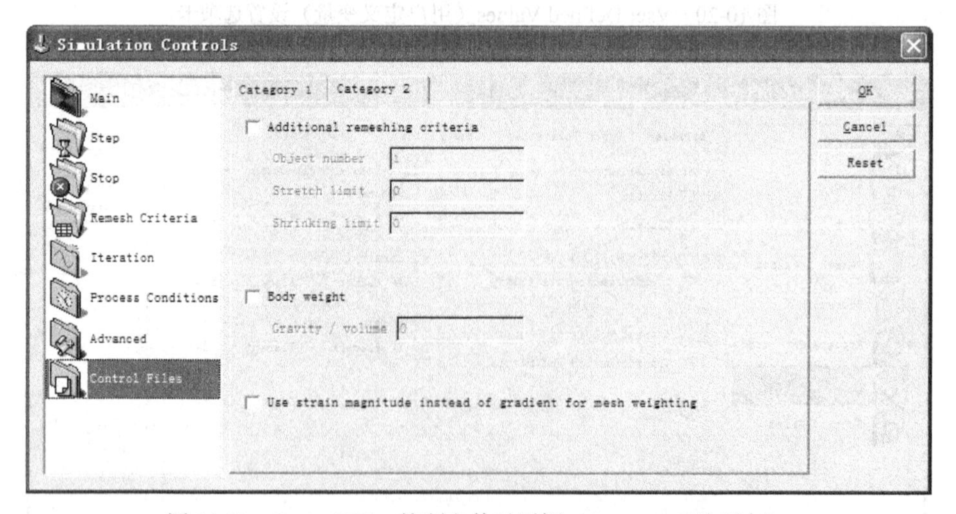

图 10-23 Control Files 控制文件对话框（Category 2 选项卡）

10.3.2　Material（材料设置）

材料设置是对 DEFORM-3D 模拟分析中所使用的模具和坯料的材料性能进行设置。选择此命令，系统弹出如图 10-24 所示对话框。此对话框分为材料列表、数据管理和材料性能三个区域。

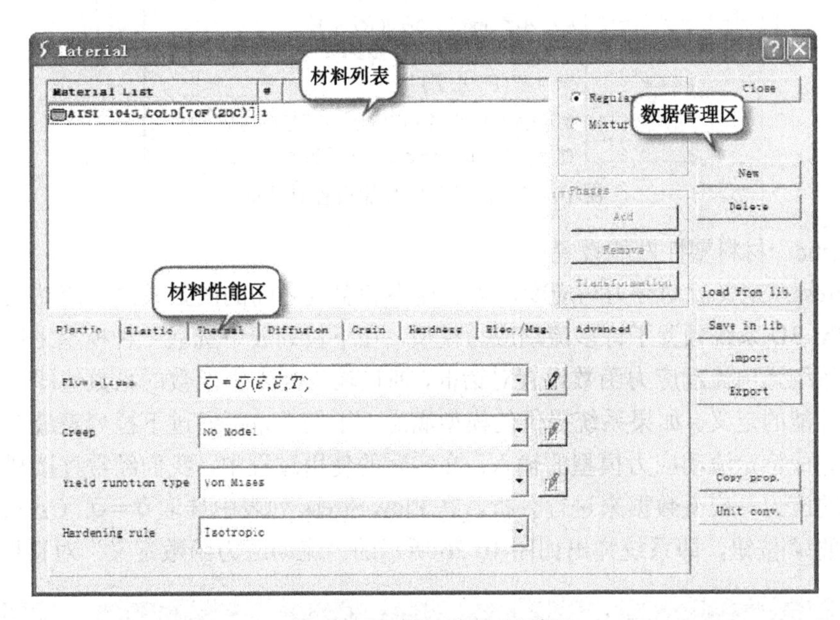

图 10-24　材料设置对话框

Material List（材料列表）：列出当前项目中加载的材料型号。

数据管理区：用户在使用 DEFORM-3D 系统时，可以通过图 10-24 对话框右方的数据管理按钮来执行材料数据的管理工作，材料数据管理按钮具体功能如下：

New：新建一种材料，单击后在材料列表中就会出现 New Material，可以对此材料性能进行定义。

Delete：在材料列表中选中一种材料，单击此按钮则将此材料由当前项目中删除。

Load from lib.：从系统材料库加载一种材料，其性能均已定义好。

Save in lib.：将自定义的材料保存到系统数据库中，保存时可设置其使用范围。

Import：从已有的 DEFORM-3D 数据库文件或 KEY 文件中读入相关材料数据。

Export：将选中的材料导出为 Key 文件，可供别的项目使用。

Copy prop.：将一种材料的某项性能数据复制到另一种材料数据中。

Unit conv.：可执行英制—公制和公制—英制的材料数据转换。

材料性能区：对当前材料的 Plastic（塑性）、Elastic（弹性）、Thermal（热）、Diffusion（扩散）、Grain（晶粒）、Hardness（硬度）、Elec./Mag.（电磁）、Advanced（高级）等分别进行设置，如图 10-25 所示。下面针对塑性加工中最常用的 Plastic（塑性）、Elastic（弹性）、Thermal（热）三种材料性能的设置进行详细介绍。

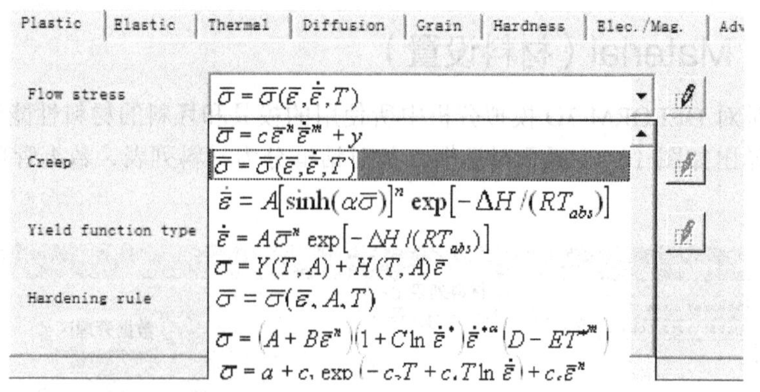

图 10-25　材料塑性性能设置对话框

（1）Plastic：材料塑性性能设置

Flow Stress：定义流动应力与应变、应变速率和温度之间的函数关系。流动应力模型有很多，DEFORM-3D 系统预置了许多流动应力模型，在下拉列表中选取一种模型之后，单击右边的按钮，系统弹出流动应力函数设置对话框，通过输入列表中函数的系数值即可完成材料塑性流动应力性能的定义。如果系统提供的模型满足不了需求，可通过下拉列表最下方的用户子程序编程来完成特定流动应力模型的输入。在实际的使用过程中，我们经常直接利用由材料性能实验得到的应力—应变数据来进行分析。在 Flow Stress 列表中选取 $\bar{\sigma}=\bar{\sigma}$（$\varepsilon,\dot{\bar{\varepsilon}},T$）模型，单击其右方的按钮，即系统弹出如图 10-26 所示的“流动应力函数定义”对话框。

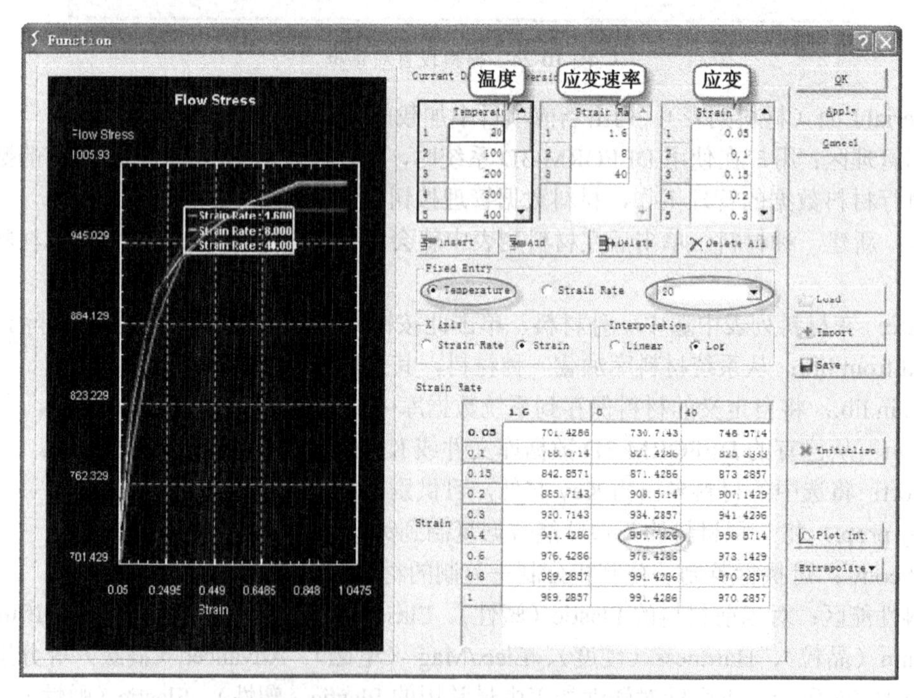

图 10-26　“流动应力函数定义”对话框

在图 10-26 所示对话框上面的 Temperature（温度）、Strain Rate（应变速率）和 Strain（应变）栏中增加各项基本参数。图 10-26 中温度分别有 20℃、100℃、200～1100℃，单元格周围有黑边框表明是当前单元格，可对其数值双击进行修改或直接输入。其下方的 Insert、Add、Delete、Delete All 可用来插入、增加、删除、删除所有的单元格。每一组参数对应的应力值可在下方的表中输入，如图 10-26 所示，横坐标为应变速率，纵坐标为应变，表中的数值即为应力。例如，由热模拟实验测得某变形参数温度为 20℃、应变为 0.4、应变速率为 $8s^{-1}$ 时的应力为 951.7826MPa，则输入的时候先单击“Add”按钮，在最上方的列表中分别增加温度为 20℃、应变为 0.4、应变速率为 $8s^{-1}$ 三个选项。然后在 Fixed Entry 中选择“Temperature”选项，其右方的下拉列表中选择 20℃，即可得知当温度保持 20℃不变时，随着应变和应变速率的变化，应力是如何变化的。在最下面的表中，找到应变为 0.4 的行和应变速率为 $8s^{-1}$ 的列相交的单元格中输入数值 951.7826。重复上述步骤，完成所有参数下应力的输入。在左边的区域即显示出材料的应力—应变曲线。

由于实验数据局限于某个参数范围，当变形的过程中参量超出给定的范围时，DEFORM-3D 系统无法找到对应的应力值，对模拟分析结果的准确性就会造成影响。因此，通过把实验数据拟合为某个数学模型即可解决此种问题。DEFORM-3D 系统提供了此功能，选择图 10-26 上方的“Conversion”选项卡，系统弹出图 10-27 所示的“流动应力变换”对话框。在上方 New model 列表中选取某种模型，单击下方的“Fit”按钮，观察拟合结果与实验数据间的一致性，最后单击下方的“Accept conversion”按钮即可。

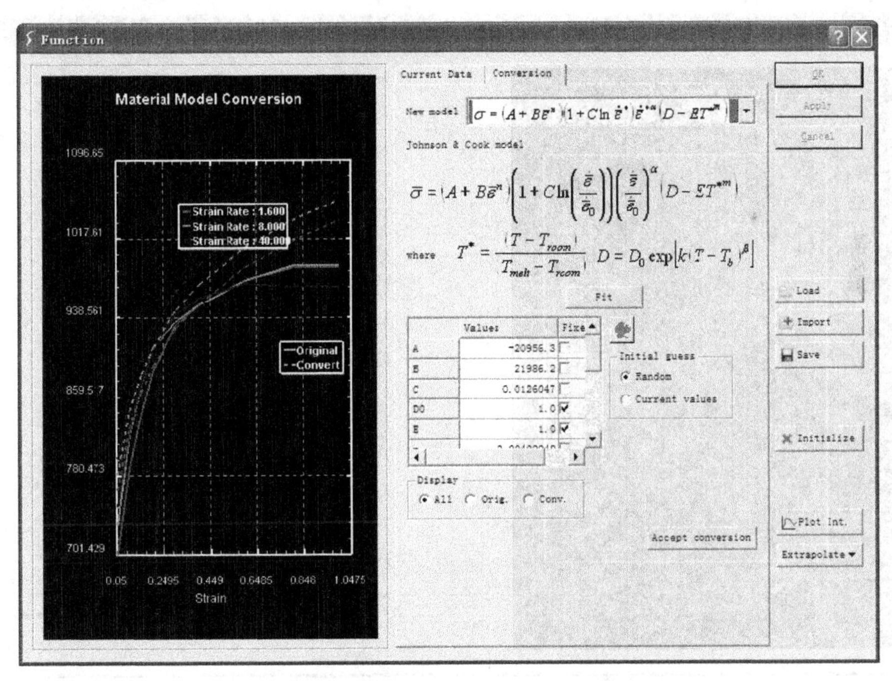

图 10-27　“流动应力变换”对话框

Creep：定义材料的蠕变性能。其设置与 Flow Stress 的设置基本相同。

Yield Function Type：定义材料的屈服准则。

Hardening rule：定义材料的硬化准则。

（2）Elastic：材料弹性性能设置

图 10-28 为“材料弹性性能设置”对话框，主要完成 Young's modulus（杨氏模量）、Poisson's

ratio（泊松比）和 Thermal expansion（热膨胀系数）的设置。可设置 Constant（常量）与某一参数有关的函数。当选择 Constant 时，在其右方的框内输入数值即可。当选择某一函数例如 f(temp)时，单击其右方的按钮，系统弹出如图 10-29 所示的函数对话框，其设置与 Flow Stress 的设置基本相同，可参照前述章节内容完成设置。

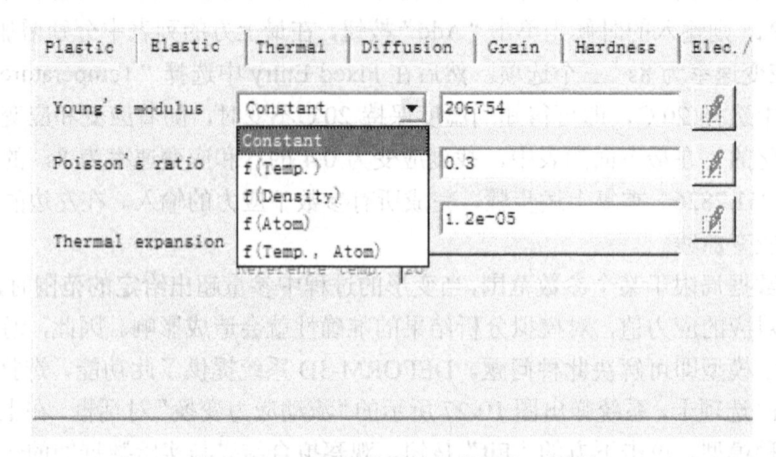

图 10-28 “材料弹性性能设置”对话框

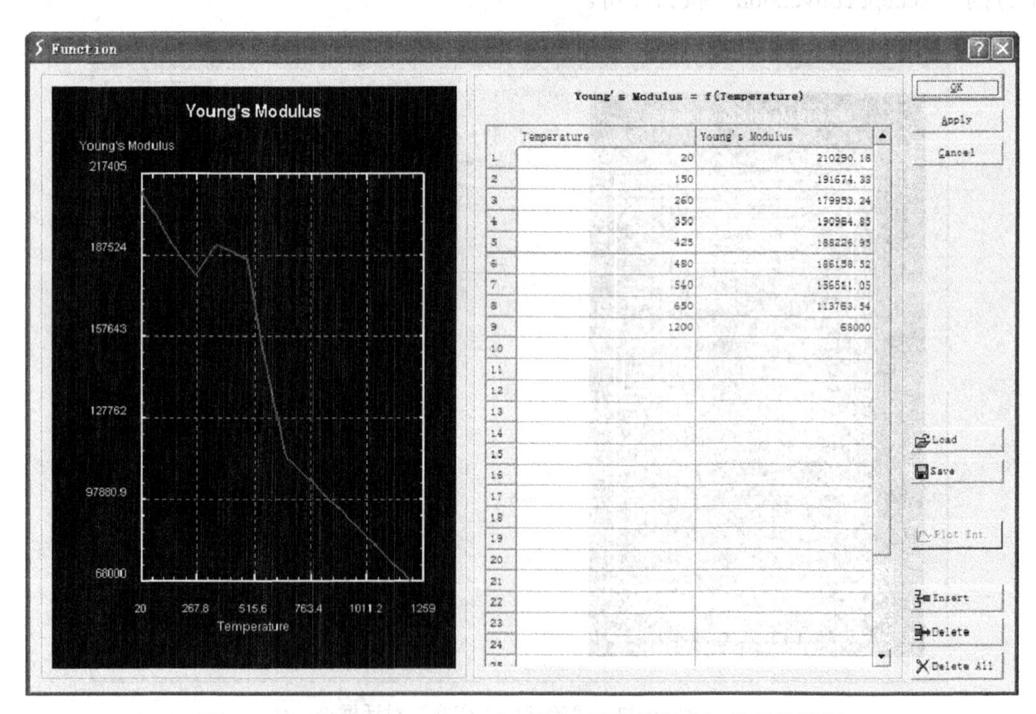

图 10-29 “Young's Modulus”（杨氏模量与温度）的函数设置

（3）Thermal：材料热性能设置

图 10-30 为“材料热性能设置”对话框，主要完成 Thermal Conductivity（热传导系数）、Heat Capacity（热容）和 Emissivity（辐射系数）的设置。同样，可设置 Constant（常量）与某一参数有关的函数。

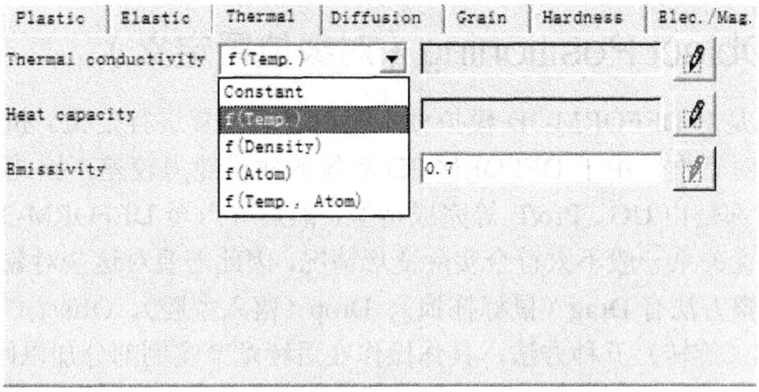

图 10-30　“材料热性能设置”对话框

DEFORM 已经预置了一些常见材料的性能参数，通过单击图 10-24“材料设置”对话框中的“Load from lib.”按钮，系统弹出图 10-31 所示的“材料库”对话框。在图 10-31 中从分类列表中选择一种类型的材料，在其右边的材料列表中会列出此种类型所有的材料型号，选中某种型号的材料，在下方的材料描述框中会给出具体信息。由于材料型号很多，DEFORM-3D 系统提供了过滤功能。可通过对话框左下方的 Material Standard（材料标准）、Units（单位制）和 Application（使用范围）来进行筛选。当选择了某种材料后，单击“Load”按钮完成加载，返回到图 10-24 所示的“材料设置”对话框，可查看系统自带材料的 Plastic、Elastic、Thermal 等性能。

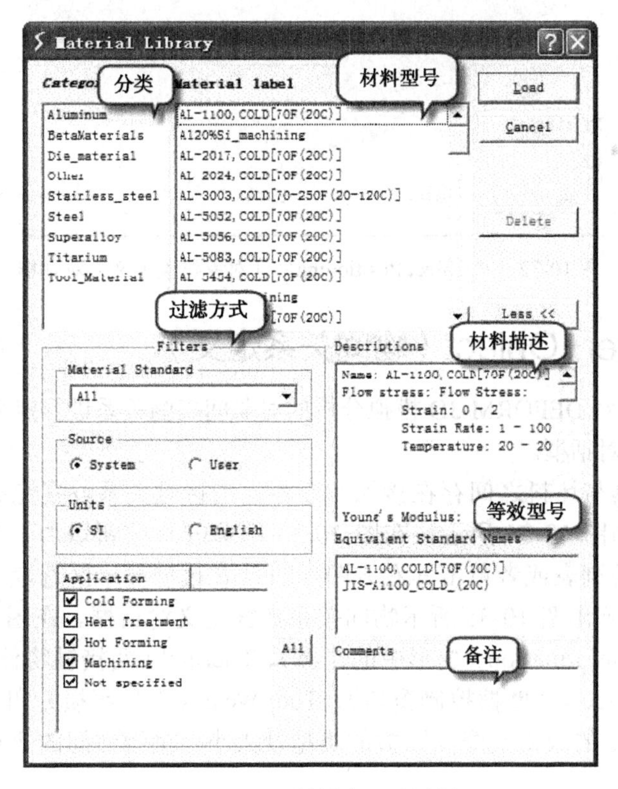

图 10-31　“材料库”对话框

10.3.3 Object Positioning（对象位置定义）

对象位置定义是对DEFORM-3D模拟分析的对象间位置进行定义。执行此命令，系统弹出图10-32所示的对话框。由于DEFORM-3D系统的建模能力较差，因此大多数情况下坯料和模具的几何模型都是由UG、Pro/E等完成造型，然后导入至DEFORM-3D系统中。各个模型导入之后，其位置关系一般不太符合实际变形情况，因此需要对这些对象即模型的空间位置关系进行调整。调整方法有Drag（鼠标拖拽）、Drop（落入型腔）、Offset（平移）、Interference（接触）、Rotational（旋转）五种方法，具体操作在后续章节实例部分加以阐述。

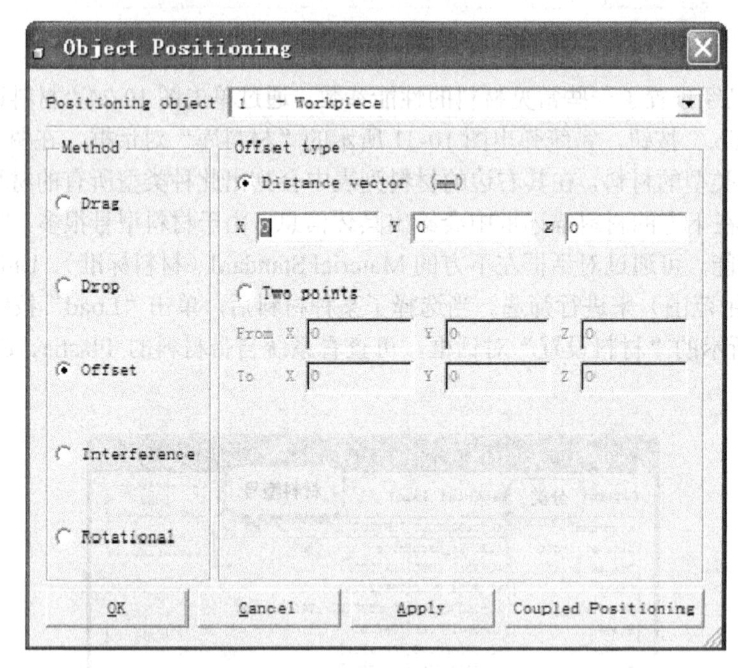

图10-32 “Object Positioning”（对象位置定义）对话框

10.3.4 Inter-Object（物间关系定义）

物间关系定义是对DEFORM-3D模拟分析的对象间接触关系进行定义。执行此命令，系统弹出图10-33所示的对话框。

变形过程中模具与坯料之间存在接触和摩擦，当接触关系设置完成，在模型显示区即以点的形式显示，如图10-34所示。在图10-33中单击按钮增加一个新的接触关系，在Master和Slave下拉列表或者单击其右方图标的在模型显示区选取主从对象，然后单击 Edit... 按钮，系统弹出图10-35所示物间关系数据定义对话框。在图10-35中，主要是定义两接触物体间的Deformation（变形中的摩擦）、Thermal（两接触物体的热传导）、Heating（加热）、Friction Window（摩擦控制窗口）、Tool Wear（工具磨损）和Rigid Contact（刚性接触）。其中，最关键的因素是摩擦因数的类型及大小、接触面间的热传导系数、分离关系与分离准则。

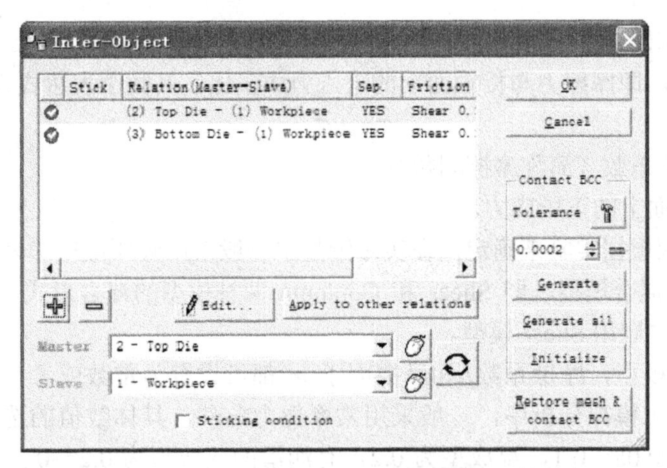

图 10-33　“Inter-Object”（物间关系）对话框

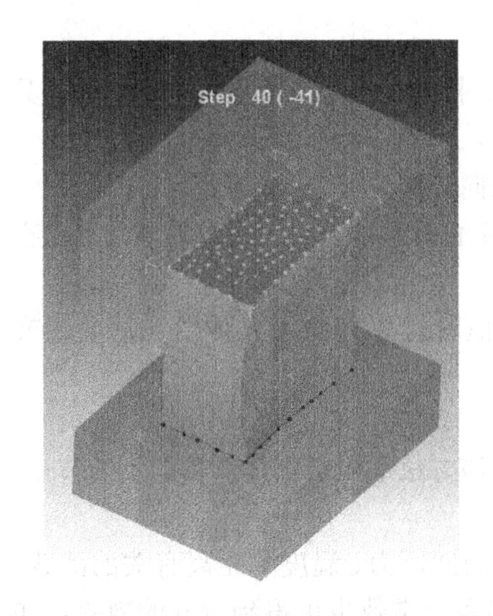

图 10-34　模型显示区定义好的物间关系

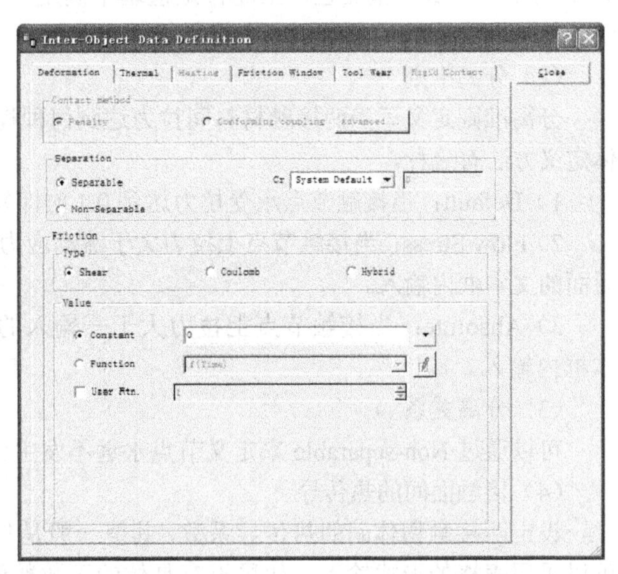

图 10-35　“Inter-Object Data Definition”（物间关系数据定义）对话框

（1）摩擦设定

塑性变形过程中的摩擦主要有两种模型，分别为 Shear 和 Coulomb 模型。

Shear 模型：常摩擦力条件。在体积成型中一般采用常摩擦力条件，这一条件认为，接触面上的摩擦切应力 τ 与被加工金属的剪切屈服强度 K 成正比，即

$$\tau = mK \tag{10.1}$$

式中　τ——摩擦切应力；

m——摩擦因子，取值范围为 $0 \leqslant m \leqslant 1$；

K——被加工金属的剪切屈服强度。

若 m=1，即 $\tau = \tau_{\max} = K$，称为最大摩擦力条件。在热塑性成型中，常采用最大摩擦力条件；冷、温塑性成型一般采用常摩擦力条件。

Coulomn 模型：库伦摩擦条件。库伦摩擦通常用于两弹性体间或者一弹性体和一刚性体间

摩擦的定义，通常用于板料成型等压力不太大、变形量较小的冷成型工序。库伦摩擦条件认为摩擦符合库伦定律，即摩擦力与接触面上的正压力成正比，其数学表达式为

$$\tau = \mu\sigma_n \tag{10.2}$$

式中 μ——外摩擦系数（简称摩擦因数）；

σ_n——接触面上的正压应力。

外摩擦因数μ应根据实验来确定，在实际测量中一般采用圆环镦粗法来测量。

Hybrid 模型：混合模型，即 Shear 和 Coulomn 两种模型的混合形式。当$\mu\sigma_n \leqslant mK$ 时采用 Coulomn 模型，反之则用 Shear 模型。

不管采用何种模型，摩擦系数μ和摩擦因子 m 都可设置为常数或者与时间、温度等有关的函数。在塑性加工模拟分析中，一般采用常摩擦力条件，具体数值的选取可根据下述数据来选择。冷成型为 0.08～0.1，温成型为 0.2，有润滑的热成型为 0.2～0.3，无润滑的为 0.7～0.9。对于大多数成型工艺，上述特定值基本满足要求。当成型受摩擦影响较大时，应通过实验测量具体的摩擦因子。

（2）分离准则

分离准则定义了当两接触材料间拉力达到何种程度时，接触面上的节点进入分离状态。具体定义方法有三种。

1）Default：当接触节点承受拉力达到 0.1 时即发生法向分离。

2）Flow Stress：当接触节点上拉力大于流动应力的一定百分数即发生分离，具体的数值在后面的文本框内输入。

3）Absolute：当接触节点上拉力大于一输入的压力值时发生分离，具体值在后面的文本框内输入。

（3）分离关系

可以通过 Non-separable 来定义节点永远不发生分离，该方法适用于物体对称面上的节点。

（4）接触面间的热传导

设定两接触物体间的热传导系数，其值一般是与接触面间压力、温度和距离有关的函数，可以采用表格的形式输入。如果没有具体的函数数值，输入一常数也可得到较好的效果，如图 10-36 所示。

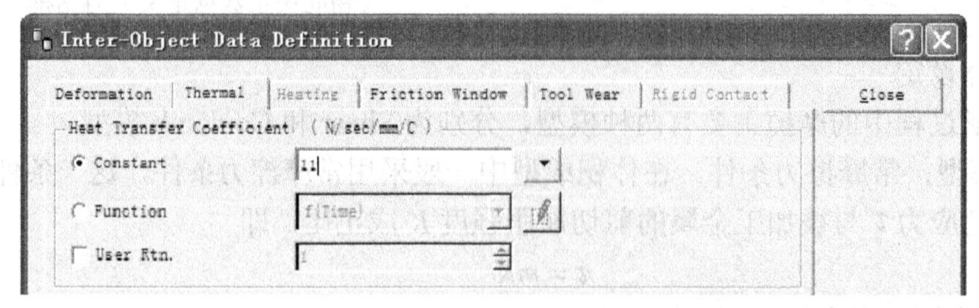

图 10-36 “Inter-Object Data Definition”（物间热传导数据定义）对话框

10.3.5 Database（数据库生成）

当所有的前处理设置完成之后，执行数据库生成命令，系统弹出图 10-37 所示的数据库生成对话框。单击 Browse... 按钮切换数据库文件所在文件夹，数据的生成分为 Old（在已有数据库的内容上追加）和 New（生成一个新的数据库）两种。选择一种类型，单击 Check 按钮，

对前处理设置的内容进行检查，在 Data Checking 框内显示检查结果。如果前处理设置没有问题，则 Data Checking 框内最下方会显示 Database can be generated，表明前处理设置没有问题。如果前处理有设置错误或者忘记设置，Data Checking 框内就会以表明错误来源，并提示 Database can NOT be generated，如图 10-38 所示，错误信息为 Stroke per step or time per step must be defined，即每一步的步长或时间没进行设定，根据提示信息进行修改即可。如果 Data Checking 框内有表示数据警告，警告不会导致数值仿真无法运行，但可能会产生错误的结果，因此应仔细检查，确认有无影响。当提示数据库可以生成时，单击 Generate 按钮生成数据库，如图 10-39 所示。至此数值分析前处理任务结束。

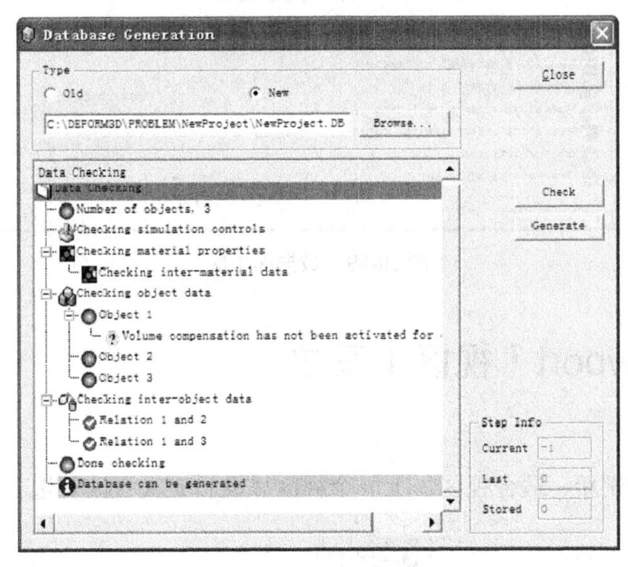

图 10-37　数据库检查

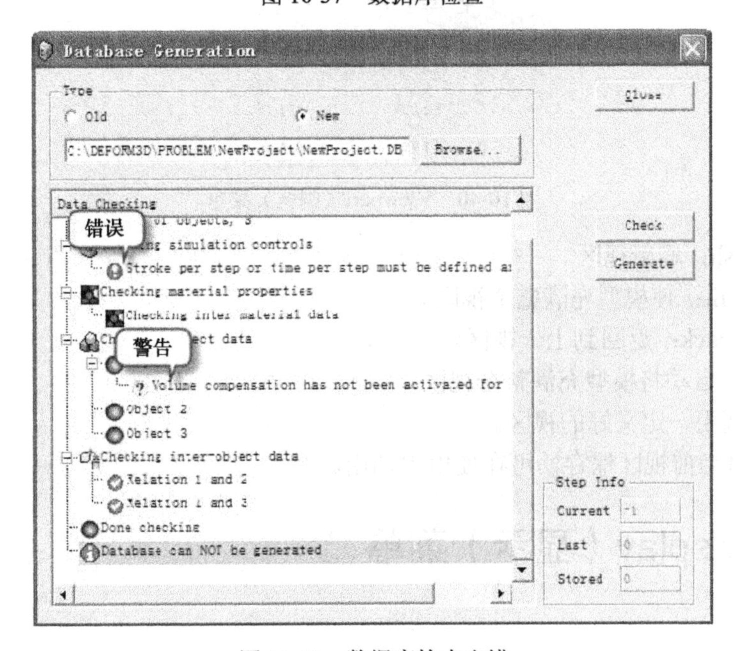

图 10-38　数据库检查出错

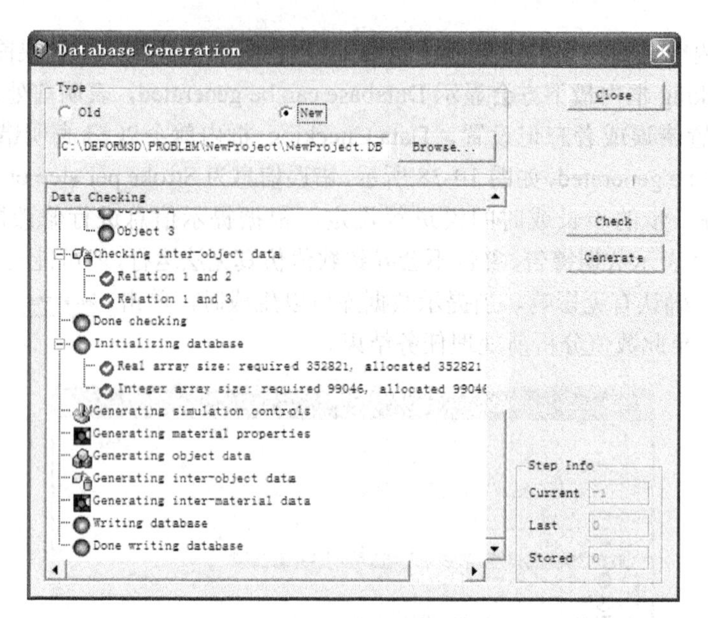

图 10-39　数据库生成

10.4　Viewport（视区）菜单

视区菜单包含了刷新、适合视区、上一个视区以及自定义视区等选项，如图 10-40 所示。

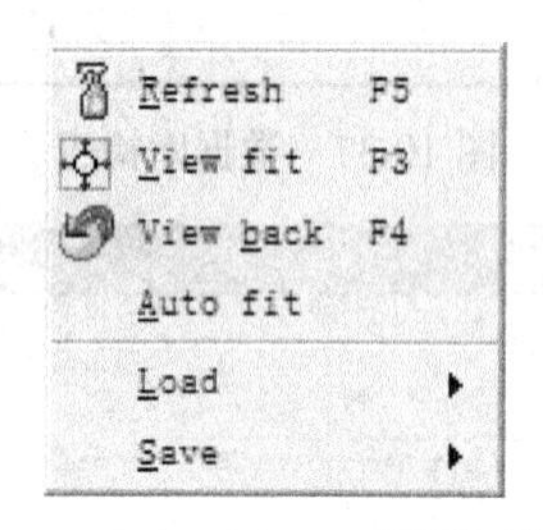

图 10-40　Viewport（视区）菜单

1）Refresh：刷新视区。
2）View fit：使模型充满整个视区。
3）View back：返回到上一视区。
4）Auto fit：自动将模型充满整个视区。
5）Load：调用一定义好的视区。
6）Save：将当前视区保存，可在使用中调用。

10.5　Display（显示）菜单

显示菜单包含了测量、选择、平移、缩放、旋转及预定义的视图等选项，主要控制对象在模型显示区的显示方式，如图 10-41 所示。

1）Measure：测量对象上两点间的三维距离。

2）Select：选择模型显示区的点或节点，在状态栏会显示所选点的坐标或节点的编号及坐标，点以红色显示，节点以绿色显示。

3）Pan：平移视图，其快捷键为 Shift+LMB，即按住 Shift 键和鼠标左键移动鼠标，视区即发生平移。

4）Dynamic zoom：动态缩放视图，快捷键为 Alt+LMB。

5）Box zoom：缩放窗口内容到整个视图，快捷键为 Ctrl+Alt+LMB。

6）Rotate：动态旋转视图，快捷键为 Ctrl+LMB。

7）Rotate X/Y/Z：使视图绕 *X*、*Y*、*Z* 轴旋转。

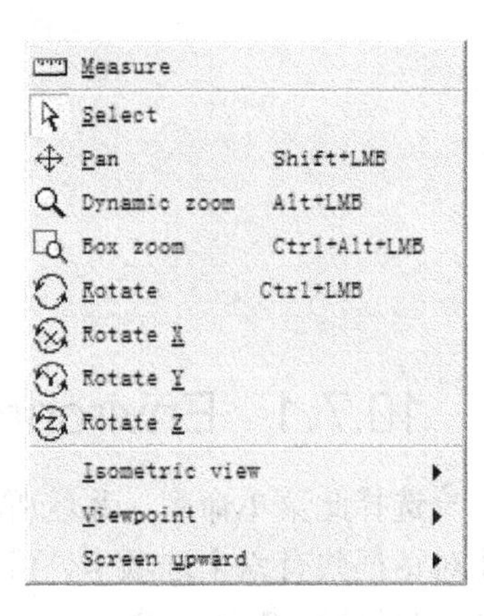

图 10-41 Display（显示）菜单

8）Isometric view：使对象以等轴测视图显示。

9）+X −X +Y −Y +Z −Z Viewpoint：使对象以系统预定义的六种视图显示。

10）Screen upward：设定某一坐标轴方向指向视图屏幕上方，默认是+Z 方向。

10.6 Model（模型）菜单

模型菜单包含了着色、线框、着色加线框、轮廓等选项，主要控制对象的显示形式，如图 10-42 所示。

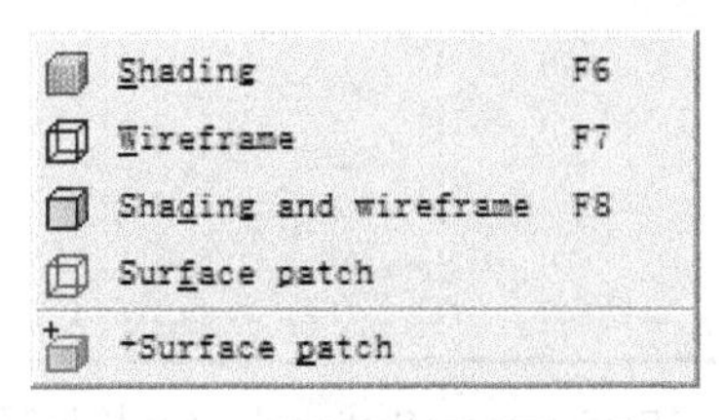

图 10-42 Model（模型）菜单

（1）Shading：以着色方式显示对象，即实体模型。

（2）Wireframe：以线框模式显示对象。

（3）Shading and wireframe：以实体+线框模式显示对象。

（4）Surface patch：以轮廓方式显示对象。

（5）+Surface patch：以轮廓方式组合前几种方式显示对象。

10.7 Options（选项）菜单

选项菜单包含了环境设置、偏好设置、显示设置、图表设置等选项，主要控制前处理界面的显示形式，如图 10-43 所示。

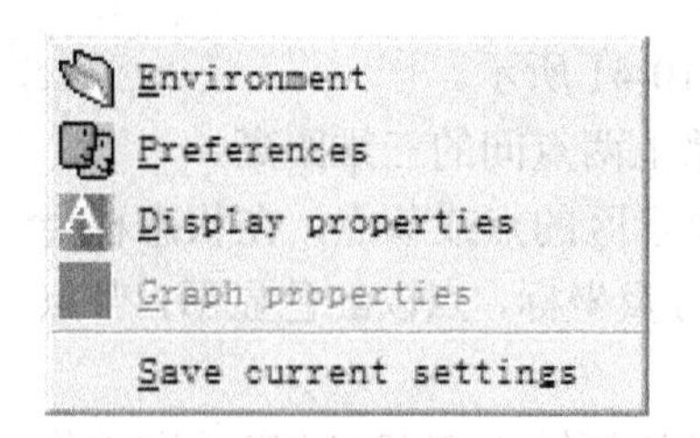

图 10-43　Options（选项）菜单

10.7.1　Environment（环境设置）

选择此菜单命令，系统弹出图 10-44 所示的“Environment Settings”（环境设置）对话框。此对话框共有六个选项卡，可分别进行 Region（区域）、User Type（用户类型）、User Directory（用户目录）、System Directory（系统目录）、Icon/Font（图标和字体）和 Simulation Controls（输出控制）的设置。

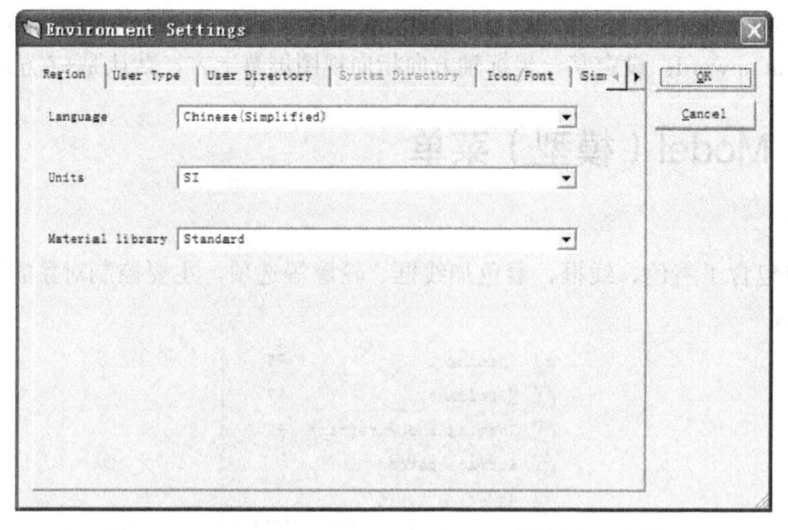

图 10-44　“Environment Settings”（环境设置）对话框

1）Region：区域设置。

Language：设置系统的语言环境。

Units：设置系统的单位制，有 SI（公制）和 English（英制）两种。

Material library：设定材料库，系统提供了 Standard（标准）和 Japan（日式）两种材料库，系统默认为标准材料库。

2）User Type：根据用户的熟练程度设定用户类型，分为 Novice（初学者）、Intermediate（中级用户）和 Advanced（高级用户）三种类型。

3）User Directory：通过此标签设置用户目录，包含用户工作目录、用户数据目录、几何模型输入目录和临时文件目录。

4）System Directory：设定系统目录。

5）Icon/Font：设定图标和字体的大小。

6）Simulation Controls：设定缺陷、应力和应变的输出类型。

10.7.2　Preferences（偏好设置）

选择此菜单命令，系统弹出图 10-45 所示的“Preference”（偏好设置）对话框。此对话框共有四个选项卡，分别进行 Display（显示颜色）、Entity Color（实体颜色）、Color Bar（颜色控制条）和 Object Color（对象颜色）的设置。

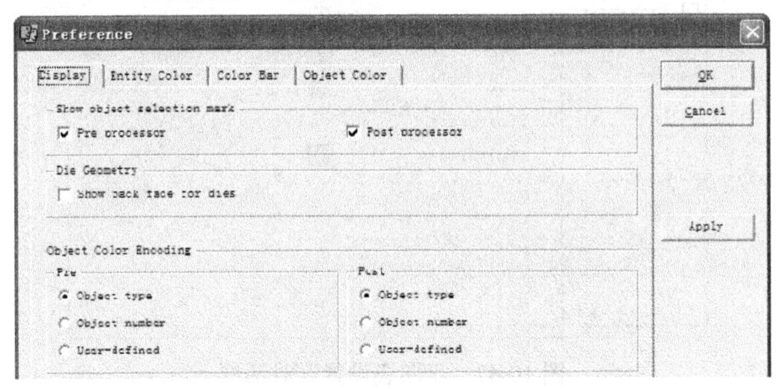

图 10-45　“Preference”（偏好设置）对话框

10.7.3　Display properties（显示设置）

选择此菜单命令，系统弹出图 10-46 所示的“Display Dropertied”（显示设置）对话框。此对话框可通过左侧的属性栏勾选相应选项完成设置，包含模型显示区的标题、坐标轴和背景颜色等内容。在 DEFORM-3D Post 后处理程序中，通过此命令还可以设置模型显示区各种场量的等值线、矢量等的显示形式。

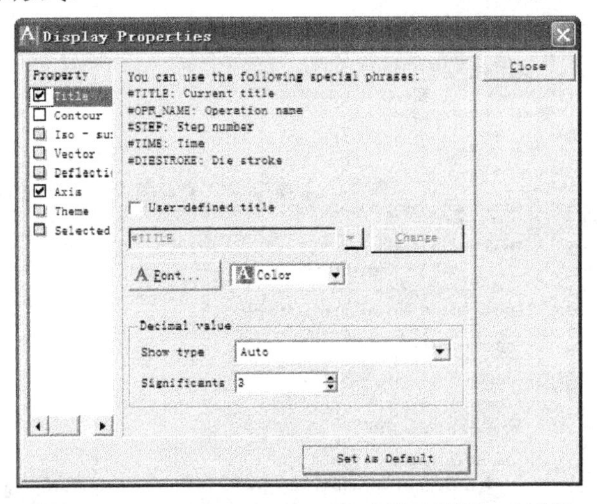

图 10-46　“Display Propertied”（显示设置）对话框

10.7.4　Graph properties（图表设置）

选择此菜单命令，系统弹出图 10-47 的“图表设置”对话框。此对话框可通过左侧的属性栏勾选相应选项完成设置，包含图表的标题、坐标轴、网格、点追踪、背景和主题等内容。只有在 DEFORM-3D Post 后处理程序中存在图表时，才可以激活此命令。

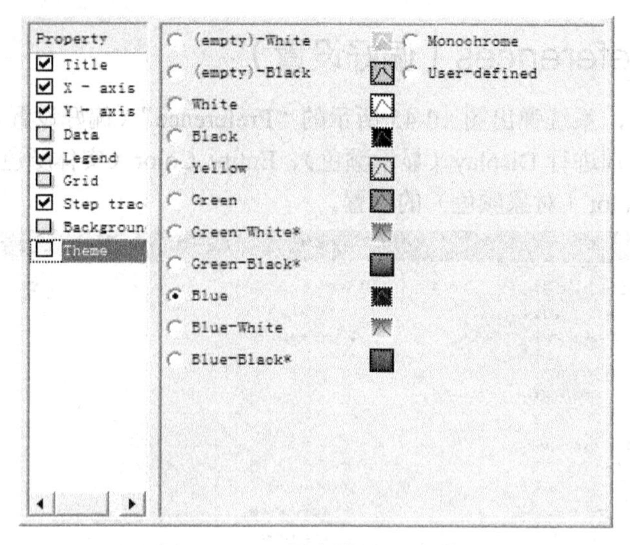

图 10-47　“图表设置”对话框

10.8　对象设置区

在此区域完成分析模型所需的几何信息、材料信息、网格划分、边界条件、对象运动等信息的输入，是 DEFORM-3D 预处理工作最主要的内容。如图 10-48 所示，各项设置具体含义在后面实例章节中将作详细说明。

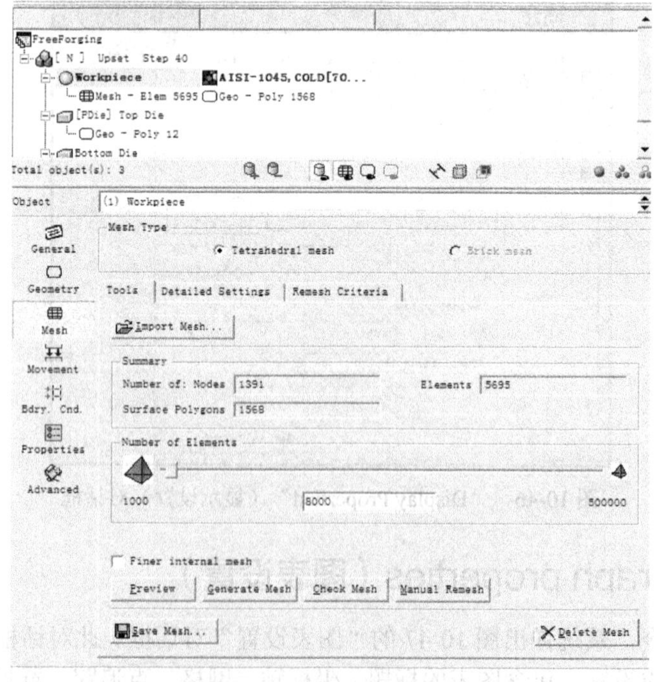

图 10-48　对象设置区

第11章

DEFORM-3D 软件的模拟计算及后处理

11.1 模拟计算

当通过前处理器生成数据库文件之后，即可提供给系统进行运行计算。在 DEFORM-3D 主界面右侧主菜单中的 Simulator 模块提供了模拟计算功能。

（1）Run：运行

在 DEFORM-3D 主界面左侧的工作目录中选中一个数据库，单击“Run”按钮，向系统提交计算任务。任务提交后，在工作目录窗口的项目名称及数据库文件上会出现绿色的进度条，代表运算进行中。同时在项目信息窗口有详细的运算信息动态输出，用户可观察运算进行的程度，如有无再划分、是否收敛等重要信息。

（2）Run(Options)：带选项的运行

单击“Run(Options)”按钮，系统弹出“提交运算”对话框，如图 11-1 所示。

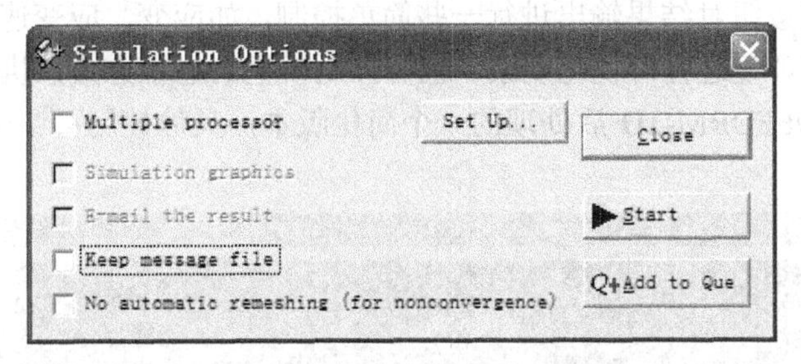

图 11-1 “提交运算”对话框

Multiple process：选中该功能允许用户指定多个计算机来联合求解。单击其右侧的 Set Up... 按钮，系统弹出多计算机设置窗口可进行详细设置。多计算机并行运算可大大减少运算所需时间，因此当模型复杂、网格单元数量较多或成型步数较多时可采用此功能联网运算。

Simulaiton graphics：此功能允许在模拟运行尚未结束时，运行并保存的结果以图形化显示。

E-mail the result：此功能在仿真结束后自动发送一份电子邮件。通过在 DEFORM-3D 主界面的 Options/Environment 菜单中的 E-mail 标签进行电子邮件地址及服务器设置。

Keep message file：选中该功能可防止由于网格重划分带来的信息文件丢失。

No automatic remeshing(for nonconvergence)：选中此功能，可防止程序由于不收敛而终止。系统会在自动重新划分网格后，重新开始模拟过程。

（3）Stop：停止

单击“Stop”按钮，停止计算任务，此时在工作目录窗口的项目名称及数据库文件上会出现进度条—— Aborting... FreeForging.DB ，表明正在退出计算任务。当计算任务完全停止后，项目名称及数据库文件上无进度条显示。

（4）Continue：继续

单击“Continue”按钮，继续以前停止的任务。

（5）Process Monitor：计算过程监控

单击“Process Monitor”按钮，对目前存在的任务处理情况进行监控，如图 11-2 所示。可以看到当前任务名为 FreeForging，网格划分 1 次，运算到第 8 步，总共 100 步等信息。还可以通过单击右侧的几个按钮来中止相关任务的运行。

Process Monitor

	Proces	Title	Mesh	Step No.	Total Ste	Sim. No.	Task No.	Task Type	Module
1	1512	FreeForging	1	8	100	1	0	0	DEF_SIM
2									
3									
4									
5									
6									
7									
8									
9									

Close
Abort
Abort Immediately
Abort All

图 11-2　对目前存在的任务情况进行监控

（6）Simulation Graphic：模拟图表监视

单击“Simulation Graphic”按钮，对目前正在运行的任务进行实时可视化观察，如图 11-3 所示。可通过右方的按钮对结果输出进行一些简单控制，如应变、应变速率、应力、速度、位移、温度、缺陷等物理量进行可视化观察。也可控制模型的显示方式，执行着色、线框、缩放等操作，其实质为 DEFORM-3D 后处理的一个简化版本，具体使用可参照 DEFORM-3D 后处理操作完成。

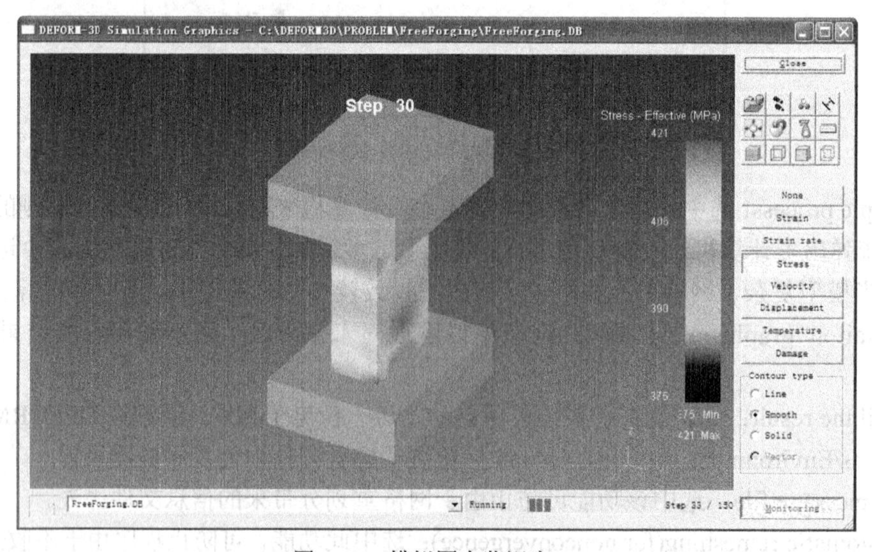

图 11-3　模拟图表监视窗口

（7）Batch Queue：批量任务

单击“Batch Queue”按钮，系统弹出如图 11-4 所示窗口。此窗口中列出了目前正在运行或等待运行的任务名称及路径，可对多个任务集中执行启动、删除、停止等操作。当一个任务完成后，则退出批量任务窗口，继续下一个任务的运行。

（8）Add to Queue：加入任务队列

单击“Add to Queue”按钮，将当前选中的数据库任务加入到图 11-4 所示的批量任务窗口中，等待运行。

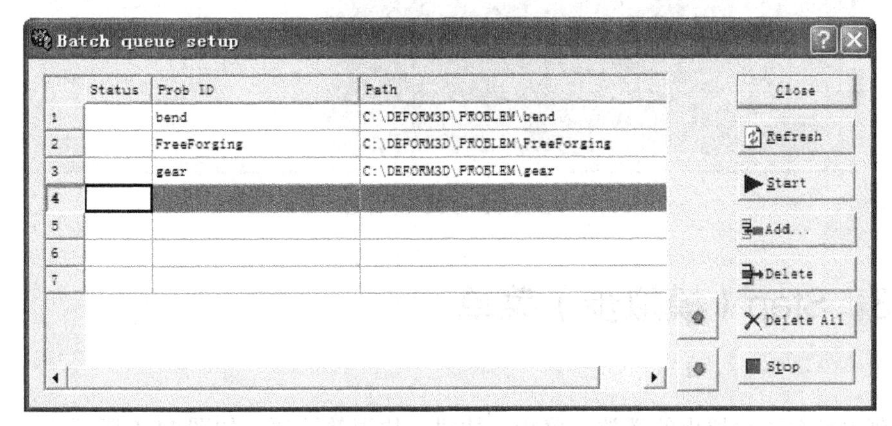

图 11-4　批量任务窗口

（9）Run Remotely：远程运行

单击“Run Remotely”按钮，进行远程控制计算机、端口及数据库所在路径的设置，单击此对话框的“Submit”（提交）按钮远程运行指定任务。

（10）Remote Process Monitor：远程计算过程监控

单击“Remote Process Monitor”按钮，对远程运算的任务处理情况进行监控。同 Process Monitor（计算过程监控）界面类似。

11.2　DEFORM-3D 后处理主界面简介

运算完成后，DEFORM 将求解结果保存到数据库中，包含每一步上万个节点和单元上各种物理量的信息，信息量非常大，直接读取某个信息非常困难，因此必须通过专门的软件将节点或单元信息读取，并通过可视化的形式表现出来。DEFORM-3D 后处理程序即能满足此要求。在 DEFORM 主界面上，选择主菜单后处理 Post Processor 中的 DEFORM-3D Post 选项进入 DEFORM-3D 后处理模块（见图 11-5）。DEFORM-3D 的后处理主界面包含六个区域：标题栏、菜单栏、工具栏、模型显示区、显示属性设置区和状态栏。大部分操作与前处理菜单一致，这里不再赘述，本节着重对一些后处理特有的功能进行说明。包含 Step 菜单、Tools 菜单和显示属性设置区。

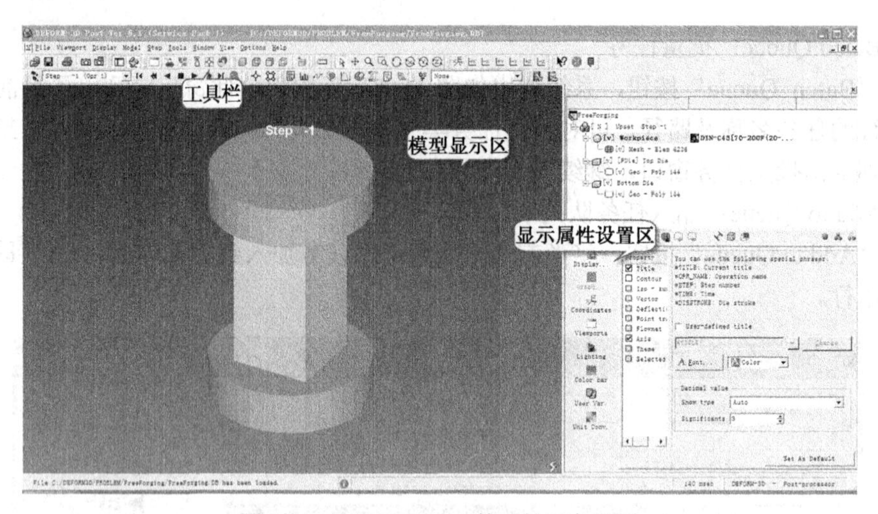

图 11-5　DEFORM-3D 的后处理主界面

11.3　Step（模拟步）菜单

Step 菜单包含了模拟步的播放、停止、快进、快退等选项，如图 11-6 所示。

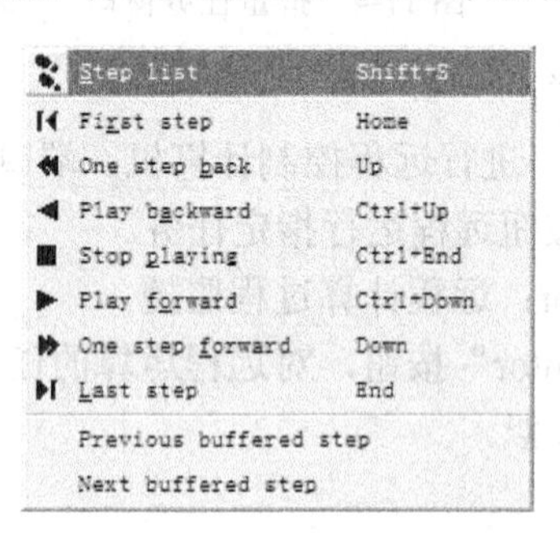

图 11-6　Step（模拟步）菜单

1）Step list：以列表形式选择模拟步，如图 11-7 所示，可通过 Style 栏选择 All（所有）、Operation Start（起始步）、End（结束步）、Remeshing（网格重划分步），也可通过 Range 栏选择每几步选择一步，或者模拟步数后缀为某个数值，如图 11-17 所示即为通过设置 Increment 为 3 选择的模拟步。假如数据中模拟步数较多，处理不方便，可通过下方的 Database Purging >> 按钮设置从现有数据库中提取选择的模拟步数据到一个新的数据库，具体内容在图 11-7 中的 Purge 选项中进行设置。

2）First step：控制模拟步回到第一步；

3）One step back：控制模拟回退一步，这里的一步并不是模拟步的序号减 1，而是通过 Step list 所选择的模拟步中间回退一步。

4）Play backward：自动回放模拟步。

5）Stop playing：停止播放模拟步。

6）Play forward：自动播放模拟步。

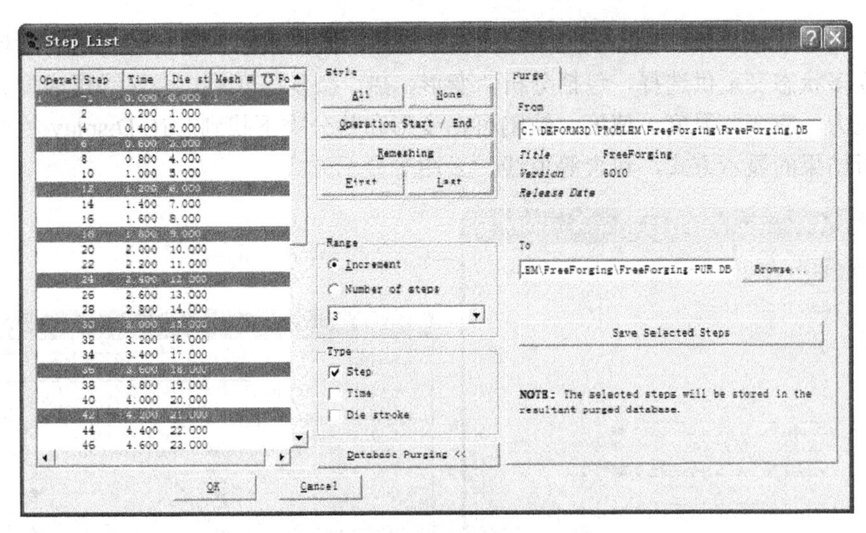

图 11-7 “模拟步列表”对话框

7） One step forward：控制模拟前进一步。

8） Last step：控制模拟步到列表最后一步。

在工具栏选项中，还有 Step -1 (Opr 1)，可直接在下拉列表中选取模拟步列表提取出来的所有模拟步骤。

11.4 Tools（分析工具）菜单

Tools 菜单包含了模拟步的播放、停止、快进、快退等选项，如图 11-8 所示。

1） Object nodes：显示指定节点的位置、物理量、边界条件等信息，如图 11-9 所示。可通过 Node 窗口输入节点号，或者在模型显示区对象上直接选择节点。

2） Object elements：显示指定单元的位置、物理量、边界条件等信息，如图 11-10 所示。可通过 Element 窗口输入节点号，或者在模型显示区对象上直接选择单元。

3） Summary：显示模拟过程的概要信息，如图 11-11 所示。可在 Object 窗口选取对象，在左侧的 Step 窗口选取模拟步，显示当前对象的该模拟步的概要信息。模拟步前带有[v]表示有可视化数据，物理量右侧的按钮可显示此物理量的图表曲线。

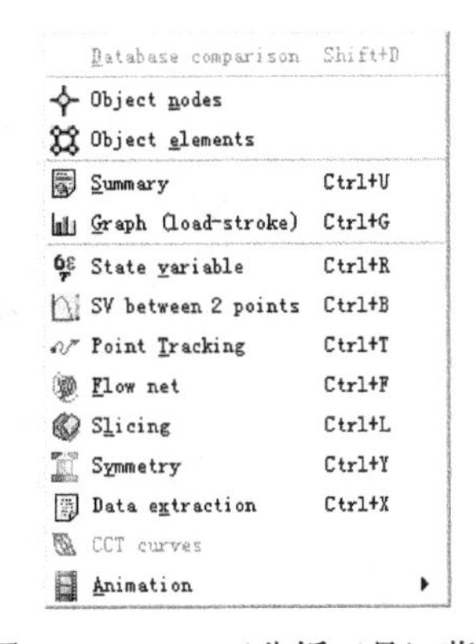

图 11-8 Tools（分析工具）菜单

4） Graph(load-stroke) ：以图表曲线形式显示模拟计算结果，主要用来生成变形过程载荷-行程（load-stroke）曲线，如图 11-12 所示。在 Plot Objects 中选定要提取数据的对象，在 X-axis 栏选择图表的 *X* 轴变量，系统提供了四种变量，分别是时间、行程、模拟步和力。在 Y-axis 栏选择图表的 *Y* 轴变量，可供选择的变量有三坐标轴方向的载荷、速度、转矩、角速度、体积、能量、行程和表面积。还可以通过左下方的 Display Options 控制曲线的平滑程度和显示方式。在最右边的 Units 栏选择图表中的单位。

5）State variable：进行分析状态变量的选择，如图 11-13 所示。在此对话框的左侧栏中提供了众多状态变量供选择，包括分析、变形、热、微观等变量，金属锻压成型数值模拟中最常用的应力、应变、温度、速度、缺陷可在变形和热分类下找到。在 Display 栏可控制模型显示区分析结果的显示方式，包含等值线、云图等显示方式。

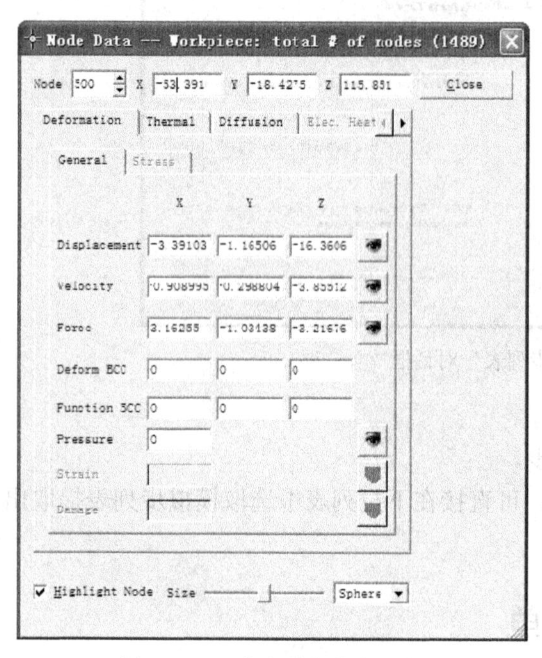

图 11-9 “节点数据信息”窗口

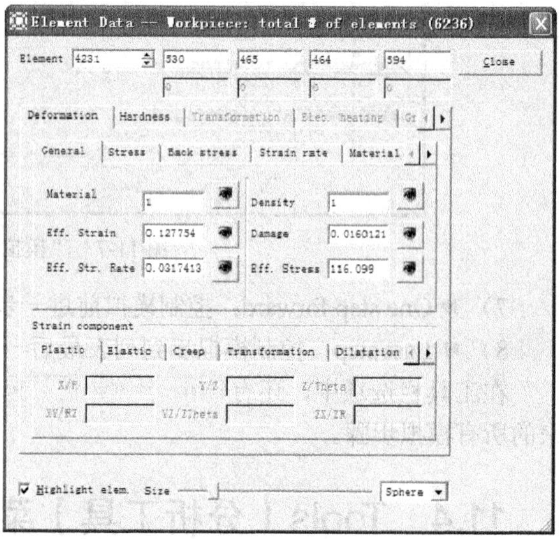

图 11-10 “单元数据信息”窗口

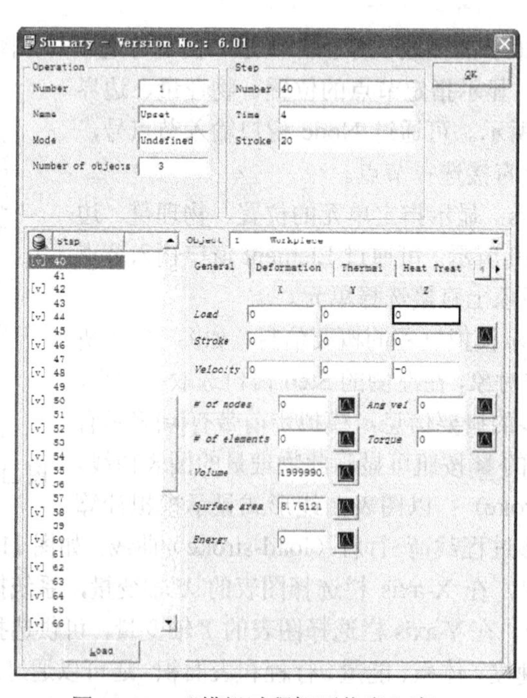

图 11-11 “模拟过程概要信息”窗口

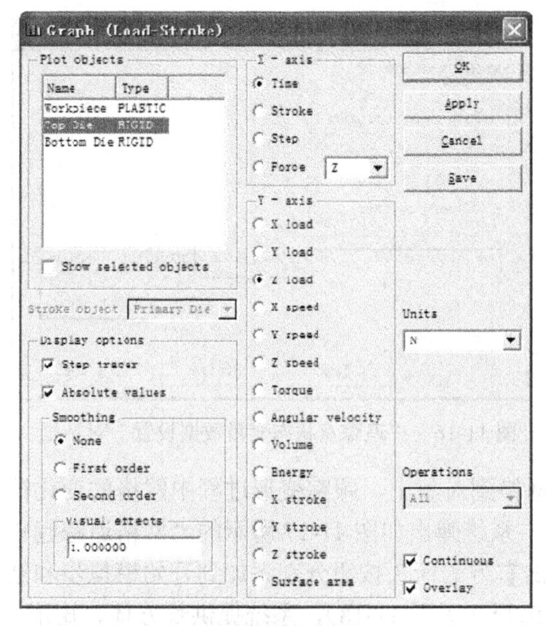

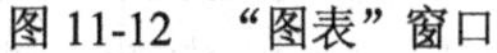
图 11-12　“图表”窗口

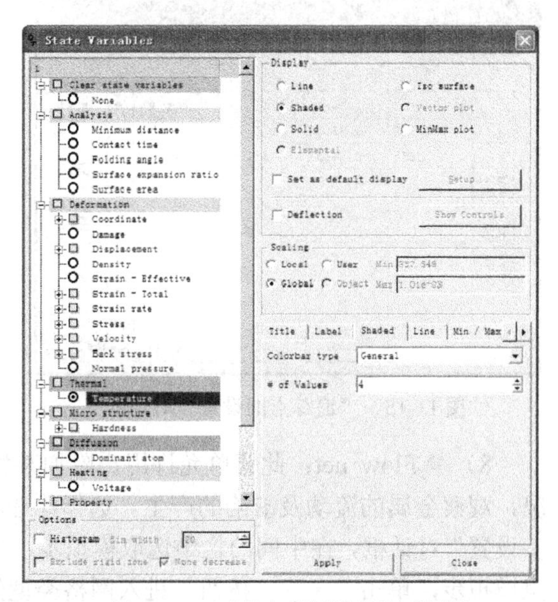

图 11-13　“状态变量设置”对话框

6）SV between 2 points：绘制两点间状态变量分布曲线，选择此选项，系统弹出如图 11-14 所示的对话框。通过 Point Definition 定义起点和终点，可直接输入坐标或在对象上点取，然后单击 Calculate 按钮自动进行计算两点之间的中间点，点的总数可由 Sampling Points 选项控制，如图 11-14 中所示总共为 20 个点（包含起点和终点）。中间点可沿起点与终点的直线计算，也可沿对象的边界进行计算，通过选择两个选项卡 Straight Line 和 Following Boundary 来定义。

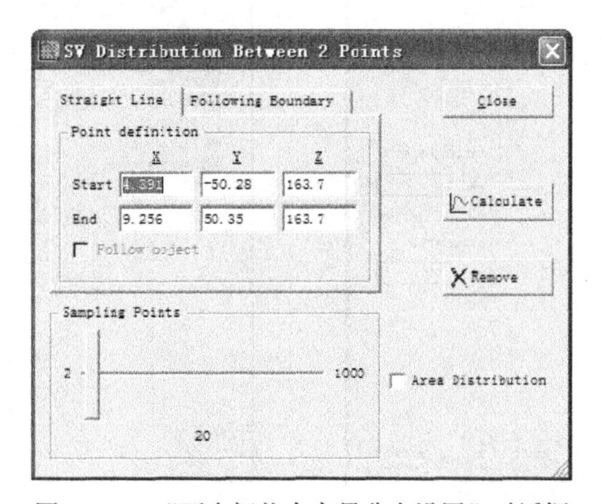

图 11-14　“两点间状态变量分布设置”对话框

7）Point Tracking：追踪变形过程中指定点的状态变量变化情况，如图 11-15 所示。在此对话框中输入所要追踪的点的坐标或者在模型显示区对象上直接点取追踪点，然后单击 Next > 按钮，进入“追踪点状态变量数据设置”对话框，如图 11-16 所示，在此对话框中可以设置数据是否保存，或以点的编号或模拟步的编号来保存，单击 Finish 按钮即系统弹出 Point Tracking 图表。

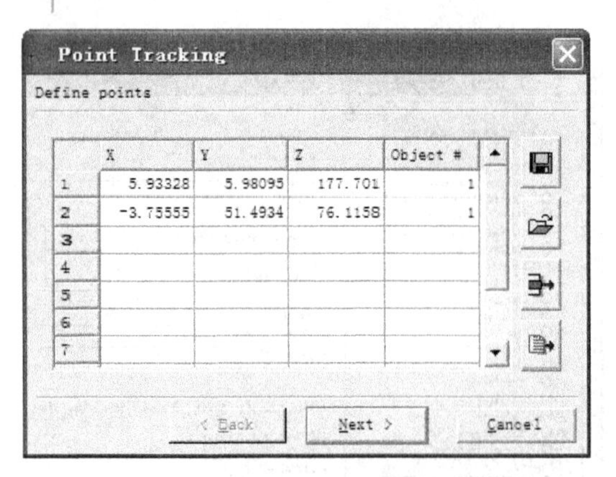

图 11-15 “追踪点的设置”对话框

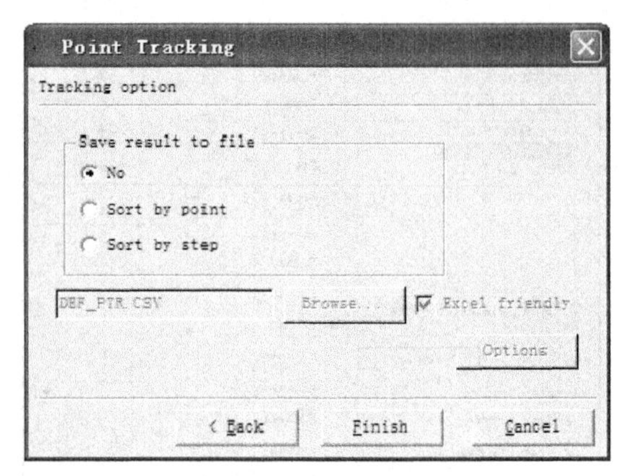

图 11-16 “追踪点状态变量数据设置”对话框

8）Flow net：此菜单允许用户附加某种网格到对象上，跟踪变形过程中网格的变化情况，观察金属的流动及缺陷的产生。选择此选项，系统弹出如图 11-17 所示的“网格追踪起止步设置”对话框，在中间的栏中选取模拟步，单击右方的箭头按钮分别添加到开始模拟步和结束模拟步，单击 Next > 按钮，进入网格类型的选择（见图 11-18），系统提供长方体、矩形、多边形等几种网格类型，此处我们选择第二种即矩形网格，单击 Next > 按钮，进入网格附着面的设置（见图 11-19），通过一点加法向或者三点来定义一个平面，将矩形网格附着在此平面上，单击 Next > 按钮，系统弹出“矩形网格定义”对话框（见图 11-20），定义完成后单击 Next > 按钮直到向导结束。在模型显示区对象上就会显示出定义好的网格，随着变形的进行，网格形状不断变化，图 11-21 所示即为从第 2 步到第 100 步网格的变化情况。

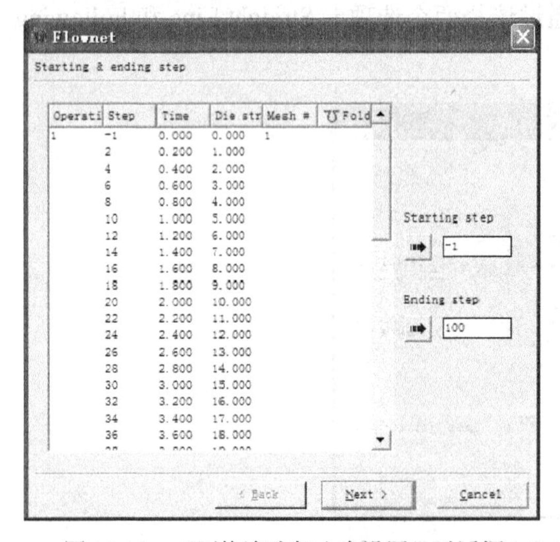

图 11-17 “网格追踪起止步设置”对话框

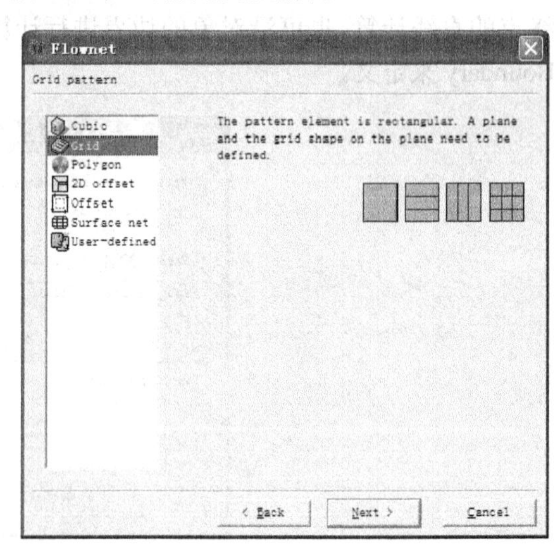

图 11-18 网格类型选择

9）Slicing：对模型显示区对象进行剖切，可方便观察对象内部状态变量，“剖切”对话框如图 11-22 所示。可通过一点加法向或者三点定义一个平面来定义剖切面，也可以通过单击右方的 SV Max Point 按钮找到当前状态变量为最大值的点，通过单击 SV Min Point 按钮找到当前状态变量为最小值的点，通过单击 Duplicate 按钮设置多个剖切面，通过对话框左下方的 Slice plane display 控制剖切面的显示方式，剖切结果显示在模型显示区，如图 11-23 所示。

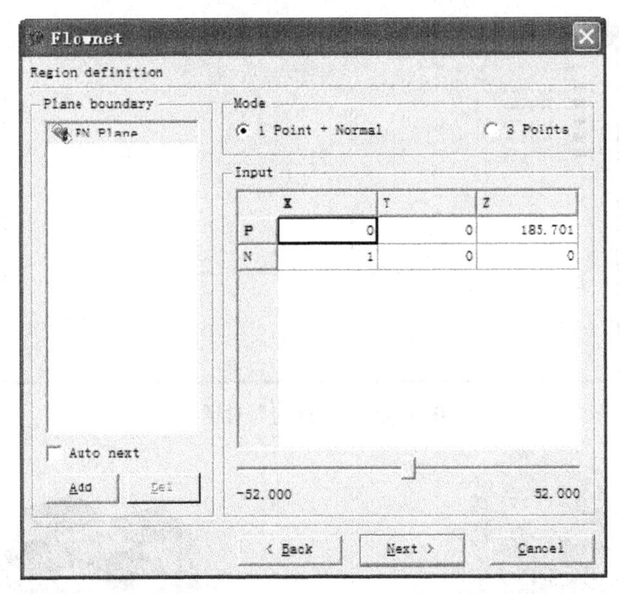

图 11-19　网格附着面的设置

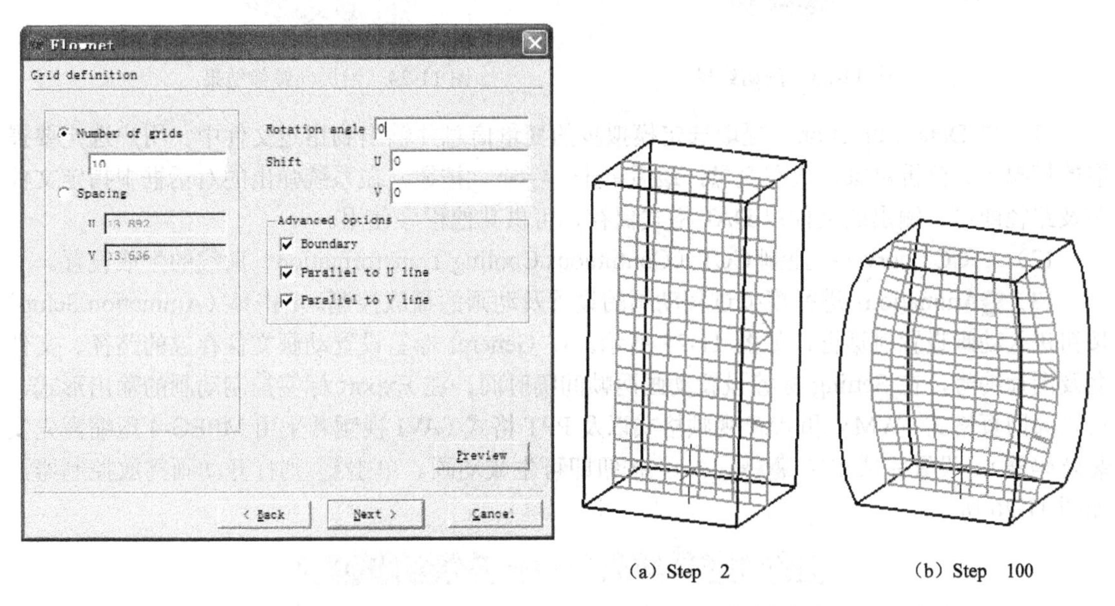

（a）Step　2　　（b）Step　100

图 11-20　“矩形网格定义”对话框　　图 11-21　网格追踪结果

10）Symmetry：对分析模型进行镜像操作。在分析对称零件时，为了减少网格和节点数，加快分析过程，一般选取有代表性的一部分进行分析，当分析完成后，可通过此功能显示完整的模型。

系统提供了两种镜像功能，分别是 Mirroring 和 Rotational Symmetry，即对平面镜像和沿周向镜像。平面镜像直接以点取的平面为镜像面进行，单击“Add”按钮进行镜像的添加操作，单击“Delete”按钮可将镜像出的对象删除。沿周向镜像需指定旋转中心、旋转轴、间隔角度和镜像次数，镜像结果如图 11-24 所示。

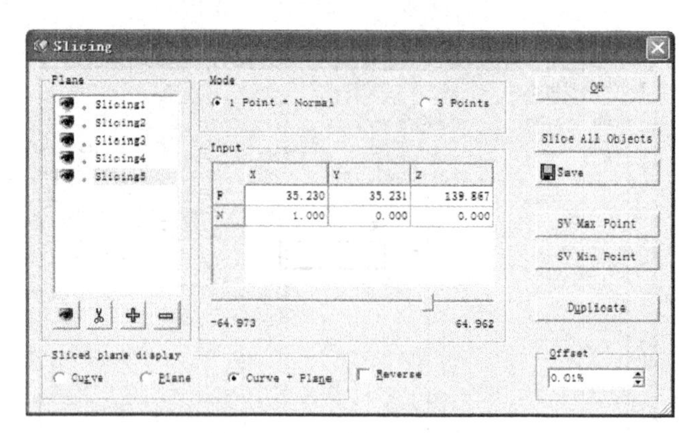

图 11-22　“剖切”对话框

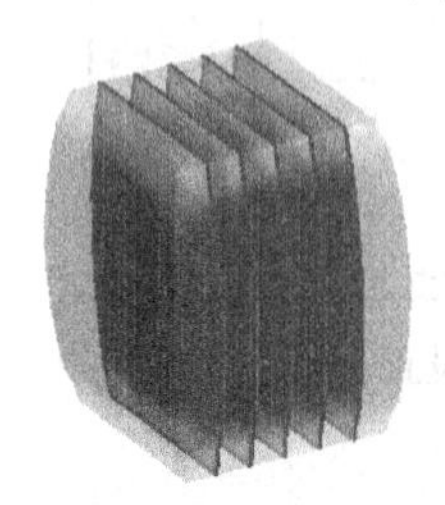

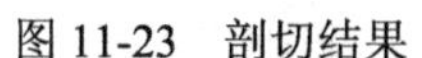

图 11-23　剖切结果

图 11-24　沿周向镜像结果

11）Data extraction：提取选定模拟步的变量信息并输出到指定文件中。用户选定要提取的模拟步、分析对象、状态变量，最后单击 Extract 按钮，在系统弹出的对话框中指定文件名及路径即可，输出的文件以.DAT 格式保存，可供其他程序使用。

12）CCT curves：控制 CCT（Continuous Cooling Transformation）曲线的生成设置。

13）Animation：进行模拟过程动画的设置及动画的播放控制。单击（Animation Setup）按钮进入动画设置对话框，如图 11-25 所示。在 General 标签设置动画文件存放的路径、文件名及图片编号，在 Setting 标签设置动画两帧间隔时间，在 Export 标签控制动画的输出形式，可以为网页格式、WMV 和 AVI 视频格式以及 PPT 格式（AVI 视频若采用 MPEG-4 压缩需先安装解码器）。设置完成单击 Save 按钮即可生成动画。单击则打开动画播放控制器，如图 11-26 所示。

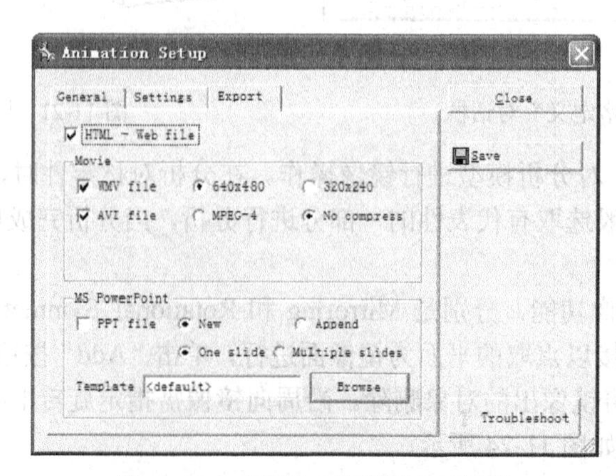

图 11-25　“模拟动画设置”对话框

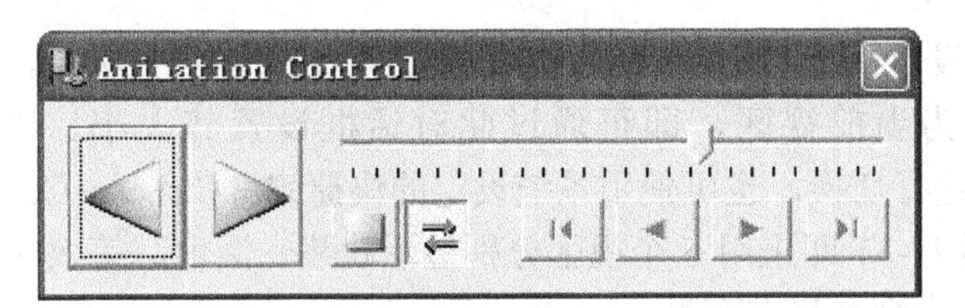

图 11-26　动画播放控制工具条

11.5　显示属性设置区

显示属性设置区主要功能是对模型显示区的图形图表的显示进行控制，如图 11-27 所示。左侧栏为控制选项，分别有 Display、Graph、Coordinates、Viewports、Lighting、Color bar、User var.、Unit conv.等属性的设置。

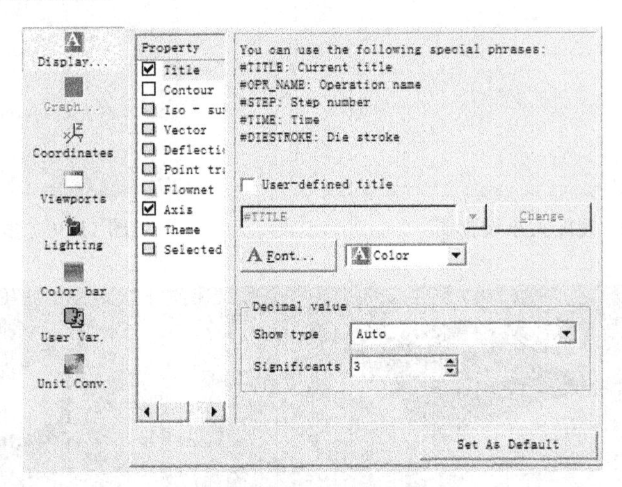

图 11-27　显示属性设置区

1）Display：显示属性设置。

2）Graph：图表属性设置。

3）Coordinates：设定系统坐标形式，后处理程序提供了三种坐标系，分别是笛卡儿直角坐标系、圆柱坐标系和用户自定义坐标系，如图 11-28 所示。

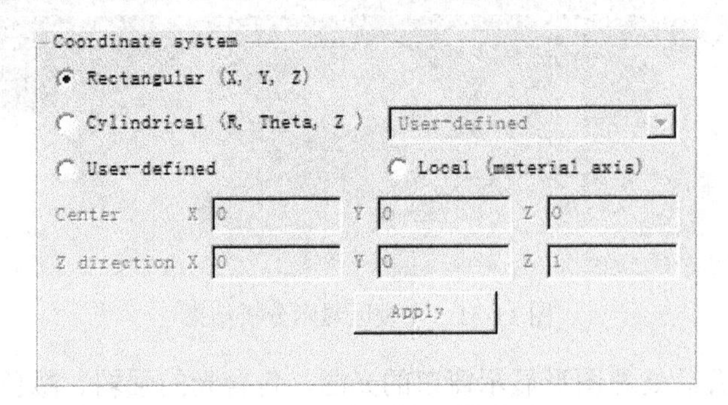

图 11-28　坐标系统属性设置

4）Viewports：设定模型显示区当前视区的大小，如图 11-29 所示。在模型显示区某一视区内单击，使其成为当前视区，即可通过此对话框设置其大小。多视区的显示可通过 Viewport/Multi 菜单进行切换，也可使用系统设定的快捷键（Ctrl+1～Ctrl+6）进行快速切换，如图 11-30 所示。图 11-31 即采用 6 个视区分别显示缺陷、温度、等效应力、等效应变、等效应变速率、最大主应力六个状态变量。

Viewport 1 | Get from screen | Apply to screen

Translation | Rotation

X

Min -2

Max 2

Y

Min -2

Max 2

图 11-29　视区大小设置图

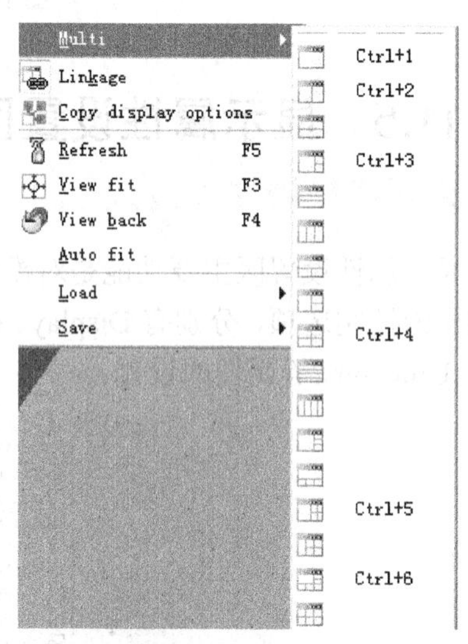

图 11-30　多视区切换菜单

图 11-31　多视区显示分析结果

5）Lighting：设置后处理图形显示窗口的光源，包含光的强弱、颜色和光源类型等。

6）Color bar：控制颜色条的位置、大小及颜色的控制，从而影响模型显示区分析结果的显示颜色。

7）User var.：控制用户自定义变量的追踪，如图 11-32 所示。选中所有网格的对象，指定节点或单元，通过 library 设定好需要追踪的用户变量，单击 Tracking 选项卡中的 Track Data 按钮，即可完成数据的生成，同时保存在 Tracking 选项卡中的 File 栏指定的文件中，文件类型为.PDB 格式。也可选择一个已经存在的 PDB 文件，追踪方法选择 Use existing PDB 来进行。单击状态变量按钮即可看到后处理自定义的状态变量，如图 11-33 所示，其使用与系统固有的状态变量相同。

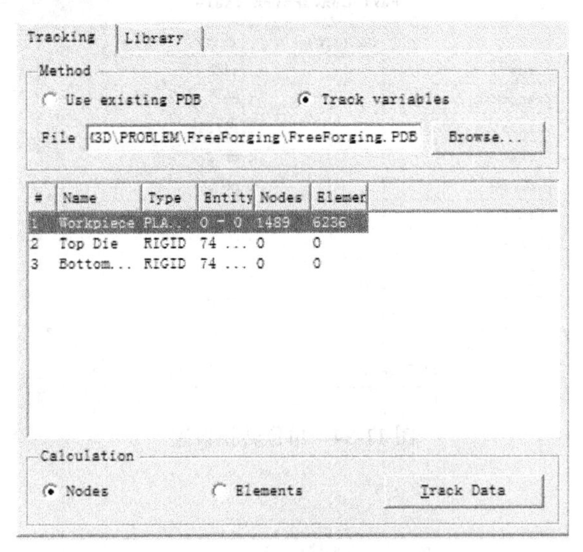

图 11-32　用户定义变量追踪设置窗口

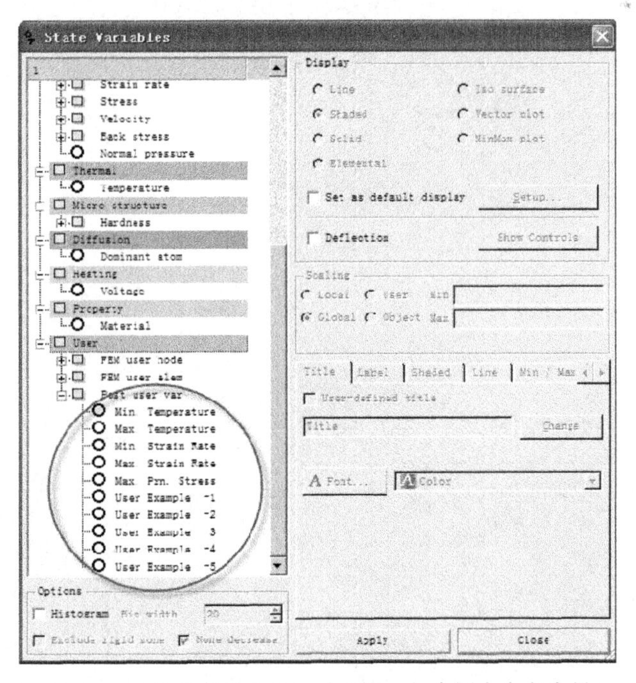

图 11-33　“状态变量设置”对话框（包含用户定义变量）

8）Unit conv.：控制图表中的单位转换方式，如图 11-34 所示。系统给定了四种图表单位显示方法，分别为①Default：默认，即与模拟控制里所设置的单位一致；②SI→Eng：公制转为英制，当选中此项时，具体换算关系会在 Unit Conversion Table 中给出；③Eng→SI：英制转为公制，图 11-34 中不可用表明目前已经是公制单位；④User：按照用户定义单位进行转换。

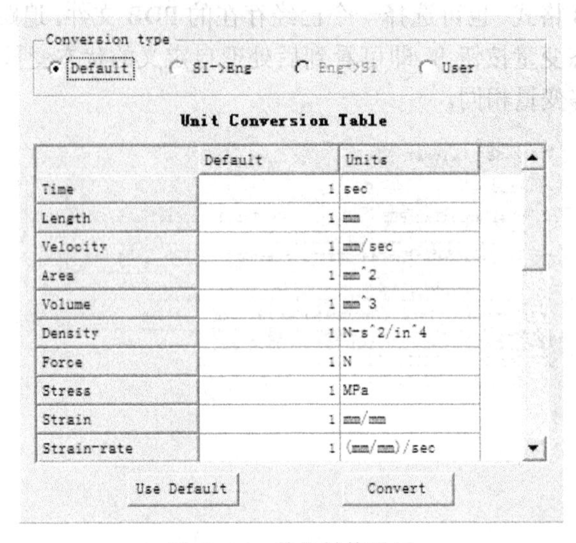

图 11-34　单位转换设置

第 12 章

DEFORM-3D 模拟分析流程

通过前面的 DEFORM-3D 操作介绍，用户已对 DEFORM 软件系统的菜单及各项设置有了一定的了解，本章结合一个简单的实例来进行模拟分析。该实例以 DEFORM 软件提供的几何造型功能生成模具和坯料，完成一个圆柱体的自由锻镦粗成型过程分析，其中毛坯材料为 45 钢，毛坯与模具间的摩擦因子为 0.12，上模运动速度为 50mm/s，镦粗至坯料原来高度的一半，分析自由锻过程中毛坯的等效应变、等效应力的变化情况。

12.1 创建新项目

打开 DEFORM 软件，在 DEFORM 主界面选择设置工作目录为 C:\DEFORM3D\PROBLEM。单击按钮，系统弹出“Problem setup”（项目设置）对话框（见图 12-1），选择 Deform-3D preprocessor，即使用 DEFORM-3D 前处理器（对于特定问题可采用模版向导），单击[Next >]按钮进入“项目位置设置”对话框（见图 12-2），可通过四种方式指定项目位置，本例不作改变，直接单击[Next >]按钮进入“项目名称设置”对话框，在 Problem name 文本框中输入本项目名称“Upset”，进入 DEFORM-3D 前处理界面。

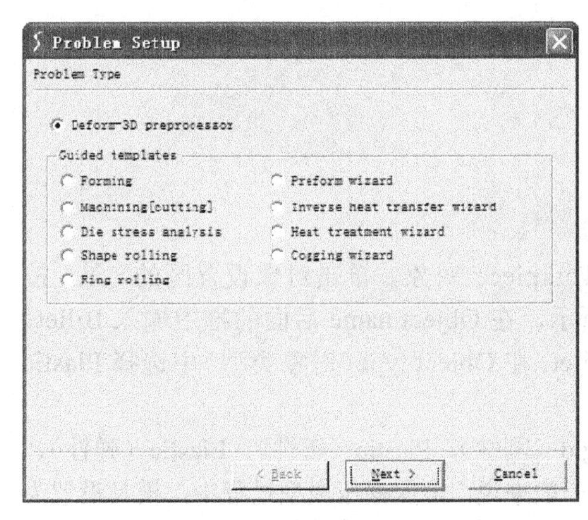

图 12-1 “项目类型设置”对话框

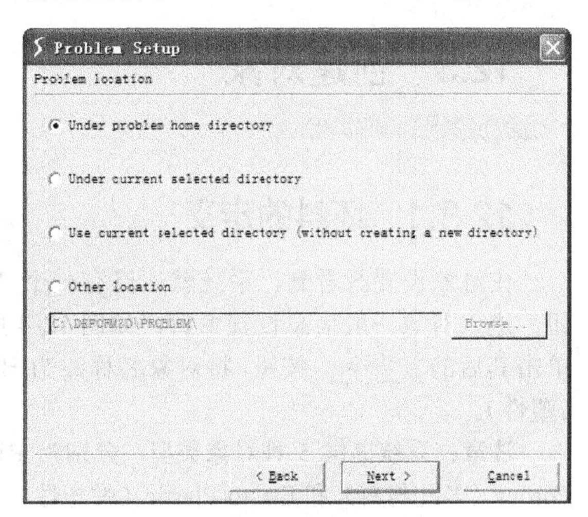

图 12-2 “项目位置设置”对话框

12.2 设置模拟控制初始参数

首先需要设置的是项目所用单位制。选择“Input/Simulation controls”选项或单击按钮进入模拟控制对话框，在对话框左侧栏中选取 Main 窗口，如图 12-3 所示。设定模拟分析标题为“Upset”，操作名为“Upset”，Units 单位制为“SI”，分析模式为变形“Deformation”，单击“OK”按钮，完成模拟控制的初始设置。

注意：除单位制外，其他内容可随时修改。

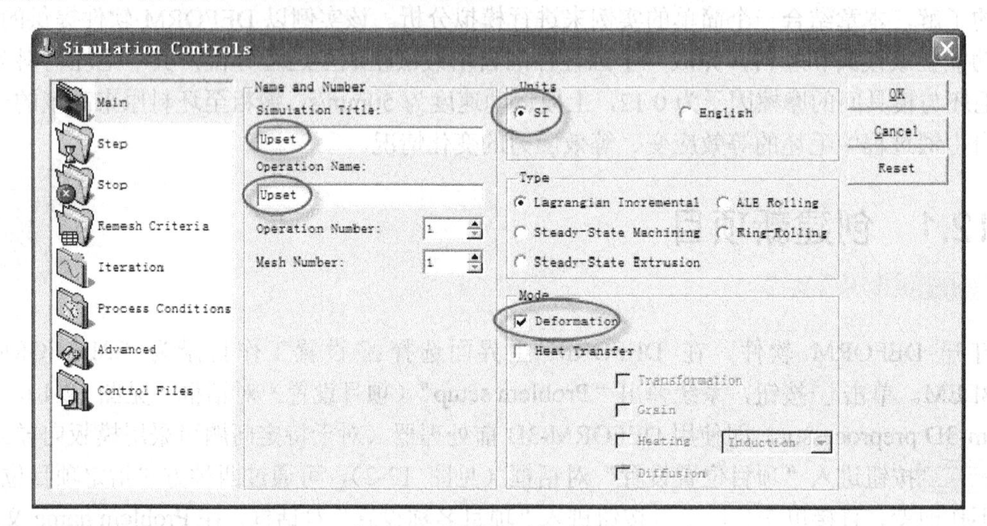

图 12-3 模拟控制初始设置

12.3 创建对象

12.3.1 坯料的定义

在对象设置区看到，系统默认已有一个 Workpiece 对象。单击对象设置区的 General 按钮，进入对象一般信息设置窗口，如图 12-4 所示。在 Object name 后面的框中输入 Billet，单击其后的 Change 按钮，将对象名称改为 Billet。在 Object type（对象类型）中选择 Plastic（塑性）。

注意：系统提供 5 种对象类型，分别为 Rigid（刚性）、Plastic（塑性）、Elastic（弹性）、Porous（多孔材料）和 Elasto-Plastic（弹塑性）。一般来说，金属锻压成型过程中，模具设置为刚性，坯料设置为塑性，在大多数情况下均可这样设置。

单击对象设置区的 Geometry 按钮，进行对象几何模型的设置，如图 12-5 所示。由于 DEFORM 软件造型功能较差，当所需分析的模型较复杂时，可通过其他造型软件如 UG、Pro/E 等进行造型，然后导出为“.STL”格式，单击 Import Geo... 按钮完成模型的输入。由于本例模拟圆柱体的自由镦粗过程，几何模型较简单，我们采用DEFORM进行造型，省去导出/导入的麻烦及由此带来的信息不完整。

单击图12-5的 Geo Primitive ... 按钮，进入几何造型单元，如图12-6所示。在此窗口可进行长方体、圆柱体、圆筒、轧辊、钻头的直接造型，或者通过给定的二维截面拉伸/回转而成三维模型。本例我们采用圆柱体，输入其半径为100，高度为200，单击 Create 按钮，在模型显示区生成一个圆柱体，完成坯料几何模型的设置。

注意：当导入复杂模型后，应通过Tools标签内的按钮对其进行检查，若有问题应修复。

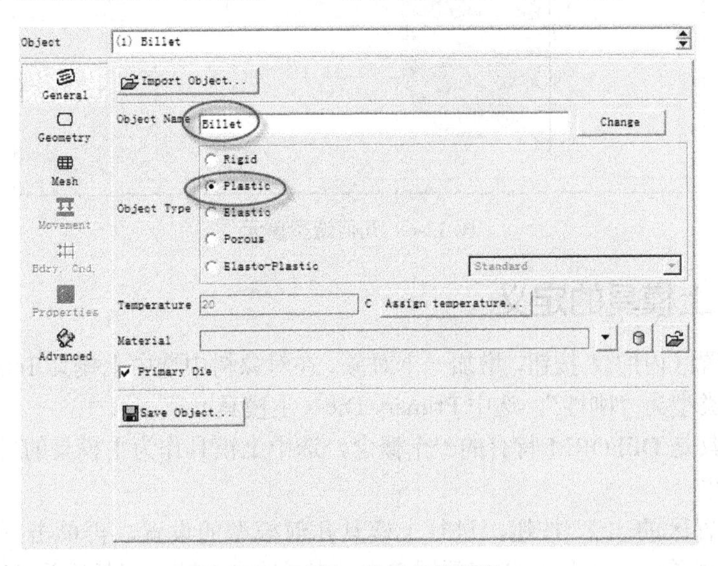

图12-4　对象一般信息设置窗口

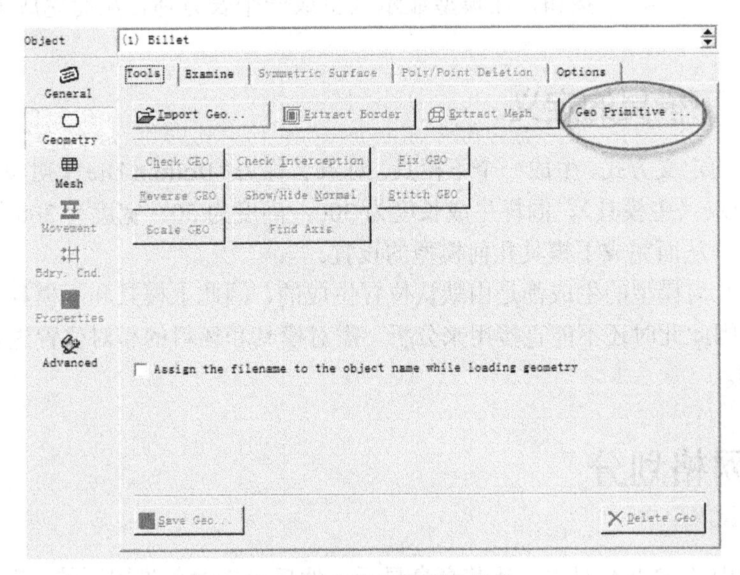

图12-5　对象几何模型设置窗口

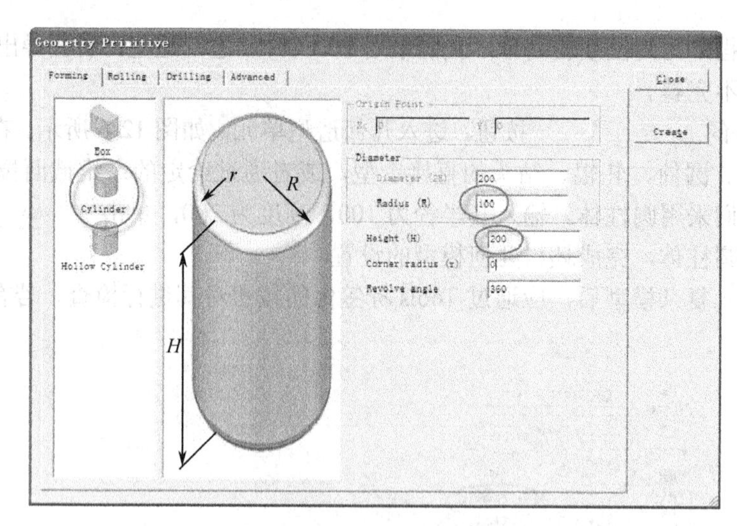

图 12-6　几何造型单元

12.3.2　上模具的定义

单击对象设置区内的按钮，增加一个对象。在对象树中选中上模具 Top Die，在 General 标签中设置其对象类型为“刚性”，选中 Primary Die（主模具）。

注意： 主模具是 DEFORM 特有的一个概念，选中上模具作为主模具的目的是把此对象作为运动的主动对象。

单击对象设置区的 Geometry 按钮，进行上模具几何模型的设置，再单击 Geo Primitive ... 按钮，进入几何造型单元，上模具我们采用 Box（长方体），输入其长度为 300，高度为 50，宽度为 300，单击 Create 按钮，在模型显示区生成一个长方体，从而完成上模具几何模型的设置。

12.3.3　下模具的定义

参照上模具的定义方式，生成一个下模具。对象名称为“Bottom Die”，对象类型为“刚性”，不选中 Primary Die（主模具）。同样生成长度为 300，高度为 50，宽度为 300 的长方体作为下模具的几何模型，从而完成下模具几何模型的设置。

注意： 由于几何模型的生成都是由默认位置生成的，因此上模具和下模具重叠在一起，并与坯料有相交。因此此时还不能直接用来分析，需对模具和坯料的相对位置进行调整，具体调整将在后面讲述。

12.4　网格划分

选中对象树中的 Billet 对象，让其高亮显示，然后单击对象设置区的 Mesh 按钮，系统弹出“网格划分”对话框，如图 12-7 所示。对于本例，在 Tools 标签中，通过拖动“Number of Elements”栏中的滑动条，或者在其下的文本框内直接输入数值，设置单元数量为 8000，单击 Preview 按钮，在坯料的表面上生成网格，此时在上面的“Summary”中会显示已经生成的节点数和表面多边形数。观察此时的表面网格是否符合需要，可以时单击 Generate Mesh 按钮生成实体网格。

网格的生成也可通过单击 Import Mesh... 按钮导入由其他项目或程序生成的网格数据，系统支持 Nastran、Patran 等有限元前处理软件生成的网格数据。

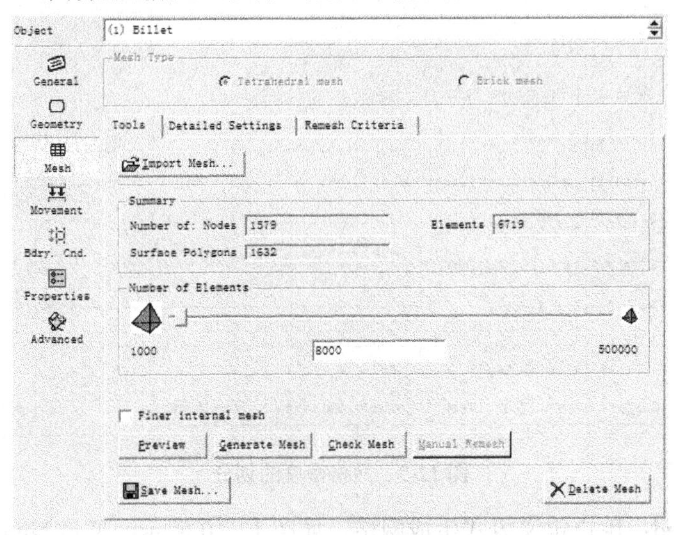

图 12-7　“网格划分”对话框

在 Detailed Settings 选项卡中可具体地控制网格的生成方式，包含两种方式，分别为“System Setup”和“User Defined”，如图 12-8 所示。

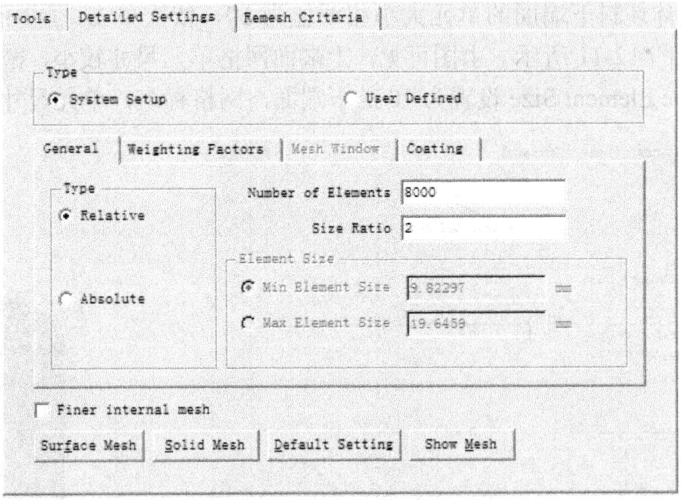

图 12-8　网格生成方式的设置

1）System Setup：利用系统设置功能控制网格生成。具体又有两种类型：Relative（相对网格设置）和 Absolute（绝对网格设置）。

当选择 Relative 时，需要设置 Number of Elements（总的单元数量）和 Size Ratio（同一单元最大边长与最小边长的比值），以达到控制网格形状的目的。

当选择 Absolute 时，需要设置 Min Element Size（最小单元尺寸）和 Max Element Size（最

大单元尺寸）之一，并结合 Size Ratio 达到控制网格密度的目的。

在 Weighting Factors 选项卡中可通过边界曲率、温度、应变、应变速率的大小调节网格密度，其值越大即温度、应变等变化越快，其网格密度越高（见图 12-9）。

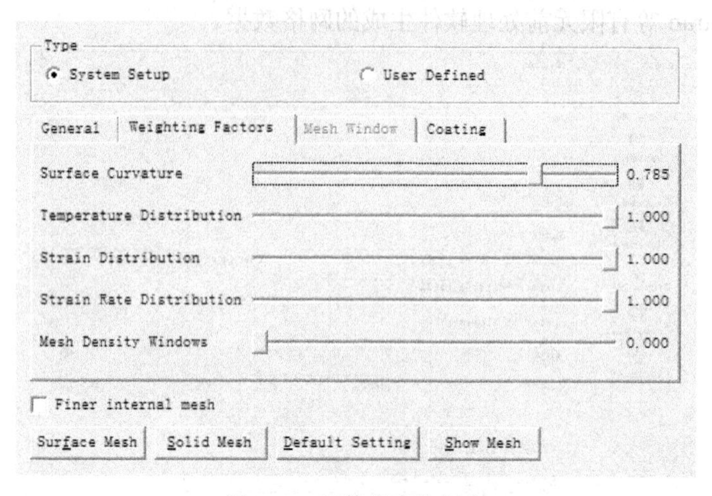

图 12-9　网格密度的划分

2）User Defined：用户定义方式生成网格，如图 12-10 所示。通过 Number of Elements 设置总单元数，单击 + 按钮，在单击模型显示区圆柱体坯料的上端面，在 Region 框内则出现“Region（37nodes）-1”，表明上端面有 37 个节点，设置其单元大小相对值为 1。再次单击 + 按钮，选取圆柱体坯料的圆柱面，在右方的 Relative Element Size 里输入 5。重复此步骤，设置圆柱体坯料下端面的单元大小相对值为 10，依次单击 Preview 和 Generate Mesh 按钮，生成网格，如图 12-11 所示。由图可见，上端面网格单元尺寸较小，密度大；而圆柱面下方由于紧接 Relative Element Size 设置为 10 的下端面，网格稀疏，单元尺寸较大。

图 12-10　用户定义方式生成网格

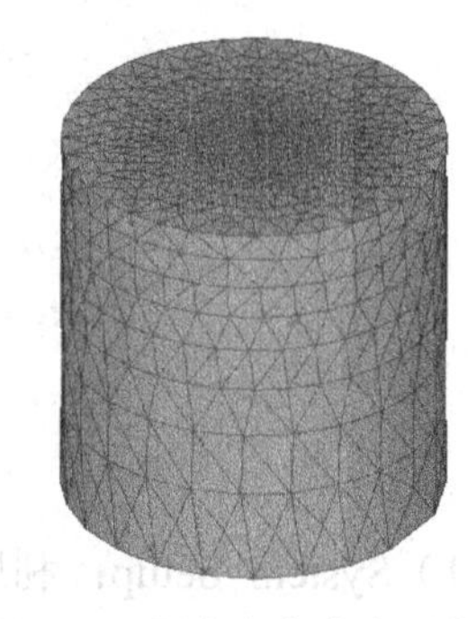

图 12-11　用户定义生成网格结果

在 Remesh Criteria 选项卡中可设置网格重划分准则，此部分内容和 11.3.1 节模拟控制中的网格重划分准则设置相同，此处不再赘述。

12.5　对象位置定义

选择 Input/Object Positioning 选项或单击按钮，系统弹出“对象位置定义”对话框，如图 12-12 所示。如图 12-13 所示，在 Positoning object 列表中选择 2-Top Die，在 Method 选择 Drag，指定 Direction 为+Z 方向，类型为 Translation，在模型显示区按住鼠标左键向上移动鼠标，此时上模具会随鼠标的运动而向上移动，直到上模具在坯料的上面并与坯料不接触时释放鼠标左键。同样的方式将 3-Bottom Die 向下移动到坯料下方并与坯料不接触，单击“OK”按钮，系统会弹出一个提示信息，提示对象位置已经重新定义过，需要检查边界条件是否需要修改。由于本例还没进行边界条件的设置，可以不用理会，此时模型显示区如图 12-14 所示。

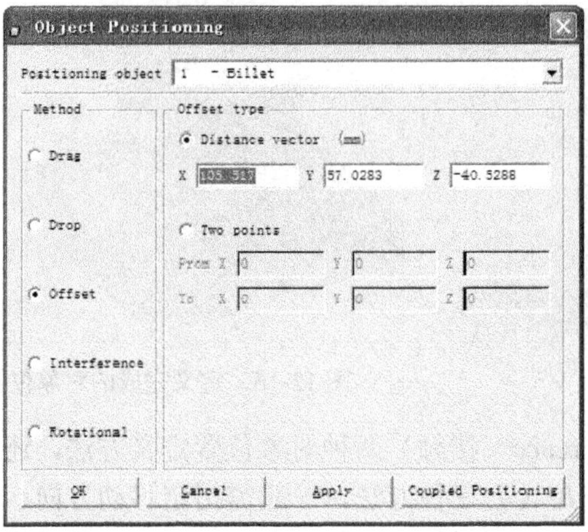

图 12-12　“对象位置定义”对话框——平移

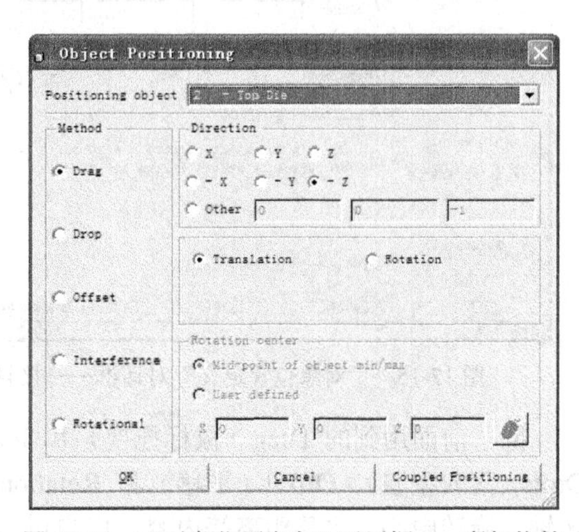

图 12-13　“对象位置定义”对话框——鼠标拖拽

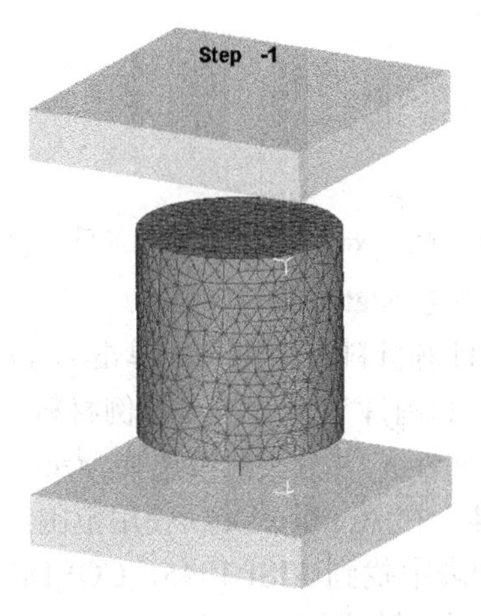

图 12-14　拖拽后对象位置

对于本例分析而言，只模拟分析圆柱体的自由镦粗过程，从模具与坯料开始接触时开始分析，因此应设置上模具和坯料、下模具和坯料相接触。重新单击按钮进入对象位置定义对话框，在Method栏选择Interference选项，在Positoning object列表框中选择2-Top Die作为要移动的对象，在reference列表框选择1-Billet作为被接触的对象，Approach Direction设为−*Z*方向，如图12-15所示，单击 Apply 按钮，则上模具向下运动至与坯料刚刚接触时，系统会弹出对话框提示对象沿某方向移动了多少距离。同样在Positoning object列表框选择3-Bottom Die作为要移动的对象，Approach Direction设为+*Z*方向，reference为1-Billet，单击 Apply 按钮，完成下模具与坯料的接触。此时模型显示区对象间位置如图12-16所示。

图12-15 “对象位置定义”对话框——接触

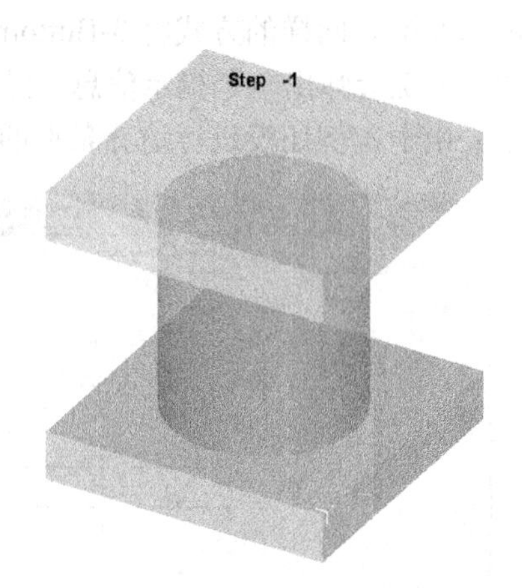

图12-16 定义完成的对象位置

除了前面用到的Drag（鼠标拖拽）和Interference（接触）两种对象位置定义方法，还有Drop（落入型腔）、Offset（平移）和Rotational（旋转）三种方法，一般需指定移动方向、旋转轴、旋转中心、平移距离等内容，用户可自行学习。此外，按钮 Coupled Positioning 可以将多个对象绑定在一起进行位置调整。

12.6 定义材料

在对象树中选定Billet对象，单击对象设置区的 General 按钮，进入对象一般信息设置窗口，如图12-4所示。在此对话框的下方Material项 Material (undefined)，框内文字为（undefined），表明目前材料尚未定义。单击按钮，从系统材料库中读入一种材料，系统弹出图12-17所示的“材料库”对话框。本例材料为45钢，在室温下镦粗，因此可以通过过滤器来查询材料。在Category（分类）中选择Steel（钢），过滤器的Material Standard（材料标准）选择AISI美国标准，在Application（使用范围）限定为Cold forming（冷变形），在Material label（材料型号）列表中找到AISI-1045，COLD[70F(20C)]，单击 Load 按钮，完成坯料材料的定义。此时，对象树如图12-18所示。

注意：AISI为美国标准，DIN为德国标准，JIS为日本标准，各种标准材料牌号对应关系可在金属材料手册或五金工具书中找到。AISI-1045对应我国的45钢。COLD代表材料库内的数据适用于冷成型，70F代表华氏温度为70°，对应于摄氏温度20°（20℃）。两者之间换算公式：华氏温度= 32+摄氏温度×1.8，摄氏温度= (华氏温度−32)/1.8。

对于上模具和下模具，由于都是刚性体，在镦粗过程中不变形，因此不必划分网格，也无须指定材料。

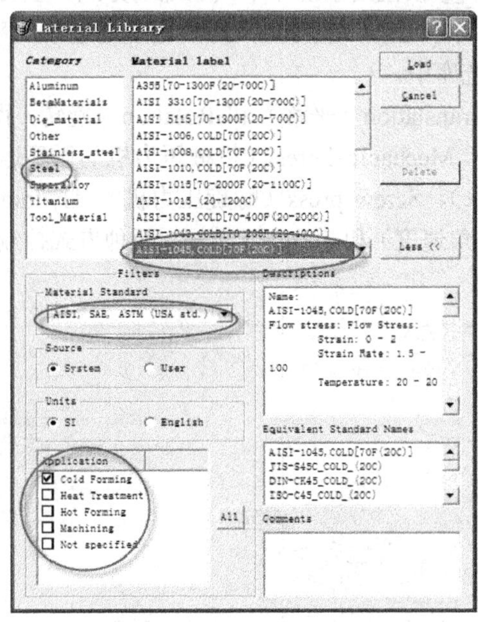

图 12-17　“材料库”对话框

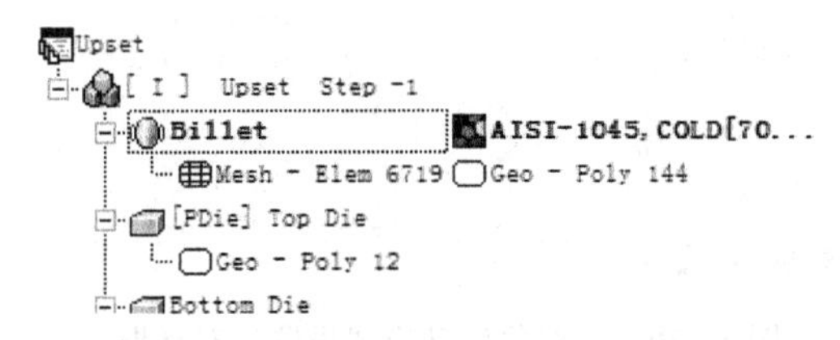

图 12-18　网格及材料定义完成后的对象树

当从材料库中读入过某种材料之后，单击按钮可快速选择已加载的材料。也可单击按钮从其他项目的数据库或 KEY 文件中读入材料，如图 12-19 所示。也可通过 10.3.2 节所述的方法自定义材料。

图 12-19　材料快速选择

12.7　定义模具运动方式

在对象树中选定 Top Die 对象，单击对象设置区的 Movement 按钮，进入“对象运动方式设置”对话框，如图 12-20 所示。选定运动类型为 Speed（速度），Direction（运动方向）为−*Z* 方向，速度的定义方式为 Constant（常数），在 Constant values 文本框内输入速度值为 50mm/s，完成主模具运动方式的定义。本例假定上模具以 50mm/s 的速度匀速向下运动，而下模具不动。

在图 12-20 中，速度还可以定义为与时间有关的函数和与行程有关的函数，或其他对象运动速度的倍数，也可以单击按钮由系统库中读入运动方式，也可单击按钮从其他项目的数据库或 KEY 文件中读入对象运动，或将定义好的运动通过单击按钮保存为 KEY 文件，通过单击按钮保存到系统库中。

对象的运动方式分为 Translation（平移）和 Rotation（旋转）两种。平移运动除了速度控制外，还有 Hammer（锤锻）、Mechanical press（机械压力机的循环运动）、Sliding die（滑动模）、Force（通过施加力驱动对象）、Screw press（螺旋压力机）、Hydraulicpress（液压机）。旋转运动可通过 Angular velocity（角速度）和 Torque（转矩）两种方式控制，定义旋转轴及旋转中心，旋转方向应满足右手准则。

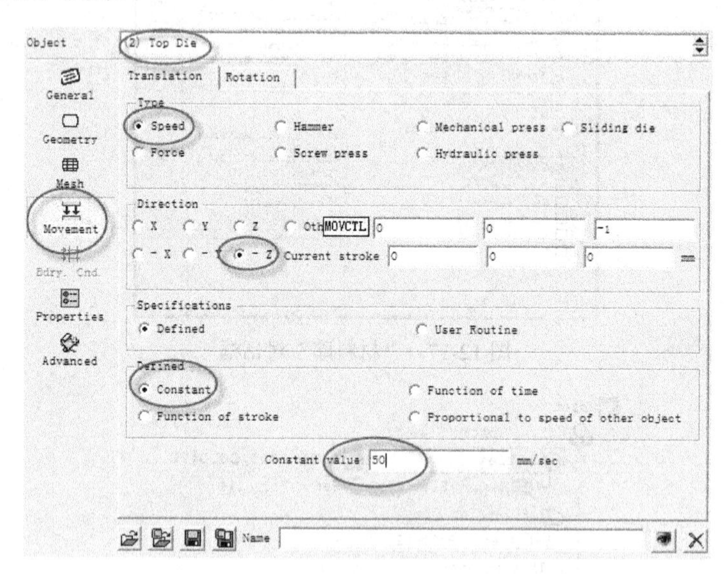

图 12-20 “对象运动方式设置”对话框

12.8 定义物间关系

选择 Input/ Inter-Object 选项或单击按钮，系统自动弹出图 12-21 所示的对话框，提示目前尚未定义物间关系，此时单击“Yes”按钮生成默认物间关系，系统弹出“物间关系定义”对话框，如图 12-22 所示。由此图可以看出，系统自动添加了两个物间关系，以不变形体上模具和下模具为 Master（主动物），以变形体坯料为 Slaver（从动物）。选择“(2) Top Die - (1) Billet”关系选项，使其高亮显示，然后单击 Edit... 按钮，进入“物间关系数据定义”对话框，如图 12-23 所示。选择 Deformation 选项卡，设置 Friction Type（摩擦类型）为 Shear，单击摩擦因子数值 Value 输入框右侧的按钮，从系统给定的几种成型条件下的摩擦因子中选择 Cold forming（Steel dies），其数值为 0.12，显示在 Constant 后面的输入框内。重复上述步骤完成下模具与坯料的物间关系数据定义。单击按钮，用系统默认值作为接触容差值，然后单击 Generate all 按钮，生成接触，此时在模型显示区，上下模具与坯料接触部分高亮显示，如图 12-24 所示。观察接触点是否正确，没有问题即可单击“OK”按钮退出物间关系定义。

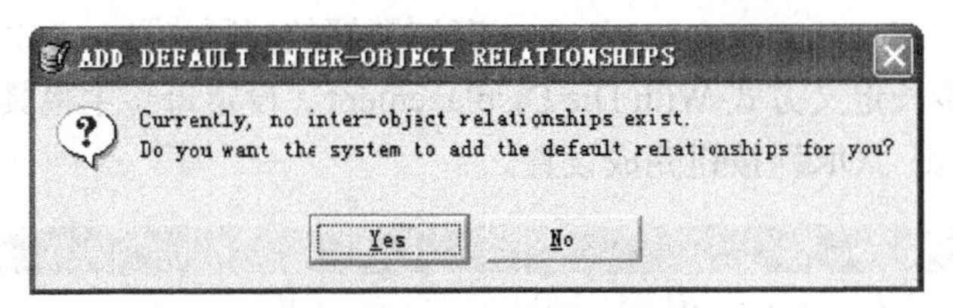

图 12-21　添加默认物间关系

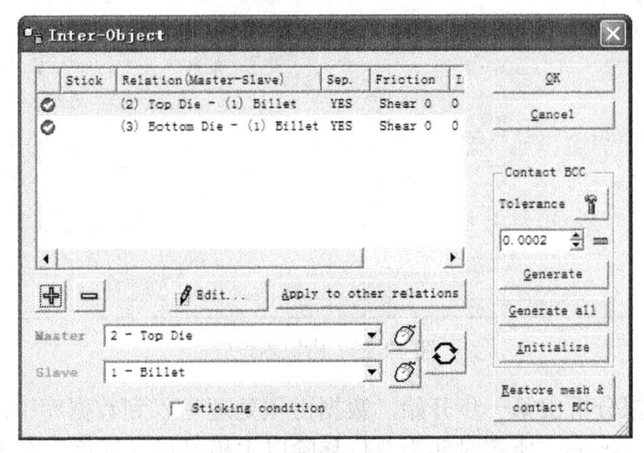

图 12-22　“物间关系定义”对话框

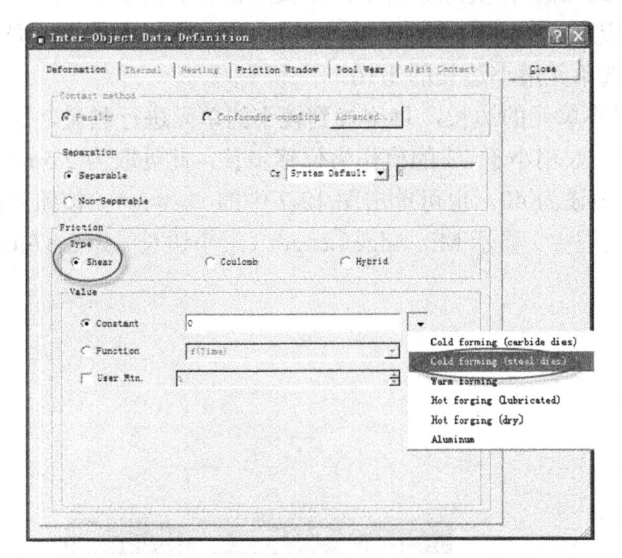

图 12-23　“物间关系数据定义”对话框

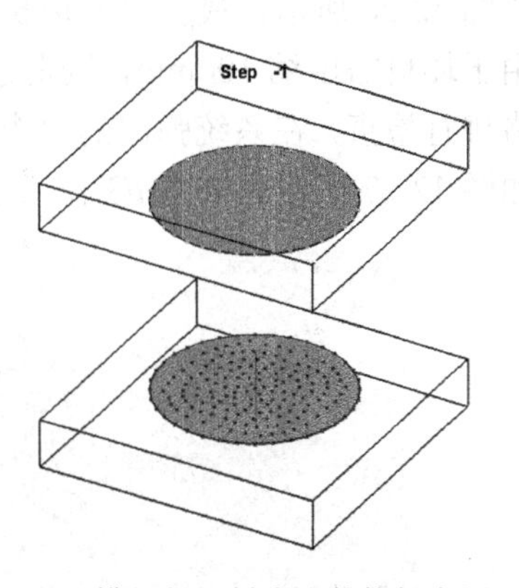

图 12-24　上下模具与坯料生成的接触点图示

12.9　设置模拟控制信息

选择 Input/Simulation controls 选项或单击 按钮进入模拟控制对话框，单击“Step”按钮，选择General选项卡，定义Starting Step Number（模拟起始步）为-1，Number of Simulation Steps（总模拟步数）为40，Step Increment to Save（存储数据的间隔步数）为2，Primary（主模具）为2-Top Die，求解步长定义方式With Die Displacement（设定每步主模具位移量）为2.5mm，如图12-25所示，单击“OK”按钮完成设置。

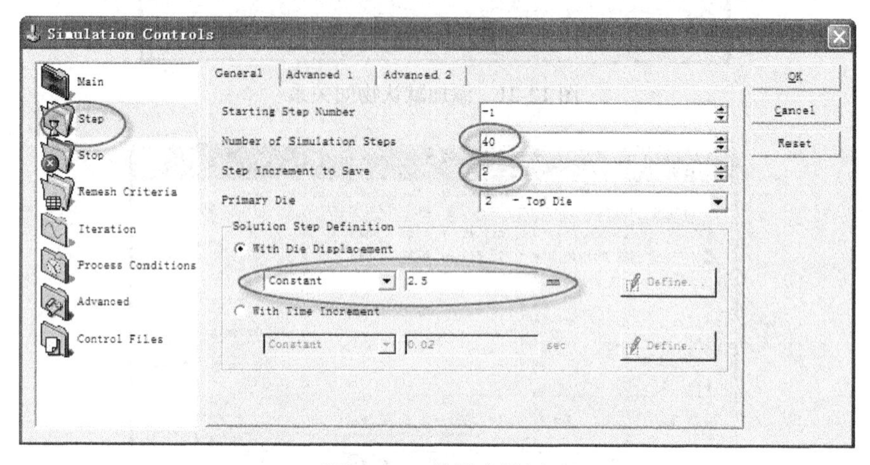

图12-25 模拟步设置

“-1”即表明模拟分析由第一步开始，数据由预处理写入到数据库中。变形完成时主模具总位移即为40×2.5=100mm，所需时间为总位移除以主模具运动速度，在12.7节中已定义，其值为50mm/s，因此变形所需时间为100/50=2s。在实际分析中，步长的设置非常重要。对于一般变形问题，每一步节点的最大位移不应超过单元边长的1/3。对于边角变形严重或其他局部严重变形的问题，如飞边成型，步长应选单元最小边长的1/10。

在本例中，单击按钮测量网格最小单元的边长，目测找到较小的单元进行测量，结果如图12-26所示，最小单元边长约为9.7，取稍小于$l/3$的值作为位移步长，此处取为2.5mm。由于坯料需压缩100mm，因此总模拟步数设为40。也可单击图12-7中的Check Mesh按钮对网格进行检查，在系统弹出的检查结果对话框中，显示Min Edge Length（最小边长）为8.87469，如图12-27所示，取其$l/3$作为步长。

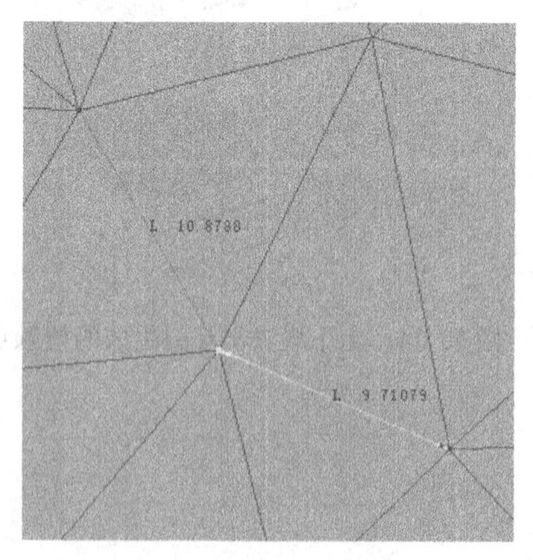

图12-26 测量单元边长

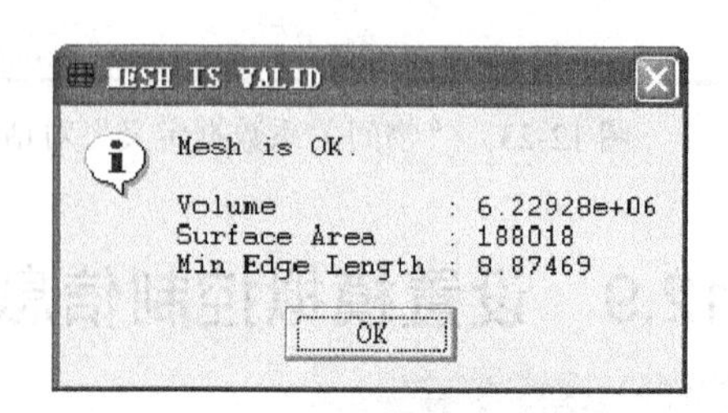

图12-27 网格检查结果

12.10 生成数据库

选择 Input/ Database 选项或单击按钮，进入“数据库生成”对话框。单击 Check 按钮对前处理数据进行检查，检查结果如图 12-28 所示，在图中最下方显示 Database can be generated，表明数据库可以生成，前处理不存在问题，单击 Generate 按钮生成数据库，前处理任务完成，退出前处理界面。

注意：本例中有个警告，内容为 Volume compensation has not been activated for object1，其含义为对象 1 即坯料的体积补偿未激活。在变形的模拟过程中，会发生坯料上的节点进入到模具几何模型内部，因此网格经常需要进行重划分，重划分后的网格与前处理生成的网格在体积上总会有所差别，为了避免随着模拟的进行坯料体积越来越少，应采用体积补偿来弥补。具体激活方法为：单击对象设置区的 Properties 按钮，在 Deformation 选项卡中选中某种体积补偿方式即可，单击按钮可自动计算坯料体积，并输入到前面的文本框中，如图 12-29 所示。

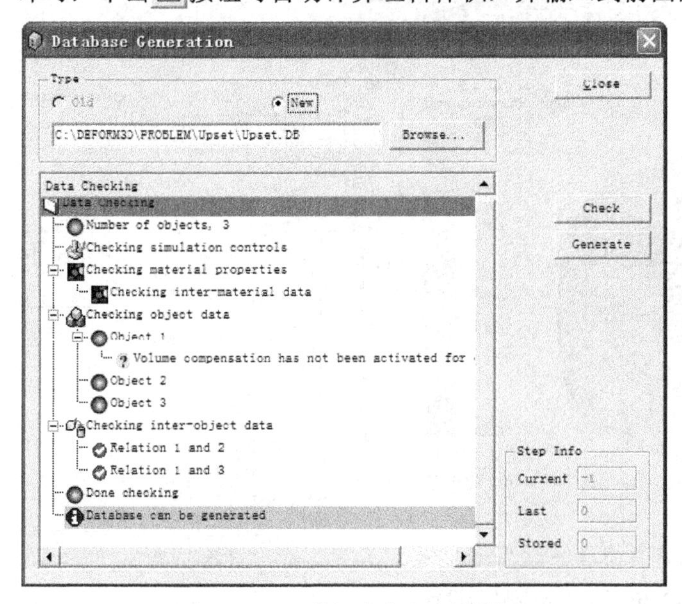

图 12-28 “数据库生成”对话框

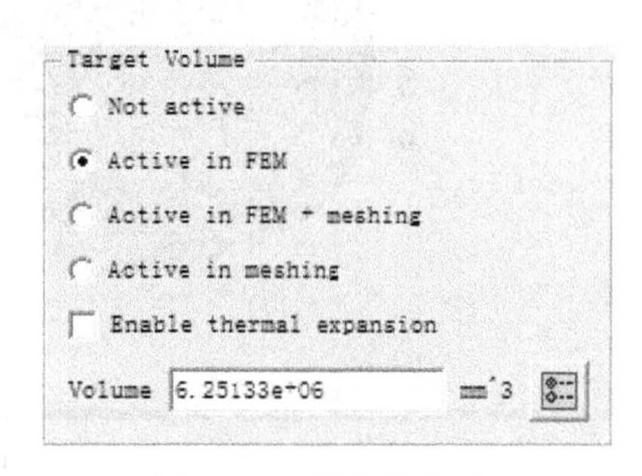

图 12-29 体积补偿设置

12.11 分析求解

在 DEFORM-3D 主界面左侧的工作目录中选择 Upset，再选择 Upset.DB，单击 Simulator 模块的“Run”按钮，向系统提交计算任务。任务提交后，在工作目录窗口的 Upset 项目名及数据库文件 Upset.DB 上出现绿色的进度条，代表运算进行中。同时在项目信息窗口有详细的运算信息动态输出，用户可观察运算进行的程度，如有无再划分、是否收敛等重要信息。分析求解完成后，项目名及数据库文件上的 Running 文字消失，在项目信息窗口的 Message 选项卡中系统提示“NORMAL STOP: The assigned steps have been completed”，表明求解正常结束。

12.12 后处理

在DEFORM-3D主界面左侧的工作目录中选择Upset，再选择Upset.DB，单击主菜单后处理部分Post Processor 中的DEFORM-3D Post进入DEFORM-3D后处理模块。

本例任务的目的是查看变形过程中坯料内部的等效应力和等效应变的变化情况。单击对象设置区的按钮，使坯料单独显示。然后在状态变量按钮旁的下拉列表中选取 Strain--Effective，在模型显示区即显示坯料第一步时的应变分布。单击▶按钮，可以观察到变形过程中坯料上等效应变的变化情况，变形完成时坯料上等效应变如图12-30所示。在对象树中，显示目前状态变量为等效应变 [v] StateVar. : Strain - Effective (mm/mm)，可在上面单击鼠标右键进行隐藏、删除、属性和显示等操作。

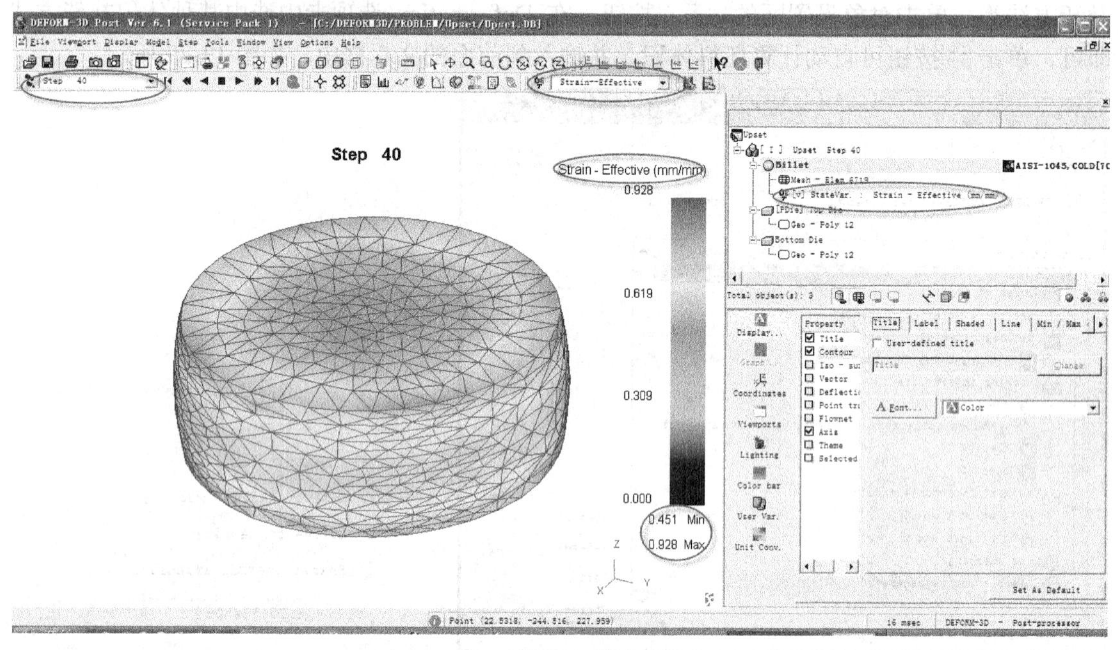

图12-30 等效应变显示设置

本例中我们还可观察坯料最上端圆心、圆柱体中心以及上下中截面与外圆面交点三个位置等效应变随变形的变化情况。此时，可单击点追踪按钮，在系统弹出的“追踪点定义”对话框中输入三个点的坐标，如图12-31所示，单击 Next > 按钮，再单击 Finish 按钮即系统弹出Point Tracking图表，如图12-32所示。若想将数据导出可在图上单击鼠标右键，在系统弹出的快捷菜单中选择“Export graph data”，指定路径及文件名完成导出，结果如图12-33所示。单击按钮退出后处理程序，结束模拟分析任务。

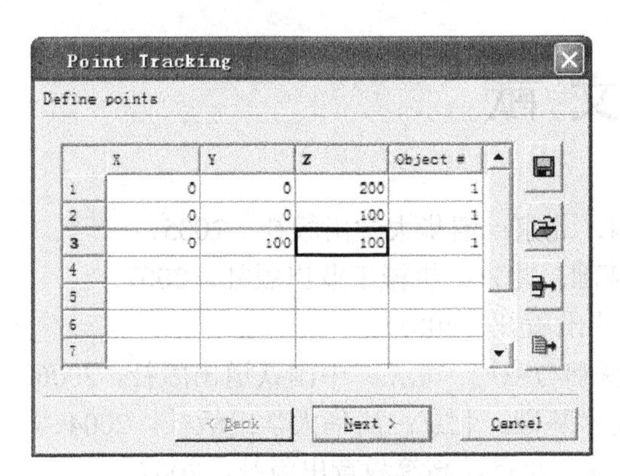

图 12-31　“追踪点定义”对话框

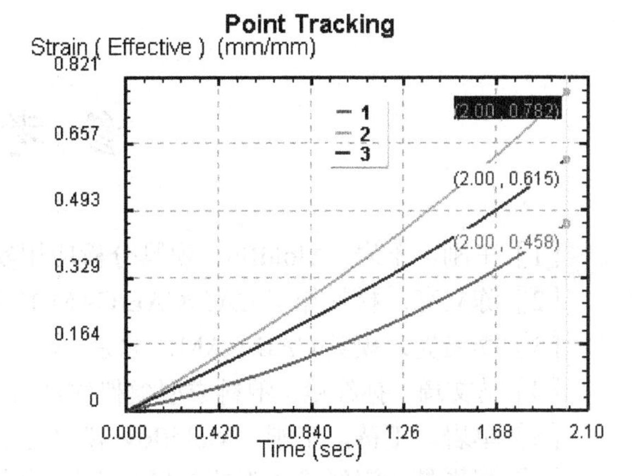

图 12-32　三点等效应变变化图

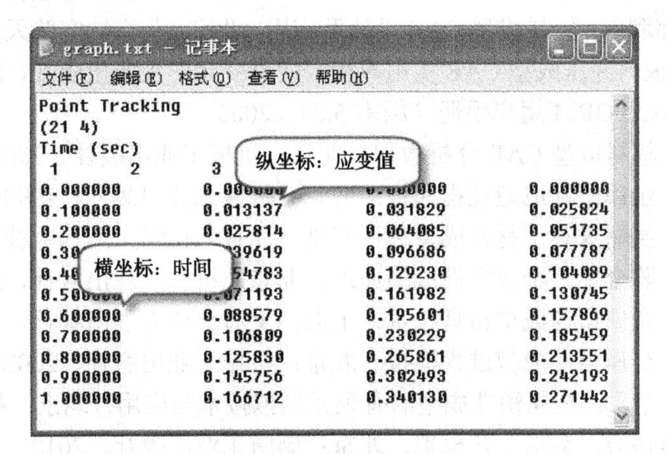

图 12-33　图表数据的导出

参 考 文 献

[1] 王刚，单岩．Moldflow 模具分析应用实例．北京：清华大学出版社，2005.
[2] 陈立亮．材料加工 CAD/CAE/CAM 技术基础．北京：机械工业出版社，2007.
[3] 李名尧．模具 CAD/CAM．北京：机械工业出版社，2005.
[4] 马文琦，孙红镱．塑料成型模拟软件技术基础与应用．北京：中国铁道出版社，2006.
[5] 单岩，王蓓，王刚．Moldflow 模具分析技术基础．北京：清华大学出版社，2004.
[6] 屈华昌．塑料成型工艺与模具设计．第 2 版．北京：高等教育出版社，2007.
[7] 吴梦陵，张珑．塑料成型 CAE—Moldflow 应用基础．北京：电子工业出版社，2010.
[8] 王秀凤，郎利辉．板料成型 CAE 设计及应用．北京：北京航空航天大学出版社，2008.
[9] 龚红英．板料冲压成型 CAE 实用教程．北京：化学工业出版社，2010.
[10] ETA/DYNAFORM 用户手册（版本 5.2）．2005.
[11] 陈文亮．板料成型 CAE 分析教程．北京：机械工业出版社，2005.
[12] 李尚健．金属塑性成型过程模拟．北京：机械工业出版社，1999.
[13] 董湘怀，吴树森等．材料成型理论基础．北京：化学工业出版社，2008 年.
[14] 余汉清，陈金德．金属塑性成型原理．北京：机械工业出版社，2007.
[15] 彭颖红．金属塑性成型仿真技术．上海：上海交通大学出版社，1999.
[16] 李尚健．金属塑性成型过程模拟．北京：机械工业出版社，2002.
[17] 谢水生，李雷．金属塑性成型的有限元模拟技术与应用．北京：科学出版社，2008.
[18] 中国锻压协会．锻造工艺模拟．北京：国防工业出版社，2010.
[19] 刘建生，陈慧琴，郭晓霞．金属塑性加工有限元模拟技术与应用．北京：冶金工业出版社，2003.
[20] 李传民，王向丽，闫华军等．DEFORM5.03 金属成型有限元分析实例指导教程．北京：机械工业出版社，2007.
[21] 王广春．金属体积成型工艺及数值模拟技术．北京：机械工业出版社，2010.
[22] 张莉，李升军．DEFORM 在金属塑性成型中的应用．北京：机械工业出版社，2009.
[23] 余世浩，朱春东．材料成型 CAD/CAE/CAM 基础．北京：北京大学出版社，2008.
[24] 杨宁．注塑成型过程的数值模拟：硕士学位论文．长沙：中南工业大学材料加工工程学院，2001.
[25] 李德群．注塑成型流动模拟技术的新进展．http://www.55jx.com/Html/xjziliao/085517623.htm，2004-12-16.
[26] 申长雨，陈静波，刘春太．CAE 技术在注射模设计中的应用．模具工业，2000（8）：36～38.
[27] 程斌．注塑模 CAD/CAM 系统的研究与开发：硕士学位论文．天津：天津大学机械学院，2000.
[28] 李德群．注射模软件三个发展阶段 J．模具工业，1998(6)：14～15.

读者服务表

尊敬的读者：

感谢您采用我们出版的教材，您的支持与信任是我们持续上升的动力。为了使您能更透彻地了解相关领域及教材信息，更好地享受后续的服务，我社将根据您填写的表格，继续提供如下服务：

1. 免费提供本教材配套的所有教学资源；
2. 免费提供本教材修订版样书及后续配套教学资源；
3. 提供新教材出版信息，并给确认后的新书申请者免费寄送样书；
4. 提供相关领域教育信息、会议信息及其他社会活动信息。

基本信息			
姓名	性别		年龄
职称	学历		职务
学校	院系（所）		教研室
通信地址			邮政编码
手机	办公电话		
E-mail		QQ号码	
教学信息			
您所在院系的年级学生总人数			
	课程1	课程2	课程3
课程名称			
讲授年限			
类　型			
层　次			
学生人数			
目前教材			
作　者			
出版社			
教材满意度			
书　评			
结构（章节）意见			
例题意见			
习题意见			
实训/实验意见			
您正在编写或有意向编写教材吗？希望能与您有合作的机会！			
状　态	方向/题目/书名		出版社
□正在写□准备中 □有讲义□已出版			

联系的方式有以下三种：

1. 发 E-mail 至 lijie@phei.com.cn 或 yuy@phei.com.cn，领取电子版表格；
2. 打电话至出版社编辑 010-88254501（李洁）或 010-88254556（余义）；
3. 填写该纸质表格，邮寄至“北京市万寿路173信箱，李洁/余义收，100036”

我们将在收到您信息后一周内给您回复。电子工业出版社愿与所有热爱教育的人一起，共同学习，共同进步！

反侵权盗版声明